U0257903

中国国家公园体制建设报告

（2023~2024）

ANNUAL REPORT ON NATIONAL PARK MANAGEMENT SYSTEM IN CHINA
(2023-2024)

主编／苏杨　邓毅　王蕾

副主编／蔡晓梅　梁文婷　邹统钎

社会科学文献出版社
SOCIAL SCIENCES ACADEMIC PRESS (CHINA)

主要写作人员名单

国务院发展研究中心管理世界杂志社

苏 杨 苏红巧 赵鑫蕊

湖北经济学院

邓 毅 高 燕 邱 敏

玛多云享自然文旅有限公司

王 蕾 刘 楠 国 庆

华南师范大学

蔡晓梅 吴泳琪

北京第二外国语学院

邹统钎

西北大学

梁文婷

陕西省文化遗产研究院

白海峰

北京交通大学

余得光

南开大学

刘宜卓

九三学社海南省生态环境支社

陈俊霄

"国家公园蓝皮书"丛书（即《中国国家公园体制建设报告》）的相关研究工作、出版及样书购买得到国务院发展研究中心力拓基金项目、2022年度青海省"昆仑英才·高端创新创业人才"计划"领军人才"项目和国家社科基金重大项目"国家文化公园政策的国际比较研究"支持

"国家公园蓝皮书"丛书为作者团队的个人科研成果集成，不代表任何机构的观点，各部分内容的署名作者文责自负

前　言

2024 年 7 月，党中央召开了二十届三中全会，全会提出"必须完善生态文明制度体系……加快完善落实绿水青山就是金山银山理念的体制机制。要完善生态文明基础体制……全面推进以国家公园为主体的自然保护地体系建设"①。

总体来看，从 2013 年底党的十八届三中全会提出"建立国家公园体制"到 2024 年党的二十届三中全会提出"全面推进以国家公园为主体的自然保护地体系"，这反映了体制建设方面的巨大进步和国家公园建设进入了新阶段，且中国的国家公园相对既往自然保护区等自然保护地管理形式在加强保护和促进发展方面的进步已经成为主流认识甚至全球共识②。但到 2024 年 7 月，第一批国家公园设立已近三年，两年前我们出版上一本《国家公园蓝皮书》（在本书中均将《中国国家公园体制建设报告》按封底书名简称为《国家公园蓝皮书》或蓝皮书）时认为第二批国家公园设立等不到这本《国家公园蓝皮书》出版，毕竟我们这个研究团队不如从事创建相关工作的国家公园国家队高效。想不到

---

① 《中共中央关于进一步全面深化改革　推动中国式现代化的决定》，人民出版社，2024，第 38~39 页。
② 根据世界自然保护联盟（IUCN）的世界保护地数据库统计，截至 2024 年 7 月，可归类于世界自然保护联盟保护地分类体系中"国家公园"的保护地的数量已超过 6000 个，占所有保护地的面积比例近半。中国的国家公园甫一设立，面积就近美国国家公园体系所有单位（unit）总面积的 70%，到 2035 年有望成为总面积过百万平方公里的世界最大的国家公园体系。中国在国家公园建设中实现"生物多样性工作主流化"的经验（具体参见第一篇中的分析），以国家公园为主体的自然保护地体系完成联合国《生物多样性公约》"昆蒙框架"（具体参见附件 4 的详细说明）3030 目标的作用，都是全世界多数国家需要效仿也可以效仿的。

的是，迄今不仅第二批国家公园未能出台，第一批国家公园管理机构的"三定"规定①也未能出台完毕。而且，目前的形势已经使全国的国家公园的创建和管理出现一个共性问题：有若干已经列入《国家公园空间布局方案》的国家公园候选区所在地方的政府对创建国家公园的态度出现反复，已经设立国家公园的少数相关地方政府对待国家公园的态度也从设立前的全面支持变成了模棱两可②。因此，客观分析国家公园设立后有可能对地方发展带来的负正两方面影响有重要意义：①负的是多数地方政府和社区都能直接看到和感受到的，概括起来就是国土空间用途管制要求立刻严格了许多；②正的是国家公园的特色产品因为国家公园品牌或关注度获得增值、热销以及地方政府和社区获得更多的转移支付和项目经费支持。一些地方更关注负面影响是因为各种督察的压力和建设项目落地的困难是现实的，而真正意义的绿色发展增值大多只在个案上初露端倪，国家公园带来的巨额中央专项资金（目前已到每年约 50 亿元的规模）因为多种原因暂时也还没有全面到位或到位后合规使用困难。显然，国家公园建设在经过多年的体制试点并在有二十多个国家公园已经履行了明确的设立或创建手续的情况下，总体而言国家公园建设任务仍然任重道远。

在党的二十届三中全会这个时间点回顾，在看到中国国家公园体制建设成就巨大甚至超越全世界所有国家的国家公园同比建设进程的同时，也应该看到距党的十八届三中全会上提出"建立国家公园体制"已有 10 年多，这 10 年多把体制全面建成没有？现在能否按二十届三中全会的要求开始"全面推进"需要体制保障的体系建设？应该说顶层设计是早就有了（2015 年中共中央、国务院印发的《生态文明体制改革总体方案》和 2017 年中共中央办公厅、国务院办公厅印发的《建立国家公园体制总体方案》），只是"施工"较难。这种情况在更大范围内也存在，生态文明八项基础制度在各

---

① 即由机构编制委员会办公室发布的关于机构设置的文件，三定指定职能、定机构、定编制，以前简称为"三定"方案，2020 年后简称为"三定"规定。

② 本书专门用专栏 1-3 和 12、13、14 章说明了这方面的问题，这都是在调研中发现而在相关业务部门和地方层面的一些上报和宣传材料中被讳言或被掩饰的。直面这些问题及其制度成因，才可能解决问题。

地的落地情况尽管纵向来看有巨大进步，但如果按高标准来看生态文明体制改革任务尚需努力完成①，这也说明了落地实施难是改革共性问题。且因为国家公园建设是在生态文明体制改革的大背景下才得以推动的（参见本书图 0 和第一篇的分析），所以生态文明体制改革落地中的难点也体现到国家公园体制建设中，反映出部分地方动力不足、障碍较多。

　　这些共性问题，一言以蔽之是体制改革不够全面深入②，因此人地关系仍然难以处理到和谐共生状态，从管理角度则是绿色发展不力、园地关系复杂、难以形成易达成各方利益平衡的治理结构③。这种情况下，对明确园地关系而言最重要的《国家公园法（草案）（征求意见稿）》（2023 年），在一遍遍征求意见中越来越回避矛盾、删减社区和特许经营等内容，似乎蜕变成了《国家公园保护法》？ 这不得不使本书将这些共性问题总结出来并一个个结合案例进行梳理，以辨析这些问题的成因哪些是地方认识不到位、哪些是中央层面不给力、哪些是社区居民缺能力、哪些是企业恐惧不参与。

　　到这个阶段的国家公园建设工作，除了要解决"人林地矿水"历史遗留问题④以外，主要涉及体制改革、在地工作（如勘界立标）、信息体系

---

① 尽管有多个官方评估报告列举了多项重大进展，但无论是对第一批国家级生态文明试验区（福建、江西、贵州三省）的评估还是对国家公园体制试点区所在县域的体制改革情况调研，均反映出生态文明八项基础制度基本没有在县级行政区内全面落地，大多是在局部取得了长足的进步，遑论省级行政区。

② 《国家公园蓝皮书（2019-2020）》的年度主题是"自然保护地以国家公园为主体，以国家公园体制为保障"，就是说明体制（尤其是权、钱相关制度）对事业的保障作用。没有体制保障，一个自然保护地体系常常在现实中只表现为多挂一块牌子。

③ 这也正是党的二十届三中全会报告主题强调推进中国式现代化的题中应有之义。对国家公园来说，最重要的中国式现代化特征就是人与自然和谐共生。党的二十大报告在生态文明这一章的主题就是"推动绿色发展，促进人与自然和谐共生"，显然做不好绿色发展就推动不好人与自然和谐共生。

④ 所有国家公园（包括创建区）都存在历史遗留问题，通常包括生态移民搬迁、人工商品林处置、集体土地处置、矿业权退出、小水电站退出五方面（简称人林地矿水）。有的国家公园在某些问题上形成了较有效的处理办法，例如海南热带雨林国家公园核心保护区的部分集体土地用海南省农垦集团有限公司在国家公园外的国有土地替换，这样被替换土地的所有者（村集体）就可以用国家公园外优质的生产用地继续原有的橡胶种植等生产活动。但这种做法是以国企的经济利益受损为代价的，仍然需要利益补偿机制来平衡，否则难以在全国推广。即解决历史遗留问题仍然需要体制改革工作支撑。

（包括天空地一体化监测体系建设和综合信息中心等）、标准法规、队伍建设、绿色发展等。仅就国家公园体制工作而言，现状与中央要求的"统一规范高效"的管理体制①还有差距。弥补这些差距，就必须对已设立国家公园的管理和国家公园候选区创建中都要面对的五个共性问题的成因和对策给出明确答案：①**国家公园及周边怎么划、怎么管？**这是设立国家公园的第一问题，也是处理园地关系的第一问题，对此的认识不同造成了一方面单个国家公园的范围普遍在扩大、一方面国家公园内的天窗越抠越多且有的国家公园的形状越来越支离破碎的局面。②**国家公园管什么？**③**国家公园给地方带来了什么？**②③这两个问题是这两年国家公园建设工作的焦点问题，第一批国家公园"三定"规定难产，一些被视作改革先锋的国家公园近期的畏首畏尾、战略收缩与此密切相关。地方政府在处理国家公园带来的利弊时必须对问题①②③都有准确理解、明晰答案才能提出统筹解决办法。④**中央的钱怎么用？**⑤**跨省的国家公园怎么实现统一管理？**总体来说，这五个关键问题若没有明晰的答案，关于国家公园的多个版本的谣言就可能出现并损害国家公园建设事业，《总体方案》中的国家公园体制还是难以按时全面建成，最大的国家公园体系就可能还是许多外国专家评价既往中国自然保护地的纸上公园（paper park）。而只从理论上回答这些问题，不仅会让国家公园的一线工作者觉得抽象，更会让他们觉得理论答案只是愿景，现实中不仅可能缺少解决问题的要素、理论上好的做法还可能被一些部门"左"的做法所伤。因此要结合经验案例和教训案例，从正反两方面看在现实中如何解决好这些问题和解决不好的后果——本书中的教训案例说明了"不幸的家庭各有各的不幸"。这种种不幸，追根溯源，都可以认为是由于改革不到位。从目标导向而言，国家公园需要全面落实《生态文明体制改革总体方案》、按照《总体方案》和《关于统一规范国家公园管理机构设置的指导意见》（以下简称《机构设置指导意见》或中编委6号文）将相关体制机制改革到位；

---

① 参见2017年中共中央办公厅、国务院办公厅印发的《建立国家公园体制总体方案》（以下简称《总体方案》）。

从问题导向而言，则需要推动既有改革落地和继续深化改革来解决历史遗留问题、改革中出现的问题并助力发展方式转型。而且，**对中国的改革，一定要分清名义上和实际上，理解"文件中"和"本应当"**。这是因为许多文件的初衷和表述都是好的，但在现实中却在有些方面未能或难以执行到位，这样文件中的某些表述并非实际上的表现，本应当呈现的部分局面可能只在一些官方评估中才呈现①，现实情况以及一些亲历者的表述可能与这些评估结论有所不同。例如，跨省的国家公园如何实现统一管理，国家林草局与青海、西藏两个省级行政区联合印发了《建立三江源国家公园唐北区域"统一规划、统一政策、分别管理、分别负责"工作机制的实施意见》②，似乎就解决了目前行政体制下一个国家公园因为跨省难以统一管理的问题。事实上，即便是统一立法③和建立了多层次、多方面跨省协作机制的武夷山国家

---

① 例如，中央指定国务院发展研究中心对海南自贸港建设进行评估。国务院发展研究中心对海南自贸港建设 2022 年的评估公开的总体结论是："当前海南全省上下已经形成贯彻落实党中央重大决策部署、共同深入持续抓好自由贸易港建设的整体氛围，并在实践中清晰形成'一本三基四梁八柱'战略框架，按照'五位一体'总体布局，**在自由贸易港硬件设施建设和政策制度设计、外向型经济发展、生态文明建设等方面取得积极进展**。"就以生态文明建设为例，海南作为四个国家级生态文明试验区之一，没有一个市县都能将《生态文明体制改革总体方案》中的八项基础制度（即四梁八柱中的八柱）全面落地，未能根据《国家生态文明试验区（海南）实施方案》中的要求建成"与自由贸易试验区和中国特色自由贸易港定位相适应的生态文明制度体系"（例如，海南自由贸易试验区 12 个先导性项目相互脱节，尤其是热带雨林国家公园建设与全球动植物种质资源引进中转基地建设、国家南繁科研育种基地建设这两个存在高度关联的生物多样性项目在规划、信息交流、项目设置、进度考核等方面脱节），约占全省陆域面积八分之一的热带雨林国家公园及周边社区未能通过普遍的生态产业化和特许经营制度等形成以绿色发展促进人与自然和谐共生的局面，到 2024 年 7 月全省都未能根据联合国《生物多样性公约》"昆蒙框架"的 2030 年目标制定覆盖主要行业并有约束力和明确支持措施的行动计划（2024 年初海南省办公厅印发的《海南省生物多样性保护战略与行动计划（2023-2030 年）》大体只是衔接《中国生物多样性战略保护与行动计划（2023-2030 年）》，也未能解决后者存在的落地措施少和协调各方弱的问题，具体参见本书第三篇和附件 4 的分析），这显然难以说明其生态文明建设从全国领先的标准看"取得积极进展"。

② 正式设立的三江源国家公园，作为长江源主要部分的青海唐古拉山北麓区域（体制试点未涉及这个区域），因为历史原因实际由西藏实施管理，所以从行政管理体制来看三江源国家公园也是跨省的。

③ 2024 年，经过前期协调，基本同时，福建和江西两省各自通过了本省的《武夷山国家公园条例》，且都于 2024 年 10 月正式施行。这两个条例，单从文字看较为协调，似乎能形成虽然是不同省管但管理方式和标准一致且双方管理队伍能协调的局面。

公园，在现实中并非都实现了统一管理，连双方信息平台都难以做到实时互通、双方制服都会因为预算标准和招投标环节的不同难以做到材质一致，遑论在执法和更复杂的处理园地关系、特许经营事务上的统一。这样的分析就是本书一个鲜明的特点：从第三方角度客观描述现实进展、分析制度成因并通过经验案例和教训案例给出务实的发展思路和改进对策。本书在肯定国家公园建设和生态文明体制改革纵向来看总体成就较大甚至取得了全世界罕见成就的同时，不能只说形势一片大好、问题只是散小，毕竟现实中的国家公园需要匹配其"国之大者"的定位①，只说成就无助于按国际标准来优化工作，无助于以十年为尺度的大目标（到2035年基本建成全世界最大的国家公园体系）的实现。

基于这些考虑，本书以"**实事求是面对国家公园设立后的问题、以发展新质生产力和谐园地关系**"为年度主题，主要内容分为四篇，**第一篇是国家公园体制试点的成果及与生态文明体制改革进展的关系，第二篇是国家公园设立后的进展和不足——主要问题及案例分析，第三篇是十年后建成"全世界最大的国家公园体系"的重要举措及案例呈现**（前三篇共28章）。第四部分是7个附件：**重点生态功能区如何发展新质生产力——以国家公园为例**，把全书围绕国家公园的研究从空间上拓展到了占国土面积约一半的重点生态功能区，说明本书给出的绿色发展思路和补齐生产要素的方法具有普适性；**海洋类型国家公园保护与发展的特殊性及绿色发展思路——以长岛国家公园为例**，既说明本书的思路在海洋类型的空间更加适用，也说明海洋空间在解决前述五个共性问题上更加复杂；除了以国家公园为主体的自然保护地体系，还有其他参与过国家公园体制试点的保护地也有类似的发展问题，如整体可归类到限制开发区的**水利风景区**，其问题怎么解决，未来与"**全面推进以国家公园为主体的自然保护地体系**"的关系如何？还有《**昆蒙框架**》目标与中国国家公园建设的关系，其中说明了中国的国家公园建设不

---

① 2022年4月习近平总书记在海南调研时指出"海南以生态立省，海南热带雨林国家公园建设是重中之重。要跳出海南看这项工作，视之为'国之大者'充分认识其对国家的战略意义，再接再厉把这项工作抓实抓好"。这是习近平总书记第一次把国家公园称为"国之大者"。

仅事关保护地，也是全面完成国际履约目标不可或缺的支撑，而对这一点不仅是其他部门，就是林草部门的工作人员也认识不足；**与国家公园环带思路有共通点的既扩大保护范围又易于平衡园地关系的国际经验**，这些经验也是林草部门的工作人员了解很少的，从这些经验可以发现武夷山国家公园环带的做法在本质上与很多国际经验异曲同工，都是为了在更大范围上把握绿色产业不同环节对资源环境和产业要素的敏感度和需求不同，从而更好地扬长避短、处理好保护和发展的关系；**改革的协调性及各地因地制宜用深化改革提高协调性的经验——以海南热带雨林国家公园的防火为例**，说明中央推动的诸多改革可能给林草部门的工作带来一些新的问题，林草部门也必须深化改革以既完成中央的改革任务也使这些改革的影响兴利除弊；最后把对准确理解文章内容较重要的图片用彩图集中表达了，即**第 12 章涉及的重要国家公园边界示意图和第 28 章海南五指山红峡谷业态改造案例设计方案彩图**。

其中，前两篇是从不同角度客观评价国家公园体制试点和国家公园设立后的进展、不足及其与生态文明体制改革的关系，是典型的第三方评价。这其中有对国家公园体制试点的综合评价，也有对部分生态文明基础制度建设难点未获重视导致一些体制难以改革的分析，还有名字相似但尚无学界同行开展系统科学对比分析的国家文化公园和国家公园建设的学术探讨。考虑到国家公园体制试点结束后有的地方领导仍对国家公园认识有偏颇，本书还用一个专栏"从神农架国家公园体制试点结束后的尴尬看试点与设立的衔接"分析了"全面推进以国家公园为主体的自然保护地体系建设"在某些地方可能存在的障碍。而且，与一些既有的评估报告中的分析不同，本书指出，在作为国家公园体制基础和推动形成"共抓大保护"合力的生态文明八项基础制度建设中，省一级是重要角色，但一个省不能只对八项制度分别列举一些县来作为某项制度的改革示范，因为八项制度只有全面落地并形成齐抓共管局面才可能真正转变发展方式。而要让省级主要领导积极支持国家公园建设，必须明晰国家公园对地方带来的利弊和人与自然和谐共生的园地关系如何形成。对此，我们不仅需要研究事权划分、资金机制（最重要的权、钱制度），也需要给出绿色发展思路，看国家公园管理局怎么管才合理，也让地方政府看见换赛道就有新出路。本书第三篇的案例就是基于现实情况和先行者经验举了四个在现代化治理体系下、面对严格的环保要求力求或已初步实现绿色发展的例子。如第三篇第 25 章举了环武夷山国家公园保护发展带（以下简称为国家公园环带，全国目前仅有一处）的例子，说明如何利用产业链不同环节对生态环境和其他生产要素的需求、敏感程度不同在国家公园和国家公园环带分别布置茶、旅游产业的不同环节以实现各得所长、扬长避短的错位发展；第 28 章专门对海南五指山红峡谷景区（在海南热带雨林国家公园一般控制区内）的传统业态和设施改造案例进行了详述，说明其一方面可以形成国家公园保护政策允许的新业态（2023 年底这个项目顺利通过了中央生态环保督察组的现场核查），另一方面在处理历史遗留问题中还可以形成业态升级和产业串联、最终反而形成差异化的市场竞争优势。另外，考虑到前述国家公园建设和创建对各地产生的实际影响，必须专门研究在解决关键问题上的僵化曲解保护等现象，尤其需要从马克思主义和生态学角度分析国家公园建设中的僵化曲解保护现象。本书首次以三江源国家公园特许经营项目试点案例介绍并分析了这种现象的形成过程及其危害，提出了解决办法——当然治本还得靠《国家公园法》。《国家公园法》（草案）已于 2024 年 9 月交到全国人民代表大会（以下简称全国人大），开始了在全国人大常务委员会审议的流程。这一版的《国家公园法》力求以客观、科学的态度处理好在 2023 年的征求意见稿中被略去的社区发展、特许经营等问题。可以盼望也可以想见，在这部相对而言科学合理全面的法律支持下，如果本书的经验案例中以发展新质生产力处理好人地关系、园地关系的做法被推广，国家公园及周边区域以绿色发展促进人与自然和谐共生的现代化治理局面更易在 2035 年建成美丽中国时全面达成。另外，为了增强全书的可读性和信息量，本书在脚注中放了大量的背景知识和政策过程"逸闻"，以使读者能更全面地了解这十余年来国家公园体制的建设过程。

最后，需要介绍一下参与第三本《国家公园蓝皮书》相关工作的人员并向对这本书和这套丛书有贡献的领导和专家致谢。本书的相关工作主要由国务院发展研究中心管理世界杂志社苏杨研究员团队、湖北经济学院邓毅教授团队、华南师范大学蔡晓梅教授团队、玛多云享自然文旅有限公司王蕾博士团队和北京第二外国语学院邹统钎教授团队共同完成。本书的诸多案例调研和资料获取，得到了以下单位的各级领导支持：国家林草局副局长闫振，国家林草局原总经济师、中国绿色碳汇基金会理事长杨超，海南省政协副主席刘艳玲，国家发改委社会发展司副司长彭福伟，国家林草局规划财务司一级巡视员田勇臣、国家公园发展中心副主任安丽丹、自然保护地管理司副司长孙鸿雁、原国家林业局野生动植物保护与自然保护区管理司司长张希武，生态环境部自然生态保护司井欣处长和对外合作与交流中心 GEF 国家公园项目经理王爱华博士，三江源国家公园管理局局长王湘国和副局长孙立军、原副局长田俊量，湖南省林业局局长吴剑波和湖南南山国家公园管理局原局长王明旭，大熊猫国家公园（陕西）管理局公共服务处处长罗毅旻，大熊猫国家公园管理局（四川）处长张黎明、古晓东、沈兴娜，武夷山国家公园管理局（江西）局长范强勇和副局长方毅、钟志宇，钱江源国家公园管理局常务副局长汪长林，海南热带雨林国家公园管理局局长刘钊军、副局长王楠和五指山分局钟仕进、霸王岭分局齐旭明，广东省林业局自然保护地处处长王新、湿地处处长唐松云，神农架国家公园管理局副局长戴光明，福建省林业局自然保护地管理处二级调研员林贵民，武夷山市人大常委会副主任王袁生，广东韶关丹霞山自然保护区管理局局长谢庆伟和副局长陈昉，黄山风景区管委会经济发展局副局长张阳志和旅游办张春梅，长岛国家海洋公园管理中心主任于国旭。中国科学院动物研究所魏辅文院士，中国科学院生态环境研究中心欧阳志云、徐卫华研究员和臧振华助理研究员，全国人大环资委副主任吕忠梅教授，全国人大常委会委员、中国科学院科技战略咨询研究院王毅研究员和黄宝荣研究员，武汉大学法学院秦天宝教授，中国科学院地理科学与资源研究所闵庆文研究员，中国科学院植物研究所马克平和周玉荣研究员，清华大学国家公园研究院杨锐教授、庄优波和赵智聪副教授，重庆大学建筑城规学院张引博士，福建农林大学风景园林与艺术学院廖凌云副教授，中国人民大学生态环境学院庞军和吴健教授，海南大学生态与环境学院杨小波教授和热带农林学院刘辉博士，上海师范大学环境与地理科学学院高峻教授、付晶副教授和郭鑫博士，同济大学建筑与城市规划学院吴承照教授和彭婉婷博士，中共中央党校李宏伟教授，青海省委党校马洪波教授，福建省委党校胡熠教授，云南省林业和草原科学院院长钟明川，贵州省林业科学研究院院长冉景丞，世界经济论坛自然倡议大中华区总负责人朱春全博士，永续全球环境研究所（GEI）彭奎博士，中国绿色碳汇基金会副秘书长侯远青，武汉脚爬客自然科普中心主任李鑫博士，国务院发展研究中心资源与环境政策研究所所长高世楫研究员和杨艳副研究员，前两本《国家公园蓝皮书》的共同主编北京林业大学张玉钧教授、浙江工商大学张海霞教授、深圳大学何昉教授、北京工商大学石金莲教授等，为本书的研究和写作提供了学术指导和相关资料，在此一并致谢。

本书的相关研究、写作和出版仍主要由国务院发展研究中心力拓基金项目提供经费支持，作为本书主要作者的王蕾博士获得的 2022 年度青海省"昆仑英才·高端创新创业人才"计划"领军人才"项目也为本书第二篇第三部分和第三篇的四个案例研究提供了经费支持。

本书各部分主要写作人员、相关调查参与人员及资料整理人员如下。

第一篇：苏杨、梁文婷、赵鑫蕊、苏红巧、白海峰、余得光、邹统钎

第二篇：梁文婷、王蕾、邓毅、高燕、邱敏、赵鑫蕊、程成、刘亚宁

第三篇：王蕾、蔡晓梅、何思源、吴泳琪、刘宜卓、刘楠、国庆、万俊彦、刘宁、李丹阳、黄缘也、白海峰

附件：蔡晓梅、刘宜卓、黄文靖、李丹阳、黄缘也、高冰磊、方芳、苏红巧、郭洪钧、陈俊霄

统稿：苏杨（第一篇、附件）、邓毅（第三篇）、王蕾（第二篇、第三篇）、梁文婷（第一篇、附件）

审稿：林家彬、程红光、汪昌极（Carl Wang）

苏杨　邓毅　王蕾

2024 年 9 月

目 录 ⤴

第三部分　国家公园和国家文化公园建设进展对比和体制成因分析

第二篇　国家公园设立后的进展和不足
——主要问题及案例分析

第一部分　实际进展和应有进展的对比

第二部分　当前面临的关键问题和解决方案

第三部分　在解决关键问题上的僵化曲解
保护工作等现象及案例

第三篇　十年后建成"全世界最大的国家公园
体系"的重要举措和案例呈现

第一部分　深化改革的关键举措

第二部分　国家公园也可以体现新质生产力
——国家公园绿色产业发展的案例呈现

附 件

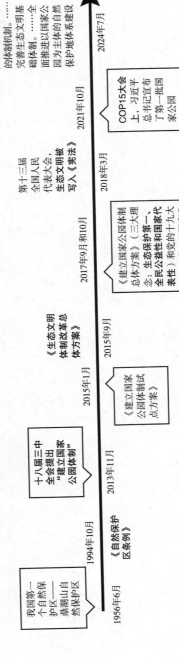

国家公园的中国故事与生态文明相伴相随

1956年6月
我国第一个自然保护区——鼎湖山自然保护区

1994年10月
《自然保护区条例》

2013年11月
十八届三中全会提出"建立国家公园体制"

党的十八大通过的《中国共产党党程》把"中国共产党领导人民建设社会主义生态文明"写入党章

2015年1月
《建立国家公园体制试点方案》

2015年9月
《生态文明体制改革总体方案》

2017年9月和10月
《建立国家公园体制总体方案》（三大理念：生态保护第一、全民公益性和国家代表性）和党的十九大报告"建立以国家公园为主体的自然保护地体系"

2018年3月
第十三届全国人民代表大会，生态文明被写入《宪法》

2021年10月
COP15大会上，习近平总书记宣布了第一批国家公园

党的二十届三中全会：必须完善生态文明制度体系……加快完善落实绿水青山就是金山银山理念的体制机制。……完善生态文明基础体制。……全面推进以国家公园为主体的自然保护地体系建设

2024年7月

图 0　国家公园相关工作与生态文明建设相关工作的关联及进展

第一篇
国家公园体制试点的
成果及其与生态文明
体制改革进展的关系

本篇导读

    本书开篇的图 0 展示了国家公园相关工作与生态文明建设相关工作的关联及进展，从中可以发现中国的自然保护地事业成就巨大，但重要的进展是进行生态文明建设以后才出现的。从 2013 年党的十八届三中全会到 2024 年党的二十届三中全会，"建立国家公园体制"这个重要改革任务已被提出十年有余。严格按照中央的要求来看，面对后续建设"世界最大的国家公园体系"的任务和《国家公园法》迟迟不能出台、多数第一批国家公园的机构迄今仍难全面正常运转、试点验收报告中形势总体良好但现实中多数国家公园二级管理机构实际仍是自然保护区等老体制且老问题大多没解决①的窘境，我们必须回头看 2020 年底基本结束的国家公园体制试点在总体成功的同时还遗留了什么问题，生态文明体制改革是否给国家公园建设打下了好的制度基础乃至各方对国家公园、国家公园体制形成了多大范围的共识，只有这样，才能辨析出这个过程中的助力因素和阻力因素，明确哪些事是林草部门自身努力就可干好的，哪些事必须依靠《国家公园法》等适应

---

① 试点期间，只有三江源和武夷山等国家公园（在本书中为简便计，有时只用某个国家公园名称的前部来代称国家公园或国家公园体制试点区或国家公园创建区，如三江源国家公园有时简称为三江源）对管理机构的体制进行了真正的改革，大熊猫等多数国家公园的二级机构仍然是原来的自然保护区、风景名胜区或林场的体制，仍然只有部分林业行政的职能，相对而言仍然难以处理好保护与发展的关系，仍然无法形成跨行政区的统一管理。

保护需求、更加科学合理的相关法律法规的支持并形成全社会合力才能解决。① 也因为此用意，本篇的一些分析结论和表述方式与官方宣传材料有些许不同，但读者能从中更清楚地看到事业发展的真实情况和困境成因。

---

① 必须说明的是，**本篇聚焦国家公园体制试点和正式设立国家公园后没有解决的问题，不是否认国家公园体制试点和国家公园建设的成果**，而是在既往两本《国家公园蓝皮书》肯定其成果的基础上找出这项事业发展现状相对《建立国家公园体制总体方案》等顶层设计而言的差距和改革仍有不力之处的制度成因，以使各方能深化改革，尤其是借助《国家公园法》来深化改革。既往的自然保护地体系，大多没有体制保障，设置不规范、管理较混乱，只是名义上覆盖了国土面积的约18%，自然保护地整合优化后这种局面也没有根本改观。而从国家公园体制试点开始，**既往自然保护地的管理问题就在脚步虽慢但不停歇的进步中部分得到解决**。这也是《国家公园法》比《自然保护地法》更重要也更迫切的原因：**主要目的为构建国家公园体制的《国家公园法》，可以为整个自然保护地体系的保障体制打造样板**，其他类别的自然保护地在条件许可的情况下参照国家公园建立体制，可以使各类自然保护地真正实现统一规范高效的管理。即**在中国已经有较好的名义上的自然保护地体系的情况下，体制比体系更加重要**，率先建立国家公园体制才可能使以国家公园为主体的自然保护地体系真正体现人与自然和谐共生的中国式现代化治理。也正因为如此，本篇以"鸡蛋里挑骨头"的要求剖析国家公园体制试点和后期建设工作的不足以及这些不足和生态文明体制改革的关系，就是为了从国家高度、全局层面找出阻碍深化改革的主要因素，并利用《国家公园法》在2024~2025年这个时间段基本完成从制定到发布的时间窗口，希望相关对策体现到法律中、体现到机构改革中、体现到中央的广域改革指导文件中，这才能使全社会合力推动国家公园事业，避免国家公园成为"林家公园"乃至"林家铺子"。

第一部分
国家公园体制试点的
实际进展、进展中的
助力因素和两面因素

第1章
国家公园体制试点的进展

建立国家公园体制是我国生态文明建设的一项重大创新，是自然保护领域实现治理体系和治理能力现代化的重要实践。但纵观国家公园体制试点历程，无论是全国总体进展还是各试点区完成任务的情况都不是持续上坡式提升的，而是呈现螺旋式上升形态：其中有改革停滞期，有些方面还因为改革的协调性在某些领域、某些区域出现过实际工作的倒退。① 从时间线梳理，以《建立国家公园体制总体方案》（以下简称《总体方案》）的印发为节点，可将国家公园体制试点历程分为试点起步阶段（2013~2017年）与发展整合阶段（2017~2021年）。

1.1　试点起步阶段（2013~2017年）

自2013年11月党的十八届三中全会《中共中央关于全面深化改革若干重大问题的决定》首次提出"建立国家公园体制"始，国家公园体制试点工作逐渐落实：2014年7月国家发改委等六部委局联合印发的《关于开展生态文明先行示范区建设（第一批）的通知》明确了安徽省黄山市等7个首批生态文明先行示范区"探索建立国家公园体制"；2015年1月，国家发改委同中央编办、财政部等13个部委局办联合印发了《建立国家公园体制试点方案》，提出在9个省市开展为期3年的国家公园体制试点。需要指出

---

① 《国家公园蓝皮书（2021~2022）》第一篇专门剖析过相关事例。例如，2018年底中央启动的行业公安体制改革，使当时林业部门主要的行政执法力量——森林公安——被成建制划走，对一线保护来说至关重要的执法工作在一些地区出现了倒退，一些省通过因地制宜的深化改革来解决这样的问题（如海南省以省政府令的方式授权森林公安承担国家公园内的林业行政执法工作）。

的是，其中提出试点的内容并非国家公园这一实体，而是国家公园体制：通过国家公园体制试点，使最重要的自然保护地交叉重叠、多头管理的碎片化问题得到基本解决①，形成统一、规范、高效的管理体制和资金保障机制，自然资源资产产权归属更加明确，统筹保护和利用取得重要成效，形成可复制、可推广的保护管理模式。同年，国家发改委发布《建立国家公园体制试点 2015 年工作要点》及《国家公园体制试点区试点实施方案大纲》，国家公园体制试点工作正式开始。

但这些工作遇到了较多的部门掣肘和地方踟蹰②，直到 2015 年 9 月中共中央、国务院发布的《生态文明体制改革总体方案》三处提到国家公园并将国家公园专列一条③，这种局面才得到改观。这一文件体现了国家公园体制试点的地位，即国家公园体制是生态文明体制的主要组成部分，是生态文明建设具有全局性、统领性、标志性的重大制度创新。2016 年印发的《中华人民共和国国民经济和社会发展第十三个五年规划纲要》也提出"建立国家公园体制，整合设立一批国家公园"，这体现出国家公园体制是国家公园建设工作的基础和前置条件。

在地方实践方面，陆续有 12 个省级行政区开展了国家公园体制试点，

① 整个自然保护地体系的整合优化是国家林草局在 2019 年才推动的，但现实中自然保护地整合优化为何如此难"整"？一个重要原因是目前这个阶段大多只完成了图上作业而没有配套体制改革。图纸上的整合优化后，必须配套资源确权和机构改革，明确新的资金机制并补齐人员，才可能使整合优化落地。既往自然保护地体系一地多牌、一地多主，牌子可能说明多了一种价值认可和资金渠道，但与管理权力和队伍建设无关。只有像国家公园体制改革那样明确各项体制变化并验收各项改革任务，并体现在法律条文中，才可能使自然保护地整合优化真正体现出变化。

② 例如，作为国家公园体制试点省的湖南，其原来推荐的试点区是张家界。2015 年，在国家公园体制试点的方案已经上报中央领导且中央领导已经圈阅通过的情况下，张家界市的一些领导认为国家公园可能影响张家界发展，因而想退出试点，湖南省只能重新协调将邵阳市城步苗族自治县的南山作为国家公园体制试点区。

③ "改革各部门分头设置自然保护区、风景名胜区、文化自然遗产、地质公园、森林公园等的体制，对上述保护地进行功能重组，合理界定国家公园范围。国家公园实行更严格保护，除不损害生态系统的原住民生活生产设施改造和自然观光科研教育旅游外，禁止其他开发建设，保护自然生态和自然文化遗产原真性、完整性。加强对国家公园试点的指导，在试点基础上研究制定建立国家公园体制总体方案。"

试点区域包括国内多类具有典型意义的陆域生态系统、自然景观和文化遗产。① 2015 年 12 月 9 日，习近平总书记主持召开中央全面深化改革领导小组第十九次会议，审议通过了《三江源国家公园体制试点方案》，标志着我国第一个国家公园体制试点正式开始。2016 年 3 月，中共中央办公厅、国务院办公厅正式印发《三江源国家公园体制试点方案》，全面启动三江源国家公园体制试点工作。2016 年 12 月，中央全面深化改革领导小组第三十次会议审议通过了《大熊猫国家公园体制试点方案》《东北虎豹国家公园体制试点方案》。与此同时，国家发改委陆续批复了《武夷山国家公园体制试点区试点实施方案》《南山国家公园体制试点区试点实施方案》《钱江源国家公园体制试点区试点实施方案》《神农架国家公园体制试点区试点实施方案》《北京长城国家公园体制试点区试点实施方案》《香格里拉普达措国家公园体制试点区试点实施方案》。各个试点区结合区域实际情况，努力解决现有保护地交叉重叠、管理体制不畅、资金机制不顺、开发利用不规范等问题，对突出生态保护、统一规范管理、明确资源归属、创新经营管理和促进社区发展提出了探索性解决方案，但其落地过程中障碍重重。

1.2 发展整合阶段（2017~2021 年）

《总体方案》的印发标志着国家公园体制试点进入发展整合阶段，且由于这个方案明确了具体的工作目标和责任单位，仅从改革落地的角度看，相关工作有了一些实质性进展。

---

① 2014 年国家发改委牵头印发的《关于开展生态文明先行示范区建设（第一批）的通知》中，涉及"国家公园体制"制度创新任务的 7 个地区中，只有黑龙江伊春和青海参与了正式的国家公园体制试点，且因中央指定了东北虎豹国家公园的建设任务占用了黑龙江作为试点省的名额，伊春也退出了试点；黄山市虽然后来再次尝试参与国家公园创建工作，但中间多次反复［从黄山国家公园到黄山（牯牛降）国家公园］，到 2024 年仍然没有实质性进展。

2017 年 9 月，中共中央办公厅、国务院办公厅印发《总体方案》。作为国家公园体制建设的顶层设计，《总体方案》对国家公园的内涵进行了科学界定，明确了国家公园的定位。基于国家公园统一事权、分级管理体制，建立完善资金保障机制、自然生态系统保护机制、社区协调发展机制等配套制度安排，推动形成包括多元化资金保障机制、责任追究制度、生态保护补偿制度等在内的国家公园综合治理模式。《总体方案》是国家公园体制建设的顶层设计，有了体制保障，才能实施体系建设：2019 年 6 月，中共中央办公厅、国务院办公厅印发了《关于建立以国家公园为主体的自然保护地体系的指导意见》（以下简称《保护地意见》），科学谋划了自然保护地体系的总体布局和发展方向，加快建立以国家公园为主体的自然保护地体系，统一推进各类自然保护地的清理规范和归并整合。《保护地意见》再次明确了国家公园在自然保护地体系中的定位，即"以保护具有国家代表性的自然生态系统为主要目的……是我国自然生态系统中最重要、自然景观最独特、自然遗产最精华、生物多样性最富集的部分，保护范围大，生态过程完整，具有全球价值、国家象征，国民认同度高"。

《总体方案》成为后续体制试点工作的根本遵循，到 2017 年，已有的九个试点区积极对标新要求，优化既有改革任务安排，积累了一些试点经验。其中重要的能直接服务于制度设计的经验包括以下内容。三江源国家公园体制试点区在三个园区分别设立国家公园管理委员会并探索与地方政府交叉任职，全面落实"两个统一行使"，强化资源环境综合执法体系①，创新推行生态管护岗位"一户一岗"制度。三江源与东北虎豹国家公园体制试

---

① 三江源国家公园体制试点区组建的资源环境综合执法队伍，整合了森林公安、国土执法、环境执法、草原监理、渔政执法等执法机构，强化纵向垂直合作综合执法，开展巡护、巡查和摸底等执法活动。其中对于森林公安队伍，为了顺应国家宏观层面森林公安转隶的改革方向，青海省将森林公安转为国家公园警察总队，三江源国家公园范围内的森林公安队伍建制上划归省公安厅，基本工资由公安系统支出，但是在实际工作中，由三江源国家公园管理局对其进行实质性的业务指导（即其工作主要由管理局安排）。资源环境执法局受管委会（管理处）和所属县政府双重领导，以管委会（管理处）管理为主，依法承担县域内园区内外资源环境综合执法工作。

点区均开展了全民所有自然资源资产管理试点。① 南山国家公园体制试点区通过集中授权使管理机构获得了必要的国土空间用途管制权，通过省、市、县三级人民政府分批将相关部门 197 项行政权力授权南山国家公园管理局。② 钱江源国家公园体制试点区探索了"集体林地地役权"制度，钱江源国家公园管理局与范围内 21 个行政村村民委员会签订了《钱江源国家公园集体林地地役权设定合同》，对农户集体林地的权利和义务进行了规范，即在权属不变的前提下，限定钱江源国家公园体制试点区范围内集体林地的生产经营活动，并通过生态补偿方式实现对自然资源的统一监管。

《总体方案》印发后，国家公园体制试点作为生态文明体制改革排头兵、先锋队的定位更为清晰。随着《祁连山国家公园体制试点方案》《海南热带雨林国家公园体制试点方案》陆续由中央深改组（委）审议通过，2019 年经批复的试点单位达到 11 个③。试点外的省市也在积极参与国家公园创建工作（虽当时未经中央和国家主管部门批复），如广东省提出"谋划建设粤北生态特别保护区，争取建设成为国家公园"，由省林业局牵头，在韶关、清远两市开展南岭国家公园体制试点工作；黄河口、秦岭、羌塘、亚洲象等国家公园创建区的工作不仅按部就班，而且紧锣密鼓。但《总体方案》将国家公园体制建设的目的限定为"保护自然生态系统的原真性、完整性"，这导致以文化遗产为价值主体的国家公园体制试点区和潜在对象退出申报。

发展整合阶段的开始与 2018 年新一轮机构改革基本同步。2018 年 3

---

① 2017 年底三江源国有自然资源资产管理局在青海西宁正式挂牌，三江源国有自然资源资产管理局与三江源国家公园管理局"一个机构、两块牌子"，为青海省政府派出机构，划入国土资源、水利、农牧、林业等部门涉及三江源国家公园体制试点区、三江源国家级自然保护区的各类全民所有自然资源资产所有者职责。依托国家林草局长春专员办，挂牌成立东北虎豹国家公园国有自然资源资产管理局（加挂东北虎豹国家公园管理局牌子），这是第一个中央直接管理的国家公园管理机构，2018 年黑龙江、吉林两省先后将涉及国土、水利、林业等 7 个部门的 42 项职责划转移交东北虎豹国家公园管理局，由其代中央统一行使事权，但因为职能行使的法律依据不足和队伍建设欠缺等因素，试点期间这种职能划转并未发挥应有的作用。

② 具体参见《国家公园蓝皮书（2019~2020）》附件第 6 部分《湖南南山国家公园管理局行政权力清单和来源》。

③ 其中，北京长城国家公园体制试点区在 2018 年按地方政府的要求退出国家公园体制试点。

月，十三届全国人大一次会议表决通过了《关于国务院机构改革方案的决定》，开始组建国家林业和草原局（以下简称"国家林草局"），加挂国家公园管理局牌子。根据《国家林业和草原局职能配置、内设机构和人员编制规定》，国家林草局负责国家公园设立、规划、建设和特许经营等工作，负责中央政府直接行使所有权的国家公园等自然保护地的自然资源资产管理和国土空间用途管制。国家林草局下设的自然保护地管理司监督管理国家公园等各类自然保护地，提出新建、调整各类国家级自然保护地的审核建议。国家林草局跨省设置的 15 个森林资源监督专员办事处作为国家林草局的派出机构，主要承担中央政府直接行使所有权的国家公园等自然保护地的自然资源资产管理和国土空间用途管制职责。国家公园牵头工作从国家发改委划转到国家林草局，虽然在工作交接后的一段时间内国家公园体制改革面上工作进展缓慢，但在中央与地方实践中仍然出现了一些积极有益的尝试。如出台了《国家公园设立规范》《国家公园监测规范》等五项国家标准，各试点区逐步落实自然资源资产登记确权、开展生态产品总值核算等。也出现了一些具有地方特色的尝试，如海南热带雨林国家公园体制试点区开展的"土地异地等价置换"① 和"执法派驻双重管理体制"② 等。

2020 年，国家林草局全面启动国家公园体制试点第三方评估验收工作，启动 5 年的国家公园体制试点迎来了期末考试，也在"名义上"画上了句

---

① 2019 年 8 月，《海南热带雨林国家公园生态搬迁方案》经海南热带雨林国家公园建设工作专题会议审议通过，按程序报批后于 2020 年 3 月印发。其中将国家公园核心保护区生态搬迁的白沙黎族自治县 3 个自然村的 118 户 498 人共计 5.21 平方公里集体土地，与位于国家公园体制试点区外的 3.65 平方公里国有土地进行等价置换，置换后原集体土地转变为国有土地，原国有土地转变为集体土地，有效解决搬迁土地处置难题。2020 年 12 月 31 日，白沙黎族自治县的 3 个自然村完成生态搬迁，村民全部住进了牙叉镇高峰新村颇具黎族风情的二层楼房。

② 海南热带雨林国家公园管理局设置执法监督处，试点区内的森林公安继续承担涉林执法工作，实行省公安厅和省林业局双重管理体制，以省公安厅管理为主；国家公园区域内其余行政执法职责实行属地综合行政执法，由试点区涉及的 9 个市县综合行政执法局承担，单独设立国家公园执法大队，分别派驻到国家公园各分局，由各市县人民政府授权国家公园各分局指挥，统一负责国家公园区域内的综合行政执法。"执法派驻双重管理体制"在一定程度上解决了国家公园的执法真空问题，但是执法效能并不高，2023 年的中央生态环境保护督察也关注了此类问题。

号。《建立国家公园体制试点方案》原定 3 年试点期（到 2018 年），但由于体制改革难度大、资金投入大、地方政府的发展需求与国家公园保护举措之间有矛盾，以及存在诸多历史遗留问题，加之新冠疫情等多方面原因，试点期一再延长，最终于 2020 年底才勉强完成了验收任务。2021 年 10 月 12 日，国家主席习近平在联合国《生物多样性公约》第十五次缔约方大会领导人峰会上宣布中国正式设立三江源、大熊猫、东北虎豹、海南热带雨林、武夷山等第一批 5 个国家公园，这标志着我国国家公园事业从试点阶段转向建设阶段[①]。

1.3　国家公园体制试点的曲折进展

经国家林草局组织的评估，10 个试点区均不同程度地完成了试点任务，在生态保护、绿色发展与民生改善三个方面取得了一些可复制、可借鉴、可推广的经验。在这一进程中，国家公园体制试点的进程并不是高歌猛进、一帆风顺的，而是"波浪式发展、曲折式前进"；试点建设也并非完美对应于顶层设计要求，而是与最初的设想存在差异，但相比自然保护区体制还是有明显改善的。

1.3.1　国家公园体制设点的完成情况

随着 2020 年国家公园体制试点评估验收临近，各试点单位所在地区在省级层面加大了体制建设力度，推动国家公园机构及基层政府的利益结构调整并在一定程度上在"权、钱"两方面的制度上达成了"合作共识"，国家公园体制改革再次提速，最终试点任务名义上[②]大体完成。基于 2020 年国家公园体制试点验收情况，对比 10 个国家公园体制试点单位试点任务完成

①　除第一批 5 个国家公园之外，其余的 5 个试点区仍然在开展国家公园创建工作，且国家林草局又陆续批复了众多国家公园创建区（具体参见《国家公园蓝皮书（2021~2022）》附件 1）。

②　此处"名义上"是指有些国家公园体制试点单位并未触及实质性的体制改革，在"权、钱"相关制度上并没有产生全面的实质变化，但验收报告由于多种原因给予了总体肯定。

情况，可以从生态保护、绿色发展、民生改善三个方面①全景式呈现国家公园体制试点进展（见表1-1）。

就全国层面的国家公园体制改革而言，必须看到此次整体的改革取得了一定进展，是对于既往自然保护区而言的改进优化。但如果对照《总体方案》所提出的系统性改革目标进行衡量，当前所取得的进展就显得不够。虽然2020年底的验收报告显示各国家公园体制试点区大体完成了《总体方案》和各试点区试点方案的任务，但就基层管理而言，除了三江源、武夷山等试点评估名列前茅的少数国家公园体制试点区，其他试点区在涉及"权、钱"的制度上并没有都按《总体方案》要求产生根本性变化。

综观10个试点区，真正在体制改革上取得落地层面系统进展的只有三江源和武夷山两个（虽然这两个试点区仍有短板②），其余试点区的体制改革实际上在管理体制、资金保障渠道、与地方政府的事权划分等方面大多维持现状或只是微调。例如海南热带雨林国家公园体制试点区在体制改革层面只是让海南省林业局加挂了海南热带雨林国家公园管理局的牌子，海南热带雨林国家公园管理局下设的7个分局只是在原有自然保护区管理机构、林场的基础上加挂管理分局牌子，尚未涉及相应的事权范围、资金机制调整；再如香格里拉普达措国家公园体制试点区的日常运营管理仍接近"企业承包性质"，国家公园管理机构基本没有行使任何自然资源资产所有权、国土空间用途管制权，因此不管是保护还是凭基于保护的行政职能管理好相关企业都显得力不从心。

在试点中比较突出的问题是：大多数试点区对特许经营、资源环境综合执法等敏感、复杂的问题大多是"应付式"的处理，而非系统改革或以项目试点为改革探路。例如，即便在体制改革相对较好的武夷山国家公园体制试点区，其"特许经营"也只是将原有的竹筏、漂流、观光车等大众观光旅

---

① 2021年3月，习近平总书记在福建武夷山国家公园考察时强调："要坚持生态保护第一，统筹保护和发展，有序推进生态移民，适度发展生态旅游，实现生态保护、绿色发展、民生改善相统一。"这三方面也是国家公园应该发挥的功能。

② 三江源国家公园体制试点区在生态系统完整性、分级形式所有权、央地事权划分等方面仍存在不足；武夷山国家公园在体制试点阶段，没有考虑跨省统一管理问题，特许经营仍是"新瓶装旧酒"。

表1-1　国家公园体制试点完成情况、特色成效及存在问题总结

试点区	管理机构	实际管理情况	生态保护	绿色发展	民生改善	特色成效	存在的共性或个性问题
三江源	组建三江源国家公园管理局（正厅级省政府派出机构）	青海省政府直接管理	形成"调查—监测—生境适宜性—生境连通性—生物多样性保护"模式	四个特许经营项目试点均落地运行	唯一实现生态管护公益岗位"一户一岗"全覆盖的试点区	保护和绿色发展改革力度均最大	"两个统一行使"的落地方式不明晰，勘界确权工作有全面完成
武夷山	组建武夷山国家公园管理局（正处级行政机构）	福建省政府垂直管理，委托福建省林业局代管	建设武夷山国家公园智慧管理平台，构建"天地空"一体化资源监测体系	提高补偿标准、建立毛竹林地役权制度	支付山林权有偿使用费，优先解决园区内村民劳动就业问题	相对集中行政处罚权	保护与发展矛盾仍比较突出，本底调查有严重缺漏（诸母岗一带的原始林未做调查），特许经营只是形式，生态旅游几乎空白
大熊猫	依托国家林草局成都专员办挂牌成立大熊猫国家公园管理局，在四川、陕西、甘肃三省林草局与熊猫国家公园管理局牌子加挂省相对独立	国家林草局与省政府双重领导，以省政府管理为主，四川大熊猫国家公园管理局与省林草局相对独立	建成大熊猫栖息地空间数据动态监测系统	生态产业化的非生态产业业态最丰富	培育与发展替代产业，部分保护区周边社区建立起稳定的产业结构，设立社区"保护与发展基金"	无	历史遗留问题解决不力，与地方政府的事权不清且权责利不匹配，资金机制不健全。在业务丰富且相关研究基础良好的情况下推进特许经营无实质性进展
东北虎豹	依托国家林草局驻长春专员办挂牌成立东北虎豹国家公园管理局，加挂东北资源专员办监管	国家草草局代表中央直管理，实际上只是驻长专局是驻长专员办监管	构建全球最大的以红外相机为骨干的空天地一体化监测体系	完善生态补偿政策，引入商业保险机制	2020年起实现了全域内的野生动物肇事100%补偿。2021年与安华农业保险股份有限公司吉林省分公司开展合作，2022年全面引入商业保险机制	开展跨境跨界合作	垂直管理体制和运行机制不顺畅，主要利益相关方权属关系不对等，国家公园体制试点规划与其他成绩规划的统筹顾虑不够

续表

试点区	管理机构	实际管理情况	生态保护	绿色发展	民生改善	特色成效	存在的共性或个性问题
海南热带雨林	在海南省林业局加挂海南热带雨林国家公园管理局牌子	海南省政府垂直管理	建立国家公园GEP生态调查监测网络	推进智慧雨林项目	探索"政府+企业+科技+村集体"的发展模式	创新园内外土地置换方式	保护与发展的矛盾仍然突出，绿色产业发展滞后，基层管理机构的体制机制和地方政府协同治理模式尚无根本性调整和改变
祁连山	依托国家林草局驻西安专员办公室挂牌成立祁连山国家公园管理局，在甘肃、青海两省省林草局加挂省管理局牌子	国家林草局与省政府双重领导，以省政府为主。实际上两省都只是省林草局的处级单位进行管理	构建"一横十纵"高质量生态屏障千里巡护线	设立生态学校和生态课堂	建立"村两委+社区"参与共建共治共享机制	创新矿权退出机制	基层管理机构的体制未做相应调整，跨省统一管理没有进展
神农架	组建神农架国家公园管理局（正处级事业单位）	委托神农架林区政府代管	创新推出"1+4林长制"联合巡护机制	完善生态公益岗位管理	形成"一乡一村一镇一特点，一村一组一特色"的社区共建发展模式	无	与地方政府的权责划分不清，在处理大众旅游和生态保护的矛盾上没有较好的措施
钱江源	组建钱江源国家公园管理局（正处级行政机构）	名义上是省林业局代管，实质上主要由开化县管理	24公顷大样地产出的科研成果出全国第一	出台特许经营项目计划	开展集体林地和农村承包田保护地役权改革	集体林地保护地役权改革	管理机构没有系统完整的权责清单，多数管理仍然依托县政府完成

续表

试点区	管理机构	实际管理情况	生态保护	绿色发展	民生改善	特色成效	存在的共性或个性问题
南山	组建南山国家公园管理局(省级全额财政拨款事业单位)	湖南省政府垂直管理,委托部分阳市政府代管	全国最全的大样地,森林、草原、湿地均有	构建"企业+基地+农户"奶业特许经营模式	建立生态公益岗位制度	无	三级政府的事权移交清单清楚,但执行中缺少保障机制
香格里拉普达措	组建香格里拉普达措国家公园管理局(正处级事业单位)	云南省政府垂直管理,委托迪庆州政府代管	初步形成"空天地"一体化科学监测体系	无	公司与社区入股分红的旅游景区利益分享模式	无	资金机制、管理体制没有改革

注: 表格中试点单位统一用简称。

资料来源: ①国家林草局及各试点区官网上公布的试点情况; ②作者团队现场调研了解的信息。

游换了个特许经营的名称而已——新瓶装旧酒。① 又如，全国层面的广域改革与国家公园体制改革出现矛盾，如2018年底启动的行业公安机关管理体制调整和生态环境保护综合行政执法改革使以森林公安为主体承担国家公园综合行政执法的高效局面被误伤。三江源、武夷山、海南热带雨林等国家公园体制试点区探索了"地方政府委托执法""派驻执法"等解决模式，但并没有触及根本，从一线执法力量来看全国自然保护地和国家公园并没有专门的、有技术能力的森林公安队伍承担行政执法职责，其执法队伍需要加强乃至重构。

1.3.2 国家公园体制试点中的"反复"

与哲学规律符合，无论是国家公园体制试点区整体还是某个体制试点区，其取得进展的过程都不是一帆风顺的，而是呈现螺旋上升趋势，甚至个别领域和个别时刻出现了"原地踏步"和"后撤"。

出现这些问题的原因之一是试点起步阶段一些地方政府对于国家公园的认知存在偏差，参与国家公园建设的积极性不高。2015年，湖南省政府申报的张家界试点区在中央主要领导圈阅方案后申请退出②，湖南省政府随后重新选定南山作为国家公园体制试点区。2018年北京长城国家公园体制试点区由于自身的认知原因申请退出，这与《总体方案》强调"建立国家公园的目的是保护自然生态系统的原真性、完整性"有直接关系。在所有国家公园创建区中，黄山国家公园历经三起三落，整个过程具有故事性和代表性：2014年7月，国家发改委等6部委局正式印发《关于开展生态文明先行示范区建设（第一批）的通知》，黄山市名列首批57个地区之一，这个文件的附件中明确列出："安徽省黄山市①探索建立培育发展生态文化的机

---

① 必须说明，这种情况不唯武夷山有，前期有类似的国企承包经营情况的香格里拉普达措，在2020年出台了《香格里拉普达措国家公园特许经营项目管理办法（试行）》，按这个办法，也只是将原有的经营换了个特许经营的名称，与武夷山几乎是一模一样的"新瓶装旧酒"。

② 申请退出的主要原因是地方政府担心国家公园体制试点限制作为其支柱产业的旅游业的发展。

制体制；②探索建立国家公园体制；③探索健全国有林区经营管理体制。"
但由于安徽未能在 2015 年成为试点省，黄山未能成为试点区，此为一起一
落；2016 年 2 月，安徽省政府工作报告提出创建大黄山国家公园，《安徽省
生态文明体制改革实施方案》《安徽省国民经济和社会发展第十三个五年规
划纲要》等明确提出创建大黄山国家公园，但这一创建工作方案随后又被
搁置，此为二起二落；2022 年黄山被列入《国家公园空间布局方案》，安徽
省林业局又形成了黄山（牯牛降）国家公园创建方案，但实质性工作并无
明显进展，直至 2024 年黄山都没有成为被国家林草局批复的国家公园创建
区，此为三起三落。

　　另一原因是国家公园体制改革的复杂程度高，只有在高层级政府的重视
和推动下才能取得实质性进展。如起步阶段武夷山国家公园体制改革的进展
并不明显，当福建省政府将国家公园体制试点作为重点工作并将试点验收压
力传递到南平市、武夷山市后，市县两级政府才加大了工作力度，使武夷山
国家公园体制试点的落地工作在 2019 年后提速①。

　　总而言之，从体制改革的"目标导向"和"问题导向"两方面分析，
作为生态文明建设重要内容的国家公园体制改革有进展，但在实践层面的进
展不尽如人意，生态文明八项基础制度的全面系统落地既需要"高举高打，
宏大叙事"，也需要"实践探索，微观实操"——这也是本篇第二部分专门
分析生态文明体制改革进展不快及其对国家公园体制试点影响和第三部分对
当前案例展开分析的原因。

---

① 从制度经济学分析，这是由中央政府、省政府和市县政府的利益结构不同所致。详细的学
　术分析参见《国家公园蓝皮书（2021～2022）》附件 2《从冲突到共生——生态文明建设
　中国家公园的制度逻辑》。

第2章
国家公园体制试点的成果与不足[*]

根据 2020 年国家林草局组织开展的试点评估验收结果，国家公园体制试点区的范围已经基本明确，管理机构初步建立，各试点区生态环境质量显著提升，社区民生有所改善，社会效益明显。① 但是，仍有诸多问题没有在体制试点期间解决，且正式设立的国家公园扩大后的区域（没有经过体制试点）存在更多问题。②

---

* 本章中列举的数据均来自国家林草局和各试点区官网正式发布的总结材料。

① 必须说明的是，各种评估报告、宣传材料乃至学术文章中谈及的试点区的变化并非设了国家公园体制试点区以后才产生的，很多变化其实与国家公园体制试点无直接关系，如公益林划定后的禁伐和公益林补偿、生态红线划定后的产业变化、自然保护区加强管理后的变化等。就理论而言，必须把成为试点区后新加的措施及其影响甄别出来才有说服力。但因为许多单个措施的作用范围难以判断，国家公园独有的措施也不多（如三江源为全域 17211 户牧民设立生态管护员岗位，每户每年 21600 元补助，这在国家公园外没有），因此绝大多数材料中也就将相关变化都归因到国家公园体制试点。仅从学术研究而言，其实通过分析国家公园独有措施及其导致的变化还是可以得出科学结论的。例如，钱江源在国家公园体制试点区中有两个特点使其便于用双重差分方法（DID）甄别国家公园独有措施的影响。第一，由三块区域组成，一块是已经管得较严的古田山自然保护区，一块是相对宽松但仍然有诸多限制的钱江源森林公园，一块是二者的连接地带（不是任何保护地）。换言之，从这三块区域里其实可甄别出哪些是保护区已经带来的变化、哪些是保护地带来的变化。第二，与周边省可形成对比。国家发改委 2016 年批复的《钱江源国家公园体制试点区试点实施方案》中明确要求争取把安徽休宁和江西婺源的相关保护区整合进来，而根据这两个省的相关情况（尤其是安徽省，其岭南保护区的基础是县林场，与钱江源森林公园的基础类似），完全可以做个很完美的国家公园体制试点带来变化的对比（实际上，安徽、江西省没有开展过任何国家公园体制试点工作）。

② 例如，武夷山国家公园正式设立后纳入了江西片区，而江西片区没有开展过国家公园体制试点的任何相关工作；又如，三江源国家公园正式设立后纳入了西藏实际管辖的长江源唐古拉山北麓区域，这个区域也没有开展过国家公园体制试点的任何工作。

2.1　体制试点成果

2.1.1　按中央文件要求初步建立了国家公园体制

随着国家公园体制试点工作稳步有序推进，各国家公园体制试点区在理顺管理体制、创新运营机制等方面取得进展，有些方面完成了国家公园体制试点任务，初步建立了国家公园体制，实现了国家公园和自然保护地统一管理。在试点期间，试点区管理体制主要采取三种模式：①中央直管型，以东北虎豹国家公园体制试点区为代表；②委托地方政府管理型，以三江源国家公园体制试点区为代表；③央地共建型，以大熊猫国家公园体制试点区为代表。东北虎豹国家公园体制试点区是唯一由国家林草局代表中央政府直接管理的试点区。其依托国家林草局驻长春专员办挂牌成立东北虎豹国家公园国有自然资源资产管理局，加挂东北虎豹国家公园管理局牌子；依托地方林业局和森工企业挂牌成立 10 个管理分局，实行由中央直接管理的"管理局—管理分局"两级管理体制。三江源国家公园体制试点区作为我国第一个国家公园体制试点区，试点期间委托青海省政府代为管理。青海省组建了三江源国家公园管理局（正厅级），内设 7 个处室，并设立了 3 个正县级局属事业单位，按"一园三区"布局，组建长江源、黄河源、澜沧江源 3 个园区管委会（正县级）；在国家公园涉及的 4 县开展大部制改革，整合林业、国土、环保、水利、农牧等部门的生态保护管理职责，在 3 个园区设立生态环境和自然资源管理局、资源环境执法局，全面实现集中统一高效的保护管理和执法；管委会（管理处）内设机构和下设机构与县政府相关工作部门的领导实行交叉任职，整合林业站、草原工作站、水土保持站、湿地保护站等，设立生态保护站，乡镇政府增挂生态保护站牌子，增加国家公园相关管理职责。大熊猫国家公园体制试点区是央地共建模式的典型。大熊猫国家公园体制试点区构建了中央—地方共同管理模式，初步形成了大熊猫国家公园管理局—三省管理局—管理分局—管理（总）站的四级管理架构。其依托国家林草局驻成都专员办挂牌成立大熊猫国家公园管理局，分别依托四川、陕西、甘肃三省林草局加挂省管理局牌子，三省管理局按行政区划设置了14 个管理分局，实行中央地方共同管理。

总体来看，国家公园体制试点区的三种管理模式各有优劣，都在一定程度上推进了自然保护地的机构和人员整合（但不一定实现了由一个部门统一行使国家公园的管理职责），为构建统一规范的国家公园管理体制奠定了基础。

为了使这种体制在操作层面更有规可循，试点期间，国家公园从设立到日常管理和考核都有国家标准。2020 年 9 月，由国家林草局申请，国家市场监管总局、国家标准化管理委员会审查批准了《国家公园设立规范》《自然保护地勘界立标规范》《国家公园总体规划技术规范》《国家公园考核评价规范》《国家公园监测规范》5 项国家标准制订计划立项，启动了国家标准制修订快速程序。国家林草局相关工作人员只用 3 个月就大体完成了标准制修订的程序要求，相关标准于 2020 年 12 月 22 日正式发布（其中《国家公园设立规范》进行修订后于 2021 年 10 月 11 日正式发布实施）。《国家公园设立规范》等 5 项国家标准贯穿了国家公园设立、勘界立标、规划、考核评价和监测的管理全过程，为构建统一规范高效的中国特色国家公园体制提供了重要支撑。这是体制试点发展整合阶段的重要成果。

只是比标准更重要的法律，历经六年（2018~2024），其制定仍然没有取得预期进展：制定《国家公园法》在 2017 年《建立国家公园体制总体方案》的附件（未公开）中即被列为刚性任务，按文件理当在 2020 年前完成立法工作。因为国家公园体制改革的难度大，加之牵头这项工作的机构由国家发改委转为国家林草局（2018 年），立法工作虽被各方高度重视但进展较慢。对中国自然保护地体系的主体——国家公园，**先将《总体方案》中的体制以法律的方式固化并纠正《自然保护区条例》中的一些不合理之处，就能基本保障以国家公园为主体的自然保护地体系获得"权、钱"方面的支撑并进而处理好人地关系、园地关系，实现人与自然和谐共生。**只是，其 2018 年以来的进展不尽如人意，虽然职能主管部门在《自然保护区条例》纠偏方面有了很大的进步且已经用部门规章（2022 年颁布的《国家公园管理暂行办法》）的方式使符合科学规律的法制化管理前进了一步，但与全国人民的期待和现实问题的复杂相比，仍然难敷需要。可以从职能主管部门的描述中看出其工作的认真和扎实，也可看出其中的无奈和妥协："2018 年 7 月，我局正式启动国家公园立法工作，成立了由局领导担任组长的领导小组和工作专班，在委托课题研究、组织座谈会、深入实地调研等基础上，2020—2021 年，先后征求了局内各单位、试点国家公园管理机构、地方政府和有关部门的意见①"，并经过进一步研究修改完善，形成了《国家公园法（草案）》（征求意见稿）于 2022 年 8 月至 9 月公开征求社会各界意见。但这个草案回避了对处理人与自然关系殊为重要的特许经营、社区发展等问题，引发了各方面的热议。仅就试点期间而言，立法工作没能满足《总体方案》的要求，也因此没能防止后来国家公园工作中的偏颇举措②。

2.1.2　保护成效较明显

必须说明的是，国家公园体制试点的保护成效明显，这一方面源自各种保护措施力度的加大③，另一方面则是由于加强监测和统计使成果显现出来了——虽然这些成果并不只是通过过去这五六年加强保护获得的。官方的说法是：各试点区自然生态系统得到明显改善，生态系统服务供给能力显著提升，生态系统结构功能得到明显改善。试点期间，国家公园体制试点区内珍稀物种种群数量稳步增加，如三江源试点区野生藏羚羊的数量由 20 世纪 80 年代的不足 2 万只恢复到 7 万多只；2019 年神农架试点区金丝猴数量从 2005 年的 1282 只增至 1471 只，种群数量从 8 个增至 10 个。包括森林蓄积

---

① 以上是 2022 年 8 月《国家林业和草原局关于〈国家公园法（草案）〉（征求意见稿）公开征求意见的公告》附件 2 中的文字。

② 立法的完整情况和三江源国家公园"黄河源特许经营"案例在本书第三篇第一部分"法制保障"一章中有详细介绍和分析，这是迄今为止关于中国国家公园的书籍和文章中都回避但对现实工作有巨大影响的内容。

③ 例如，武夷山国家公园福建片区在国家公园体制试点区范围内的 8000 多亩违规种植的茶被铲除，强化了生态保护。与之相对比，尽管武夷山市多年来一直在开展清除违规茶山活动，原来的自然保护区和风景名胜区也一直在做，但力度远逊于国家公园体制试点期间（尤其是发展整合阶段）。

量、水源涵养量在内的自然生态系统指标逐年增长，试点期间，东北虎豹试点区森林蓄积量由 2.12 亿立方米增加到 2.23 亿立方米，三江源试点区水源涵养量年均增长 6% 以上。除此之外，得益于国家公园科研监测体系的建立，各试点区内相继发现动植物新物种①。

各试点区内的违法行为也得到了有效遏制，相关案件数量显著下降。例如，东北虎豹试点区人为干扰显著下降，猎套遇见率下降 94.55%，无新增矿业权，无矿产资源私采盗采案件发生；祁连山试点区内矿业权相关生产全部关停，矿区内废弃生产和生活设施全部拆除，违法行为得到全面清理；海南热带雨林试点区以往积压案件悉数得到充分处理，各类破坏违法案件得到有效抑制，较往年下降了 17%；武夷山试点区执法威慑力显著提高，破坏动植物、毁林种茶等违法行为得到有效遏制；香格里拉普达措试点区 2016~2020 年野生动植物破坏案件数量明显下降，无新增能源矿产开发事件。

2.1.3 社会影响大提升

国家公园体制试点的社会影响从科研、公众了解程度、社会参与等多方面体现出来。

在科研方面，多数国家公园体制试点区都成为高校和科研机构的科研实验平台，成果产出显著加速。如祁连山试点区建立了学术交流平台和实践基地，邀请兰州大学、中国科学院西北生态环境资源研究院等高校和科研单位长期扎根，发表国内外期刊论文及研究生毕业论文百余篇；截至 2023 年，神农架试点区在国内外学术期刊发表研究论文 100 余篇（其中 SCI 收录 20 余篇），出版专著 9 部，获得国家发明专利 4 项，颁布实施省部级行业技术

---

① 例如，大熊猫试点区发现螭吻颈槽蛇（*Rhabdophis chiwen*）、龙门山齿蟾（*Oreolalax longmenmontis*）2 种动物新物种，巴朗山雪莲（*Saussurea balangshanensis*）1 种植物新物种；海南热带雨林试点区发现 19 种新物种；武夷山试点区发现雨神角蟾（*Megophrys ombrophila*）、福建天麻（*Gastrodia fujianensis*）2 种新物种；香格里拉普达措试点区内首次监测到珍稀濒危苔藓——花斑烟杆藓（*Buxbaumia punctata*）的种群分布；南山试点区发现 2 种维管束植物新物种、4 种脊椎动物新物种。

标准 5 项；**截至 2024 年上半年，钱江源试点区还创造了一个奇迹，即成为全世界单位土地面积产出 SCI 论文最高的自然保护地**，以钱江源为案例地的 SCI 论文总共发表了 300 多篇，折合每平方公里 1.2 篇，且其中 2/3 为试点以来发表的。

各试点区在习近平生态文明思想传播方面也有多种举动：东北虎豹试点区与主流媒体合作，通过举办"世界老虎日""东北虎豹国家公园建设发展论坛"等活动宣传试点改革精神、宣扬国家公园价值；大熊猫试点区得到社会各界广泛关注，试点期间在中央电视台的《新闻联播》《秘境之眼》等栏目均有报道，相关网页点击量超过 1 亿次，视频近 80 万条，热点话题阅读量 6450 万次。

随着国家公园辐射力、影响力的逐步提升，国家公园的社会支持力度也在不断加大。不仅志愿者的参与人数和志愿者管理机制都有明显提升①，各种社会捐赠相比自然保护区平台也有了跃升。各试点区与三江源生态保护基金会、中国绿化基金会、中华环境保护基金会、世界自然基金会（WWF）、全球环境基金（GEF）、太平洋保险公司、恒源祥集团、广汽传祺汽车有限公司、蚂蚁森林等建立了战略合作关系，国家公园相比自然保护区更加"出圈"。

2.1.4　区域民生有改善

"绿水青山就是金山银山"是新时代推进生态文明建设的六项原则之一，在全面脱贫的时代背景下，各试点区都加紧通过生态补偿、公益岗位、生态产品价值实现等形式推动居民增收、民生改善。

健全国家公园生态保护补偿政策是《总体方案》明确要求的改革事项，随着重点生态功能区转移支付的力度不断加大，各试点区在生态补偿方面也加大了力度。其中体制改革有特色且力度最大的是三江源和钱江源试点区。三江源国家公园管理局率先探索"一户一岗"的生态管护员制度，对考核合格的生态管护员给予每月 1800 元津贴，试点区内牧民生活明显改善，当

---

① 这在其后也得到了中央文件的支持：2024 年 4 月中共中央办公厅、国务院办公厅发布的《关于健全新时代志愿服务体系的意见》中专门提出推进国家公园、国家文化公园及博物馆、纪念馆、科技馆等志愿服务全覆盖。

地居民通过保护工作获得了相对而言重要的现金收入渠道①。钱江源试点区探索了"集体林地地役权"制度，管理局与范围内 21 个行政村村民委员会签订了《钱江源国家公园集体林地地役权设定合同》，对农户集体林地的权利和义务进行了规范，即在权属不变的前提下，限定国家公园范围内集体林地的生产经营活动，并将生态补偿标准提高到 48.2 元/亩，涉及农户达 3757 户。

绿色产业是国家公园高质量发展、破除"生态诅咒"② 的有力途径。在国家公园体制试点初期，工作重点放在建立管理体制、解决历史遗留问题上，在产业发展方面投入的力量不多。即便在此种情况下，仍然出现了一些"亮点"案例。如三江源国家公园黄河源园区和澜沧江园区发展的生态旅游，就是与国际标准接轨的先进业态，业态的各种管理制度建设也是先进的，最后在生态影响满足保护要求、远低于大众观光游客扰动限度的情况下单客产值达到大众观光旅游的 10 倍以上，且相关收益的约 2/3 会反馈于当地社区居民，体现出新质生产力的典型特征。只是受林草系统人员的惯性思维、保守工作方式以及新冠疫情或自然灾害影响，这样的绿色产业发展案例太少且规模有限③。

民生改善也体现在各试点区民生相关基础设施的丰富和完善上。大熊猫试点区四川片区新建和改扩建各类基础设施 110 余处，试点期间累计使用中央生态功能转移性支付资金 20 亿元，社区的防洪堤、环境卫生等民生设施得到了改善提升。海南热带雨林试点区实现道路硬化"村村通"，针对所有村落进

---

① 青海省在 2020 年确定的全省最低工资标准是 1700 元/月，三江源国家公园的生态管护员岗位补助已经高于最低工资标准。因为三江源的牧民大多处于自给自足的自然经济状态，现金收入渠道有限，管护员工资对很多原住牧民家庭而言成为最重要且稳定的现金收入渠道（卖虫草等虽然收入更多但不稳定）。

② 生态价值高的区域大多发展基础薄弱、产业要素欠缺或发育水平不高，加之生态保护红线等发展约束限制，往往呈现高质量生态环境与低水平经济发展的强烈反差，出现难以轻易摆脱的"生态诅咒"现象。

③ 考虑到绿色产业在统筹实现生态保护、绿色发展、民生改善上可能的巨大贡献甚至不可替代性，本书在第二篇第三部分专门分析僵化曲解生态保护工作的现象，第三篇则从理论到案例实践详细展示在保护政策约束、历史遗留问题繁多、产业要素配套水平低的情况下，如何实现国家公园及周边的绿色发展。

行垃圾回收处理和生活污水集中处理，试点期间累计改造厕所 36327 户。武夷山试点区实施环境综合整治项目 5 个，解决居民聚集地生活污水和垃圾污染问题，建立居民生活区域卫生保洁长效机制，每年下发社区垃圾处理补助资金 125 万元，改善交通基础设施，推动实现村容村貌整洁。钱江源试点区试点期间共安排约 6000 万元资金，专项用于社区环境综合整治和风貌提升，提升改造了卫生院门诊楼以及 6 所小学的住宿环境，并对古民房进行修缮，实现试点区内污水集中纳管、生活垃圾集中处理全覆盖。民生改善相关举措提升了原有居民对国家公园的认同感，促进了区域团结，维护了社会稳定。

2.2　体制改革进展到现阶段仍然存在的不足

尽管国家公园体制相比原有自然保护区、风景名胜区体制已有显著进步，但从国家公园体制试点的问题导向和目标导向来看，对照《总体方案》，在体制层面上仍有诸多明显不足，这些体制的不足又最终会体现为现实管理问题。可以从法、权、钱三方面来总结体制的不足，从处理保护与发展的矛盾和实现统一规范管理上的不足来总结重要的现实管理问题。

2.2.1　上位法缺失使体制改革阻力大

法律是推进改革的方向依据和改革者最重要的人身保障。从试点阶段迄今，与国家公园密切相关的《国家公园法》《自然保护地法》等上位法均未正式出台，《自然保护区条例》在保护科学性和管理现实性方面都存在争议[1]，亟待修订；与自然保护相关的各要素法律（如《土地管理法》《森林法》《野生动物保护法》《环境保护法》等）的有些条文忽视生态系统间关系，甚至条款相互抵牾；《国家公园管理暂行办法》的法律位阶低（属于部门规章）且在实际工作中常常不作为审计、督察依据。这样就造成相关法

---

[1]　国家公园在绿色发展、民生改善等方面的体制要求明显有别于自然保护区，该条例中的某些限制性规定难以执行且已不合时宜。

不仅难以准确指导国家公园体制改革，还难以形成法律法规体系应该形成的从大到小、从粗到细、逻辑一致的合力，体制改革所需要的政策法规在细节上的突破没有任何一个上位法能提供导向性依据，地方的体制改革和实践探索得不到法律支持反而会因为《自然保护区条例》等法规中少数不合理的条款给改革者和实践者带来巨大的风险①。尽管《关于建立以国家公园为主体的自然保护地体系的指导意见》（以下简称《保护地意见》）等中央文件对相关改革突破尤其是超越现行法律法规的突破给出了明确的依据②，但于法无据仍是体制改革落地的巨大隐忧。从试点迄今，10个试点区在"一园一法"方面的工作进展整理为表2-1，从中可发现法规出台并不顺利或对体制改革的支持并不到位。

2.2.2 管理机构较难获得应有事权并形成责权利匹配

在试点过程中，相关方面设计的国家公园管理模式为以下三种：①以东北虎豹国家公园体制试点区为代表的中央直接管理模式；②以大熊猫国家公园体制试点区为代表的中央—省共同管理模式；③以三江源国家公园体制试点区为代表的中央委托省管理模式。但在现实中，衍生出了更多的模式，如武夷山本应由省政府垂直管理，但实际上由省林业局代管；神农架实际上是县级神农架林区政府代管；等等。而东北虎豹国家公园体制试点区因为没有建立基层队伍和明确权责，国家公园管理局也没有进行日常管理而更类似监管，多数落地事务还是由延边州和相关县政府完成。总之，国家公园管理机

---

① 例如，如果《国家公园法》能及时出台并在其中明确鼓励各国家公园因地制宜探索生态旅游等绿色业态的特许经营制度，地方就可能在自己的"一园一法"中制定详细的规定并放入一些突破既有政策法规不合理条款的制度，这就使相关改革不会被一般依据现有政策法规的审计、督察、纪检工作干扰甚至误伤。本书在第二篇第三部分"在解决关键问题上的僵化曲解保护工作等现象及案例"中有详尽分析。

② 2019年出台的《保护地意见》创新性地给出了这样的指示："（二十三）**完善法律法规体系**。加快推进自然保护地相关法律法规和制度建设，加大法律法规立改废释工作力度。修改完善自然保护区条例，突出以国家公园保护为主要内容，推动制定出台自然保护地法，研究提出各类自然公园的相关管理规定。**在自然保护地相关法律、行政法规制定或修订前，自然保护地改革措施需要突破现行法律、行政法规规定的，要按程序报批，取得授权后施行。**"

表 2-1 国家公园体制试点期间各试点区发布的法规和规章一览

试点区	地方法规和规章	发布机构	施行时间	说明
三江源	《三江源国家公园条例(试行)》	青海省人民代表大会常务委员会	2017 年 8 月 1 日	
武夷山	《武夷山国家公园条例(试行)》	福建省人民代表大会常务委员会	2018 年 3 月 1 日	正式设立后福建、江西两省在协商的基础上各自立法,重新制定的《福建省武夷山国家公园条例》于 2024 年 5 月 29 日由福建省人民代表大会常务委员会通过(10 月 1 日起施行),《江西省武夷山国家公园条例》于 2024 年 5 月 30 日由江西省人民代表大会常务委员会通过(10 月 1 日起施行)
大熊猫	《大熊猫国家公园管理条例》	—	—	《大熊猫国家公园管理条例》始终未能正式发布。在国家草草局明确各自立法的工作思路后(按本书的表述,即在难以实现一体化管理的情况下,通过法律、规划、标准等的协商一致实现一致性管理),四川省率先启动地方立法。2023 年 7 月 31 日,四川省人民代表大会常务委员会发布《四川省大熊猫国家公园管理条例》
东北虎豹	《东北虎豹国家公园管理办法》	—	—	
海南热带雨林	《海南热带雨林国家公园条例(试行)》	海南省人民代表大会常务委员会	2020 年 10 月 1 日	
祁连山	《祁连山国家公园管理办法(暂行)》	祁连山国家林草局驻西安专员办 (国家林草局驻西安专员办)	2020 年 7 月	为印发时间
神农架	《神农架国家公园保护条例》	湖北省人民代表大会常务委员会	2018 年 5 月 1 日	2019 年修正

续表

试点区	地方法规和规章	发布机构	施行时间	说明
钱江源	《钱江源国家公园条例（草案）》	—	—	已经编制草案
南山	《南山国家公园管理办法》	邵阳市人民政府办公室	2020 年 5 月 1 日	
香格里拉普达措	《云南省迪庆藏族自治州香格里拉普达措国家公园保护管理条例》	迪庆藏族自治州人民代表大会常务委员会	2013 年 9 月 25 日（试点前制定发布）	云南号称这是中国大陆首例国家公园"一园一法"，但该条例出台早于《总体方案》，所以多数条款与国家公园体制试点要求不符，其后也没有重新制定。2015 年云南省人民代表大会常务委员会又通过了《云南省国家公园管理条例》，情况类似

资料来源：作者团队根据各试点区官网信息整理。

构都需要依托于地方政府甚至基层地方政府（县级），国家公园治理无法超脱于与当地政府的紧密协作。

采取中央直接管理模式的东北虎豹国家公园体制试点区作为我国第一个中央直接管理的国家公园体制试点区，由依托国家林草局驻长春专员办挂牌成立的东北虎豹国家公园管理局统一行使国家公园范围内各类自然资源资产保护管理职责和国土空间用途管制职责。虽然黑龙江、吉林两省在名义上划转移交了所涉及的各类自然资源资产所有者职责，但没有基层队伍的东北虎豹国家公园管理局并未取得统一执法权，也无法真正履行自然资源资产所有者职责，更没有能力对国家公园的社区发展、产业转型等复杂情况进行有效管理。

采取中央委托省管理模式的国家公园体制试点区，存在层层委托、国家公园体制试点区管理机构实质上由市县级政府或省林业局代管的情况。截至试点验收时，神农架、香格里拉普达措、南山三个试点区的管理机构仍由其所在基层地方政府（市县级）代管，与《总体方案》和《保护地意见》等中央文件关于国家公园统一事权、分级管理的要求不符，也不利于落实自然资源资产所有者权益、平衡保护与发展的关系。

采取中央—省共同管理模式的国家公园体制试点区，对于央地共建进行了积极有益的探索，但事权划分不清、责权利不匹配是常态。以大熊猫国家公园体制试点区为例，虽然建立了大熊猫国家公园管理局（国家林草局驻成都专员办）—三省管理局—管理分局—管理（总）站的四级管理架构，但在实际运行过程中，依托国家林草局驻成都专员办挂牌成立的大熊猫国家公园管理局对三个省级管理局及下设分局并没有实际管理权限：既无人事调配权、干部任免权，又无预算编制权、资金分配权、项目审批权，导致其缺乏对各省管理局的约束和激励手段，从而出现其被实质性架空、高度虚置的局面。

此外，部分试点区还存在管理机构级别偏低、机构性质错位的问题。国家公园体制试点区点多面广、区内自然资源权属复杂，不仅涉及区县层级地方政府，还牵涉省直各有关部门甚至跨省协调等，神农架、钱江源试点区管理局作为正处级行政机构，协调力度不够。香格里拉普达措和南山2个试点区机构定性为公益一类事业单位性质（香格里拉普达措管理局明确为正处级，南山管理局未明确机构级别，只是按副厅级架构设置），其综合执法等行政职能缺乏法律支撑，即便设立了综合执法支队并实施了行政授权，仍然在很大程度上依赖地方政府职能部门，执法的生态保护第一要求和适时性受到较大影响，难以履行国家公园相关管理职责。

2.2.3 资金机制仍然难敷需要

资金机制是制约国家公园体制改革的重要因素。试点阶段，各级财政对试点区的投入还十分有限且差异巨大。中央和地方事权划分不清，导致事权支出的细则尚不明晰。试点期间，多数国家公园体制试点区范围内已有的各项建设资金并未能有效整合，中央层面资金主要来源于天然林保护工程、退耕还林还草工程、森林生态效益补偿、重点生态功能区转移支付[①]以及国家发改委的文化旅游提升专项建设资金。各试点区仍然沿用原有资金申报渠道，导致资金统筹调配难度大、资金使用效率低，财政支出的力度与中央所应承担的事权责任并不匹配。地方政府层面应根据事权划分提供相应的资金支持，但地方政府财政能力有限，普遍在工矿企业退出、生态搬迁、集体土地流转等方面存在较大的资金缺口。此外，由于生态产品价值核算等技术还没有完全成熟，自然资源有偿使用制度还不完善，跨区域的横向补偿机制尚未形成，国家公园建设尚未形成有效的资金补充机制。10个试点区的相关情况整理总结为表2-2。

表2-2 国家公园体制试点财政资金投入

试点区	财政资金管理办法	财政事权和支出责任划分模式
三江源	财政部办公厅印发《关于三江源国家公园财政支持政策的通知》	明确为中央事权，中央委托省政府履行事权；纳入省级政府预算，中央通过转移支付弥补

---

① 严格来说，这些资金渠道与国家公园体制试点无关，是试点前这些区域作为林区和重点生态功能区就有的。

续表

试点区	财政资金管理办法	财政事权和支出责任划分模式
武夷山	福建省财政厅、福建省林业局印发《关于推动国家公园建设若干财政政策的实施意见》	明确为省级政府事权,省级政府直接履行事权;纳入省级政府预算
大熊猫	《四川省大熊猫国家公园财政资金项目管理办法(试行)》	明确为中央事权,中央委托多省政府履行事权,实现跨区域管理;纳入各省级政府预算,中央通过转移支付弥补
东北虎豹	—	明确为中央事权,中央直接履行财政事权;纳入中央预算
海南热带雨林	—	明确为中央事权,中央委托省政府履行事权;纳入省级政府预算,中央通过转移支付弥补
祁连山	—	明确为中央事权,中央委托多省政府履行事权,实现跨区域管理;纳入各省级政府预算,中央通过转移支付弥补
神农架	—	明确为省级政府事权,省级政府委托市县政府履行事权;纳入市县政府预算,省政府通过转移支付弥补
钱江源	—	明确为省级政府事权,省级政府直接履行事权;纳入省级政府预算
南山	—	明确为省级政府事权,省级政府委托市县政府履行事权;纳入市县政府预算,省政府通过转移支付弥补
香格里拉普达措	—	明确为省级政府事权,省级政府委托市县政府履行事权;纳入市县政府预算,省政府通过转移支付弥补

资料来源：作者团队据各试点区官网信息整理。

　　另外，国家公园的社会投入资金占比过低，无法对财政进行有效补充。国家公园在中国属于新兴事物，中央和地方、政府和社会各界对国家公园尚未形成统一认识。国家公园建设明显缓解了违规开发、传统无序旅游和农业扩张等问题，但也使自然资源合理经营受到限制，特许经营还难以制度化运行，甚至遭遇人为曲解和因上位政策法规缺位而被中止的"无妄之灾"。国家林草局、国家公园管理机构和地方政府对国家公园范围内及周边的自然资源可否利用、若可以利用该如何利用等问题还没有形成全面的、在实践中能落地的共识，实现绿色发展还缺乏足够的经验。社会资金的使用与管理也缺乏相关的法律制度保障。在此情况下，国家公园的社会资金参与机制始终没有建立起来，国家公园体制试点区对民间资本的吸引力度不够，即使民间资本有兴趣参与到国家公园建设中，国家公园管理机构和所在地政府也不愿或不敢尝试，毕竟越是资源环境这样的专业化领域越易引发行政机构的过度干预，越容易带来从业者对他人以非专业思维扭曲本行业环保责任、修复能力和治理边界的担忧①。

2.2.4 保护与发展的矛盾常见且解决难度大

国家公园面临同地方政府和社区的两方面保护与发展之间的矛盾：①有的国家公园已经是经济收益较好的景区或产业基地（如武夷山的茶产业），创建国家公园意味着国土空间用途管制加严，不改变原来的产业发展模式必然会使地方政府的经济利益受损②；②国家公园范围内的居民长期以来的生计大多依赖于对当地自然资源的传统利用，这种利用可能会因为国家公园的创建而受限，因此试点期间有些社区因为获得国家公园相关资金少但产业受到的限制多而对国家公园有所抱怨③。

---

① 具体参见本书第二篇第三部分的专门分析。
② 新业态与传统业态的差别涉及了劳动者、劳动对象、劳动资料，其与资源环境的关系和营利模式同传统业态有明显区别，以旅游产业为例的分析参见本小节的专栏。但多数地方政府领导和林草系统的工作人员并不清楚这些差别，因此更难以新质生产力思维去平衡保护与发展的矛盾，因此本书第三篇以10多万字的篇幅专门讲解这个主题。
③ 《国家公园蓝皮书》调研组2023年5月在武夷山国家公园的核心地段星村镇星村村调研时，该村党支部书记强调共产党员要讲实话，然后以两个例子详细地说明了为什么她个人觉得对星村村来说国家公园尚未带来"实惠"。

发展绿色产业是解决国家公园保护与发展之间的矛盾的重要举措，也是国家公园高质量发展的必然选择，然而在产业发展过程中，受制于国家公园所在社区的人力资源水平、产业要素配置水平，加之难有专业水平较高的企业设计新业态、整合产业要素，因此难以在"最严格的保护"下通过绿色产业新业态形成新质生产力①，也难以对国家公园区域范围内的既有产业进行绿色化转型升级。国家公园体制试点9年多来，这方面情况基本没改善，国家公园优质生态产品与生态服务的溢价难以变现，绿色产业发展基本未能起到平衡保护与发展的矛盾的重要渠道作用和对国家公园财政投入的补充作用。

例如，东北虎豹试点区大部分区域属于重点国有林区，原森工系统和林业局的管理职能划转地方政府，但相关人员未一并划转，营林生产已经停止，林下养殖、松茸和红松子采集等受到限制，原有工资性收入和林下经济收入都在减少，新的产业体系没有建立；武夷山试点区以茶产业和生态游憩为支柱产业带动社区发展，但原有居民开山种茶愿望强烈，景区的环境承载力，茶叶种植、旅游对土壤、水以及生物多样性的影响等在短时间内难以精准测算；香格里拉普达措试点区用于反哺社区的资金完全来源于企业旅游经营收入，且只对社区进行资金补贴，而对绿色产业扶持力度不足，中央环境保护督察后碧塔海景区被关闭，旅游公司收入大幅下降，反哺社区资金困难。此外，除香格里拉普达措试点区外，其余试点区都存在不同程度的矿权、水电站或其他生产经营企业退出以及生态搬迁的资金缺口，大多数试点区内居民获得的生态补偿仅能满足其基本生活，居民获得感和幸福感不强。

在这种情况下，许多林草系统的工作人员却对绿色发展知之甚少，不理解在重点生态功能区也能形成新质生产力，且可以通过特色产品的增值把资源环境的价值和保护的成果转化出来，这样既不会触碰保护的底线，还会使产业参与人有内生的保护动力。② 林草系统工作人员在这方面的知识结构和

---

① 本书第三篇有详尽的理论和案例分析。

② 本书第三篇第二部分用多个案例说明了不管面临什么样的保护与发展的矛盾，总有绿色发展的空间和方式。

工作经验的欠缺使处理保护与发展的矛盾的方式仍难优化。可以专栏 1-1 为例说明有国家公园特色的旅游业态的细分，从中也易于看出国家公园的旅游业态与大众观光旅游存在明显区别，且这些业态都需要从自然教育课程体系、作为科学向导的志愿者、运动康养等专业人员要素的补齐到纳入国民教育体系等政策措施的加持①，否则就难以实现绿色发展。

专栏 1-1　有国家公园特色的旅游业态的细分及其外延关系

可以把与生态相关的广义的旅游产业细分为三类：①**生态旅游**；②**自然教育**；③**健康养生（以下简称康养）**。生态旅游是指以优美良好的自然环境为主要吸引物或体验对象的旅游活动，包括观光游览；生态体验，如森林游径科普活动和自然导赏活动（如入门级、短时间、不系统的观鸟、观星）；专门的徒步游径上的健身活动；依托环境较好处的居住地的旅居；等等。自然教育是以教育为主要目的的系统化的深度体验活动，其具体业态有自然学校（面向大众的以认识自然为目标的课程开发和基地建设）、自然研学（为小学高年级及以上的学生及部分成年人设置的中长期专业体验课程，包括系统的野生动物和大样地监测参与式体验、野外巡护体验、标本制作等），有完整的课程教材（自然教育手册等），其面向学生的活动被纳入国民教育体系。自然教育的初级业态也包括自然导赏和康养中配套的一些研学活动。健康养生的主体是具有疗养康复性质的依托良好环境的复合型度假旅游活动，如康复性质的疗养活动和特定区域的养老活动等。这种业态的消费者在某个区域的停留时间较长，有多种活动可植入，如徒步健身、自然导赏和研学活动等。这**三类产业并非完全独立，存在细分业态上的交叉**：自然教育与生态旅游相结合的部分为自然导赏和深度体验（与普通的生态体验相比，一般具有更高的门槛、更强的体验感受和更长的体验时间）；自然教育与健康养生相结合的部分则是研学康养和自然导赏等，其课程时间较长但要求不高、强度不大，以培养自然兴趣、丰富康养感受为主要目的；生态旅游与健康养

---

① 本书第三篇以 10 万字以上的篇幅对此有理论和多个案例实践的分析和指引。

生的结合部分有徒步健身、旅居康养、自然导赏等（见专图 1-1），即在良好环境中以运动休闲的方式达成康养效果。国家公园的有些区域，具有三种业态均能发展且交叉业态优势突出的条件，但大多数区域只能重点发展一类或两类，**即在大众观光游览的基础上选重点进行旅游产业串联和业态升级，以既控制环境负面影响也充分利用优质生态环境丰富旅游业态、延长停留时间获得更高旅游收益。**

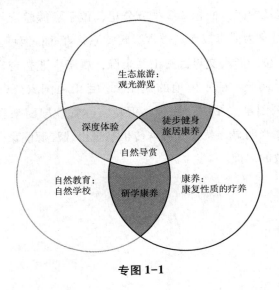

专图 1-1

2.2.5　空间范围仍有不合理之处且难跨省统一管理

10 个国家公园体制试点区有明显的空间范围不合理问题。从国家公园完整性角度考虑，三江源、武夷山、神农架、香格里拉普达措、南山等试点区都存在一定程度的欠缺：三江源试点区虽然面积最大，但试点期间未完整纳入长江源头区（主峰各拉丹冬周围的唐古拉山北麓区域）；武夷山、神农架、香格里拉普达措、南山等试点区虽然面积超过 500 平方公里，但试点区范围还不足以反映生态地理单元的完整生态过程，毗邻区域内具有类似保护价值的区域由于跨行政区域、管理机构难以整合等原因没有纳入国家公园体制试点。此外，部分试点区在规划国家公园范围和管控分区边界时，未开展充分的实地勘验，存在永久基本农田、人口密集的聚居村等没有科学调出等问题，既影响了国家公园的原真性，也留下了居民生产生活与保护管理的矛盾等隐患。

空间范围不合理还体现于不同生态系统的两个园区由于行政原因被"绑在一起"。钱江源—百山祖国家公园由两个空间层面并不相连的园区组成①，其中，钱江源园区面积 252 平方公里，位于浙赣皖交界黄山—怀玉山脉，核心保护对象为低海拔亚热带常绿阔叶原始森林；而百山祖园区面积约 505 平方公里，位于浙闽交界武夷山系余脉，属于中亚热带森林生态系统的典型。虽然地跨衢州、丽水两地的钱江源—百山祖国家公园提出了"一园两区"国家公园创建"便捷"路径，但从实际管理层面来看两个园区管理的割裂性仍旧相当明显，就连官方宣传也呈现出钱江源国家公园、百山祖国家公园各自为政的局面。

---

① 当时由于钱江源国家公园体制试点区面积达不到《国家公园设立规范》（GB/T 39737–2020）要求的"总面积不小于 500km²"，浙江省将其与百山祖自然保护区相关区域联合，以钱江源—百山祖国家公园的名义参与国家公园创建。其后，这两个区域的面积有微调（按管理要求抠出天窗等）。

第3章
国家公园体制试点的助力因素
与两面因素分析

2021 年，国家公园体制试点在名义上圆满落幕，在现实中相对自然保护区的管理也有明显进步，但无论按目标导向还是问题导向看其仍有诸多不尽如人意之处，其中有助力因素，也有两面因素。只有辨析这些因素，才能真正解决现实问题。

3.1 助力因素

国家公园体制改革的核心动力来自中央。党的十八大以来，生态文明建设成为我国"五位一体"战略布局的重要组成部分，生态文明建设实践不断深入推进。国家公园体制改革成为党的十八届三中全会文件和《生态文明体制改革总体方案》明确的重要改革任务，且多个国家公园体制试点相关方案在中央深改组（委）会议①上通过，这充分体现了党中央、国务院对国家公园体制改革的重视。2018 年机构改革以前，国家发改委牵头开展国家公园体制试点工作，在资金和政策匹配层面都处于较高水平，与此前的法定保护地（自然保护区、风景名胜区）的管理体制机制相比，充分体现了国家公园体制改革的综合性和重要性。

自然保护区违法恶性事件（如祁连山事件）也在某种程度上成为国家公园体制试点的加速器。甘肃省在祁连山国家级自然保护区范围内以牺牲环境的方式追求短期经济利益，在习近平总书记三次批示后仍然没有迷途知返，

---

① 当时是中央层面推动体制改革的最高决策形式。

最终相关违法乱纪问题由中央直接处理①，包括 3 名省级、8 名厅级和数十名处级干部在内，甘肃诸多干部被问责。随后，《祁连山国家公园体制试点方案》在 2017 年 6 月的中央深改组第三十六次会议上获得通过，这意味着中央直接用国家公园体制来统筹解决祁连山的问题。祁连山事件后，中央更加重视自然保护地和国家公园工作，且更加强调国家公园体制的作用：2017 年 7 月的中央深改组第三十七次会议就通过了《建立国家公园体制总体方案》，明显快于预期。

3.2　两面因素分析

部分地方领导在某些方面的政绩观仍因循守旧，认为经济指标才是关键政绩。究其原因，还是生态文明体制改革没有真正到位，很多地方（甚至包括在全国主体功能区规划中被确定为重点生态功能区的县）的领导干部政绩考核指标中 GDP 和招商引资等所占的权重仍然较高，而国家公园的政绩显示度并未得到充分体现，这就造成地方政府在经济利益和政治利益两方面权衡中都对国家公园建设缺乏足够的重视。与此同时，来自中央生态环境保护督察的压力传导使地方政府不得不重视生态保护工作，但其依据《自然保护区条例》等政策法规中的一些过时或不适用条款的追责和处理方式也可能让部分地方领导将国家公园建设视为一种不得已而为之的负担，中央第三生态环境保护督察组对黄山太平湖的处理影响了黄山市领导对黄山国家公园建设的判断就是一例②。

---

① 2017 年 7 月，中共中央办公厅、国务院办公厅通报祁连山国家级自然保护区生态环境问题：一是违法违规开发矿产资源问题严重，二是部分水电设施违法建设、违规运行，三是周边企业偷排偷放问题突出，四是生态环境突出问题整改不力。通报称，上述问题的产生，虽然有体制、机制、政策等方面的原因，但根子上还是甘肃省及有关市县思想认识有偏差，不作为、不担当、不碰硬，对党中央决策部署没有真正抓好落实。

② 2021 年 4 月，中央第三生态环境保护督察组在安徽省督察期间发现，太平湖流域违规开发项目整改工作推进不力，局部生态破坏问题依然突出。太平湖位于黄山市黄山区境内，本底是水库，挂省级风景名胜区和国家湿地公园牌子。太平湖沿岸 2017 年以前长期过度开发，大量房地产、酒店和旅游度假村项目持续开工建设，湖泊自然岸线被侵占、景观和湿地资源遭受破坏，部分项目在风景名胜区总体规划（省政府批复的《太平湖风（转下页注）

从体制试点的实践来看，国家公园相关工作呈现出奖惩不对称的局面，表现为上级讲得多但奖得少，追责追得多但责权利不对称，这导致地方政府在进行国家公园体制改革时，没有宁可损失眼前经济利益也要推动改革的信心。① 除此之外，对于大多数地方而言，改革并未使国家公园资源得到合理利用，形成兼顾生态保护、绿色发展、民生改善的局面，因此包括特许经营在内的国家公园体制试点工作推动相对较为迟缓。地方政府在"保民生"基本职责和中央配套支持资金不足的情况下，不愿意参与国家公园体制试点。

2018 年机构改革后，国家林草局组建并加挂了"国家公园管理局"的牌子，国家公园体制试点和改革的牵头工作随之由国家发改委移交过来。这一转变，在提升自然生态相关工作专业性的同时，也因为林草部门的工作惯性以及在权责调整上的乏力使国家公园体制建设在某些方面呈现"升级版自然保护区"的发展倾向。近些年来，林草系统有越来越多的干部认为国家公园保护应该体现为"严防死守"式保护，对"绿色发展""特许经营"方面的改革消极回避甚至走回头路，希望把这些技术上复杂、尺度拿捏上有风险的事务交给地方政府，国家公园管理机构自身只承担生态保护、修复和监管工作。这样的思路，不仅有悖于中央编委《关于统一规范国家公园管理机构设置的指导意见》中的要求（特许经营是其中明文规定的国家公园管理机构的职能），也使设置国家公园的必要性出了问题：环境保护是属地责任，但如果在现实中认为这种责任能到位，就没必要专门划出国家公园并

（接上页注②）景名胜区总体规划（2015—2030）》）和国家湿地公园总体规划批复后仍违规推进。从科学角度而言，本底为非饮用水源地水库（原功能中无饮用水源地）的太平湖保护价值并不高，适当的基础设施在附加高要求的污染治理设施后也基本不会影响主要保护对象（如湖边的太平湖皇冠假日酒店，其污水处理达到了较高的水平，可以满足水质保护要求。这种情况在加拿大班夫国家公园也常见，如著名的费尔蒙露易丝湖城堡酒店坐落于风景如画的加拿大班夫国家公园内露易丝湖边，保护要求远比太平湖苛刻的冰川构造湖的环境容量也能承受这一个酒店的环境影响）。太平湖的问题主要在于过度开发，但一刀切地全部停掉所有的经营并关停在环保上表现合格的酒店，会给地方政府带来过大的经济压力（如将这些酒店全部拆除需赔偿 60 亿元以上）。太平湖事件使本来就对国家公园创建态度模棱两可的黄山市政府更无意于国家公园建设。

① 如 2014 年就在国家发改委牵头发布的文件中被要求参与国家公园体制试点的安徽黄山，历经三起三落，始终未能真正开展全面的、直接定位于国家公园设立的创建工作。

专门设置管理机构了，直接交给地方政府就可以了。祁连山事件正好说明，地方政府与中央政府的利益结构存在区别，地方政府的环境保护属地责任是有可能缺位的、管理目标和行为是有可能变形变质的，中央划出国家公园并专门设置管理机构、适当赋权，其中一个重要原因就是为了在相关发展（经营）中代表中央政府看住地方政府（具体可参见专栏1-2以三江源国家公园为例的分析）。

另外，在体制试点结束后，还出现了这样一种尴尬局面：未能正式设立国家公园的国家公园体制试点区，如果其所在省级政府未能按国家林草局的要求报送国家公园创建方案并获批复（以国家公园管理局的名义批复，到2022年底各国家公园创建区的批复情况参见《国家公园蓝皮书（2021~2022）》附件1表格中的详细列举和分析），则可能陷于体制试点工作从设立而言"白做"，既不是国家公园也享受不了国家公园创建区相关项目资金政策的境地。这样会导致国家公园体制试点与国家公园设立之间的脱节，还会严重挫伤各级地方政府创建国家公园的积极性，甚至也影响到该试点区所在省整个的生态文明体制改革完成情况，被国家发改委第一个批复试点方案（10个试点区中有5个的试点方案是由国家发改委于2016年批复的）且位列《国家公园空间布局方案》49个之一的神农架就是一例，本书因此用专栏1-3对此进行专门分析。

专栏1-2　从三江源的三个第一及特许经营的波折看国家公园体制的重要性和改革的复杂性

从2013年党的十八届三中全会提出"建立国家公园体制"到2024年7月党的二十届三中全会提出"必须完善生态文明制度体系……加快完善落实绿水青山就是金山银山理念的体制机制。……完善生态文明基础体制。……全面推进以国家公园为主体的自然保护地体系建设"，十年多的时间倏忽已逝。十年树木，中国国家公园体制却很难十年成形（美国从建立第一个国家公园到成立国家公园管理局用了44年），只有"长"得最快的有了雏形——这就是可以贴上"三个第一"标签的三江源国家公园：体制试点验收成绩第一、面积第一、第一批国家公园中排名第一。

在 2020 年进行的国家公园体制试点验收中，三江源国家公园体制试点区的各项体制改革进展最好；在 2021 年设立的第一批五个国家公园中，三江源排位第一、面积最大。而且，三江源的一些改革做法为国家公园体制迄今的顶层设计文件（2017 年中共中央办公厅、国务院办公厅发布的《总体方案》）提供了重要的依据：不仅在建立统一管理机构、分级行使所有权、构建协同管理机制和社区协调发展制度上其试点方案与《总体方案》高度一致，甚至《总体方案》中"可根据实际需要，授权国家公园管理机构履行国家公园范围内必要的资源环境综合执法职责"这一句都来自三江源的实践（因为其已经做到了）。从体制角度看，三江源还是唯一实施"两个统一行使"（自然资源资产所有权、国土空间用途管制权）的国家公园，这使三江源成为与《总体方案》"统一、规范、高效"管理要求最接近的国家公园。

必须看到，三江源的这些第一和唯一首先缘于中央和习近平总书记的重视。2015 年 12 月，中央深改组第十九次会议审议通过《三江源国家公园体制试点方案》，这是全国最早的。2016 年 3 月，习近平总书记在参加十二届全国人大四次会议青海代表团审议提及三江源国家公园体制试点时强调："在超过 12 万平方公里的三江源地区开展全新体制的国家公园试点，努力为改变'九龙治水'，实现'两个统一行使'闯出一条路子，体现了改革和担当精神。要把这个试点启动好、实施好，保护好冰川雪山、江源河流、湖泊湿地、高寒草甸等源头地区的生态系统，积累可复制可推广的保护管理经验，努力促进人与自然和谐发展。"① 这使中央相关部委和青海省在推动三江源国家公园体制改革时有了明确依据。

有了这样的重视和体制保障，三江源这些年来在国家公园的首要理念"生态保护第一"上自然成绩斐然：生态系统退化趋势得到基本遏制，水资源总量明显增加，三江源头再现千湖美景，植被盖度明显提高，草地植被盖

---

① 《牢记总书记嘱托　打造生态文明高地》，青海省林业和草原局官网，http://lcj.qinghai.gov.cn/xwdt/snxw/content_8480。

度和产草量分别比 10 年前提高 11% 和 30% 以上。而且，三江源是中国野生动物能见度最高的区域。据在黄河源从事生态旅游特许经营的企业云享自然过去三年的统计，访客在其夏季 5 天商业性项目行程中平均可看到 15 种以上的兽类（数量超过 2000 只）和 50 种以上的鸟类，可见其野生动物数量达到了南非克鲁格等以野生动物观赏为主要业态的国家公园非有蹄类动物大迁徙季节的平均水平，这实际上已经说明三江源国家公园即便只看生态旅游资源和生态旅游特许经营的业态也是世界水平的。取得这样的成绩，在高层重视的基础上，基层实干也不可或缺。①三江源国家公园管理局和各园区管委会执行改革措施大体到位，与地方政府的协作在经过试点几年磨合后也初步达成你中有我、我中有你的配合。②生态管护员制度和基层干部得力。三江源是全国唯一实现"一户一岗"的国家公园，全域 17211 户牧民均享受到了每年 21600 元的工资性生态管护员岗位补助，这项措施发挥了较好的生态保护作用。多数地方干部尤其是在三江源国家公园管理局兼职的基层主要领导对国家公园认识到位，有些地方干部的事迹更是感人，如黄河源园区所在的玛多县黄河乡原党委书记多太（兼生态保护站站长）2022 年 4 月因救助白唇鹿在冰河遇难。③不少非政府组织也在助力改革、科研和社区发展，在三江源常年活动的非政府组织有 40 多个（这也是全国第一），其对国家公园的体制建设和加强保护都有贡献。

有了各方面的努力，《三江源国家公园体制试点方案》才能从方案变为实践，生态文明体制的八项基础制度才能在三江源国家公园体制试点区率先基本建立起来。从这些内容可以看出，建立国家公园体制远比挂个国家公园牌子复杂——不少挂牌的其实是冒牌。有些读者可能听过"中国大陆第一个国家公园"等说法，也看到过"珠穆朗玛国家公园""三亚水稻国家公园"等标牌，这些全都应该根据《总体方案》中的要求被清理整顿，毕竟国务院批复设立的国家公园才是真格的、有体制保障的、全民共享的。

而在全民共享方面，还有一个各地目前最关心的也是三江源走得最快的领域——特许经营制度建设和项目试点。2019 年，三江源国家公园管理局批准了澜沧江园区昂赛大峡谷自然体验和漂流项目试点；2020 年，黄河源园区特许经营项目和兔狲、藏狐毛绒玩偶特许经营商品项目试点也得到批准。这些项目不仅很好地体现了党的二十大报告第十章的标题"推动绿色发展，促进人与自然和谐共生"，也较好地、先导性地完成了习近平总书记在参加十三届全国人大四次会议青海代表团审议时赋予青海的"打造国际生态旅游目的地"的重大任务。

当然，毕竟是先锋，探路兵遇到的荆棘肯定也是最多的，可能走的回头路也是最多的。例如，在特许经营方面，多个国家公园目前在研究阶段的管理办法都明确了地方政府的权责，国家公园管理局基本只承担对特许经营进行生态监管的权责而不进行日常管理，三江源的也大致如此，这相比试点期间是退步。特许经营是中央编委《关于统一规范国家公园管理机构设置的指导意见》中明确的国家公园管理机构的职能，且是日常管理职能而非监管职能。如果像三江源国家公园正式设立后拟出台的特许经营管理办法一样，国家公园管理局仅是生态监管而不参与对过程尤其是对项目设置和准入的过程管理，则必须注意两方面内容：①利益结构决定了地方政府不能在经营上承担环境保护的属地化责任，祁连山自然保护区事件就是典型的教训，其保护区管理机构和《自然保护区条例》都是有的，但因为管理机构没有"两个统一行使"的权力，根本防不住地方政府乱来；②在项目设置和准入上，地方政府如果作为过程管理的主导者，很容易在项目设计、招投标程序和标准（如资格限制、评标的专家选择、各项打分的权重）、特许经营利益结构设计上背离生态保护第一和全民公益性目标，将传统业态的大企业引入，导致优质绿色发展小企业难以进入并注入现代化生产要素，生态旅游等绿色业态难以培育。

从有多个第一的三江源国家公园的体制改革看，尤其是从特许经营制度的改革波折看，国家公园体制改革仍在路上，国家代表性仍需强化。尽管管理国家公园需要中央和地方各尽所能，但在中央和地方利益结构不一致的情况下，设立国家公园的初心之一，正是代表中央对地方政府进行监管尤其是在经营方面防范和规范，否则就失去了建立国家公园管理机构的必要性——直接把生态环境保护的责权利都赋予地方政府即可。

在生态文明建设过程中，上述问题并非仅存在于国家公园体制改革，其根源之一是全国生态文明体制改革中暴露出的问题。必须认识到，由于得到从中央到地方各层的重视与关注，在多种学术分析中，国家公园体制改革已经是生态文明体制改革进程中相对最快、最系统的。① 进一步分析生态文明建设过程中出现的问题，对于深化国家公园体制改革大有裨益。

专栏1-3　从神农架国家公园体制试点结束后的尴尬看试点与设立的衔接

国家公园体制试点的落地工作从2016年开始，到2020年底国家林草局组织完成试点验收基本结束。在试点期间，以省为主，从中央到地方都对国家公园体制试点区有直接的项目资金支持和政策扶持。以试点期间数量虽然不多但渠道明确的中央层面资金为例，国家发改委牵头的《"十三五"时期文化旅游提升工程实施方案》从2017年开始明确提供资金支持，在"国家文化和自然遗产保护利用设施建设项目"中专列国家公园体制试点的保护利用设施项目，且专门说明其统一按照中央负担80%，地方负担20%的标准执行，根据实际需要和年度资金盘子安排中央预算内投资，不受这类单个项目最高补助限额的限制。另外，也有财政部和国家林草局从2018年开始提供的中央财政林业草原生态保护恢复资金和国家公园创建经费。但试点结束后，有的试点单位因为省里支持不够没有成为创建单位，这就使其在经过多年试点后既未能挂牌设立，也未能在国家公园创建名单上"获得户口"，2016年5月第一个被国家发改委批复试点方案的神农架国家公园体制试点区就是典型一例。

实际上，试点结束不久，2022年3月湖北省林业局已经组织专家按国家林草局要求评审通过了《神农架国家公园设立方案》《神农架国家公园科学考察报告》《神农架国家公园符合性认定报告》《设立神农架国家公园社会影响评估报告》，但没有得到湖北省政府同意上报（根据《国家公园空间

---

① 参见王毅、黄宝荣《中国国家公园体制改革：回顾与前瞻》，《生物多样性》2019年第2期。其后，全国人大常务委员会委员王毅又在2020年的全国两会上专门阐释了这个经系统研究后得出的结论。

布局方案》，神农架国家公园应该包括重庆市的两个保护区，所以应该是湖北省和重庆市政府共同上报），因此未被及时列为创建单位。对这种情况，单以理论而言，《国家公园蓝皮书（2021~2022）》的附件2《从冲突到共生——生态文明建设中国家公园的制度逻辑》用大量的篇幅分析了国家公园建设中的中央政府和各级地方政府在利益结构上的差异以及因此产生的在对改革的理解和推动改革的具体措施上的差异；从现实而言，则是湖北省时任主要领导对国家公园创建有较多疑虑，因此对推进这项工作没有明确支持（实际上，这也涉及了贯穿本书的主题线索，即怎样"推动绿色发展"以处理好园地关系）。这样，神农架难以获得国家林草局的创建经费和项目资金（不是创建单位），也难以获得国家发改委的文旅提升工程资金（不能以国家公园的名义申请，也难以自然保护区名义申请，因为这个工程的评审专家以文化和旅游专业为主，知识结构可能存在盲点。且其在试点期间已经撤销自然保护区管理局和湿地公园管理处，因此变成国家公园工作中的"黑户口"）。在这种情况下，神农架国家公园管理局为了保工资、保运转都要倾尽全力（目前作为湖北省汉外事业单位获得人均每年10.2万元的基本工资保障），遑论重要领域的改革。

严格来说，本来在试点中有诸多工作在全国领先的神农架国家公园体制试点区出现这种情况，首先是因为自身有若干关键工作没有做到位。①始终未能实现省垂直管理和成为省财政一级预算单位，诸多工作实际上还依赖县级的神农架林区政府。仅从其工作人员的主观感受来看，神农架国家公园管理局实质上就像神农架林区政府的二级单位。这就显然未达到《总体方案》的改革要求。②未能在试点结束后及时形成湖北省层面的统一认识并完成创建单位上报。但这也与过去三年国家公园领域工作在全国层面的不到位有关。其一，从国家公园管理机构到相关权力机构大多不注意处理保护与发展的关系，僵化曲解保护，也没有充分利用中央的资金和扶持政策为国家公园所在社区带来额外的福利（相对这些社区既往在全面脱贫和公益林补偿、农村特色产业发展中获得的资金基数而言），以致在相当范围内各级政府乃至社区对国家公园产生了总体的负面评价（本书中专门举了调研中获得一手资料的武夷山星村村案例）。其二，国家公园管理机构不注意以特许经营的形式规范推动绿色发展。特许经营本来是中共编委《关于统一规范国家公园管理机构设置的指导意见》中确定的国家公园管理机构职能，但因为这个新生事物易于被一些权力机构曲解和误伤（这在本书第二篇第三部分有专门论述），也因为绿色发展和特许经营制度建设对大多数保护领域的工作人员而言是新生事物，需要从头学起且需要协调地方相关领导也转变认识，所以在没有硬性考核指标、没有明确法律依据又有政策风险的情况下，很多人认为不如"躺平"，这也是国家公园体制试点验收中多数单位的特许经营只是"新瓶装旧酒"，其实毫无进展的原因之一。

就神农架的资源条件（全国获得世界和国家级保护地牌子最多的单位，联合国教科文组织的世界自然遗产地、世界地质公园、人与生物圈保护区，国家级的各类保护地牌子基本俱全。其在这一点上超过所有已经设立的国家公园）而言，其无疑是体现中国国家公园"四个最"的典型地。仅从工作尤其是保护工作来看，神农架仍然是全国领先的——这是生态环境部评估组依据《自然保护区生态环境保护成效评估标准（试行）》于2024年7月进行评估的结果（神农架没有成为正式设立的国家公园，因此只能也必须接受生态环境部依据《自然保护区条例》进行的自然保护区评估）。评估组从主要保护对象、生态系统结构、生态系统服务、水环境质量、主要威胁因素、违法违规情况等方面进行综合评估，神农架均在全国名列前茅（参照对象包括已经设立的国家公园，但即便是已经设立的国家公园，也只有三江源和武夷山在试点验收中整体领先于神农架）。就这两年的国际评价情况来看，神农架也可圈可点：2022年12月神农架国家公园入选世界自然保护联盟（IUCN）绿色名录，2023年7月入选世界自然保护联盟"世界最佳自然保护地"。

但是，在目前的国家公园工作机制中，试点和创建脱钩了，这就可能使神农架这样的试点单位前期的工作积累对国家公园创建程序性工作并不构成重要基础，解决此问题，一方面，需要调整国家公园的创建工作机制，将试点成果加入创建工作评价中；另一方面，需要神农架自身（从神农架林区政府到神农架国家公园管理局以及湖北省的相关厅局）积极与省级主要领导沟通解释并争取在湖北省的"十五五"规划中将创建相关任务列进去，这样才能使省级政府成为推动神农架国家公园创建工作的主要发动机，才可能使党的二十届三中全会提出的"全面推进以国家公园为主体的自然保护地体系建设"真正全面起来。毕竟一个省的生态文明建设不可能离了国家公园这样的"国之大者"，而党的二十届三中全会文件要求的"必须完善生态文明制度体系……加快完善落实绿水青山就是金山银山理念的体制机制。……完善生态文明基础体制"等目标，在国家公园及周边最易于实现，这可能是已经启动近 10 年的国家公园工作在 2024 年被赋予的"老任务、新价值"。

　　另外，这种试点工作与创建工作脱节的情况并非个例，大熊猫国家公园陕西片区试点后也有类似的衔接不畅问题。因为国家公园空间布局的调整，大熊猫国家公园陕西片区也在试点后经历了重大调整，大部分区域划入秦岭国家公园创建区（面积 1.26 万平方公里，其中含有大熊猫国家公园陕西片区 0.44 万平方公里）。秦岭国家公园尚在创建中，但试点期间大熊猫国家公园陕西片区内的大多数保护地机构已经完成撤并，这些保护地与神农架一样既非国家公园也非自然保护区，因此造成多项工作脱节。而新加入大熊猫国家公园的陕西青木川区域还是县管的保护区，并未进行体制改革，仍是县管，也与大熊猫国家公园建设工作脱节。

第二部分
生态文明体制改革的
进展和不足及其对国家
公园体制试点的影响

本部分导读

　　生态文明建设是中国在推动全球绿色发展中的重大贡献。从外界来看，中国这方面的成就巨大：从构建以国家公园为主体的自然保护地体系，到创造性提出生态保护红线制度；从全面推行生态文明建设目标评价考核制度，到基本建成世界上覆盖范围最广、受益人口最多、投入力度最大的生态保护补偿机制。这使中国作为2021~2022年召开的联合国《生物多样性公约》缔约方大会第十五次会议（COP15）的主席国实至名归，COP大会也第一次有了中国特色的主题——"生态文明：共建地球生命共同体"。但引领人类社会发展方式转型这个任务涉及全方位的改革，中国推动生态文明建设的主要手段生态文明体制改革进行得也殊为不易。在长期以经济建设为中心的体制架构中，生态文明体制改革的用处在于重构政治利益维度（使符合生态文明要求的政绩单列并强化到与经济建设政绩相提并论的程度）并优化经济利益维度，其中的难点在于使相关利益主体尤其是基层地方政府算政治账和经济账后总体得利。① 所以在强化生态环境方面要求的同时，还要培育符合绿色发展需要的市场要素、形成新的发展空间结构，既降低产业生态化的成本，也提高生态产业化的效益，这样才能使符合生态要求的文明得以体现。但在 2015 年《生态文明体制改革总体方案》印发近十年后，可以发现生态文明体制建设在取得诸多成就的同时还存在诸多不足，这体现在制度建设的力度和系统性、部门间权责划分和责权利匹配等方面，因此党的二十届三中全会公报中仍然提出"必须完善生态文明制度体系……加快完善落实绿水青山就是金山银山理念的体制机制。……完善生态文明基础体制"。这使依托生态文明体制改革进行的国家公园体制试点及相关建设（参见图 0-1）难免局部基础不牢、动力不够，尤其是在生态环境保护工作长期以来相对更重视污染治理相关制度建设的背景下。②

---

① 具体参见《国家公园蓝皮书（2021~2022）》的附件 2《从冲突到共生——生态文明建设中国家公园的制度逻辑》，该文也发表于《管理世界》2022 年第 11 期。

② 生态环境工作中存在重视人居环境改善、忽视生态系统改善的现象。在中国的政策语境下，生态不等同于环境，人居环境改善是重要的民生工程，但生态系统改善不仅能提供高水平的环境服务，更关乎国家生态安全和人类长久发展。在政府部门分工中，真正承担生态工作的是林草、水利、农业农村、自然资源等部门，生态环境部门只是在生态监管、生态保护红线、自然保护区管理和联合国《生物多样性公约》等国际公约履约上介入了生态工作。

第4章
生态文明体制改革的进展和不足

4.1 生态文明体制改革的进展

党的十八大以来，生态文明顶层设计和制度体系建设全面启动。2015年4月，中共中央、国务院印发《关于加快推进生态文明建设的意见》，这是继党的十八大和十八届三中、四中全会对生态文明建设作出顶层设计后，党中央对生态文明建设工作的又一次全面部署。据此，2015年9月中共中央、国务院印发《生态文明体制改革总体方案》，明确了生态文明体制的"四梁八柱"尤其是八项基础制度，生态文明体制建设工作自此有了施工图。2016年，中共中央办公厅和国务院办公厅印发《关于设立统一规范的国家生态文明试验区的意见》，要求"整合资源集中开展试点试验。根据《生态文明体制改革总体方案》部署开展的各类专项试点，优先放在试验区进行，统筹推进，加强衔接"。随后陆续印发了福建、江西、贵州、海南四个省的国家生态文明试验区实施方案，这使这四个省的生态文明体制改革八项基础制度建设工作能更快更准确地全面落地。

从实践效果来看，2020年，国家发改委印发《国家生态文明试验区改革举措和经验做法推广清单》，包含14个方面90项改革举措和经验做法，向全国分享四大国家生态文明试验区的改革样本。例如，福建各类自然资源"一张图"管理、江西跨部门生态环境综合执法协调机制等，均在推动资源环境工作上形成了能落地的体制机制。这些成就说明，既往的生态文明体制改革成果不少且在国家生态文明试验区进展更快。除四个国家生态文明试验区外，全国层面也大体按照《生态文明体制改革总体方案》开展体制改革：陆续制修订30多部生态环境领域法律和行政法规，覆盖各类环境要素的法律法规体系基本建立；主体功能区战略深入实施，全国大多数省建立了或优化了主要依据《全国主体功能区规划》的县域综合发展分类考核制度（对应于生态文明绩效评价考核和责任追究制度)①；省以下环保机构监测监察执法垂直管理制度、自然资源资产产权制度、河（湖、林）长制、排污许可制度、生态保护红线制度、生态补偿制度、生态环境保护"党政同责"和"一岗双责"制度等逐步建立健全。单从各种总结材料来看，全国的生态文明体制的"四梁八柱"基本形成。

4.2　生态文明体制改革的不足

4.2.1　生态文明制度建设力度不足且碎片化

《生态文明体制改革总体方案》以顶层设计方式给出了生态文明体制建设的八项基础制度，但现实中生态文明制度建设还不能说已经系统、全面融入我国治理体制中。尽管纵向来看，生态文明体制改革成就巨大，但按新时代推进生态文明建设六项原则中的"共谋全球生态文明建设"② 的高标准

---

① 例如，安徽省在 2012 年进行县域分类考核改革，以主体功能区规划区划方案为基础，将全省 62 个县（不包括地级市城区）分为四类进行考核。一类县 16 个，均位于皖江示范区；二类县 13 个，其中濉溪、蒙城、怀远、颍上、凤台、霍邱 6 县属于皖北地区，但资源条件好、有一定综合实力，具备加快发展的条件和潜力；三类县 19 个，均为农产品主产区；四类县 14 个，主要为山区县，是全省重要的生态屏障。新出台的县域分类考核方案对原有考核指标体系作了适当调整，由原来的经济发展、社会发展两大类拓展为经济发展、发展方式转变、资源和环境保护、民生改善和社会建设 4 大类 30 项指标。考虑到四类县不同的战略导向，其在指标权重设置上适当有所区别：一类县突出"优"的导向，强化自主创新和结构调整的考核，引导各地提高发展质量；二类县突出"快"的导向，引导各地在提高发展质量基础上进一步加快发展；三类县突出"赶"的导向，加强对农业现代化的考核，引导各地在保证粮食生产基础上加快工业化和城镇化进程；四类县突出保护生态环境的导向，弱化对工业的考核，加强对服务业和资源环境的考核。但各省这方面的分类标准不一，有的生态价值重要的县并未被纳入突出保护生态环境导向的类别，如武夷山国家公园江西片区所在的铅山县，这就给这些县的国家公园相关工作带来了从空间划界、资金支持到县乡政府配合和国土空间用途管制权让渡等多方面的不利影响。

② 具体内容包括：生态文明建设关乎人类未来，建设绿色家园是人类的共同梦想，保护生态环境、应对气候变化需要世界各国同舟共济、共同努力，任何一国都无法置身事外、独善其身。我国已成为全球生态文明建设的重要参与者、贡献者、引领者。

来看，目前生态文明制度建设获得的实际支持和落地情况都还有一些方面需要完善。

1. 缺乏上位法支持和专门的监督机制推动

虽然党的十八大以来党中央和国务院高规格地颁布数十部生态环境治理、监管方面的政策法规，生态文明也体现在 2018 年修正的《宪法》中，但至今仍然没有颁布总领全国生态文明体制建设的法律①。中央生态环境保护督察等也主要针对实际工作中的生态环境问题而非制度建设问题，其他对改革进展的督导和评估亦不够全面②。

2. 制度建设应该体现系统性

当前改革难度大的领域进展较缓慢，省级层面上系统全面地建立生态文明八项基础制度并覆盖基层的成功案例匮乏。例如，环境治理和生态保护市场体系建设成果较少，除碳排放、排污权交易制度开始区域试点外，用能权、水权交易以及绿色金融制度都亟待构建。又如，统一的绿色产品体系与"三品一标"③ 等既有产品标识体系的关系需进一步厘清，制度化且与市场监管联动的品牌增值体系始终没有建立起来。另外，生态文明绩效评价考核和责任追究制度要求建立"资源环境承载能力监测预警机制"，可在承载能

---

① 已有部分省以地方立法的形式推动省内生态文明建设，如 2019 年江西省通过《江西省生态文明建设促进条例》，但部分落实情况并不如总结评估材料所说的那么乐观，**某些总结评估材料只凸显点上的改革突破，而回避面上工作的阻力和障碍。**

② 如国家发改委组织的对全国四个生态文明试验区的评估，单从评估结果来看似乎形势一片大好，但这些试验区仍难以找到一个县能对标八项基础制度的系统落地，即便是国家公园所在县也没有真正建立生态文明绩效评价考核和责任追究制度。如武夷山国家公园江西片区所在的铅山县，在江西省仍然是二类县，迄今的综合考核指标中 GDP 和招商引资业绩的权重仍然较高（江西省根据《江西省主体功能区规划》把不同县按特点划分为三类：一类为重点开发区，二类为农业主产区，三类为重点生态区）。

③ 在农业农村系统，"三品一标"有两个含义。一是发展绿色、有机、地理标志和达标合格农产品统称"三品一标"。"三品一标"是政府主导的安全优质农产品公共品牌，是当前和今后一个时期农产品生产消费的主导产品。二是指农业生产中的品种培优、品质提升、品牌打造和标准化生产，这个含义涵盖了第一个含义。农业农村部对这项工作高度重视（如 2022 年 9 月，农业农村部部署实施农产品"三品一标"四大行动，即优质农产品生产基地建设行动、农产品品质提升行动、优质农产品消费促进行动、达标合格农产品亮证行动），但这项工作基本没有和生态文明体制改革衔接。

力测算上尚未形成全域性成果；要求"编制自然资源资产负债表"，但学术界对自然资源资产的核算还没有形成可操作的理论体系。"分级行使所有权体制""加快资源环境税费改革""创新市县空间规划编制方法"等改革难度大且未列入《生态文明建设考核目标体系》的改革事项进展尤其缓慢。

在这种情况下，全国对生态文明体制改革的认知其实是不统一的，甚至有个别领导也并不真的认可其所在区域在全国主体功能区中的定位并认真落实生态文明制度建设。例如，某些区域虽然被划为重点生态功能区（按照《全国主体功能区规划》），但其领导基于现实考虑并不认为其发展方式应该以生态文明特色为主。如在2024年2月21日召开的安徽省旌德县（早在2016年就被确定为重点生态功能区）工业发展暨"双招双引"推进大会上，县委书记吴忠梅就实事求是地认为"不能因为是生态功能区、全域旅游区，就绕过工业谈发展，这是一个悖论"。①

3. 国家生态文明试验区的体制改革工作待完善

国家生态文明试验区是全国生态文明体制改革的先行区，但其体制改革存在工作力度不强、部署不系统的问题。2016年中共中央办公厅、国务院办公厅发布《关于设立统一规范的国家生态文明试验区的意见》，随后又确立了福建、江西、贵州、海南四个国家生态文明试验区。这四个试验区的实施方案也是由中共中央办公厅、国务院办公厅印发的，既包括《生态文明体制改革总体方案》要求的在生态文明治理体系和治理能力方面创造出制度成果和典型经验，也有考虑地方特色的战略目标、考核指标和制度探索②。从到2023年的进展来看，这四个试验区的生态文明体制建设在总体

---

① 参见《女县委记：不能因为是生态功能区、全域旅游区，就绕过工业谈发展，这是一个悖论》，凤凰网，https://i.ifeng.com/c/8XQnNMAWIeY。

② 各试验区均被赋予个性鲜明的战略定位，如江西的中部地区是绿色崛起先行区、贵州的西部地区是绿色发展示范区等。在重点任务上，各实施方案都要求建立生态环境保护、绿色发展、绿色绩效评价考核等制度，但更多的是体现区域特色的制度，如要求江西构建山水林田湖草系统保护与综合治理制度体系，就是基于鄱阳湖是我国第一大淡水湖而提出的特色试验；要求贵州深化生态文明贵阳国际论坛机制、建立生态文明国际合作机制，是依托生态文明贵阳国际论坛开展试验；要求海南建立陆海统筹的生态环境治理机制，则是立足于海南是海陆资源丰富的海洋大省而提出的特色举措。

取得诸多成就的同时也存在"规定动作不全面、自选动作进展慢"问题。如《国家生态文明试验区（福建）实施方案》在"资源总量管理和全面节约制度"上空缺，在"健全资源有偿使用和生态补偿制度"方面也少实质性内容。四个国家生态文明试验区在"分级行使所有权体制""加快资源环境税费改革"等改革难度大的任务上虽然都有涉及但并未在全省落地，在"健全资源有偿使用和生态补偿制度"方面则鲜有涉及。江西、海南、贵州三省的改革方案中分别根据各省特点设计了具有特色的改革目标，但在绿色产业发展、生态产品价值实现机制及绿色共治共享制度方面均未形成系统性、可复制的经验成果。

4.2.2 执行过程中部门权责交叉重叠，重约束轻激励

从中央到地方，生态文明体制建设并未明确划分各级政府、政府的各个部门之间的权责关系并配套责权利匹配的机制，这造成实际工作中部门间、制度衔接中存在主观行事或不作为的隐患。生态文明体制建设发布的文件中重要标准界定不清，例如，与《生态文明体制改革总体方案》基本同步出台且是其中第八项基础制度主要内容的《党政领导干部生态环境损害责任追究办法（试行）》，对地方党委和政府领导在环境保护、治理、监督方面的失职行为追责进行了明确规定，但其中所提"环境状况明显恶化""严重环境污染和生态破坏"并无具体标准，相关标准不清成为党委、政府领导逃避责任追究的制度漏洞。生态环境监测制度、生态环境评价制度如何衔接也没有形成制度化文件。各部门权责划分不明，存在工作重复和职能交叠的问题。例如，我国生态环境监测涉及生态环境、自然资源、水利、林草、农业农村等多个部门，但多部门相互制约的监管体系尚未建立起来。各部门由于职责分工本应从不同层面开展生态环境监测，但由于部门职责存在交叠，服务于此的自然资源监测体系存在重复建设的问题。

而且，在操作层面还有一个共性问题：**八项基础制度建设在某些方面存在重约束、轻激励的现象**。在激励方面，国家发展改革委于2022年发布了《生态文明建设成效突出的地市督查激励实施办法》，意图对生态文明建设

业绩突出的地市进行激励。青海省对此出台"在安排相关中央预算内资金、转移支付资金、生态补偿资金、东西部协作和对口援青资金及其他各类专项资金时，对受督查激励地区予以重点倾斜"的政策①。但整体来看，约束制度多于激励制度。以污染物排放总量控制制度为例，目前总量核定、分配、控制计划的制定、执行、监督和考核制度已经相对完善，但缺少相应的竞争激励机制。市场化激励的相关改革进展缓慢，经济杠杆没有在生态环境治理中发挥引导作用，"环境治理和生态保护市场体系"仅在少数领域开展试点，绿色金融体系也仅处于萌芽状态。市场化的约束激励机制不健全，难以提高企业及全社会参与生态文明建设的积极性。**这个问题的现实表现就是很多改革工作呈现奖惩不对称局面：上级讲得多但奖得少，追责追得多但责权利不对称**。这导致地方政府在推动国家公园这样的改革时，一方面没有宁可损失眼前经济利益也要推动的信心（如本书第二篇中专门分析的黄山国家公园创建中的三起三落）；另一方面也没有通过改革使国家公园资源得到合理利用，形成兼顾生态保护、绿色发展、民生改善的内生动力。而且，中央生态环境保护督察等自上而下的监督工作的压力传导让地方政府高度重视生态保护工作，但中央生态环境保护督察有时依据《自然保护区条例》等法规中的少数过时或不科学的条款进行追责和处理，也会让部分地方领导误认为国家公园是"负担"②。

4.2.3　制度建设的系统性与协同性不足

可以把这个问题总结为以下四方面。

第一，区域性生态文明体制改革的统一规范管理不到位，仍存在冒用、滥用"生态文明"帽子的创建活动。中共中央办公厅、国务院办公厅2016年印发的《关于设立统一规范的国家生态文明试验区的意见》要求统一规

---

① 除青海省外并没有其他省形成督查激励实施办法的落地方案。
② 如中央生态环境保护督察对黄山太平湖的处理让黄山市多个层级的领导认为国家公园建设会带来更多的约束和负担，会不利于安徽省提出的大黄山世界级休闲度假康养旅游目的地建设。

范各类试点示范：根据《生态文明体制改革总体方案》部署开展的各类专项试点，优先放在试验区进行；严格规范其他各类试点示范，未经党中央、国务院批准，各部门不再自行设立、批复冠以"生态文明"字样的各类试点、示范、工程、基地等，已自行开展的各类生态文明试点示范到期一律结束，不再延期，最迟不晚于2020年结束。但有些部门仍继续开展生态文明相关的创建工作并延续至今①，显然违反这一中央文件要求。

第二，相关政策法规的制定实际上仍是部门推进且交流机制不健全，这造成制度之间兼容性不高，很多内容重复甚至龃龉。例如我国《野生动物保护法》与《物权法》中均有野生动物为国家所有的规定，造成立法重复。不仅如此，从民法意义上讲我国野生动物国家所有与现有野生动物致害的无偿原则是相互矛盾的。不同的制度设计忽视了生态环境因素之间的关联性，具体制度之间衔接不到位，部门利益格局没有被打破。如领导干部自然资源资产离任审计建立在编制完成自然资源资产负债表的基础上，对领导干部生态文明建设责任追究又以自然资源资产离任审计为基础，但改革推进中三者基本是独立推进的，没有形成很好的沟通协调机制。

第三，生态环境领域的有些改革举措忽视了生态环境的基本特征和既往的工作基础，甚至出现改革造成实际工作退步的情况，如环保系统推动的省以下环保机构监测监察执法垂直管理制度改革。2018年中共中央办公厅、国务院办公厅印发《关于深化生态环境保护综合行政执法改革的指导意见》和《行业公安机关管理体制调整工作方案》，对深化生态环境保护综合行政执法改革和理顺森林公安管理体制进行了部署。按要求，生态环境部门和林业部门分别行使部分行政执法权，森林公安机关划转公安部统一领导管理，这造成了自然保护地内多头执法、执法割裂和执法弱化等现象。生态环境部门主导的"生态环境保护综合行政执法"整合"林业部门对自然保护地内进行非法开矿、修路、筑坝、建设造成生态破坏的执法权"（四项），林草

---

① 如原环保部（2018年机构改革后为生态环境部）自2017年开始连续命名了七批生态文明建设示范区，相关创建工作依然在延续。

部门不再保留"承担自然保护地生态环境保护执法职责的人员"。但事实上，林草部门保留了"非法砍伐、放牧、狩猎、捕捞、破坏野生动物栖息地"等森林和野生动物方面的生态破坏执法权（五项），且这些职能原先主要由其主管的森林公安队伍依据授权履行。生态环境部门主管的四项行为在自然保护地内大概率与林草部门负责的"非法砍伐""破坏野生动物栖息地"的行为交叉。另外，国家公园等包含完整自然生态系统的自然保护地，往往跨县级以上行政区，如果由属地的相关执法部门多头执法，可能会因激励不相容、信息不对称造成执法弱化。而行业公安体制改革等因改革的协调性不够，也影响到了国家公园的资源环境执法。例如，既往海南省开展的森林公安改革取得了明显成效，但因此次改革，森林公安难以直接承担原执法任务，这使海南热带雨林国家公园内资源环境领域的执法力量被削弱。

第四，生态文明建设与经济建设的政策协同性不足①，在处理发展与保护的关系时仍出现不少问题。有的地方和部门并未将生态优先、绿色发展理念真正贯彻到实际工作中，对一些突出生态环境问题整治态度不够坚决、工作还不到位，抓发展与抓保护存在脱节现象。以海南热带雨林国家公园为例，其在 2023 年中央生态环境保护督察中被通报存在违法违规侵占林地、矿山非法采石破坏生态、小水电站清退不严不实等问题，这反映出海南热带雨林国家公园的历史遗留问题解决不彻底，保护与发展仍然是"两张皮"②。

总结起来，2015 年《生态文明体制改革总体方案》出台后全国的生态文明建设取得了巨大进展，但其中的八项基础制度还没有全面落地，因此 2024 年党的二十届三中全会公报中仍然专门提到"必须完善生态文明制度体系……完善生态文明基础体制"，这才是现实的真实反映。

---

① 这是普遍问题，因此 2024 年两会的政府工作报告中专门明确："加强财政、货币、就业、产业、区域、科技、环保等政策协调配合，把非经济性政策纳入宏观政策取向一致性评估，强化政策统筹，确保同向发力、形成合力。"但对在主体功能区规划中明确为重点生态功能区和国家生态文明试验区的地方，这种政策不协同还是殊为反常的。

② 在现实中要解决这类问题难度很大，因此本书第三篇用了四个案例（包括海南热带雨林国家公园内的案例）详细说明在操作层面上怎么实现这种政策协同，使不当的经济发展方式转化为可与生态保护兼容甚至可因生态赋能增值的发展方式。

第5章
生态文明体制改革进展不全面
对国家公园体制的现实影响

在这样的大背景下，主体功能明确且得到国家的资金和政策扶持较多的国家公园体制试点区落实生态文明体制建设往往较为系统、力度较大，毕竟多数试点区已经初步完成了国家公园的顶层设计、明确了管理体制、启动了相关立法程序，构建了国家公园建设的基本框架。但生态文明体制建设进入深水区后压力陡增、没有全面落地，这主要从以下两方面制约了国家公园体制的深化改革。

5.1　生态文明体制改革短板制约了国家公园体制深化改革

生态文明体制改革总体进展不全面在一定程度上对国家公园体制改革造成了掣肘。如正在推进的自然资源资产管理、自然资源资产所有权委托代理、国家公园规划及日常管理等工作，均要通过生态文明体制改革健全自然资源资产产权制度、建立国土空间开发保护制度、建立空间规划体系才能更进一步深化（见表5-1）。只有进行自然资源资产产权制度和国土空间用途管制制度改革，才能使国家公园管理局拥有对园内国有自然资源资产和集体资源资产的管理权（前者主要行使产权，后者主要行使国土空间用途管制权）。资源有偿使用和生态补偿制度等不到位、中央事权的资金配套不到位、市场化的生态补偿机制不健全，使基层地方政府承担的权责较多且不清晰，利益激励难以到位。

5.2 基层地方政府与国家公园之间协调不足，构建新的运行机制和利益格局尚需时间

通俗地说，这个问题就是国家公园是否形成了新的"权、钱"制度；如果没有形成，国家公园工作就难以做好。而形成新的"权、钱"制度也意味着新的县域空间治理模式和利益机制不可能主要依靠林业这样的行业部门来推动，没有地方党委和政府的高度配合是难以实现的。但生态文明体制改革必须高举高打，否则容易造成责权利之间的不匹配、事权与支出责任划分不清及重约束轻激励等问题。只有地方工作积极、园地关系健康发展，才能形成园内高水平保护与县域高质量发展的互促。比如武夷山国家公园江西片区所在的铅山县作为江西省县域综合考核二类县仍有较强的招商引资和经济增长要求，国家公园建设任务主要压在县林业局和江西武夷山国家级自然保护区管理局身上，其在平衡保护与发展的关系上始终力不从心。相比铅山县，武夷山国家公园福建片区的主体所在的武夷山市，生态文明体制改革要全面得多，中央和省级政府的资金支持要明显得多①，国家公园管理机构的权力要强化得多②，基本形成了国家公园管理新的运行机制和在园地关系上新的利益格局，因此武夷山国家公园福建片区自身的管理和得到地方政府的支持都明显比武夷山国家公园江西片区好。

---

① 据不完全统计，截至 2023 年，武夷山国家公园福建片区比武夷山国家公园江西片区获得的中央和省级资金多出 10 多亿元。

② 例如，2020 年 3 月 26 日，《福建省人民政府关于在武夷山国家公园开展资源环境管理相对集中行政处罚权工作的批复》同意"在武夷山国家公园开展资源环境管理相对集中行政处罚权工作"和"实行联动执法"，拟相对集中原由武夷山国家公园所在地县（市、区）人民政府及其部门行使的武夷山世界文化和自然遗产、森林资源管理、野生动植物、森林公园保护管理等 4 个领域 14 部法律、法规、规章规定的相关行政处罚权。

表5-1 生态文明八项基础制度建设的不足及对国家公园体制改革的影响

八项基础制度	国家公园体制建设要求	基础制度建设不足对国家公园体制改革的影响
健全自然资源资产产权制度	建立统一管理机构：国家公园设立后整合组建统一的管理机构，履行国家公园范围内的自然资源资产管理、特许经营管理等职责。分级行使所有权：国家公园内全民所有自然资源资产所有权由中央政府和省级政府分级行使。国家公园可作为独立自然资源登记单元，构建协同管理机制：合理划分中央和地方事权	《全民所有自然资源资产所有权委托代理机制试点方案》于2022年印发，国家公园作为独立的自然资源登记单元开展所有权委托代理机制试点，但还处于起步阶段；国家公园层面与自然资源相关的特许经营制度、管理办法都未出台；国家公园管理局行使全民所有自然资源资产所有权的职能还未全面落实（开展了试点的东北虎豹和三江源国家公园亦然），国家公园的自然资源合理开发利用与政策法律缺少导致大多数特许经营工作开展并未顺利
建立国土空间开发保护制度	健全严格保护管理制度：严格规划管理制度；强化国土空间用途管制。实施差别化保护管理方式：编制国家公园总体规划及专项规划，合理确定国家公园空间布局，明确发展目标和任务，做好与相关规划的衔接。建立健全监管机制：加强国家公园用途管制。明确国家公园定位：国家公园属于全国主体功能区规划中的禁止开发区域，纳入全国生态保护红线区域管控范围	《全国国土空间规划纲要（2021—2035年）》于2022年正式印发实施，国家公园规划体系还未全部通过，省级层面的国土空间规划还未完善，也没有差异化的国家公园规划；国家公园应作为国土空间用途管制的独立单元，国家公园土地利用管理在在因为国家国土空间管制制度不完善，省际差异引发的激励差异性不高，在主体生态功能区国家公园建设发展以实现；国家宏观政策的一致性不高，对宏观经济等的考虑仍然可能影响国家公园建设发展
建立空间规划体系	确定国家公园空间布局：研究提出国家公园空间布局，明确国家公园建设数量、规模。优化完善自然保护地体系：规范、科学确定国家公园的分类标准，构建以国家公园为代表的自然保护地体系。实施差别化及专项规划，合理确定国家公园总体规划，合理确定国家公园空间布局	仅出台了《国家公园总体规划技术规范》，没有相关专项规划编导则；受制于国土空间总体规划编制进度的影响，五个国家公园的专项规划均未批复，自然资源、自然保护价值还不够完善系统、深入，且助力生态产品价值实现、自然资源保护价值增值的绿色产业体系尚上建立落地
完善资源总量管理和全面节约制度	国家重要自然生态系统原真性、完整性得到有效保护，形成自然生态系统保护的新体制新模式	国家公园内有丰富的天然林、水、矿产、草地、湿地等资源，目前已经建立起"山水林田湖草沙"一体化保护制度，未来需要进一步完善体制制度，建立生态产品价值实现机制，避免"一刀切""管死"，助力绿水青山转变为金山银山

续表

八项基础制度	国家公园体制建设要求	基础制度建设不足对国家公园体制改革影响
健全资源有偿使用和生态补偿制度	健全生态保护补偿制度：加大重点生态功能区转移支付力度，健全国家公园生态保护补偿政策，完善生态保护成效与资金分配挂钩的激励约束机制	自然资源及其合理有偿使用尚无明显成效；2024年的《生态保护补偿条例》要求建立健全以国家公园为主体的自然保护地体系生态保护补偿机制，未来国家公园的生态补偿将有明显优化和增量，市场化的机制将有新的发展；体现中央事权的财政拨款在使用管理上也存在不足，基层地方政府承担保护的权责多但利益没有到位，以致地方工作积极性不高
建立健全环境治理体系	建立统一管理机构：负责协调与当地政府及周边社区关系。建立社区共管机制：明确国家公园区域内居民的生产生活边界，相关配套设施建设要符合国家公园总体规划和管理要求。完善社会参与机制：在国家公园设立、建设等各环节，引导当地居民、企业、专家学者、社会组织等积极参与	全国层面的环境保护制度有了明显进展，生态保护与修复与区域化联防联控体制基本建立，中央生态环境保护督察成为最有震慑力的环境保护行动，信息公开和刑事司法体系也逐渐健全。但是国家公园特征正在进一步抓大保护"的生态保护治理体系还需要结合全国国家公园内"共护"的生态保护治理体系。支出责任划分不科学可能引发国家公园管理机构与地方政府、相关社区的矛盾
健全环境治理和生态保护市场体系	完善社会参与机制：鼓励当地居民或其举办的企业参与国家公园内特许经营项目。建立财政投入为主的多元化资金保障机制：在确保国家公园生态保护和公益性的前提下，探索多渠道多元化的投融资模式	生态保护市场体系仅在碳排放交易、排污权交易、绿色产品体系也仅在部分省份作为重点工作了"生态银行"等探索，绿色金融体系在海南省开展了试点，全国层面的生态保护市场务、绿色金融等等尚未建立。国家公园的市场化融资、基于GEP核算的"两山"转化、特许经营等都应该在各类改革试点的基础上结合国家公园特色和实际设立恰当的体制机制
完善生态文明绩效评价考核和责任追究制度	完善责任追究制度：强化国家公园管理机构的自然生态系统保护主体责任，明确当地政府和相关部门的相应责任；全面实行环境保护"党政同责、一岗双责"，对领导干部实行自然资源资产离任审计和生态环境损害责任追究制	自然资源资产核算等还缺乏可操作的理论体系，领导干部离任审计等制度改革都难以全面实施，国家公园实行自然资源资产所有权委托代理机制和试点的生态空间，相关核算及制度考核都有特殊性，必须在可操作的理论框架内进行

资料来源：作者团队依据自然资源部、生态环境部、国家林草局官网的相关信息进行整理。

第6章
生态文明体制建设未来的改进方向

前文分析了生态文明体制改革仍然存在的问题和深化改革的必要性，要深化改革，必须进一步统一认识，使相关方尤其是地方党政领导明确：生态文明不仅仅是保护制度，更是"人类文明新形态"，是在新时代形成的新发展形态，是在高水平保护下形成的高质量发展。党的二十大报告第十章"推动绿色发展，促进人与自然和谐共生"体现了保护与发展之间逻辑辩证统一的关系，高水平保护的成果转化为高质量发展的产业要素是新的发展方向——发展生态保护领域的新质生产力①。2024年党中央、国务院及相关部门集中发布了一系列有关生态文明建设的政策文件②，既体现了改革的新思路，也是未来一段时间内生态文明建设工作的指导思想。

在统一认识的基础上，未来持续深化生态文明体制改革可以做四方面的工作。

一是开展改革成效评估，修订完善改革方案。可以《生态文明体制改革总体方案》印发10周年（2025年）为契机开展全方位的改革成效评估：对生态文明体制改革的八项基础制度建设进展进行综合评判，对全国四个国家生态文明试验区及国家公园等重点改革领域的成效进行全面评估，总结建设成果及经验教训。在考核评估的基础上完善更新"生态文明体制改革方案2.0"，即《生态文明体制改革总体方案》的更新版。

---

① 本书用10多万字的第三篇呈现了这种发展的理论和实践。

② 2024年1月中办国办《关于全面推进美丽中国建设的意见》提出"统筹产业结构调整、污染治理、生态保护、应对气候变化，协同推进降碳、减污、扩绿、增长"；2024年3月国家发改委联合财政部、交通运输部等发布《基础设施和公用事业特许经营管理办法》，其中涉及生态环境保护等公共事业的特许经营流程、审批、管理等具体要求；2024年4月国务院颁布《生态保护补偿条例》，明确要求"采取多种方式发展生态产业，推动生态优势转化为产业优势，提高生态产品价值"。

二是重视难度较大的基础性制度建设，提升体制改革的系统性。加强对自然资源资产产权制度、国土空间用途管制制度、国土空间规划制度、自然资源有偿使用制度等有关保护和发展的基础性制度（也是改革难度大的制度）的研究、创新和推进。筑牢生态文明建设的制度根基。提升制度建设的系统性，解决好制度建设碎片化和力度不足问题，在党中央和国务院的领导下，着力理清不同部门之间、不同层级政府之间的责权利划分，形成"共抓大保护"的体制机制。

三是平衡好普适性原则和差异性原则。我国幅员辽阔，地理差异性和经济差异性显著，单一的建设要求和评价标准并不能准确契合地方实际、反映制度建设成效。比如，在统一原则下，重视制度建设的差异化，提高差异化评价、考核方案水平，明确差异化制度如何与当地既有的统计、考核体系相结合。

四是以改革进展较快、较系统的区域为根据地向周边拓展，使生态文明八项基础制度能在更大的行政区全域中系统落地。如福建武夷山等一些国家公园及周边前期改革进展较快，南平市又在国家公园周边划定了国家公园环带并设置了协调机构、采取了专门措施。如果能通过地方立法（如"环武夷山国家公园（福建）保护发展带条例"）和集中中央、省的资金与政策支持强化这个区域生态文明基础制度及其配套改革的力度和整体性，则能在更大范围内形成难度较大的基础制度建设攻关和高水平保护成果转化为高质量发展的有利局面。这比笼统地划定省级行政区为国家生态文明试验区但无法形成制度攻坚的合力和充分利用中央的支持更有可操作性。

第三部分
国家公园和国家文化公园
建设进展对比和体制
成因分析

本部分导读

　　本部分分析总结中国国家公园体制试点的不足，并非意图降低这片国土空间的重要性和体制改革顶层设计的先进性、系统性。评价中国国家公园体制建设工作进展，横向比较可能更客观公正：评价体制改革的成效和快慢，可以通过与类似领域改革的横向比较得出更客观公正的结论（毕竟二者在改革中遭遇的掣肘和助力因素、两面因素类似），与国家文化公园的对比即可达到这个效果。更具可比性的是，二者在启动时都是由国家发改委社会发展司牵头完成相关具体工作的，其后工作的具体执行又都交给了其他部门（国家公园建设由国家林草局主责推进，国家文化公园建设由文化和旅游部主责推进）。因此，本部分在肯定过去几年国家公园建设纵向来看成就巨大的同时，也分析其问题及体制成因，以便更好地发现国家公园建设的经验（相对国家文化公园而言）和国家公园体制建设不足的原因。

第7章
国家文化公园的顶层设计、
预定进度和建设现状

国家文化公园是中国在世界上首创的一种文化遗产保护和传承模式，与许多国家的国家公园体系中以文化遗产为价值主体的成员（如美国国家公园体系中的国家历史公园等类型）有明显区别，也与中国既往的大遗址和国家考古遗址公园等形式有一定区别，其形态和目标在 2019 年中央有关部门负责人就《长城、大运河、长征国家文化公园建设方案》（以下称《三公园方案》）答记者问时被清晰表述：国家文化公园建设，就是要整合具有突出意义、重要影响、重大主题的文物和文化资源，实施公园化管理运营，实现保护传承利用、文化教育、公共服务、旅游观光、休闲娱乐、科学研究功能，形成具有特定开放空间的公共文化载体。党的二十大报告也专门指出"加大文物和文化遗产保护力度，加强城乡建设中历史文化保护传承，建好用好国家文化公园"。2023 年底是《三公园方案》明确的基本完成建设任务的时间节点，且黄河、长江国家文化公园的规划工作此时也已基本完成①。因此，在 2024 年评价国家文化公园建设情况不仅有据且具有指导性，如果《三公园方案》被实践证明不合理，那么其他的国家文化公园工作方案就应该适时调整。

国家文化公园的相关文件和规划，已经明确国家文化公园应该实现什么功能和大体以什么形式来实现这些功能。但能否实现？现实中状态如何？就建设现状而言，可一言以蔽之：国家文化公园内虽存在空间延续的实体，但总体上还没有形成常态化的空间管理主体和对应的资源管理体制，且在空间

---

① 2023 年，中央相关部门联合印发了《黄河国家文化公园建设保护规划》和《长江文化保护传承弘扬规划》，就黄河、长江国家文化公园建设进行了明确的工作部署。

上没有真正的边界，尤其是没有边界内外在管理制度上的差别。目前无论是各级政府还是文旅部门，对国家文化公园如何系统落地并全面发挥功能都未出台如同国家公园体制试点那样具体的指导要求和验收的指标①，各地已进行的各种落地形式的尝试也尚未形成统一、规范、高效的管理体制，因此从空间管理到功能实现，国家文化公园建设仍然亟待破题。因此，国家文化公园建设虽然纵向来看有许多成果，但相对国家公园建设而言难免相形见绌。

---

① 对国家公园建设，先后有2015年13部门的《建立国家公园体制试点方案》、2017年中办国办《建立国家公园体制总体方案》、2020年中央编委《关于统一规范国家公园管理机构设置的指导意见》进行体制设计，有国家林草局2020年组织的国家公园体制试点第三方评估验收工作等推动工作落地，有贯穿了国家公园设立、勘界立标、规划、考核评价和监测的管理全过程的5项国家标准（《国家公园设立规范》《自然保护地勘界立标规范》《国家公园总体规划技术规范》《国家公园考核评价规范》《国家公园监测规范》）。

第8章
国家文化公园的空间落地形式
及其对应的功能实现方式

根据中央文件，国家文化公园是带有主题文化的特定开放空间，有六项明确的功能，但空间主体功能的实现需要依托什么尚未明确。国家文化公园的功能，是某类可以作为国家代表的主题文化能依托公园这个空间通过各种落地形式整体、协调地发挥功能，这一点又依赖于统一的管理，利益相关者只有在统一管理下才能形成合力，使线性文化遗产在遗产保护、文化传承和传播上的功能体现出来，否则一是不可能体现整体性，二是不可能体现管理力度的加大。如果没有整体性和管理力度的加大，国家文化公园就会失去建设的必要性。

8.1 规划和现实中的空间落地形式与功能实现方式

空间落地形式是国家文化公园发挥保护、传承等功能的主要依托，恰当的形式、明确的边界和统一的管理才可能使国家文化公园与公众形成互动，进而使公园的功能整体协调地体现出来。目前各国家文化公园在总体规划中都进行了空间分区，但每个区的落地形式只有概念性表述而无明确要求，且这些落地形式发挥的主要功能和公益性差别较大。例如，2021年，《长城国家文化公园建设保护规划》把"区域连片整合、形象整体展示"写入规划原则，但在规划中没有明确这个原则得以实现的具体形式和保障机制。

如果只看文件和规划中的表述，国家文化公园似乎意图突破单体文化资源类型、时空边界、地方与部门管理边界，对沿线文化与自然资源进行系统性保护，以集群的形式建构世界文化体系中的中国符号、标识。总结来说，在保护方式的集群上，国家文化公园通过四类"类主体功能区"的划定和五大关键领域基础工程的设立等方式意图实现资源集群化保护，进而发挥文化教育、公共服务、旅游观光、休闲娱乐、科学研究等复合功能和实现文旅发展、生态修复、乡村振兴等多元目标。但这些形式并没有配套相应的措施和体制，各种分区和各种落地形式也只是在规划表述中集群了，实际上不仅列入规划中的已有项目的运行和管理仍然各行其是，开始国家文化公园建设后的新设项目从项目审批到建设也仍然按原有的制度进行。可以长城国家文化公园为例，把其空间分区、落地形式和迄今为止的管理效果总结为表8-1。

这种情况在所有国家文化公园的所有区域普遍存在。如北京长城，长城国家文化公园北京段的规划范围原则上与《北京市长城文化带保护发展规划（2018年至2035年）》确定的范围衔接，与长城文化带划定范围一致，仅从资源来看是富集的①，但也与长城文化带一样，边界是模糊的、工作是分散的，多种落地形式之间在管理上各自为政。长城相对来说还算简单的——毕竟没有现实使用功能，而仍然是经济建设主阵地的大运河还与多个国家级自然保护区和航道重叠，尽管《山东省大运河文化保护传承利用实施规划》中将大运河文化带的主轴和具备条件的其他有水河段两岸各2000米的核心区范围划定为核心监控区，但实际上这个区域仍然在维持原有的管理关系，且大运河规划中的核心区范围广泛②，大部分区域不在世界遗产的

---

① 长城国家文化公园北京段贯穿北京北部生态涵养区，约占北京市域面积的30%。分为长城资源、长城相关文化资源以及自然资源三大类，共计2873处/片。其中，长城资源、长城相关文化资源包含世界文化遗产、各级文物保护单位、非物质文化遗产、历史文化街区、历史文化名镇名村、传统村落、历史建筑等多类型和不同保护级别的对象，共计2833处/片；自然资源包含自然保护区、风景名胜区、森林公园、湿地公园、地质公园、矿山公园、重要水源区等7类，共计40片。"多点"即多个长城核心展示园、集中展示带、特色展示点、文旅融合区及传统利用区，包括长城沿线就近可览的历史文化、自然生态、文旅优质资源以及传统村落等。

② 以山东省的大运河核心区为例，其指运河主河道流经的18个县（市、区），包含典型河道段落和重要遗产点，18个县（市、区）即德州市德城区、武城县、夏津县、聊城市东昌府区、茌平区、阳谷县、临清市，泰安市东平县，济宁市任城区、嘉祥县、鱼台县、梁山县、汶上县、微山县、枣庄市薛城区、峄城区、台儿庄区、滕州市。这些区域加起来面积超过3万平方公里，且大部分面积与大运河文化遗产没有直接的关系，这样的核心区既无必要也无可能在文化遗产保护和利用方面形成统一管理。

表8-1　目前长城国家文化公园规划在空间分区和落地形式上的体现及管理效果、影响因素

细化分区和实际存在形态	管控保护区			文旅融合区（主题展示区）						传统利用区	
	文物本体	建设控制地带	文物存临时保护区	核心展示园	集中展示带			特色展示点		历史文化名镇名村	相关村落
				国保单位	文化旅游廊道	博物馆	旅游景区	长城相关的较低价值不可移动文物	其他主题的文物或景观景点		
管理方式	禁止	土地和项目建设控制			无专门控制方式（图墙内管理）			一般按文物的方式管理，但因为通常无专门管理机构而近乎无管理		土地和项目建设控制	
功能体现方式	保存	保护利用兼顾	暂时保存	保护利用兼顾	保护利用为主			一般以利用为主，如果对公众免费开放则能较好地体现功能		保护利用兼顾	利用为主
公益性	较强	强	较强	强	较强		弱	较弱		较弱	弱
管理效果	除了管控保护区，国家文化公园建设前无明确边界，也无履行日常管理职能的管理机构和监管机构，各分区和各种落地形式的管理方式均与国家文化公园建设前没有明显区别，即便只在省内也未能形成一致性管理或一体化管理。各省的长城软件建设还是硬件建设均基本没有实作性动作，只是多了一种挂牌形式和一条项目资金申请渠道，不管是资金还是项目建设，各省管理各的。各省的长城国家文化公园按照《三公园方案》应该于2023年底基本完成建设工作的。从"建好"来看，国家尚未举行相关验收评估、验收活动，也未发布相关评估、验收办法，国家文化公园区域整体功能的变化也无法说。从"用好"来看，国家文化公园区域整体功能也无法说											
影响因素	无协调机制支持：同一区域与区域内其他相关机构的管理者在职责上脱节，不同区域的管理机构之间在日常工作中也没有衔接				无统一的管理机构和协调机制，也没有具体的管理手段（如全国旅游资源规划开发质量等级评定委员会依据《旅游景区质量等级的划分与评定》对景区等级进行评定，复核及衍生的撤销、警告等）使这些落地形式能按照统一的主题和统一的标准推进行建设，开展活动和相互同形成配合以体现某个省长城国家文化公园的统一形象							

资料来源：作者自行总结。

河道和遗产点范围内，但在国家文化公园范围内，这使国家文化公园的存在感更加模糊。可以说，这种范围划定方式使国家文化公园难以成为一个管理整体、难以统一体现功能。下节详述这些问题。

8.2　现实管理问题

尽管国家文化公园形成整体文化标识有其内在的难点①，但现实管理问题并不必然由此导致。表 8-1 中的"管理效果"可从以下两方面细述。

8.2.1　管理范围无明确边界——以长城和武夷山的对比为例

管理范围涉及土地（从土地管理权而言最重要的是产权和国土空间用途管制权），国家公园和国家文化公园的建设都离不开土地，土地性质决定了这两类公园建设管理的难度和所需的资金量。如果人地关系缓和、产业少，即便没有形成整体性的生态系统或文化遗产关联，也易于实现范围内的统一管理（如青藏高原的多数区域），因此务必审慎划定范围，避免名义上是同一个公园但在实际管理中各行其是。

然而，按最初参与国家文化公园顶层设计的文化部门的认识，国家文化公园的空间边界外延并不只是基于文化遗产所划定的静态边界，还应考虑到文化本体的影响力进行界定。由此一来，国家文化公园的空间边界不仅与土地性质脱钩，还呈现出非连续性的特征，甚至存在"文化飞地"现象。在目前的五个国家文化公园中，长征、长城、大运河的价值主体是线性文化遗产，黄河、长江是由线性自然遗产串联的文化遗产廊道，它们都跨多个省级行政区。国家文化公园规划的大多数区域是生产、生活、生态功能兼备的区

---

① 在某一个明确空间范围内形成文化沉积的难度较大，线性文化遗产尤为突出。可以从国家文化公园和一些风景道的例子来管窥这一规律。无论 318 国道还是 219 国道，都尚未形成文化线索和文化共识，其本身没有需要传承的文化（未来有可能构建，如美国的 Route 66）。而大运河则成为文化传播的物质载体。但这种传播需要有足够的规模和强度，如黄河的上下游之间实际上并未形成文化联系。即便形成了文化联系，是否需要有一个名义上的实体来推动文化传承仍是一个问题。

域，虽然其中的各个节点作为文物保护单位有自己具体的保护范围和建设控制地带，但是作为一个整体的国家文化公园，用何种方式与其他的自然、文化资源整合并在土地性质、管理关系支持的情况下形成具有合理边界的国家文化公园范围，从中央到地方对此都尚无清醒认识，更遑论提出解决办法。

在这种认识基础上，国家文化公园的边界划分自然显得随意且实质上没有考虑边界划分在管理中的体现：依托线性文化遗产在空间上延伸出不同的功能控制分区，由此形成的空间实际上没有明确的边界，更没有明确的产权和国土空间用途管制权归属。如黄河国家文化公园陕西段的面积就达14.3万平方公里，超过陕西省面积的2/3。如此巨大、充满异质性的空间，何以建成以黄河文化为主题的国家文化公园？何以体现这个空间能使黄河本体和黄河文化在各方面工作中都能有比公园外更重要的地位或优先序？如果不能，为何要这样划定范围？与自然保护地的整合优化对比，连中东部地区平均面积不到100平方公里的自然保护区都要先重新划定边界、抠除矛盾多发地带，然后才可能确保"生态保护第一"，而某省乃至某市动辄划定上万平方公里的国家文化公园，这种范围划定法可能有现实效果吗？而且，国家文化公园的四个功能区（管控保护区、主题展示区、文旅融合区、传统利用区）建设也存在边界模糊、界限不清的问题，除了面积占比极低（通常不到1%）的管控保护区的保护边界可以确定之外，其他三个功能区的边界无法明确，这就导致国家文化公园边界划分并无实际效果和发展规划针对性差。

这种情况不是偶然的，长城国家文化公园陕西段同样如此。2020年，陕西省完成土地确权，但涉及长城的区域相关工作并未和长城国家文化公园衔接。以陕西省榆林市榆阳区为例，在其现有的线性落地形式常乐堡至走马梁长城文化旅游复合廊、保宁堡至麻黄梁镇长城集中展示带中，虽然划定了很长的国家文化公园展示区域，但是真正进行展示的区域只有两端的常乐堡、走马梁观景台、保宁堡、麻黄梁段等几个分散的点，中间很长的地带实际上为农田，无道路连接，亦无任何展示利用设施，只是在名义上连接。规划的榆阳集中展示带，将榆林卫城设为主要的文旅融合区，而榆林卫城实际上为榆林市城区，数万居民生活其中，只有零散的文物点可以进行展示利用，不具备成为文旅融合区的基本条件，更难以国家文化公园的名义进行整体的文旅开发，毕竟这是地级市的主城区，功能、人口数量和土地性质都决定了其不可能主要服务于长城及长城文化的保护与传承。从这个例子也可管窥，对于国家文化公园，中央和省级的管理部门在与划界关联密切的空间管理上认知不足和不严谨。

与之相对比，武夷山国家公园不仅自身边界清晰、边界内的自然资源产权清晰，还划定了环带①，统一了规划、项目设置和监督实施（以南平市环带办这样的协调机构来统一行使），这样看来，国家文化公园从"公园"形态而言还远不如国家公园环带。武夷山国家公园和环带的边界及边界内外的管理差别是这样体现的②：①边界内的自然资源产权和国土空间用途管制权相关前置审批权属于国家公园管理局，贯彻"生态保护第一"原则；②边界外、环带内（面积约为国家公园的4倍）的项目安排服从统一规划（环带规划）但相关权力在地方政府，国家公园管理局参与环带规划的制定，环带空间内的保护要求较高但也注重与国家公园内的产业衔接（主要是茶业和旅游业）；③环带外尽管存在一些与国家公园关联的资源③，但其保护和利用与国家公园管理局没有关系。有这样明确的边界内外区别，国家公园内外从管理标准到项目安排都有明显不同，国家公园外的环带区域的项目策划、政策争取和资金申请（向省级）、项目进度督促等工作由南平市环带办承担，仅从规划、项目角度可以把环带当作一个整体。这样，既不会把国家公园泛化到整个县（武夷山县级市）乃至整个地级市，也不会把国家公园环带泛化到一个或多个地级市（福建境内的武夷山脉涉及南平、三明和龙岩三个地级市），划到同一个环带就要遵从同一个规划、统筹的项目安排和项目进度督促，这使武夷山国家公园环带的整体性明显强于国家文化公园。

8.2.2 管理的整体性几乎没有——以长城国家文化公园为例

现行管理、建设体系与国家文化公园的建设要求不符，价值难以全面阐

---

① 环武夷山国家公园保护发展带，具体参见本书第三篇第二部分。
② 限于福建片区。
③ 如作为世界遗产部分的闽越王城国家考古遗址公园，与武夷山国家公园及环带内的资源有相关性。

释。目前我国物质文化遗产的管理体系以文物保护单位为主体，辅以历史文化名城等，以点状保护为主、面状保护为辅，即使是线性文化遗产，也按县域甚至更小的区域划分成块，按照点状遗产保护方式进行保护。同时文物保护单位内外管理又有划分，文物管理部门只针对文物本体进行保护修缮，周边环境的保护和规划一般依靠建设和规划主管部门。这种看似权责分明的分头管理模式，其实是各自为政，且统筹不了开发利用。同时，各个国家文化公园虽然整体上有规划，但其真正的建设主体是各个市、县，既有的与功能分区和落地形式相关的管理主体更是五花八门（参见表8-2）。在这种情况下，相关规划和建设方案并没有就以下问题给出答案：长城、大运河的一些段落，已进行景区化运营多年，那么建设国家文化公园以后，是将这些景区一体化地纳入其中，还是仍旧维持既有管理体制？是都进行公园化运营，还是准许自收自支？在规划设计、投资开发、管理运营等方面，是否从一开始就应该明确其有所不同？除了管理体制外，在运营模式上同样面临分布范围广、遗产保护难、工作基础差、环境问题多、前期投入大、初期收效慢、运营成本高等诸多现实问题，这些问题是要给出至少由省级统筹的解决办法还是只需要在国家文化公园的名义下维持现状？

在国家文化公园建设中，因为没有明确建立与最重要的"权、钱"制度相关的管理机构和资金机制，所以这些问题都没有中央文件层面的答案甚至省级文件层面的答案。

表8-2　长城国家文化公园陕西段管理情况

地区		是否完成土地确权	是否完成范围划定	专门的机构			
				管控保护区	主题展示区	文旅融合区	传统利用区
榆林市	府谷县	是	否	文旅部门（长城保护工作站）	文旅、水利、土地等部门	文旅、水利、土地等部门	农林、城规、土地等部门
	神木市	是	否	文旅部门（长城保护工作站）	文旅、土地等部门	文旅、土地等部门	农林、城规、土地等部门

续表

地区		是否完成土地确权	是否完成范围划定	专门的机构			
				管控保护区	主题展示区	文旅融合区	传统利用区
榆林市	榆阳区	是	否	文旅部门（长城保护工作站）	文旅、水利、土地等部门	文旅、水利、土地等部门	农林、城规、土地等部门
	横山区	是	否	文旅部门（长城保护工作站）	文旅、土地等部门	文旅、土地等部门	农林、城规、土地等部门
	靖边县	是	否	文旅部门（长城保护工作站）	文旅、土地等部门	文旅、水利、土地等部门	农林、城规、土地等部门
	定边县	是	否	文旅部门（长城保护工作站）	文旅、城规、土地等部门	文旅、水利、土地等部门	农林、城规、土地等部门
延安市	吴起县	是	否	文旅部门	文旅、农林、土地等部门	文旅、土地等部门	农林、城规、土地等部门
	志丹县	是	否	文旅部门	文旅、农林、土地等部门	文旅、土地等部门	农林、城规、土地等部门
	富县	是	否	文旅部门	文旅、城规、农林、土地等部门	文旅、城规、土地等部门	农林、土地等部门
	黄陵县	是	否	文旅部门	文旅、城规、农林、土地等部门	文旅、城规、土地等部门	农林、土地等部门
	黄龙县	是	否	文旅部门	文旅、农林、土地等部门	文旅、城规、土地等部门	农林、土地等部门
铜川市	宜君县	是	否	文旅部门（战国魏长城文物管理所）	文旅、农林、土地等部门	文旅、城规、土地等部门	农林、土地等部门
渭南市	韩城市	是	否	文旅部门	文旅、城规、农林、水利、土地等部门	文旅、城规、土地等部门	农林、土地等部门

地区		是否完成土地确权	是否完成范围划定	专门的机构			
				管控保护区	主题展示区	文旅融合区	传统利用区
渭南市	华阴市	是	否	文旅部门	文旅、农林、水利、土地等部门	文旅、城规、土地等部门	农林、城规、土地、水利等部门
	大荔县	是	否	文旅部门	文旅、城规、农林、土地等部门	文旅、城规、土地等部门	农林、土地等部门
	澄城县	是	否	文旅部门	文旅、城规、土地等部门	文旅、城规、土地等部门	农林、土地等部门
	合阳县	是	否	文旅部门	文旅、城规、土地等部门	文旅、城规、土地等部门	农林、土地等部门

资料来源：作者团队根据调研获得资料整理。

　　另外，国家文化公园规划中纳入了不同所有制、不同管理方式的落地形式，除管控保护区主要由文旅部门直接管理外，主题展示区、文旅融合区、传统利用区还是多部门条块分割进行管理，没有形成一体化管理，也无法进行一致性管理。例如，在县（市、区）一级，长城国家文化公园陕西段目前还有很多县（市、区）尚未设立专门管理机构，即使设立专门管理机构，事实上也还是原来的文物保护机构。长城国家文化公园以陕西段长城的保护范围为管控保护区范围，总面积约 278.49 平方公里。除此之外的主题展示区、文旅融合区、传统利用区都没有划定固定的范围。

　　长城国家文化公园陕西段的资金目前大多来自中央到地方的各级财政拨款，以榆林市榆阳区为例，点状落地形式中，无论是现有还是规划的项目，资金均来源于中央和省两级财政；线性落地形式中，现有的项目资金全部来自中央财政，规划的部分也是利用各级财政资金；面状落地形式中，现有的项目资金绝大部分来自各级财政，只有用于红石峡环境整治的 410 万元来自旅游公司的投入（见表 8-3），而其规划的部分也是来自财政拨款。显然，多方参与的资金机制并未形成，相关企业主体对长城国家文化公园这一整体至少在投资意愿上是不认可的。

表8-3 长城国家文化公园陕西段（榆林市榆阳区）资金来源统计
（从建设伊始到2023年底）

单位：万元

空间形状	点							线			面	
	现有	规划						现有		规划	现有	规划
项目	易马城	肖家峁村敌台	归德堡	双山堡	鱼河堡	镇川堡	郑窑则村砖窑遗存	常乐堡至走马梁长城文化旅游复合廊	保宁堡至麻黄梁镇长城集中展示带	榆阳集中展示带	榆林卫城—镇北台—红石峡核心展示园	建安堡
中央财政		140	3200				320	674	770		1734	
省级财政	706									6400	760	1200
市级财政											1100	
区级财政										1600		4600
社会资金											410	

资料来源：作者团队根据调研获得资料整理。

在创建国家文化公园的相关总结中也能找到一些成功的案例，如壶口瀑布打破行政区划限制，实现跨区域文化资源布局和合作。其宣传材料的描述如下：陕西、山西两省共同推进壶口瀑布、乾坤湾创建5A级旅游景区。壶口瀑布是国家级风景名胜区，为山西、陕西两省共有旅游景区。乾坤湾位于山西省和陕西省接壤处。2021年8月，陕西、山西两省文旅厅研究壶口瀑布和乾坤湾同步共创5A级旅游景区工作，建立联动工作机制，在规划、设施建设、标识标牌、宣传推广、门票销售等方面统一标准、同步推进。但这件事和国家文化公园本身并无因果关系甚至相关性，只是壶口瀑布被划到了黄河国家文化公园范围内。这就与两个开民宿的家庭喜结连理和新换了一个力主推动全域旅游的领导人之间基本没有因果关系一样。

8.3　总结

与在 2023 年达到"权责明确、运营高效、监督规范的管理模式初具雏形"的目标相对照，目前国家文化公园的管理和建设只能说成效较低、进展缓慢。而且，与国家公园的许多原有居民有些许抱怨不同，各种调查都显示国家文化公园的原有居民基本感受不到国家文化公园在建设，遑论参与和影响其建设。也正因为这样，有的省的方案中建成时间也与《三公园方案》的要求不同。如《长城国家文化公园（北京段）建设保护规划》就以 2035 年为全面建成时间。① 而且，与国家公园以及文旅部门管理较好、地方政府配合程度较高的 5A 级旅游景区管理相比，国家文化公园当前既缺乏国家公园的统一管理，也欠缺 5A 级旅游景区的建设标准一致性和监管方式一致性。

总结来说，国家文化公园建设尽管纵向来看取得了诸多成就且在一些方面达到了原来的文化遗产保护方式和文化旅游融合方式难以达到的效果，但在目前阶段，其总体上还只是一种名字统一的文化旅游管理工作方式，且在行业管理上还不如 5A 级旅游景区统一。因此，对于党的二十大报告中提出的"建好用好国家文化公园"而言，国家文化公园目前的建设状况很难判断出其是否建好用好。

---

① 规划中务实地表明："预计 2023 年，北京长城沿线文物和文化资源保护传承利用协调推进局面初步形成，马兰路、古北口路、黄花路、居庸路 4 个重点区域建设初具雏形，为全面推进国家文化公园建设创造良好条件；2035 年，长城国家文化公园（北京段）全面建成。"

第9章
国家文化公园难以统一管理
并见效的制度成因

——基于与国家公园体制的比较

国家公园与国家文化公园在空间管理与功能实现方面存在较大差异。虽然国家文化公园的发展晚于国家公园，但是二者的管理差异并不只是发展时间差异所致，从目标上看有的国家文化公园已明确到 2023 年建成。换言之，即便其已完成建设任务，这种差异仍然没有改变。

长期以来，文旅部门牵头开展的工作大多不涉及空间管理尤其是对分散的、多态的文旅活动落地形式的统一管理，国家文化公园建设也基本没有涉及自然资源资产和不动产的产权管理和国土空间用途管制权的体制改革，这就使国家文化公园相对而言较难"形成具有特定开放空间的公共文化载体"和"实施公园化管理运营"。事实上，体制上的责权利不匹配与激励不相容，才是国家文化公园难以实现一体化管理甚至难以实现一致性管理的主要制度成因。

9.1 中央和地方、各地方之间激励相容的体制未能形成

国家文化公园是国家战略安排，却是地方实践，国家的目标（民族象征和代表性符号）、利益结构与地方的目标、利益结构在有些方面存在差异。基于激励相容理论可认为：以自身资金在无考核的情况下主动配合相邻区域且在存在旅游市场竞争的领域形成相互配合的功能分工，目前没有从体制上构建出这样的政治和经济利益维度。

跨地域、开放式的空间特征为统一管理带来了巨大的障碍。归根结底，

国家文化公园出现跨地域分割管理的根本原因是不同省的"权、钱"制度不同导致的激励不相容：隶属于不同行政区划的区域在制度、政策上存在显著差异，在国家文化公园建设过程中，各地仍然基于既有的体制进行自主建设与运营。责权利不匹配的问题在地域性差异的作用下显得更为突出：各利益相关者在自身的利益驱动下实施有利于所在地域发展的举措，但不同地域的制度、政策导向与利益驱动机制并不完全一致，各地区的受各自利益驱动的管理实践从宏观层面来看未必符合整体利益最大化原则，甚至与其背离。如此一来，国家文化公园很难实现跨地域的统一性管理。

要推进国家文化公园的建设和发展，中央须形成对地方的有效激励尤其是使各地方均考虑国家利益和国家文化公园整体性的激励，一般而言，这是通过中央授权出资和对地方的考核督察等实现的。国家公园体制试点期间也的确用多种手段进行了探索，中央生态环境保护督察也涉及了国家公园体制试点进展，因此国家公园体制建设较好的省，省市县三级政府在贯彻"生态保护第一、国家代表性、全民公益性"[①] 三大理念上已经有较大的改善。

9.2　责权利制度改革不到位且不匹配

在功能实现上，国家文化公园建设高度依赖地方政府，牵头开展这项工作的文化旅游部门基本无权、钱引导地方转变发展方式，因此只是为地方增加了一块牌子、增多了一个申请项目资金的渠道，国家文化公园管理机构本身既不是独立的完整的管理主体（其管理机构必然从属于基层地方政府且目前没有专职的全域管理机构），甚至也不是项目申请主体，因此很多地方也将其范围内众多的管理机构作为多个主体看待。今后即便设立了名义上的综合管理主体，也会因为没有真正的体制而难以在统一管理下全面发挥功能，且这项工作迄今仍然没有借鉴文化旅游部门其他方面工作在无权实现空

---

① 据 2017 年《建立国家公园体制总体方案》。

间上的统一管理情况下用其他手段实现一致性管理的经验①。

政府财政资金有限，社会资金参与度不高，资金难以获得长效保障。目前国家文化公园建设的主要经费来源仍然是财政拨款，其包括原有文物保护经费等各类资源保护利用方面专项资金，以及为国家文化公园保护利用和建设而设的专项资金。现有的五个国家文化公园均为线性遗产，涉及省份和城市众多，建设的资金缺口非常大。但目前国家财政资金投入有限，地方财政又状况不一，大部分省份财政困难，难以实现以地方财政投入为主支持国家文化公园保护、利用等的建设，也难以支持国家文化公园建成后持续维护的费用。单纯依靠政府财政拨款或少量建设补助资金难以满足大规模建设所需，因此需要充分调动社会资金积极参与建设。国家文化公园的初期建设，多集中于展示园、基础设施等，公益性强、产业赢利性弱，企业参与的赢利模式并不清晰，这也导致企业参与国家文化公园建设的积极性不高。

另外，现行的地方政绩考核制度较难激发地方政府统一建设国家文化公园的积极性。各国家文化公园的规划或已颁布实施，或正在编制中，但规划多关注宏观建设思路，具体到县区如何建设，还需要县区在大规划框架下进行细化。而我国的地方政绩考核是以经济发展绩效为导向的。国家文化公园建设工作需要巨大的经费支持，但其经济绩效目前难以度量，激励强度较低，因此地方政府更倾向于将资金投入短期内能带来经济增长的产业中，而非国家文化公园建设。即使是对已开发的景区的改建，由于资源保护和利用的激励强度不同，政府往往更愿意将更多、更高质量的资本投入激励性较强的经营活动而非针对国家文化公园的提升中。最终，一些地方干部追求地方

---

① 折中或者妥协的处理办法有二。其一，在整体规划的基础上、主要基于节点，将国家文化公园想要实现的功能落地，但目前的落地形式在保护利用上都有局限性，且不能相互呼应配合，难以像国家公园那样依据生态系统完整性形成保护和利用上的整体性。其二，借鉴文化旅游部门管理 5A 级旅游景区的经验，制定贯穿建设管理全流程的各项国家标准，用 5A 级旅游景区评定复核后整改、降级、摘牌等措施督促国家文化公园各类管理主体维持全国大概一致的景区管理标准，实现"权、钱"制度难以大改和管理主体多样化情况下的一致性管理。但因为国家文化公园的落地形式和范围远远多于、大于旅游景区，这种一致性管理方式也只能在文旅融合区等部分功能区中的某些落地形式上实现。

经济增长，谋求其经济和政治利益最大化的现实路径，往往会替代建设国家文化公园、促进文化遗产保护和利用的社会福利最大化的目标路径。政绩考核本来可以成为协调机制的重要内容，但因为实际管理就是原来的管理形式，类似长城国家文化公园的形式并不会受到问责，所以难以通过政绩考核激发地方政府统一建设国家文化公园的积极性。

这些国家文化公园建设的共性问题，在跨省的情况下，体制成因更为突出。事实上，国家公园如果没有体制改革到位，也会呈现类似国家文化公园的情况，如大熊猫国家公园的很多问题就与国家文化公园类似。而从 2019 年推进至今的自然保护地整合优化，表现出来的问题也与国家文化公园的问题类似①。这也说明，没有系统的体制改革，任何自然文化遗产领域的改革都会流于形式，都会回到过去所谓体系建设只是加挂牌子的老路上。而国家公园和国家文化公园因为涉及地域广大（尤其是国家文化公园）、类型多样，这种体制改革也只有进行全局性的生态文明体制改革、覆盖所有地方政府的生态文明八项基础制度建设才可能奏效。

---

① 自然保护地有过去的林业系统的林地空间管理、执法队伍和各种标准，在实现统一规范高效的管理方面还是比国家文化公园好一些的，但经过整合优化的自然保护地整体还是明显不如国家公园体制试点区，这也说明体制改革具有必要性。

第二篇
国家公园设立后的进展和不足
——主要问题及案例分析

本篇导读

纵向来看，国家公园体制试点和国家公园设立后的建设成就都是巨大的且涉及面广泛，国家公园在促进"生态保护、绿色发展、民生改善相统一"上已经远远超越普通的自然保护地，国家公园体制改革也成为整个生态文明体制改革任务中进展最快、成果最显著的综合性改革。[①] 但因为这项改革涉及面广泛且作为基础的生态文明体制改革存在一些不足，因此其进展也没能完全按照进度：不管是2017年《建立国家公园体制总体方案》中明确的要求[②]还是2016年《中华人民共和国国民经济和社会发展第十三个五年规划》中的"整合设立一批国家公园"，都说明了中央正式设立国家公园应该是在2020年。但迟至2021年9月30日国务院才批复设立第一批五个国家公园，而根据"三定"规定才能明确的国家公园的机构、职能、队伍一直难有进展[③]，国家公园的历史

---

① 王毅、黄宝荣：《中国国家公园体制改革回顾与前瞻》，《生物多样性》2019年第2期。在2020年的全国"两会"上，作为全国人大常委会委员的中国科学院王毅研究员又专门阐释了这个系统研究后得出的结论。

② 到2020年，国家公园体制试点基本完成，整合设立一批国家公园，分级统一的管理体制基本建立。

③ 对中国的行政管理机构而言，依法行政在某种程度上可以说是依"三定"规定行政。到2024年9月，第一批五个国家公园中只有东北虎豹、武夷山、海南热带雨林三个管理局的"三定"规定获得中央编办批复。没有"三定"规定，国家公园就没有中央认可的国家公园管理机构责权利的管理依据。

遗留问题迄今也没有创新且统筹的解决办法，这一方面是由于国家公园管理局的工作牵涉面太广，另一方面是由于体制试点期间没有解决的问题太多。在《建立国家公园体制总体方案》作为顶层设计已较全面、合理的情况下，通过比较国家公园设立后的实际进展、应有进展，可以明晰当前面临的关键问题，也能清楚这个领域这两年发生的僵化曲解保护事件对事业的损害。因此，本篇用三个部分来客观评述这种中国快速改革中常见的"成就巨大、问题不少"的局面：实际进展和应有进展的对比，当前面临的关键问题和解决方案，在解决关键问题上的僵化曲解保护等现象及案例。

第一部分
实际进展和应有进展的对比

第10章
正式设立国家公园后的进展
（截至2024年9月）

2021 年 10 月 12 日，习近平主席在《生物多样性公约》第十五次缔约方大会领导人峰会上宣布，中国正式设立三江源、大熊猫、东北虎豹、海南热带雨林、武夷山等第一批国家公园。① 由此，我国国家公园事业进入了新时代。

10.1　全国层面的整体进展

首先是体系方面，进入正式设立阶段以后，国家公园的建设任务不断深化、建设范围不断拓展。配合与国家公园体制试点后期同步的自然保护地整合优化工作，自然保护地体系发生了整体性重构。习近平总书记在 2022 年 1 月指出，"中国正在建设全世界最大的国家公园体系"②，这显然提出了国家公园正式设立阶段的新任务要求；2022 年 11 月 5 日，习近平总书记在《湿地公约》第十四届缔约方大会上宣布中国制定了《国家公园空间布局方案》，在全国遴选出 49 个国家公园候选区（包括第一批已经设立的 5 个国家公园），涉及 700 多个现有自然保护地；到 2035 年，中国将基本建成全世界最大的国家公园体系，使"生态系统格局更加稳定，展现美丽山川勃勃生机"，这样也才能真正落实《保护地意见》中以国家公园为主体的自然保护地体系是"美丽中国的重要象征，在维护国家生态安全中居于首要地

---

① 这个宣布的依据是：2021 年 9 月 30 日的连续五个国务院批复（国函〔2021〕101 - 105 号）。例如，《国务院关于同意设立三江源国家公园的批复》（国函〔2021〕101 号）同意设立三江源国家公园。

② 《习近平在 2022 年世界经济论坛视频会议的演讲（全文）》，中国政府网，https：//www.gov.cn/xinwen/2022-01/17/content_5668944.htm。

位"，使 2035 年基本建成美丽中国具有最重要的依托。①

然后是体制方面，国家公园体制改革的任务有更明确的方向和依据。2022 年中办和国办印发《全民所有自然资源资产所有权委托代理机制试点方案》，国家公园是开展自然资源资产（含自然生态空间）所有权委托代理试点的八类自然资源（自然空间）之一，成为国家公园推进"统一管理和分级形式所有权"改革的上位依据。2024 年颁布的《基础设施和公共事业特许经营管理办法》《生态保护补偿条例》也为国家公园领域的相关工作提供了支撑。这些中央文件、法规、规范性文件成为国家公园体制深化改革的方向依据和政策支撑。另外，财政部会同国家林草局制定《国家公园设立指南》，严格规范创建设立程序；国家林草局印发《关于加强第一批国家公园保护管理工作的通知》《国家公园管理暂行办法》，制定《国家公园总体规划编制和审批管理办法（试行）》及其实施细则，对规范过渡期管理、严格规划审批程序提出明确要求；国家林草局正在组织起草《国家公园志愿服务管理办法》《国家公园特许经营管理办法》等规范性文件。

对于国家公园机构正常运行和国家公园创建工作来说至关重要的财政经费，也有了国家层面的文件指导：2022 年 9 月，财政部、国家林草局发布了《关于推进国家公园建设若干财政政策意见的通知》（国办函〔2022〕93号），对国家公园管理机构运行、基本建设等中央和地方财政事权和支出责任进行了划分。② 2024 年 4 月财政部、国家林草局印发《国家公园资金绩效

---

① 需要说明的是，生态环境部门经常强调的"天蓝水碧土净"只是全世界所有国家对美好人居环境的共性追求，既不具有中国特征（美丽美国、美丽法国也可以这样提）也不关乎国家的生态安全。而且，人居环境易于恢复（如在世界八大公害事件中占一半的日本，二战高速工业化造成严重环境问题后仅用二十年左右就把人居环境恢复到世界领先的水平，但其陆地生态系统和生物多样性的破坏却难以恢复，狼、朱鹮等重要物种均在二战后灭绝）。

② 国家公园相关省份据此也紧紧跟上。例如，2023 年 2 月、3 月和 4 月，黑龙江、福建、云南三省分别印发了《关于推进国家公园建设若干财政政策的实施意见》（黑政办函〔2023〕19 号、闽财资环〔2023〕7 号、云政办函〔2023〕16 号），大体明确了国家公园省级、县市级财政事权以及共同财政事权的内容。但不论国家层面还是省级层面的这些文件，相对于国家公园的实际工作需要，其财政事权划分和中央财政资金的六方面用途规定都还失之粗放且考虑各种生态系统的实际需要不足，因此本书在第二篇、第三篇用了大量篇幅加以细化分析，尤其在第三篇给出了案例项目上如何争取这种资金的方案。

管理办法》，在中央财政林业草原生态恢复资金中设立国家公园资金，专项用于已设立国家公园（主体用途）和创建中的国家公园候选区的相关支出，并进一步明确国家公园资金应建立全过程绩效管理机制，按照"一园一策"建立指标体系。而且，这种中央专项资金的数量是惊人的，2022~2023年度约30亿元，2023~2024年度约50亿元。考虑到这样的资金主要用于已经设立的国家公园，这种投入力度在全世界都难出其右。[①]

10.2　第一批国家公园的建设进展

第一批国家公园的建设正在进行但难说顺利。5个国家公园的总体规划直到2023年8月在第二届国家公园论坛上才得以正式公布，截至2024年9月，只有3个国家公园管理机构的"三定"规定被批复。这方面的进展不尽如人意，但正式设立后第一批国家公园还是取得了以下四方面进展。

一是国家公园的生态系统完整性保护明显加强。正式设立时，三江源国家公园拓展了青海省行政范围内由西藏自治区实际使用的格拉丹东区域（唐古拉山北麓区域），将长江正源、黄河正源都纳入保护范围。武夷山国家公园也将武夷山国家公园的北边界拓展到江西省范围，大大加强了生态系统的完整性保护。另外，既往的一些不太合理的国家公园划定和功能分区方法也在相关主管部门的支持下得到了优化，"三线不得交叉重叠"和在国家公园内抠出大量"天窗"的做法都有了符合保护科学规律的改进。[②]

---

① 也必须看到，2022~2023年度这样大额的中央财政专项资金超过1/3未能投入使用，原因除了国家公园的总体规划、"三定"规定均未获得及时批复外，也与各国家公园管理局的合规项目形成能力差（本书第三篇第二部分第四章列举的海南红峡谷景区改造的例子就是如何形成项目争取这种资金的一个样板）和这种资金只能用于国家公园范围内有关。

② 对这些方面的改进，自然资源部在《关于对国家公园等自然保护地内生态保护红线与永久基本农田重叠问题的建议的答复》（2024年6月20日，关于十四届全国人大二次会议第2917号建议的答复）中有系统说明。**①永久基本农田的处理原则是：**生态保护红线自然保护区核心保护区内，原永久基本农田作为一般耕地保留在生态保护红线内；自然保护地核心保护区外，集中连片的永久基本农田和可长期稳定利用耕地调出自然保护地和生态保护红线，规模较小、零星分散的作为一般耕地保留在生态保护红线内；考虑到集（转下页注）

二是落实总体规划，落实勘界立标和自然资源确权登记。东北虎豹、武夷山、大熊猫、海南热带雨林国家公园都已经陆续完成了勘界立标工作，三江源国家公园在西安专员办的协调下正在积极开展三江源国家公园（唐北区域）勘界立标工作。2022 年 12 月 28 日，海南热带雨林国家公园率先完成自然资源确权登记，成为全国首个实现自然资源确权登记的国家公园。①其他国家公园的自然资源确权工作也在积极开展。

三是国家公园管理机构的管理能力逐渐增强。首先是执法能力，东北虎豹国家公园管理局在"三定"规定获批以后，组建了执法协调处，"依法承担园区内自然资源、林业草原等领域相关执法工作。与地方政府建立执法协作机制"。同样，武夷山国家公园的江西片区也正在组建执法队伍，并且按两省的协同立法要求，其执法事项、标准等基本与福建片区一致；管理的智能化水平明显提高，"天空地一体化"逐渐成为国家公园保护和管理的重要组成部分，三江源、东北虎豹国家公园内"天空地一体化"生态监测系统均已上线，根据两个国家公园的资源特征、管理特征，监测系统的侧重也有不同，基本能满足三江源与东北虎豹国家公园的监测需求，大幅度提升了智慧监测能力。

四是绿色发展水平略有提升。国家公园作为自然资源条件的"四个最"区域，也应该是特色农业、生态旅游等产业的优势发展区域。从三江源国家

（接上页注②）中连片的梯田和与生态保护对象共生的耕地承载着保护生态和农耕文化双重功能，将已批准设立的 5 个国家公园、6 个涉及梯田的自然公园和 4 个涉及鸟类的国家级自然保护区内的原永久基本农田和可以长期稳定利用耕地保留在生态保护红线内。**②"天窗"是基于我国自然地理国情**，综合考虑生态保护、地方发展、利益相关者权益等多方面因素，统筹协调解决矛盾冲突而形成的结果，是我国五千年农耕传统的历史积淀下人类活动空间分布特征的真实反映，是在图面上的显示，并不会改变其国土空间定位和用地性质，可从管理角度加强管控。③自然资源部正在组织起草《生态保护红线监测及保护成效评估技术指南》，考虑将生态保护红线周边一定区域纳入监测范围。同时，结合全域土地综合整治等试点工作，**探索将生态保护红线周边的零星破碎的永久基本农田"天窗"，适度予以整治、集中、优化，将新产生的生态空间按程序划入生态保护红线管理**，通过科学、合理、可行的管控方式，保证生态系统的完整性和生态系统功能的稳定性，确保生态保护红线周边区域的安全和稳定。

① 但其确权的主体仍然是县级政府，没有按中央相关文件要求将全民所有自然资源资产确权主体移交给国家公园管理机构。

公园始自 2019 年的生态体验特许经营项目试点开始，一些国家公园就在这方面进行了探索。但总体上由于中央生态环保督察给相关方面带来的压力、部分管理者的保守甚至消极思想以及《国家公园法》未能及时出台，这方面的进展并不顺利。有些较好的发展案例要么是因为国家公园设立前就有了基础（如武夷山的正山和正岩产区的茶产业①），要么发生在国家公园周边。例如，热带雨林国家公园周边的白沙县进行了多种尝试：在白沙乡试点建设生态资源资产运行平台。该平台整合山水林田茶药花等优势生态资源，对农业种植、自然资源、生态产品进行调查确权，并评估、收储、管理、交易生态资源资产，可以一站式简化部门审批流程，提升产业落地投产效能。目前已落地实施海南大叶茶种植等 15 个资源转化项目，探索出海南首笔金融"两山贷"、首笔"GEP 贷"等多条生态价值的变现路径。通过核算项目所在地的水源涵养、水土保持、固碳释氧以及气候调节等生态系统服务价值得出 GEP，银行再评估企业信用资质等方面的情况，发放 50 万元额度的贷款。又如，武夷山国家公园的环带发展思路：围绕武夷山国家公园划定 4252 平方公里缓冲区，用大的"外圈"来保护好武夷山国家公园这个核心"内圈"，通过"环带"打通国家公园生态产品的价值溢出通道。环带的亮点项目——国家公园 1 号风景道已于 2024 年 5 月通车，风景道全长 251 公里，连通国家公园一般控制区及周边地区，将分散的自然风光、山水田园、传统文化、人文景观等点状空间与资源串珠成链，成为保护与绿色发展互促的重要通道。

　　除了 5 个已经设立的国家公园外，新的国家公园创建工作正在推进但各方面进展不尽如人意，即便中央领导已经提出了要求②。国家林草局先后批复同意新疆等 12 个省区创建国家公园。2022 年 12 月以来，11 个省级人民

---

① 原武夷山自然保护区范围的茶产区被称为正山（实际上也包括了江西武夷山自然保护区），原武夷山风景名胜区范围的茶产区被称为正岩。这一范围内的茶青（即摘下来的茶叶）的一般价格是范围外的 10 倍以上，充分体现了这个区域的资源环境价值。

② 在 2023 年 12 月的中央经济工作会议上，习近平总书记在讲话中明确指出"在有条件的地区有序设立国家公园"。但时间过去了 9 个月，这项工作仍无明显进展。

政府分别向国务院提出了关于设立黄河口、秦岭、南岭、辽河口、卡拉麦里、羌塘、亚洲象、祁连山、南山、钱江源—百山祖、香格里拉的申请，国务院办公厅转批国家林草局办理。2024 年 3 月，国家林草局向有关省区人民政府反馈了补充修改有关材料的意见。目前，黄河口、钱江源—百山祖、卡拉麦里、羌塘、南山等 5 个国家公园修改完善的设立材料已报给国家林草局，其中，黄河口已复审合格，正在征求中央编办等 16 部门意见，即进入了国家公园创建的冲刺阶段。

第11章
与中央文件对比后反映的不足及共性问题

国家公园体制是生态文明体制改革中进展最快、成果最系统的部分，但也依然存在生态文明改革的共性问题和国家公园领域的个性问题。这十年的建设期间，习近平总书记的指示批示和中央层面的多项文件是推进国家公园建设的核心动力，也是衡量体制改革的标杆。因此，对比中央层面的要求与国家公园体制改革的实际进展，可以在相形见绌中精准补齐短板。

11.1 总书记和中央文件描绘的国家公园体制蓝图

国家公园是习近平总书记亲自推动的宏大事业，因此他对国家公园工作有多次具体指示；党的十九大、二十大报告均要求"推进以国家公园为主体的自然保护地体系建设"；中共中央办公厅、国务院办公厅发布的以"国家公园"为核心内容的文件有 2 个。除此之外，中央编委就国家公园机构设置、财政部和国家林草局就财政资金使用也发布了文件（涉及对国家公园建设管理而言最重要的"权"和"钱"）。根据总书记的指示和这些文件内容，可以将中央对国家公园体制的设计概括为三方面。

（1）哪些地方能成为国家公园？

中国国家公园的资源具有"四最"特征。在《生物多样性公约》第十五次缔约方大会领导人峰会上，习近平总书记提出"为加强生物多样性保护，中国正加快构建以国家公园为主体的自然保护地体系，逐步把自然生态系统最重要、自然景观最独特、自然遗产最精华、生物多样性最富集的区域纳入国家公园体系"。这个其实已经体现到国家标准中，按照《国家公园设立规范》（GB/T 39737—2020）的要求，国家公园应具有国家代表性、生态重要性、管理可行性。以此为标准，根据《国家公园空间布局方案》，全国（不包括港澳台地区）遴选出 49 个国家公园候选区。

（2）国家公园怎么管理？

国家公园体制的核心特征是"统一、规范、高效"，这涉及事权划分、机构设置、自然资源资产管理、资金机制、监督执法和设立、规划、运行、评估等方面的标准化管理。通过建立国家公园体制，系统解决过去自然保护地存在的一地多牌多主、多头交叉管理等问题，在明晰园地关系的同时缓和人地关系，这是国家公园管理的大原则和发展方向。

（3）国家公园怎么发展？

习近平总书记 2021 年 3 月在武夷山国家公园调研时首次针对国家公园提出"要坚持生态保护第一，统筹保护和发展，有序推进生态移民，适度发展生态旅游，**实现生态保护、绿色发展、民生改善相统一**"。国家公园绝不是发展的禁区，而是着力推进"**生态保护、绿色发展、民生改善相统一**"的示范区。在顶层设计中，国家公园的绿色发展涉及"协调社区关系，推动共管共治""协调地方政府，建立新型园地关系"两个方面的协调工作，以及生态产品价值实现、特许经营两个方面的重点工作。

11.2 对标总书记指示和中央文件看第一批国家公园建设存在的不足

第一批国家公园已经设立近三年并进行了自评估，将 5 个国家公园建设情况与总书记指示、中央文件的要求进行对比（见表 11-1），可以更系统地发现国家公园建设存在的共性问题。

11.2.1 设立方面的问题

正式设立后，国家公园的范围划定和资产确权就成了当务之急，重点在于提高跨省域国家公园的空间完整性和连通性并有利于解决现实矛盾。正式

表 11-1　5个国家公园设立后的工作进展与存在的问题

	国家公园的划定	国家公园的管理	国家公园的发展
三江源国家公园	正式成立时，面积由试点时期的12.31万平方公里增加到19.07万平方公里，完整包含了长江、黄河、澜沧江的源头区域，将西藏实际使用的唐古拉山北麓纳入国家公园范围	三江源国家公园管理局的"三定"规定还没有出台，青海省协调与西藏自治区管理机构之间的跨省协调问题突出；新纳入的唐古拉山北麓区域勘界立标工作还未完成；国家公园管理机构与地方政府之间在特许经营管理上存在"龃龉"	最早开展特许经营项目试点且各种评价正面。但居民基础设施薄弱，现代化生产要素短缺严重，特许经营项目试点受到曲解和保守意识影响被暂停；因此出台的政策"核心区禁止一切人为活动"不仅有悖于《国家公园法》，也给当地原有居民生计诉求和绿色发展带来了不利影响
东北虎豹国家公园	东北虎豹国家公园内大量的"天窗"破坏了生态系统的完整性，也造成空间不连续，管理和执法难以落实的空档	管理局仍然缺少必要的国土空间用途管制权，无法对园内人的活动和建设行为进行有效管理；国家公园的跨省协调、与地方政府的共建共管和执法协调运行机制仍需进一步完善；还有保障边境安全的前提下需加强与俄罗斯、朝鲜栖息地的连通性建设	东北虎豹国家公园管理局对特许经营的认知不清，依托森工企业的有限自有资金购买国家公园能利用市场的有序竞争提升国家公园的造血和服务能力；生态体验尚未实际进展，相关基础设施欠项较多，短板明显
大熊猫国家公园	正式设立时的面积较试点时有所减少；矿业权、小水电等历史遗留问题较多，处置留有面临一定的社会稳定风险	大熊猫国家公园各分局沿用旧体制运行，从基层视角看改革基本没有进展，但中央和地方共同管理、地方政府的权力边界模糊，存在权责不清、财权不清等问题	特许经营试点落者不力，"特许经营管理办法"一直未能推动落地，荥经等地在环保压力下，但囿于保守意识和推进生态旅游特许经营项目（较好体现了生态增值）时还面临的已有业态经营的各种阻力（有产业化水平不高）制造的各种阻力大多会出现这种情况

续表

	国家公园的划定	国家公园的管理	国家公园的发展
海南热带雨林国家公园	正式设立时的面积较试点期略有减少，重要原因是"天窗"问题严重。雨林国家公园内有6万公顷人工林待处置，面临涉及范围广、经营主体复杂、处置周期长等问题	实际专门负责国家公园业务的只有省林业局的国家公园处，各二级分局的管理体制并未真正改变。各分局的资金来源仍是既往渠道（如中央的公益林补助资金），协同高效的综合执法监体系尚未形成，管理局对"双派驻"执法队伍的"指挥能力"有限，行刑衔接不畅等情况依然存在	国家公园所在区域经济发展和原住居民收入普遍低于全省平均水平，"两山"转化路径方法单一，产业发展大多处于对自然资源的传统利用阶段，普遍存在结构单一、同质化严重，特色不明显等问题，体现自然资源特色和黄文化禀赋优势的产业设计都还没有
武夷山国家公园	正式设立时，武夷山国家公园的北边界拓展到江西省铅山县，提高了国家公园的生态系统完整性（除了闽越王城国家考古遗址公园和若干"天窗"，目前的片区范围接近武夷山的完整范围），但江西片区的范围划定比较保守，部分高价值区域尚未被纳入国家公园范围，一些茶园也由于江西相关方对国家公园的认知尚未做得差（都发生经历过试点），被划到了国家公园外	武夷山国家公园是全国首个通过协同立法形式实现跨省统一管理的国家公园，武夷山国家公园管理"三定"规定在2024年4月已经通过，江西管理局为正处级，福建管理局为副厅级，并没有成立统一的管理局，且双方在资金、人员管理等方面均有不同。福建片区的集体所有自然资源管比重大，集体片区的全民所有资源也未全部实现有效管控；两个片区现有的资产（试点期及之前）有出台可行性方案，福建片区的环武夷山国家公园保护发展带已经取得阶段性成果，江西片区相关工作正在推进，未来双方在环带谐通和协调上仍有很多工作要做	绿色发展基础最好（较好的资源环境条件、茶等特色产品和产业要素）。福建片区过去的景区承包更名为"特许经营"，实为"新瓶装旧酒"，真正体现市场竞争、提高生态产品供给质量的特许经营机制并未建立起来；生态旅游、自然教育、户外运动等有良好基础还没有形成，福建片区探索了毛竹林地役权制度

注：＊陕西片区的大部分区域调出大熊猫国家公园，转而创建秦岭国家公园。

资料来源：根据5个国家公园官网公布的信息、2021年9月国务院对5个国家公园的批复文件及2023年国家林草局发布的首批国家公园总体规划等材料，并结合笔者调研取得资料整理。

设立的 5 个国家公园中的多数对空间范围进行了扩大，① 如三江源和武夷山国家公园都将范围由试点省份拓展至同一个生态系统的邻省（或由邻省实际管理的区域）；正在创建阶段的南山、神农架等国家公园也都调整了范围以更好地涵盖整个生态系统的代表性区域。

考虑到管理可行性，国家公园的空间范围也不能一味求大，范围扩大的国家公园普遍存在可能导致生态系统碎片化风险的举措——"天窗"。自然资源部既有的"三条红线不能交叉重叠"要求将国家公园内部的村庄建成区、工矿、永久基本农田等在空间上调出，由此产生了大量"天窗"区域。这种做法一方面严重影响了生态系统的完整性，造成生态系统破碎化和保护对象高危化，对森林景观和生态系统服务价值（ESV）产生了负面影响；另一方面也使中央国家公园专项资金难以覆盖到天窗社区，国家公园管理机构难以从规划环节就介入社区管理和绿色发展，不利于团结当地政府与社区居民形成"共抓大保护"合力，可能降低当地参与国家公园建设的积极性。

另外，我国国家公园普遍存在密切的人地互动关系（在南方集体林区更为明显），因此国家公园内及外围区域的弹性管理就成了未来工作的重点。② 武夷山的环国家公园保护发展带（以下简称"环带"）的基本理念就是利用大的"外圈"来保护好武夷山国家公园这个核心"内圈"，在环带这个过渡区域实现高水平保护与高质量发展的统一。目前 5 个国家公园的总体规划都涉及弹性管理事项，可关于弹性管理并无明确的上位法依据和国家

---

① 只有大熊猫和海南热带雨林国家公园正式设立时的面积略小于试点期间，前者是因为陕西片区被纳入了秦岭国家公园创建区而只是补充了面积不到 100 平方公里的青木川自然保护区（整体从 2.7 万平方公里减少到 2.2 万平方公里），后者则是考虑地方发展需要和土地权属等因素从 4403 平方公里减少至 4269 平方公里（其实这种调整是有合理性的，主要原因是海南较低海拔的区域受人类不当开发活动影响很大，这些区域的生态价值乃至潜在生态价值均已不高）。

② 这出现在 2022 年向社会求征意见的《国家公园法（草案）》和 2023 年 8 月公布的第一批 5 个国家公园总体规划中，弹性管理指根据主要保护对象的保护需求进行管控措施在空间和时间上的差异化调整。同一块区域对人类活动的管制随着保护对象的不同生活史产生的保护需求不同（如候鸟迁徙与否的湿地）而变化（如候鸟走后可以开展适当的农业生产活动）。

标准指导，且实现弹性管理更需要地方政府与管理机构的积极合作，而双方的重要问题就是事权划分不够合理细致。

在设立阶段面对 2035 年建成全世界最大的国家公园体系的要求，还有一个重要的任务就是形成有序设立国家公园的局面。从目前尚未形成真正规范化设立的局面①和已经设立的国家公园处理历史遗留问题的方法和进度来看，这个工作难言差强人意。

11.2.2 管理方面的问题

正式设立后，国家公园管理机构最焦灼的问题集中在管理方面：管理机构不能依据"三定"规定正式设立，设立国家公园与设立国家公园管理局脱节，管理工作缺少主体责任机构，日常管理和牵头协调工作只能耽于现状而不能实质性推进。

1. 国家公园管理机构尚未真正设立并正常运行

截至 2024 年 9 月，5 个正式设立的国家公园中只有东北虎豹、武夷山、海南热带雨林国家公园的"三定"规定被中央编办批复。而且，除三江源和武夷山国家公园外，其他国家公园的二级管理机构均沿用过去的管理体制和资金机制，部分管理分局由林场、森工企业转制建立，甚至仍是事业单位属性，导致其难以承担国土空间用途管制和执法职责。大熊猫国家公园的这个问题最为突出，依托原有自然保护地管理机构成立的各分局依然延续过去的"条块分割"管理模式和资金渠道：卧龙、佛坪、白水江分局依然由国家林业和草原局直属委托省级人民政府管理，唐家河、太白山、长青 3 个国家级自然保护区由省级林业部门管理，甚至有部分区域实际仍由市县人民政府或行业部门管理。这些分局的管理归口不一、资金来源不同，对国家公园的统一、规范、高效管理造成了困扰。

---

① 国家林草局制定了"成熟一个，设立一个"的原则，要求创建区必须妥善解决全部历史遗留问题、建立起管理体制和运行机制后方能设立。这虽然能最大限度地保证国家公园设立的质量，可在创建期的国家公园可能难以建立起合理的央地事权划分与资金机制，且创建周期过长会降低地方政府、当地社区居民参与国家公园建设的积极性。

2. 自然资源资产管理和国土空间用途管制权力配置不到位

首先是全民所有自然资源资产统一管理并未在全部国家公园推行。国家公园是自然资源资产登记确权的独立单元，也是开展全民所有自然资源资产委托代理机制试点的自然生态空间。试点期间实际开展全民所有自然资源资产产权改革的国家公园只有三江源和东北虎豹。三江源国家公园管理局加挂了国有自然资源资产管理局牌子，2017 年通过的《三江源国家公园条例（试行）》中明确由"三江源国家公园管理局统一行使全民所有自然资源资产产权和国土空间用途管制权"；东北虎豹国家公园则是先成立东北虎豹国家公园自然资源资产管理局，在其上加挂东北虎豹国家公园管理局牌子，这说明其体制试点的重点就是自然资源资产管理权改革。其他国家公园在全民所有自然资源资产管理方面的实际进展并不多，海南热带雨林国家公园虽然已经率先完成确权登记工作，但相应的所有权却给了县级政府，甚至有些国家公园的自然资源确权工作还未完成。集体所有自然资源在资产管理上偶有制度创新，但并没有本质改善。比较突出的集体资源管理统一案例是武夷山国家公园（福建片区）的毛竹林地役权制度，核心区的部分居民与管理局签订地役权合同，他们在原有生态公益林补偿金的基础上还可获得每亩每年 118 元的毛竹林地役权补偿款，但不得再开展采伐竹材、采挖竹笋等经营活动。武夷山国家公园内人为活动强度仍然不低的茶山、人工经济林甚至生态公益林（林下经营活动）的管理方式还没有更多创新。

国家公园实行统一规范高效管理的基本需求是由国家公园管理机构对国家公园范围内的国土空间用途实施统一管制，对人为活动强度大的国家公园而言，国土空间用途管制其实比自然资源资产管理更重要。目前，国家公园实现国土空间用途管制的手段主要有两种：一是授权统一行使，如三江源国家公园在《三江源国家公园条例（试行）》中明确要求"三江源国家公园管理局统一履行自然资源资产管理和国土空间用途管制职责"；二是采取前置审批间接行使，如武夷山国家公园（福建片区）通过前置审批权间接实现了国土空间用途管制。有些国家公园并无必要的国土空间用途管制权，影响了管理的效能。东北虎豹国家公园从试点开始就是以全民所有自然资源资产统一管理为重点，除涉林管理外，并无相应其他资源的管理权限，使得对园内人为活动（宅基地建设等）缺乏必要的管理权力，一定程度上其管理会受到地方政府的掣肘。与东北虎豹国家公园类似，海南热带雨林、大熊猫两个国家公园的国土空间用途管制权仍留在当地政府，园内耕地等农用地、建设用地的用途管制权依然分别由农业农村和自然资源部门履行。这也在一定程度上显露出管理局与属地政府间"园""地"职责划分不清晰、协调机制不健全等问题。

3. 仍存在不同程度的事权划分不清晰、不合理问题

从国家公园体制改革实践需求角度看，国家公园事权划分仍然存在不同程度的不清晰、不合理、不规范等问题。

一是目前国家公园管理机构与地方政府事权划分不够合理。如防灾减灾事项，顶层设计文件中将其列为国家公园所在地方政府的职责，但是基于主动预防需要，坚持源头预防、关口前移的原则，这应当也属于国家公园管理机构的职责范畴。部分管理分局仍承担着社会管理任务，例如海南热带雨林国家公园的有些分局由林场转制而来，原管区体制下的社区管理和公共服务职能要转交属地政府，在此过程中出现了移交不及时、衔接不到位等情况。霸王岭、尖峰岭、吊罗山等分局与驻地政府的社会管理职能划转目前尚未完成，除了公安、学校和医院外，消防、饮水等社会管理和公共服务职能仍未转给属地政府。

二是部分事权的划分不够清晰。首先是国土空间用途管制等关键事权划分不明确。国家公园范围内自然资源产权结构复杂，不仅存在大量集体土地，还有很多国有土地被企业、集体、个人承包经营（即国有土地的使用权已经发生流转），多数国家公园管理机构并没有权限进行有效的管理；比如东北虎豹国家公园管理局、省局在国土空间用途管制方面权力划分不合理、责任边界模糊，导致出现有责无权和有权无责问题。其次是央地职责划分不清晰，尤其是中央与省共管模式下的国家公园事权划分不明确。虽然这种模式在本质上与中央委托省管模式接近，但是涉及大量跨省事务，应建立中央统筹、省际协调的协作治理机制，以推动同一国家公园不同省份之间规划、标准、政策等方面的统一，有效防范由这些方面的差异导致的生态系统管理分散、生态连通性不足、生态系统功能受影响等问题。目前的顶层设计文件基本按照中央垂直管理和中央委托省级政府管理两种模式进行制度设计，对于中央与省共管模式如何进行事权划分鲜有提及。改革实践层面也显示，这一类型国家公园的矛盾突出，改革难度大，改革进展缓慢。

三是国家公园事权在政府各部门间划分不清晰。这在自然资源管理领域表现最为突出。根据中办、国办《关于统筹推进自然资源资产产权制度改革的指导意见》，现阶段"国家公园范围内的全民所有自然资源资产所有权由国务院自然资源主管部门行使或者委托相关部门、省级政府代理行使"。这意味着，自然资源部作为委托人，国家林草局和省级政府作为中央直管和委托省管两种模式下的代理人，事权宜有明确的划分。具体如何划分在现行的制度文件中无法找到答案，导致自然资源主管部门和国家公园主管部门需要很长的时间磨合。

4. 以高层级财政资金为主体的资金保障机制还未真正建立

尽管正式设立后，中央的国家公园专项资金有跨数量级的增长（数以十亿计），但财政资金投入体系还不完善，"一类一策"的中央财政资金投入原则没有落实到位。按照财政部、国家林草局《关于推进国家公园建设若干财政政策的意见》的要求，需要依据国家公园的自然属性、生态价值和管理目标，分类施策，明确不同类型国家公园的投入重点，满足不同国家公园的保护管理需要。但现有的财政资金分配在很大程度上延续了原来的依据面积、地方财力等因素进行分配的做法，财政投入与不同国家公园的资金实际需求不匹配情况依然严重。

资金使用缺乏顶层制度设计，资金统筹难度大。一是部门间资金缺乏统筹协调。国家公园建设资金来源主要包括中央预算内基本建设资金、林业草原生态保护恢复资金及省级专项投入资金等，除这些资金以外，还有农业农村部门的乡村振兴资金、生态环境部门的农村环境综合整治资金和生态修复资金、文化和旅游部门的文旅融合资金等大量投向国家公园及周边社区，目前国家公园管理机构尚没有能力和动力对接这些项目资金。这就造成国家公园内资金投入可能出现"重叠"或"空档"，影响资金使用效率。二是林业系统财政资金的统筹管理也存在问题。在国家公园范围内，林业系统的财政资金仍然分散在国家公园管理机构、国有林场、天保中心等多个单位，以上单位各有其独立的机构（多已转为管理分局）和人员以及资金渠道，缺乏信息交流和统筹管理，管理政策和管理效果也呈现较大差异。三是跨省资金协调统筹问题多。大熊猫、武夷山国家公园存在"一园多制"现象，即组织机构缺乏统一的管理主体、制度层面缺乏统一完善的规划和制度体系、技术层面未建立统一的信息管理平台，导致跨省项目不能对接，资金使用效率不高。以大熊猫国家公园为例，截至2024年9月，其管理机构"三定"规定还未获正式批复。对于这个横跨四川、甘肃、陕西三省的国家公园，各省分别出台了资金保障文件，各分局的资金来源各异，统筹难度很大；目前仍保留的卧龙、佛坪以及白水江3个中央直管的分局基本支出列入国家林草局部门预算，但项目支出资金主要来源于中央转移支付项目；唐家河、太白山、长青省级林业部门管理的分局资金来源主要为各省级林草部门。

除此之外，预算管理、生态修复资金筹集和管理、定额标准体系等管理制度也没有建立起来，导致财政资金的使用效率受到影响。多元的社会资金投入机制尚在萌芽阶段，社会捐赠、特许经营等制度体系均未建立起来。

5. 跨省统一管理并未真正实现甚至未明确可能的实现形式

第一批设立的5个国家公园中有4个涉及跨省问题，不同的省级行政区之间具有不同的经济社会发展背景，同一生态系统的不同部分受制于不同的政策法规、管理体制机制和工作力度，有可能导致生态系统管理分散，生态系统功能因而受到影响、部分物种生存受到威胁。

对于跨省设置的国家公园，考虑到我国普遍存在的人地矛盾和改革难度等因素，在一定时期内，中央垂直管理将是极少数，央地共管模式仍会是主流。但对于央地共管模式下跨省国家公园如何实现统一管理尚未有明确要求，仅中编委6号文在"组织实施，严格审批程序"部分提到"跨省设置或以国家林草局为主管理的国家公园，由国家林草局会同国家公园所在地省级政府提出方案"，这一规定体现出跨省设置而非中央垂直管理（以国家林草局管理为主）国家公园的特殊性。

多数跨省国家公园仍然是"一园多制"。在正式设立后国家公园仍基本由各省分别管理。目前跨省统一管理进展最好的是武夷山国家公园，通过跨省协同立法实现了两省国家公园的协同管理。2024 年 5 月，福建省人大常委会、江西省人大常委会分别表决通过了《福建省武夷山国家公园条例》《江西省武夷山国家公园条例》（将在 2024 年 10 月正式施行），这是全国首例省际协同立法推动国家公园在两省内实现管控措施、协作机制、协作内容、法律责任及关键制度基本保持一致，切实推动"一山共治"①。同样涉及跨省问题的东北虎豹国家公园虽然成立了独立的管理局，但权力结构、资金渠道调整等难度较大——国土空间用途管制权仍由各省实际行使、在资金预算上管理局与部分分局同属于国家林草局的二级预算单位，虽然由中央直管但在跨省统一管理方面同样存在困难。而大熊猫、三江源两个国家公园的"三定"规定还没有确定，在跨省管理方面没有更多进展。

从目前的情况看，统一管理只能以一致性管理方式实现，即相对统一的政策法规、建设标准、体制机制，这样能保障不同省的国家公园管理机构的能力和采用的标准趋于一致，但目前的跨省国家公园，即便如武夷山这样的"优等生"，福建、江西除了在立法（《武夷山国家公园条例》）上有过协商并偶尔采取联合巡护活动等，仍是各管各的状态。

6. 资源环境综合执法权难以落实到位

目前国务院部署的生态环境领域综合行政执法改革虽然在一定程度上解决了生态环境执法交叉重叠问题，但并没有考虑国家公园作为一类特殊的国

---

① 两省人大常委会针对两省条例草案中禁止性行为、违法行为的处罚幅度等不同之处进行了磨合，使内容和结构相互协调，在管理机制和发展共享等方面又各具特色，切实推动一山共治；均对武夷山国家公园范围内允许开展的活动、相关处罚标准进行了统一规范，让赣闽两省生态保护共用同一把标尺。此外，在规划建设、赣闽协作等方面也保持了一致。同时开展联合调查研究，共享科研成果，建立联合巡护、联合执法、森林防灭火联防和林业有害生物的监测预警等机制，并在茶产业发展等方面开展协作。

土空间需要统一执法的特殊性问题。①

不是所有国家公园管理局都具有资源环境综合执法职能。三江源国家公园管理局根据地方立法授权大体实现了国家公园内集中统一的资源环境综合执法，其他国家公园在执法能力方面都有欠缺。①武夷山国家公园只具有相对集中的执法职能。根据《福建省林业局　南平市人民政府关于公布武夷山国家公园资源环境管理相对集中行政处罚权执法依据和具体工作方案的通知》的要求，武夷山国家公园（福建片区）行使国家公园范围内自然文化遗产管理、森林资源管理、野生动物保护、森林公园管理的行政处罚权，即其具有相对集中的综合执法权，但并不具有生态环境、土地、农业等领域的执法权。在武夷山国家公园的"三定"规定获批以后，江西片区也正在组建执法队伍，按照两省的协同立法要求，江西片区的管理局的执法事项、标准等均基本与福建片区一致（目前还没有到位）。②东北虎豹国家公园管理局在"三定"规定获批以后，组建了执法协调处，"依法承担园区内自然资源、林业草原等领域相关执法工作。与地方政府建立执法协作机制"。各分局下设执法科，"依法履行自然资源、林业草原等领域相关执法工作。经属地政府授权开展生态环境综合执法工作。与地方政府开展执法协作"，并按"三定"规定要求组建执法队伍，但囿于执法人员与执法空间、执法事项上的差距，国家公园的执法工作还必须依靠地方力量。③海南热带雨林国家公园结合海南省综合行政执法体制改革的实际情况，实行了"派驻综合执法＋森林公安执法"的双重派驻模式。2020年省编办印发了《关于海南热带雨林国家公园区域内市县综合执法机构职能调整的通知》，规定除森林公安履行的涉林行政执法职责之外的其他行政执法职责实行属地综合执法，由各县市综合行政执法机构单独设立国家公园执法大队，分别派驻国家公园各分局，由县市人民政府授权国家公园各分局指挥，统一负责国家公园区域内的

---

① 2022年中办、国办印发的《全民所有自然资源资产所有权委托代理机制试点方案》将国家公园单列为8类自然资源资产（含自然生态空间）之一，但《关于深化生态环境保护综合行政执法改革的指导意见》和《行业公安机关管理体制调整工作方案》并没有将国家公园作为一类特别的自然生态空间专门对待。

综合行政执法。可这种双重派驻模式并无隶属关系，出现过"国家公园管理局指挥不动执法队伍"的现象。④大熊猫国家公园的综合执法工作进展缓慢，各管理分局进度不一。其中四川片区依据 2023 年 10 月开始施行的《四川省大熊猫国家公园管理条例》，管理机构"依法履行自然资源、林业草原等领域相关执法职责，可以根据授权履行生态环境综合执法职责并相应接受生态环境部门指导和监督"；陕西、甘肃片区在执法体制建设上并没有新的进展。

地方层面的生态环境综合执法改革可能导致国家公园在资源环境领域的分散执法：国家公园管理机构仅保留自然保护地范围内对砍伐、放牧、狩猎、捕捞、破坏野生动物栖息地等 5 项行为违法的行政处罚权，国家公园管理机构对其他资源环境违法行为只能采取劝阻或者是案件移送措施，执法效率被大大削弱。森林公安转隶后国家公园的执法能力也被削弱。这些可在海南热带雨林国家公园被第三轮中央生态环保督察发现的问题中窥得一二：2023 年中央生态环保督察发现，2021 年五指山分局将国家公园内涉林违法案件报告给五指山市综合行政执法局现场调查后，一面向该企业下发《责令停止违法（章）行为通知书》，一面又回复海南热带雨林国家公园管理局五指山分局称企业的行为不违法；可该企业未停止违法行为，五指山市综合行政执法局也未依法采取强制措施制止。这说明海南热带雨林国家公园管理局缺少必要的执法职能，案件上报的处置方式不仅效率低且容易出现执法漏洞。

7. 园地关系仍不协调

多数国家公园还没有形成"园依托地加强保护、地依托园绿色发展"的工作思路①。国家公园管理机构与地方政府之间常态化的协同管理机制并

---

① 这个思路是时任海南热带雨林国家公园管理局副局长王楠提出来的，其中既考虑了地方政府在解决历史遗留问题和防灾、执法等方面的优势，也考虑了国家公园管理机构在利用国家公园优势资源环境培育特色产业和整合全国性优质产业要素上的优势（如国家公园的自然教育产业需要大量志愿者，以国家公园的平台招募和管理志愿者比地方政府有优势；这类产业的发展也需要博物馆、天文馆、野生动物救助繁育基地等设施，国家公园管理机构可以利用中央专项资金来建设这样的设施）。具体的操作方案参见本书第三篇的案例。

没有建立起来，虽然"园"与"地"之间没有明面上的矛盾，但双方的规划协调和联席会议机制还停留在形式层面，难以各尽所长地形成"共抓大保护""合力谋发展"的运行机制，甚至在规划、管理机制等方面都没有实现统一。

以矛盾较为典型的海南热带雨林国家公园为例，部分国家公园内和周边社区必需的饮水、道路等民生设施没有纳入国家公园相关规划，施工阶段因缺乏建设依据而无法落地。调查发现，各县市编制的"十四五"交通规划均未纳入国家公园交通规划。昌江县王下乡拟对国家公园一般控制区内靠近天窗社区的宽度 3.5 米的道路进行硬化，虽然资金已经落实，但由于未纳入国家公园规划，项目无法推进。尖峰岭分局的"五网"等公共服务基础设施没能纳入地方规划，也缺乏专项资金投入。在绿色发展方面，海南热带雨林国家公园管理局与属地政府缺乏共同协商谋划，项目布局大多难以落地。在保亭县，国家公园入口社区未衔接保亭县"三区三线"规划，因此该项目没有建设用地指标，对后期开展入口社区详细规划编制和项目落地有较大影响。

国家公园管理机构与地方政府思想认识不统一。国家公园管理局及分局倾向以保护为主，对于国家公园一般控制区、入口社区、"天窗"等不同区域的人类活动存在"一刀切"思想，缺乏与地方政府沟通协作的积极性。属地政府忽视"生态保护第一"的管理要求，项目谋划往往忽视生态影响，也缺少生态产品价值实现的可行思路。管理机构与地方政府间行政事权划分不清、划转不及时，行政许可审批不够规范等问题更加剧了双方的"矛盾"。"园地"双方意见不统一时缺乏调和协商机制，特别是涉及原有居民的道路维护、集体土地生产管护、防灾减灾、饮水、灌溉等民生设施，双方审核意见往往存在冲突。

11.2.3　保护方面的问题

传统模式的生产活动仍然在某些区域或方面造成生态系统退化和完整性受损。各个国家公园内部均有大量原有居民，其发展方式初级，生产活动对消耗性利用自然资源的依赖性高（如传统农林业的不当发展，包括超载放牧和违规扩大茶园面积等）或其存在（如小水电①）就难免破坏生态。除这些生产活动外，国家公园的大众观光旅游活动也可能对生态系统产生负面影响，如武夷山国家公园范围内原武夷山风景名胜区的人流量大，但人员接待限额、生态防护设施以及生态环境监测要求等都未按照国家公园的标准更新，即国家公园的新质生产力还未普遍体现出来，生产活动并未普遍体现出生态产业化和产业生态化，生产发展与生态保护的冲突关系还很普遍。②

诸多历史遗留问题还未解决。5 个国家公园或多或少存在历史遗留问题，主要有五方面：一是人工商品林涉及范围广、经营主体多、人工用材林的采伐审批难度大；二是小水电站清理不严不实；三是森工企业、林场转制后各种身份的人员安置困难；四是既往留下的债务问题；五是已有的大众观光旅游相关基础设施和业态难以满足国家公园保护要求。目前这些历史遗留问题仍未完全解决，③ 以下以矛盾最为典型但 2024 年下半年整改工作成效也最明显（前言中已经专门说明了其在解决人林地矿水问题上的成效）的海南热带雨林国家公园为例，对历史遗留问题的表象和成因进行总结和剖析。海南热带雨林国家公园近期在历史遗留问题解决上的成效也说明这些问题都不难有因地制宜的解决办法。

---

① 但也必须看到小水电在历史上以及目前可能对自然保护地起到的正面作用——以电代柴。在如今的大熊猫国家公园范围内，二十多年前天然林禁伐后的以电代柴对保护森林起到了重要的作用，且在所谓的"深山老林"小水电对某些区域来说不可或缺。因此，小水电也不能都退出，有些小水电在通过保持生态基流等改造后仍有存在的必要。

② 本书第三篇第一部分专门阐释了这个问题并从理论层面提出了国家公园及周边发展新质生产力的技术路线。

③ 根据《国家公园设立指南》的要求，国家公园在创建过程中应该提出分类处置方案，明确矛盾调处的时间表、路线图，制定具体补偿方案或办法；在设立报批阶段需要省级人民政府出台的矛盾冲突调处方案及各类矛盾冲突的调处阶段任务完成情况，向国家公园管理局报送，并由其组织审查论证。对第一批国家公园而言，这些工作并未都完成，也不可能都按照清退来处理。为此，本书第三篇专门以海南热带雨林国家公园五指山片区红峡谷项目为例来说明如何在满足保护政策要求的前提下改造既有基础设施及其业态，使国家公园以新质生产力体现人与自然和谐共生。

1. 人工商品林处置

20 世纪 80~90 年代，海南国有森工采伐场、林场在天然林禁伐以后，为实现森工转产、摆脱经济围困，鼓励职工大力发展人工用材林和经济林，导致目前热带雨林国家公园内人工商品林处置面积大、难度大、涉及利益主体多。园内人工林总面积 123.5 万亩，其中一般控制区集体土地上村集体和村民人工林 27.99 万亩。根据《海南热带雨林国家公园人工林处置方案》（以下简称《海南人工林处置方案》），人工林退出处置方式主要有赎买、租赁、限时退出等，采取限时退出少量补偿的处置原则，可仍有部分用材林没能纳入统一管理。①

人工林更新和采伐存在制度缺陷，已经产生社会风险。《海南热带雨林国家公园条例（试行）》第三十六条第二项规定，除法律、法规另有规定外，禁止在海南热带雨林国家公园内从事"开山、采石、采矿、砍伐②、开垦、烧荒、挖沙、取土、捕捞、放牧、采药"活动。第三十九条第二款规定"原住居民在不扩大现有建设用地和耕地规模前提下，可以修缮生产生活设施，从事生活必需的少量种植、放牧、捕捞、养殖、采药等活动"，《海南人工林处置方案》也没有将一般控制区集体土地上的人工林纳入处置范围，相关区域内的人工林更新采伐处于停滞状态。国家公园内群众和企业的林木更新、过熟林采伐等诉求强烈，"一刀切"的禁伐给群众生计和相关森工企业运营带来巨大冲击。

2. 小水电站清理和整改

小水电退出存在执行不严的问题。2021 年 8 月，海南省印发《海南热带雨林国家公园内小水电站一站一策实施方案》，要求清退海南热带雨林国家公园核心保护区内的小水电站。该方案制定标准不高，要求不严，部分小

---

① 根据《海南人工林处置方案》，一般控制区原自然保护地外国有土地上的用材林（除桉树外），在最近轮伐期采伐后，对剩余合同期的预期价值进行适当补偿后，林木所有权转移给国家公园管理局。

② 关于"砍伐"有不同的解读，2020 年 10 月 1 日以来，地方政府在国家公园范围内没有批采伐证。

水电站应列未列：琼中县天河二级、银河、吊灯岭和昌江县雅加一级 B 等 4 座电站，部分设施位于海南热带雨林国家公园核心保护区，目前仍在运行。琼中县吊灯岭水电站整治方案要求生态下泄流量为 0.58 立方米/秒，但实际只有 0.076 立方米/秒；昌江县雅加一级 A 电站主坝生态流量下泄口已完全淤堵；昌江县大炎、桐才、雅加一级 B 等电站下游河段基本断流。

小水电站的清理存在政策方案缺失、职工再就业困难等问题。目前海南省对一般控制区内的小水电站的清理整治还没有下达明确的处理意见和方案，目前还有部分小水电站未完全清理。如毛瑞分局辖区内现有的 2 座在国家公园设立前已经建立的引水式小型水电站（毛瑞水电站、红沟水电站），由于业主目前无退出意愿且不在核心保护区范围内，暂无法处置。一些属于林区森林发展公司水电站的收益是员工的主要工资来源，这类小水电退出造成的工资发放困难将成为林区社会稳定的潜在风险，需妥善解决职工再就业问题。

3. 生态搬迁

按照《国家公园管理暂行办法》的要求，"核心保护区原则上禁止人为活动"，热带雨林国家公园持续推进核心保护区生态搬迁工作，采取了置换、租赁、地役权等方式。虽然人员已经基本迁出，但迁出区域的生态改造、迁出人员的生计扶持都尚未完成。

生态搬迁资金仍有缺口，生态修复、房屋腾退缺乏资金保障。基层地方政府财力薄弱，难以自筹解决巨大的生态补偿资金缺口，且暂无搬迁后村庄的腾退资金，部分已经搬迁的自然村仍未进行生态恢复，影响搬迁后的收尾工作。

少量原有居民难离故土，或不愿搬离或搬迁后返回。[①] 按照搬迁协议，农户搬迁后，不再拥有原居住地的宅基地、生产用地及其地上附着物产权，不得再返回。但实际工作中，为提高原住居民搬迁比例，（依据搬迁实施方

---

① 这种问题比较普遍，甚至旷日持久。例如，国营猕猴岭林场范围内的原冲俄村在 2003 年搬迁后，有多名原有居民返回居住。目前仍然剩余 32 处铁皮房由原搬迁户返回居住并在那里生产生活，经调查多为老人。

案）允许村民返回并在短期（3年）内管护农业作物。可是管理分局无法掌握具体信息，如哪些搬迁户返回、从事哪些生产活动等。

生态搬迁人员的未来生计保障需长期关注。为实现生态移民"搬得出、住得下、能致富"的目标，海南各市县给予农户青苗补偿并提供安置房、公益岗、产业培育、就业指导等，但从各地区易地生态搬迁成效来看，搬迁后群众普遍缺少自我谋生能力，未来生计需要长期帮扶。

4. 管理分局存在债务纠纷

海南热带雨林国家公园管理局各分局都有相当数量的历史遗留债务纠纷。比如尖峰岭分局的前身是海南省尖峰岭林业局，2010~2012年的对外合作项目虽然没有落地，但已收资金已经全部用于工资和社保发放、保障性住房建设，外加尖峰岭林区建设保障性住房拖欠的工程款，尖峰岭分局存在上亿元债务，仅靠分局自身力量难以偿还。为此，就连管理机构也时常被诉诸法律成为被告，银行账户动不动就被封控。

管理分局在承担国家公园保护管理规划等工作的同时，仍然要承担原来森工企业等多种企业身份人员的工资、社保及社会职能问题。妥善解决这些人员的工资和就业成为重要问题，购买服务是解决林场职工安置的有效途径之一。

5. 已有的大众观光旅游相关基础设施和业态难以满足国家公园保护要求

吊罗山、尖峰岭、五指山等片区均有实际上主要用于大众观光旅游的基础设施，五指山片区还有规模超过5万平方米的在建宾馆项目。在国家公园内，这种只能依靠外延式扩大再生产发展的业态与保护要求是相悖的，但这些项目中的大多数本来是合规合法的，强行退出不仅会给基层地方政府以及投资商带来巨大的经济损失，还可能使这些区域缺少生态旅游和自然教育等绿色业态发展必要的基础设施。这也是国家公园建设存在的普遍问题，如果没有满足保护政策要求的模式化处理方案，必然会造成生态、经济、民生多输的局面。①

---

① 本书第三篇第二部分以海南红峡谷的宾馆项目为例详细阐释了这种模式化处理方案。

11.2.4 发展方面的问题

实现"生态保护、绿色发展、民生改善相统一"是习近平总书记对国家公园建设提出的要求。国家公园的绿色发展是实现"人与自然和谐共生"的根本手段,一般应通过生态产业化和产业生态化来实现。但"实行最严格的保护"的国家公园均处于经济欠发达地区,普遍具有资源价值高的同时利用限制多、产业要素配置水平低的特点,这让国家公园的绿色发展殊为不易。

1. 发展能力不足且绿色发展带动民生改善的能力弱

只有让原住居民能够从国家公园及周边保护中受益,稳定地实现"升级要钱"和"转型挣钱",才可能"实现人与自然和谐共生的中国式现代化",这需要在中央和省重视("升级要钱")的同时实现国家公园绿色发展("转型挣钱")。

实现国家公园绿色发展,不能直接套用其他区域的发展方式(如乡村振兴中的以产业兴旺带动生态宜居和生活富裕),这是因为对产业发展而言,国家公园首先意味着国土空间用途管制,其内部普遍存在两个反差。一是自然资源价值高和资源利用限制多的反差。国家公园及其周边(包括内部的"天窗")的自然资源价值高、组合程度高,[①] 可能是旅游及某些对资源环境高度敏感的产业(如茶业)发展的优质资源。但从产业发展角度看,国家公园也面临严格的国土空间用途管制、自然资源的使用限制。二是自然资源价值高和产业要素配置水平低的反差。第一个反差使绝大多数产业的发展受到限制,即便是保护政策允许的绿色产业,也需要配套相应的产业要素以保障产业发展。但国家公园内及周边的产业要素难以配套齐全,[②] 以致绿色产业难以培育或可持续性差,这也导致

---

① 具有生态系统最重要、自然景观最独特、自然遗产最精华、生物多样性最富集的"四最"特征,拥有山水林田湖草等多类自然资源要素,也有大量具有国家代表性的文化遗产资源。

② 产业发展需要的建设用地、交通条件以及较高水平的人力资源、金融支持等往往由于保护政策的限制和地处偏远而难以配套齐全或达不到现代化产业发展所需的水平。

了国家公园较高的自然文化遗产资源价值难以有效且持续地转化为较好的经济效益。

必须看到，国家公园内原有居民的既有产业普遍存在业态"原始"和"小散乱"问题，且产业间缺乏联动与业态创新，同质化现象明显。难以把产业做大，更难以通过资源整合、要素组合形成高端业态。因此，目前原有居民的收入结构相对单一，从生态保护中受益的形式大多是生态公益林补贴和巡护员工资，其他的收入仍然是传统的农牧业和有旅游基础的地方"小散乱"的餐饮、住宿、交通等业态，和生态保护不但没有关系，反而时常存在冲突。在中央巨额的国家公园专项资金还未规模化到位、**"升级要钱"的效果不明显**的情况下，绿色发展又举步维艰，绝大多数国家公园涉及区域基本没有绿色发展，少数地方绿色发展初露端倪但因为过去几年的新冠疫情和自然灾害等，规模难以做大、覆盖人群难以全面，① 即正式设立国家公园近三年后国家公园原有居民的**"转型挣钱"**效果还未体现出来。这也表明，在国家公园原有居民维持基本生计的产业基础上必须构建新质生产力，才可能在较高的要求下形成人与自然和谐共生的局面，这需要要素支持的新业态和新生产关系——发展制度。②

2. 发展认知偏差且存在诸多制度短板

支撑国家公园绿色发展的生产关系，既包括产业要素间的优化组合，也包括利益相关者间的合作高效、分配公平。仅就新业态而言，特许经营是当前国家公园绿色发展急缺的制度。

特许经营是国家公园绿色发展的制度保障，虽然从试点阶段其就被各方高度关注，可时至今日我国国家公园真正的特许经营工作仍然进展缓慢且因为本来是特许经营试点模范的三江源国家公园的相关事件③而使各层级的国家公园管理者觉得特许经营制度建设甚至项目试点都可能前途就是雷区。全

---

① 具体参见《国家公园蓝皮书（2021~2022）》第三篇第 18 章"三江源国家公园特许经营评估"。

② 具体参见本书第三篇第二部分的详尽介绍和理论分析。

③ 具体参见本书第二篇第三部分的详尽介绍和理论分析。

国层面的国家公园特许经营管理的法规文件还没出台，各地对特许经营的理论认识乃至文件制定有许多方面还没入门①，实践现状自然也难以达到中央文件的要求。

目前，各国家公园及试点区出台的涉及特许经营的管理文件多数是"走形式"，内容中有概念性错误，且有很多关键问题语焉不详。比如部分国家公园把门票、原有居民维持生计的基本生产活动（如林下种植等）都纳入特许经营范畴，而很多文件起草者连为什么需要特许经营、特许经营与垄断经营的区别、特许经营权应如何管理的经济学原理都不清楚，以其昏昏使人昭昭？在这种认知水平下，多数已经开展的特许经营项目实际上不符合无论学术界还是政策语境中的特许经营的内涵。例如，有些特许经营项目只是"新瓶装旧酒"，即只是把原来的经营项目换了个名称而在实际业态和管理制度上没有任何改变，武夷山国家公园福建片区（原风景名胜区内）的九曲溪竹筏、漂流、环保观光车项目直接更名为"特许经营"，而特许经营制度必需的招投标、运营管理、监督检查、退出等制度都没有建立起来。有的特许经营在许多方面没有按市场规律运行，且如果算"全业态"成本就相当于扶贫。又如，三江源国家公园澜沧江源园区的生态体验项目自始至终由非政府组织北京山水自然保护中心提供技术指导并组织运营，当地牧民只提供近乎大锅饭式的轮流接待服务，而山水自然保护中心每年近百万元主要靠科研经费支持的运营成本并未计算在内。

理论认知和实践现状如此，制度建设更是不尽如人意：在特许经营制度建设和相关项目试点上存在主体权责模糊不清、权力虚化交叉等问题，"有的事情抢着管，有的事情没人管"。这些问题的产生，从责权利相称的角度来看实际是国家公园管理机构设立和机构改革问题导致管理方权责结构发生

---

① 已经制定的管理办法中的一些条款以及有些领导的思路和讲话违背基本的经济学原理。如让地方的旅游国企整体总包某个国家公园的旅游经营权再由其分包给各个小企业，这就构成了事实上的基于空间的全业态垄断经营和经营主体内部利益输送，希望通过特许经营的管理者和经营者完全分离、有限有序规范竞争达到的优化服务质量、扩大服务范围等效果就难以实现。具体参见《国家公园蓝皮书（2021-2022）》第二篇中的理论分析。

变化在特许经营管理方面的反映，其核心是各参与管理的主体事权划分不清且责权利不相称。在国家公园产业管理中，虽然相关文件对国家公园机构和各级政府的责权进行了大致划分，但是过于笼统和原则，尤其是对于国家公园旅游产业特许经营这一"新业态"的管理，未能给出具体的各利益主体责权利与之匹配的方式。例如，在自然资源资产所有权、国土空间管制权等原先由地方政府拥有的权力转移给国家公园管理机构后，在地方政府的惯性思维下，考虑"生态保护第一"的管理机构和"以经济建设为中心"的基层地方政府在国家公园旅游产业的管理过程中必然产生冲突，出现"不该管的抢着管、该管的不去管、故意说假话甚至挑事"等现象。仍以三江源国家公园为例，玛多县人民政府在2023年4月发布了《关于禁止在国家公园黄河源园区、东格措纳湖国家湿地公园开展旅游活动的公告》，这明显是地方政府在惯性思维下的越权行为。[①] 三江源国家公园管理局在2023年5月发布了《关于禁止在三江源国家公园核心保护区开展旅游、探险、穿越等活动的通告》，强调三江源国家公园管理局是依法开展特许经营和特许经营相关活动的审批单位。随后在《三江源国家公园特许经营管理办法（讨论稿）》中，又提出"准入许可"类审批管理模式，即"在园区内一般控制区开展的生态体验线路经营、自然教育活动经营，必要的生态体验、自然教育及农畜产品、文化产品生产设施与配套服务设施的经营，施行准入许可管理。**准入许可的特许客体为县人民政府或县政府相关部门，或由县政府培育并推荐的当地合作社**"。这个案例体现了"主体权责模糊不清、权力虚化交叉"等问题。

11.2.5 国家公园设立以后的变化总结——与自然保护区的区别

就林业系统的权威专家看来，国家公园与过去的自然保护区的不同之处，首先还是体制。国家公园强调的是对各类自然资源资产实行统一管

---

① 三江源国家公园有完整的"两个统一行使"职权，地方政府无权发布国家公园范围内的禁止性活动，参与相关执法等（如旅游执法）也必须在三江源国家公园管理机构邀请下按程序进行，不能擅自"越位"（指有关地方法规和中央文件明确应由国家公园管理机构履行职责的空间和职能）行权。

理，① 而以前的保护区纯粹是对区域生态系统要素的管护。所以国家公园建设管理，首先是国家层面的顶层设计，从自然资源资产管理入手，全民所有的自然资源资产由中央政府直接管理，或者委托省级政府管理，建立国家公园管理机构，代行全民所有自然资源资产所有人的职责，这是一个根本性的转变，从以前的看护、管护人转变为资产管理人。这和保护区是完全不一样的。② 同时，国家公园强调的是对整个生态系统和整个生态过程的完整性保护，它要求对山水林田湖草进行系统化、一体化的保护。这与以前的自然保护区强调针对主要保护对象（某类生态系统要素，如森林或湿地）的保护是有区别的。

从这个角度也易于辨别国家公园管理者的变化。以三江源国家公园为例，其在体制试点验收和正式设立二周年评估中均名列前茅，除了其整体体制改革力度大以外，**仅从自然资源资产管理角度来说，三江源国家公园管理局相对三江源自然保护区管理局而言，成为所有自然资源的业主，且通过全域全员的生态巡护员制度，又雇用原有居民使其成为物业管理人员，这就在操作层面上基本实现了"共抓大保护"。**

事实上，自然资源资产管理权的改革还只是基础，从事权划分、资金机制、执法体制、监督机制到落地的勘界立标确权和天地空一体化监测体系，以及生态旅游等方面的特许经营试点，某些国家公园的某些方面，还是慢慢显示出其大大优于自然保护区的一面，显示出相关改革只要到位就一定比原来自然保护区管得好、管得全的一面，显示出整个自然保护地体系只有像国家公园这样做才可能带来实质性变化的一面。只是要使这种变化更加全面、更加稳定，必须就当前面临的关键问题给出制度层面的明确答案——体现到《国家公园法》中并使国家公园管理机构的"权、钱"到位以及形成和谐共生的园地关系乃至人地关系。

---

① 自然资源的主要利用属性是产业资源，因此在强调以经济建设为中心的时期这些资源大多分散在不同的产业部门进行管理。当自然资源的产业属性弱化、生态属性显著增强时，按照生命共同体和共抓大保护的要求，就需要集中到一个部门统一管理、整体发挥其生态功能、体现全民公益性。

② 摘自 2022 年 9 月在首批国家公园设立近一周年之际，红星新闻对国家公园研究院院长唐小平的专访。

第二部分
当前面临的关键
问题和解决方案

本部分导读

就目前建设进展来看，国家公园体制与中央要求的"统一规范高效"的管理体制还有较大差距。要弥补这些差距，就必须解决已设立国家公园的管理和国家公园候选区创建国家公园都要面对的五个共性问题：①**国家公园及周边怎么划、怎么管？**这是设立国家公园的首要问题，也是处理园地关系的首要问题，对此认识的不同造成了一方面单个国家公园的范围普遍在扩大，另一方面国家公园内的"天窗"越抠越多且有的国家公园的形状越来越支离破碎的局面。②**国家公园管什么？**③**国家公园给地方带来了什么？**②③这两个问题是近两年的焦点，第一批国家公园"三定"规定难产，一些被视作改革先锋的国家公园反而越来越畏首畏尾，战略收缩与此密切相关，且地方政府在处理国家公园带来的利弊时必须对问题①②③都有准确理解，明晰答案才能提出统筹解决办法。④**中央的钱怎么用？**⑤**跨省的国家公园怎么实现统一管理？**总体来说，这五个关键问题若没有明晰的答案，关于国家公园的谣言就会以多个版本损害事业，《总体方案》中的国家公园体制还是难以全面建成，最大的国家公园体系就可能还是许多外国专家评价的既往中国自然保护地的纸上公园（Paper Park）。

第12章
国家公园及周边怎么划、怎么管

国家公园内外的管理体制、要求及国土空间用途管制方式是有明显区别的，因此边界决定了利益结构。正是因为这种区别，对国家公园而言，怎么管决定了怎么划。根据《总体方案》，国家公园"属于全国主体功能区规划中的禁止开发区域，纳入全国生态保护红线管控范围，实行最严格的保护"，但这并不意味着把国家公园管成禁区，相关文件、政策法规、规划在这方面的科学性一直在加强，弹性管理、核心区允许的人类活动等都已被明确表述，[①] 且《总体方案》也明确"统筹考虑自然生态系统的完整性和周边经济社会发展的需要，合理划定单个国家公园范围"。但因为对中央生态环

---

① 如2022年《国家公园法（草案）（征求意见稿）》中就明确了核心保护区内有九项人类活动是允许的；2023年发布的第一批5个国家公园总体规划中都明确提到了弹性管理。以《三江源国家公园总体规划（2023—2030年）》为例，其弹性管理措施主要体现在五个方面：①在国家公园边界区域，实事求是确定一定范围的缓冲带、自然教育体验带、外围保护带等，国家公园管理机构和当地政府协同管理；核心保护区已有道路、高压线路、水利设施两侧以及大型设施的控制线内按一般控制区进行管理，满足维持道路的修缮加固、大型设施的检修维护等需求；经科学评估，允许必须且无法避让，以生态环境无害化方式穿越、跨越的地下或者空中的线性基础设施建设。②严格落实草畜平衡制度；核心保护区世居群众在不扩大现有规模的前提下允许开展必要的生活性放牧，修缮生产生活设施；一般控制区推进草场季节性休牧，根据承载能力合理确定载畜量，开展适度放牧；鼓励减畜降牧，积极引导牧民改变生产生活方式，退化严重区域实施禁牧。③在一般控制区，在藏羚羊、黑颈鹤等野生动物繁殖季节，严格限制人员、车辆进入繁殖地或集中活动区域；迁徙期，控制迁徙通道的道路建设，加强交通管制；强化珍稀濒危鱼类产卵场、洄游通道等重点区域保护，禁止除经许可的科研活动之外的任何人工放流和放生行为；以科学评估论证为基础，对青藏铁路、国省道等重要区域影响野生动物活动的网围栏进行拆除，提高野生动物栖息地连通性；探索采取人工干预措施，维持野生动物种群动态平衡。④在核心保护区人兽冲突高发区域设置提示预警装置，开展防护设施建设，防范人兽冲突；允许在核心保护区开展退化草地、湿地、沙化土地治理，水土流失防治，以及对废弃矿山、采砂场和搬迁后的村舍、牲畜棚圈等受损迹地开展生态修复和综合治理；允许开展经依法批准的考古调查发掘和文物保护活动。⑤核心保护区允许国家特殊战略、国防和军队建设、军事行动等需要修筑设施、开展调查和勘查等相关活动，以及国务院批准的其他活动。

保督察一些案例的误解和对"最严格的保护"的望文生义，在全国多数国家公园正式设立后或创建中把国家公园范围面积划大的情况下，有些地方认为国家公园管得越宽，地方发展的束缚就越多，因此在划定国家公园边界时将国家公园划得尽可能小，将有经济开发潜力或现有产业较多的区域都尽量调出国家公园范围——罔顾这些区域中有些也正好是生态系统完整性不可或缺的。这样，在操作层面，就产生了两方面问题：①空间结构上，国家公园就是空间连续的整体吗？如果不一定，怎么才能从生态系统完整性角度做到生态保护第一？②国家公园管理机构就不参与社区管理吗，尤其在社区已经从国家公园抠出来的情况下？

12.1 国家公园划界的倾向和划界、管理恶性循环问题

12.1.1 技术层面的国家公园划界问题

国家公园划界，以技术层面为主，辅以现实约束层面，在"生态保护第一"的大原则下，将生态价值高的区域以及为了确保生态系统完整性必须考虑的连接地带①尽可能划入国家公园——除非土地权属和国家战略需求等确实不支持。这不是思路，而是在操作层面的国家标准［《国家公园设立规范》（GB/T 39737 - 2020）和《国家公园总体规划技术规范》（GB/T 39736-2020）］都已详细说明的技术工作。当然，目前的国家标准也的确没有解决一些现实问题，如国家公园是否必须是一个空间连续的整体？如果中间有间断最多能多长？一个国家公园是否不能和另一个国家公园相邻？一个国家公园最多能划多大？尽管国外的很多国家公园都有先例，如国家公园可以分块构成、几个国家公园可以紧密相邻②等，但这些先例并没有清晰的

---

① 关于这方面的完整阐释，参见《国家公园蓝皮书（2021~2022）》第一篇第2章"国家公园生态系统原真性、完整性、连通性等概念的界定"。
② 如加拿大落基山脉国家公园群包括紧邻的班夫（Banff）、贾斯珀（Jasper）、幽鹤（Yoho）和库特尼（Kootenay）四个国家公园。

科学依据，且不一定适合中国的国情。①国家公园既然强调生态系统完整性，为什么不把生态价值高的区域尽量划到一个范围内，中间为什么要间断？其实，这涉及**一个在国家公园技术标准中没有提到的科学原理：生态系统的空间结构决定了国家公园的空间结构**。要保护的生态系统如果本身就不是连续完整的，① 也没有必要把国家公园的空间结构划成连续完整的，尤其在可能还存在土地权属和民生需求考虑的情况下。只要确保了主要保护对象生态过程的完整性，对一个具有国家代表性的生态系统在某个区域以国家公园形式来保护可以分块构成——可以称为跳区式空间结构的国家公园。实际上，大熊猫国家公园正是按照这个科学原理来划定的，并没有强求把三省的相关区域都连接起来，这不仅是因为现实操作困难，也因为这种连接区域对加强大熊猫栖息地保护而言并无价值（只是这种操作方案并没有清晰地以科学原理或操作原则的方式表现出来）。但反过来，如果连接区域具有较高生态价值（尤其对主要保护对象的生态过程完整性而言）而只是因为生态要为并不具有国家战略价值的生产生活让路，这种空间间断就是不成立的。②《国家公园空间布局方案》一共只布局了 49 个国家公园，其中没有空间相邻的，因为就中国的政治体制而言，空间相邻的就可以在国家方案设计时合并成一个国家公园，毕竟中国的国家公园是先有顶层设计并自上而下地开展，对单个国家公园的面积没有上限规定。② 当然，就管理可行性而言，这

---

① 这样的生态系统很多，如后文提到的西南岩溶国家公园，其划定范围内就是要保护的石山并无较高保护价值且大多已被农林业利用的土山镶嵌，把大量土山划入，与主要保护对象的关系并不大。

② 对此的相关说明可参见国家林草局编制组起草的《〈国家公园设立规范〉编制说明》，其中关于面积标准的说明有两条。①按照《总体方案》中提出的"制定国家公园设立标准，根据自然生态系统代表性、面积适宜性和管理可行性，明确国家公园准入条件，确保自然生态系统和自然遗产具有国家代表性、典型性，确保面积可以维持生态系统结构、过程、功能的完整性，确保全民所有的自然资源资产占主体地位，管理上具有可行性"的要求，在标准编制中，准入条件主要从国家代表性、生态重要性和管理可行性三个方面展开，其中将面积规模适宜性作为生态重要性的认定指标之一，保证了与《总体方案》的一致性，又强调了建立国家公园的目的是保护自然生态系统的完整性和原真性的定位要求。②给出了下限规定及相关说明：关于面积规模，"从两次专家会议情况看，大多数专家倾向于确立一个国家公园最低面积规模指标。编制组对全球主要国家的国家公园规模进行了检索，也对我国国家级自然保护区、国家级风景名胜区规模进行了分析。目前国际　（转下页注）

不一定效率高，就像行政区划界一样，一个县、一个市、一个省都不宜划得过大或过小。后来的秦岭国家公园创建区，也大部分是原来的大熊猫国家公园的陕西片区，这么调整的一个重要原因是大熊猫国家公园划得太大且秦岭远离四川片区和甘肃片区，管理的效率不高，还不如单独调整为一个国家公园。

出于这些原因，在中国，一个国家公园如何划界，从操作层面而言并非可丁可卯，因此也难以防范现实中的国家公园划界出现不当倾向。

12.1.2 操作层面的国家公园划界不当倾向

第一批5个国家公园正式设立时着重用划界解决生态系统完整性以及价值上的国家代表性问题，三江源和武夷山国家公园都将边界拓展至邻省管辖范围，以生态系统完整性为原则尽可能做到"应划尽划"。参与试点和创建的国家公园也大多进行了"扩面"工作。[①] 这种扩面，有时的确只是单纯地为了空间连续性而并没有把生态系统完整性放在第一位，因此其连接处"纤若游丝"（参见图12-1的广东南岭国家公园范围示意图，目前已改名为岭南国家公园）。但还有一些则干脆"断掉"，这又分两种情况：从生态保护角度合理的[②]和不合理的［参见图12-2的南山国家公园范围示意图及图12-3其

（接上页注②）上单个国家公园的平均面积约为700平方公里，考虑到我国人多地少的实际，以及一些特殊的具有不可替代的国家代表性区域面积所限的情况，确定我国国家公园面积一般不低于500平方公里"。但这个面积下限标准在2020年底颁布的《国家公园设立规范》（GB/T 39737—2020）中被删去。

① 其中较有代表性的是湖南南山国家公园。2021年，其在原试点区635.94平方公里的基础上，整合了黄桑、新宁舜皇山、东安舜皇山3个国家级自然保护区和崀山风景名胜区部分区域，以及各保护地之间的连接区域，总面积达1395.41平方公里，涉及湖南省2市4县20个乡镇，10个国有林场，1个国有牧场，126个行政村。这样，南山国家公园就不仅涵盖了雪峰山—五岭连接地带，还有了世界自然遗产（崀山）和亚热带常绿阔叶林中价值很高的区域（目前发现的全国海拔最高的常绿阔叶树和树林均在黄桑片区）。

② 对湖南南山国家公园，其所保护的五岭生态系统本身就是不连续的（五岭是五座东北—西南向山脉的集合体，中间是海拔较低的平原），因此其空间范围的不连续是合理的；对西南岩溶国家公园，全国政协调研组的报告是这样分析的：三省交界处，有不少这种岩溶地貌奇观，但是它们分布并不集中。峰丛分布和山下农田的分布高度交错，要是把每个弄里的几亩地、几户人家抠出来，那么从地图上看，岩溶国家公园就"开天窗"了。调研组多位委员建议，采取"一园多区"的模式设立岩溶国家公园。"一园"即指岩溶国家公园，"多区"意为选择广西、贵州具有代表性的区域多点纳入岩溶国家公园区域 （转下页注）

和雪峰山—五岭生态系统的关系图、图12-4的黄山（牯牛降）国家公园范围示意图，这些图均在书末有更清晰的彩图，但边界范围都只是示意]。

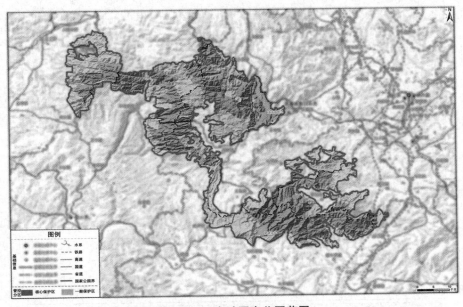

图 12-1　南岭国家公园范围

资料来源：《南岭国家公园设立方案》。

　　另外，不管是第一批设立的国家公园还是国家公园创建区，其空间结构都出现了不同程度的"到处是天窗"的现象。据统计，第一批 5 个国家公园内"天窗"数量超过了 400 个，涉及永久基本农田的"天窗"数量接近总数的 50%。[1] 例如武夷山国家公园江西片区，武夷大峡谷内沿着 S423 公路（葛桐线）分布的西坑村三个自然村全部被抠出国家公园范围。海南热带雨林国家公园则是将范围内的乡镇建成区全部调出国家公园范围，如水满乡、毛阳镇、南开乡、什运乡等均被大面积抠出。

---

① 上页注②）范围。重点考虑贵州与广西交界沿线涉及的峰林峰丛地貌景观、峰林峰丛洼地、地下洞穴、石漠化等关键地区。

① 欧阳志云等：《科学建设国家公园：进展、挑战与机遇》，《国家公园》（中英文）2023 年第 1（2）期。

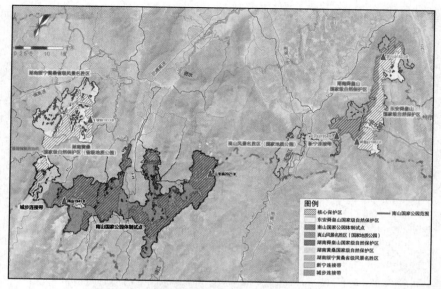

图 12-2　南山国家公园创建区范围（2023 年）

资料来源：2023 年上报的《南山国家公园设立方案》。

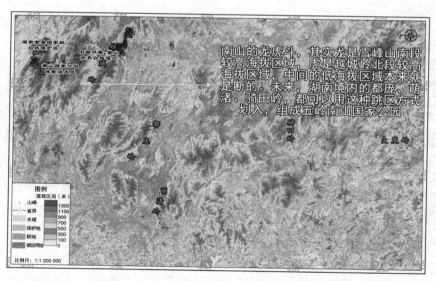

图 12-3　南山国家公园创建区目前的范围与雪峰山-五岭生态系统的关系

资料来源：根据《南山国家公园设立方案》的地理高程图，结合笔者分析绘制的示意图。

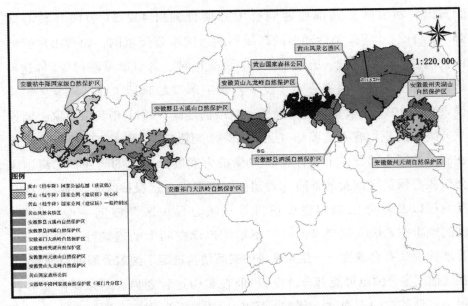

图 12-4　黄山（牯牛降）国家公园范围

资料来源：《黄山（牯牛降）国家公园设立方案》（2024 年征求意见稿）。

从空间形状上"断掉"不合理的国家公园空间划定和"到处是天窗"的现象反映了"越小越好""能抠出就抠出"的倾向，这种倾向的典型案例是黄山国家公园创建区。根据 2024 年黄山市林业局对外征求意见的《黄山（牯牛降）国家公园设立方案》及相关职能部门反馈意见，黄山（牯牛降）国家公园只是既有自然保护地的整合，并不是像国家公园体制试点区和第一批国家公园设立时那样在既有自然保护地外还覆盖生态价值较高的非保护地区域。[①] 具体来看，其出现了三方面的认知偏差。①保护为发展让路。范围划定时"优先"考虑"大黄山"战略部署（建设大黄山世界级休闲度假康养旅游目的地）以及黄山市未来全域旅游及经济社会发展等因素，"应抠尽抠"，如黄山国家森林公园面积 499.18 公顷，

[①]　如武夷山国家公园的九曲溪连接地带（非保护地被纳入国家公园范围），虽然也有反对意见，但最终设立时被完整纳入。

大黄山（牯牛降）西部旅游综合中心项目调出 452.21 公顷（核心区 45.41 公顷）；将人类活动多的区域不纳入国家公园范围，如黄山风景区南大门游客集散区域、逍遥亭区域、温泉区域、汤口镇浮溪村等。① 这种做法实际上是黄山国家公园建设"三起三落"的延续，此次国家公园建设方案较 2019 年大黄山国家公园一二级创建区、2021 年黄山国家公园设立方案的面积均有明显萎缩（见图 12-4、图 12-5 及图 12-6 的对比）。在国家公园内部分区上同样存在"保护为发展让路"的问题，如将国家公园核心保护区涉及的茶园（徽州区天湖省级自然保护区）、牯牛降观音堂景区以及部分已规划建设项目等从核心保护区调整至一般控制区。② 罔顾生态系统完整要求，以"不单纯追求空间上的连续性"搪塞。尽管这种说法有合理性——**生态系统的空间结构决定了国家公园的空间结构**，在其他国家公园也可能有合理性，② 但在黄山这种划界就难以保障重要物种栖息地的空间连通性。例如，黄山（牯牛降）国家公园的核心价值之一是华东特有物种的集中分布区，黑麂等国家一级保护动物和容易产生人兽冲突的黑熊等二级保护动物需要大面积连片栖息地，不连通、碎片化的黄山（牯牛降）国家公园很难满足种群恢复的需求。③ ③管理可行性

---

① 事实上，这些区域均由黄山风景区管理委员会实际管理，是黄山超大游客人流的旅游承接地；没有对这些区域的有效管理，黄山（牯牛降）国家公园未来在园地关系处理、社区协调、特许经营等方面都可能出现较大的问题。

② 如前述湖南南山国家公园；又如，对西南岩溶国家公园，全国政协调研组的报告是这样分析的：三省区交界处，有不少这种岩溶地貌奇观，但是它们分布并不集中。峰丛分布和山下农田的分布高度交错，要是把每个峁里的几亩地、几户人家"抠"出来，那么从地图上看，岩溶国家公园就"开天窗"了。调研组多位委员建议，采取"一园多区"的模式设立岩溶国家公园。"一园"即指岩溶国家公园，"多区"意为选择广西、贵州具有代表性的区域多点纳入岩溶国家公园区域范围。重点考虑贵州与广西交界沿线涉及的峰林峰丛地貌景观、峰林峰丛洼地、地下洞穴、石漠化等关键地区。

③ 这方面黄山实际上也有教训。迟至 2014 年，黄山风景区管委会用于日常监控森林火情的热成像仪还发现了疑似云豹的动物并在其出没处发现了可能是其捕食的黄山短尾猴的残骸，这是除了云南、西藏边境地区外我国最近的证据较为确凿的云豹发现记录。但除了黄山风景区约 160 平方公里的范围外其他区域的保护状况较差（皖南是长江以南的盗猎高发地），云豹的栖息地过小过破碎，这对小种群恢复而言极为不利。2016 年后黄山及周边区域再无云豹的任何疑似发现记录，这是重大的生态损失。但换个角度，这种最迟的发（转下页注）

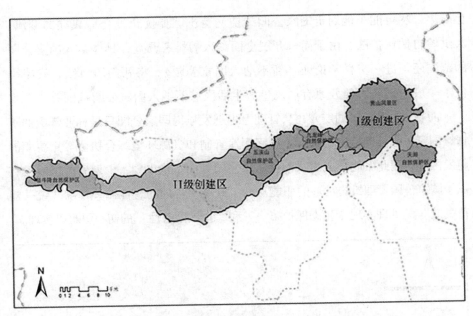

图 12-5 大黄山国家公园Ⅰ、Ⅱ级创建区

资料来源:《大黄山国家公园创建方案》(2018 年)。

优于生态系统完整性。根据《国家公园设立规范》(GB/T 39737—2021),国家公园设立要统筹考虑国家代表性、生态重要性和管理可行性。黄山(牯牛降)从源头减少和解决空间矛盾冲突的设立思路,从某种程度上看,忽视了国家公园"生态保护第一"的理念。此思路潜藏的风险是:为了避

(接上页注③)现记录,也说明了作为风景名胜区的黄山及其所在的皖南区域的生态重要性和其前期保护工作,都比南方大多数省份的自然保护区及其周边区域好(国内 2010 年以后的云豹发现记录,除了云南、西藏边境地区和黄山市的记录,均经不起科学推敲。像海南等省一些科研工作者近两年的所谓发现,甚至可称为几近儿戏。但南方大多数以森林生态系统为主体的国家级自然保护区,迄今仍然在官方介绍中将云豹列为有分布的物种,官方正式发布的《海南热带雨林国家公园优先保护物种名录》(2022 年)仍然将超过 30 年在海南省没有确切发现记录的云豹列入其中,这都是不严谨的做法。相关情况可看两篇文章的介绍:①苏杨,用国家公园进行野生动物保护的是与非——解读《建立国家公园体制总体方案》之四.中国发展观察,2018(02):第 46-51 页;②从繁荣到崩溃。——中国云豹经历了怎样的不幸命运(网络文章:https://news.qq.com/rain/a/20240118A03NZK00?suid=8QMc339c7YcVuzfQ4wJ5&media_id=)。

免麻烦，尽可能小地划定国家公园的空间范围。如优化整合后成立的泗溪、大洪岭自然保护区，由于尚未开展全面深入的科考调查，具体纳入国家公园的范围还须进一步科学论证（暂不纳入国家公园）；将祁门历口镇、安凌镇位于一般控制区的部分原有居民生产生活区域不纳入国家公园范围等。

而且，这种范围划定方式从管理上也越发显得国家公园只是林业部门的事情，国家公园管理机构纳入国土空间用途管制和资源环境综合执法等重要职能越发困难，因此可能形成为了不被国家公园管而尽量少划、少划后的区域没有赋予国家公园管理机构足够的职能从而不好统一管理的恶性循环，以"统一规范高效"的管理实现"生态保护第一"和"全民公益性"的初心更难以实现。

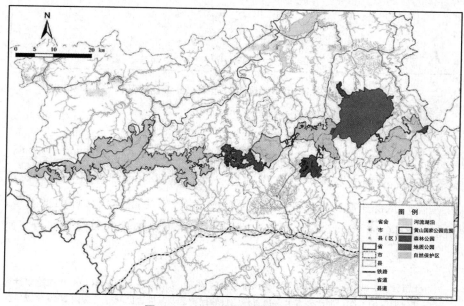

图 12-6 黄山国家公园空间范围

资料来源：《黄山国家公园设立方案》（2021年）。

12.2 国家公园划界和管理问题产生的原因

《国家公园设立规范》（GB/T 39737—2021）对国家公园范围划定有明

确、具体的要求，可边界决定了利益格局和发展方式，尤其在国家公园允许的发展方式不明确、相关权力机构在对待地方绿色发展上过度保守谨慎的情况下，地方政府难免不希望国家公园在自身辖区内越小越好、越远越好。以下从三方面详细分析这种不当倾向产生的原理和成因。

12.2.1　忽视"生态保护第一"，难以保证生态系统完整性

《总体方案》对划界提出了要求，指出要"确保面积可以维持生态系统结构、过程、功能的完整性……统筹考虑自然生态系统的完整性和周边经济社会发展的需要，合理划定单个国家公园范围"；《国家公园设立规范》（GB/T 39737—2021）中明确国家公园设立要统筹考虑国家代表性、生态重要性和管理可行性。其中都指出了划界要统筹考虑发展需要和管理可行性，但"生态保护第一"是中国国家公园建设的第一理念，不应因避免矛盾及区域潜在的经济价值而罔顾生态价值较高的生态系统的原真性和完整性保护需要。自然生境的空间整合不够、主要保护物种栖息地覆盖不够、内部生境斑块之间连通性不佳、人口布局及人类活动过强而干扰生态活动，这些都是限制生态系统完整性保护的原因，国家公园建设就是为了解决这些矛盾，国家公园体制试点区及第一批设立的国家公园大多将生态系统完整性保护作为重中之重，在划界的时候不仅考虑了原有自然保护地，还将对主要保护对象而言重要的原保护地之间的连接地带纳入公园范围，以提高生态系统和生态过程的完整性。以武夷山国家公园的划界为例，九曲溪上下游之间存在天然的物质流、文化流关联，虽然九曲溪上下游之间原自然保护地外的连接地带的生态价值不如原自然保护区和风景名胜区，可生态系统的修复本来就是国家公园题中应有之义，作为世界文化与自然遗产的武夷山也包括了这片区域，因此最终并没有因为地方利益相关者只从短期经济利益角度的反对就将该区域调出界外。

当然，只从学术角度严格来说，一个国家公园很难实现对一个生态系统的完整性保护，即便是经验案例也只是做到了相对完整。对于生态系统完整性，学术上可以从生态系统结构和过程完整性、功能完整性、空间格局完整

性三方面评判。但中国国家公园普遍存在原真性和完整性不好兼顾的情况，以相对成功的武夷山国家公园为例，绵延 500 多公里的武夷山脉被划入国家公园的只有走向 100 多公里的武夷山国家公园，因此武夷山国家公园也不具备生态系统完整性，只是纳入了较高价值原真性区域。2021 年南山国家公园体制试点区也新纳入了黄桑、新宁舜皇山、东安舜皇山 3 个国家级自然保护区和崀山风景名胜区部分区域以及一些保护地之间的连接区域，但仍然是跳区式空间结构。产生这种空间结构的根本原因是五岭生态系统本来就是间断的，以目前跳区方式建园已经可以满足位于同一森林植被区——"南岭山地栲类、蕈树林区"——的雪峰山、越城岭及二者天然连接地带的生态系统完整保护的需要，同时兼顾了当地社区的绿色发展需求。这种跳区式的空间结构为西南岩溶、亚洲象等在空间范围确定上存在诸多难题的拟设国家公园提供了新的范围划定模式，但也绝非为了避免矛盾就能"想抠就抠"。

与之相对比，黄山（牯牛降）国家公园等诸多正在创建的国家公园的划界方式（越小越好、想抠就抠）显然没有从科学合理角度考虑，只是忽视"生态保护第一"的结果。

12.2.2 对"最严格的保护"的科学含义认知不清，"一刀切"管理加剧了国家公园空间范围越划越小的倾向

对国家公园划界来说，怎么管决定了怎么划。在国家公园划界中的不当倾向，其实某种程度上也是僵化曲解"保护"概念后"一刀切"管理产生的后果。

"最严格的保护"已经成为生态环境领域的高频词，但是否按照现有法规严防死守就是"最严格的保护"？"最严格的保护"提出了以国家公园为主体的自然保护地体系的管理要求（主要针对国家公园），这是否意味着自然保护地范围内就不能发展、一草一木皆不能动了呢？回答这个问题，首先需要探讨"保护"的含义。从自然保护地起源地欧美国家的保护历史来看，"保护"一词，对应的英文单词有 protection 和 conservation，相对应的拥护者被称为 protectionist 和 conservationist（见表 12-1）：前者强调的是"no use",即严防死守、禁止一切利用的保护;后者则强调 "legitimate use, wise use",即寓保于用,在秉承 "保护第一" 的前提下,合理合法地进行资源利用,然后再反哺于保护。自然保护地建立之初(1872~1970 年前后),protectionist 居主导地位,当时认为保护与发展不可兼顾(incompatible with each other)、完全对立。随着社会的发展、对自然认知水平的提高,人们发现保护与发展是可以相伴而生的,conservationist 逐渐占据主导地位,并一直持续至今。

表 12-1　保护之 protection 和 conservation 辨析

	英文释义	中文释义
conservation	legitimate use, wise use (keep in a safe or sound state, to avoid wasteful or destructive use); conservation seeks the proper use of nature; Conservation is an ethic of resource use, allocation, and protection.	寓保于用,强调在自然资源有效保护的前提下,进行适度合理的利用;通过合理利用获取资源反哺于保护
protection	no use, any measure taken to guard a thing against damage caused by outside forces; shield from exposure, injury, damage, or destruction	严防死守的保护,强调"一刀切"地禁止资源利用

资料来源:苏杨:《为何和如何让 "国家公园实行更严格保护"》,《中国发展观察》2017 年第 1 期;MacDonald, K. I., IUCN-The World Conservation Union: A History of Constraint, 2003; https://www.merriam-webster.com/dictionary/conserve; https://www.nps.gov/klgo/learn/education/classrooms/conservation-vs-preservation.htm; https://en.wikipedia.org/wiki/Conservation_(ethic); https://en.wikipedia.org/wiki/Protection; https://www.merriam-webster.com/dictionary/protect。

对于生态环境保护,一方面需要集合各方力量,通过形成利益共同体,来形成保护的合力;另一方面,需要基于对自然生态系统结构、过程和功能规律的认识,采取科学的、动态的、适应性的保护措施,而非简单的严防死守。基于对 "保护" 概念的科学认识,"最严格的保护" 指的应该是最严格的 conservation,是 "最严格地按照科学来保护",需要基于对自然生态系统结构和过程的认识,细化保护对象的保护需求,统筹考量以土地权属为代表的社会经济限制条件，集合政府、市场、社会等各方力量。对于未受过人类干扰的原始生态系统（荒野区域）、濒危的种群，根据其保护需求严格管理，对于不濒危的种群，则坚持合理利用，实现生态、社会、经济效益的最大化。总之，应该在明晰主要保护对象生态保护需求的情况下采取措施，在"生态保护第一"的前提下统筹保护与发展，尤其以生态产业化等形式的发展来反哺或促进保护。

同理，国家公园虽然纳入生态保护红线管控范围，但不是发展的禁区，国家公园的边界更不是空间上保护与发展的界线。按生态保护红线管控要求，红线内严格禁止大规模的开发性、生产性建设活动；根据《国家公园管理暂行办法》，国家公园的一般控制区允许开展有限的人为活动，核心保护区也允许原有居民在不扩大规模的前提下开展必要的种植、放牧、采集、养殖等生产活动。现在出现的国家公园越划越小、"能抠出就抠出"的倾向，一定程度上也是"一刀切"管理造成的负面效应（怎么管决定了怎么划）。

12.2.3 主管部门尚未形成"人与自然和谐共生"建设思路，难以高水平保护统筹高质量发展

以往的自然保护地管理中，科学保护理念（如适应性管理）并没有成为广泛意识并形成制度，如《自然保护区条例》中规定"禁止在自然保护区内进行砍伐、放牧、狩猎、捕捞、采药、开垦、烧荒、开矿、采石、挖沙等活动；但是，法律、行政法规另有规定的除外"。这种思想至今仍在延续，从目前法律法规和相关中央政策规定来看，对国家公园和自然保护区的核心区实行严格管控，禁止或者限制人类活动（实际主要是经济开发活动）的原则是明确的。但这一规定忽视了长久以来形成的人与自然之间的良性互动关系（即便已经证实对保护有价值），比如在朱鹮物种恢复中"稻田-朱鹮共生系统"的核心作用。加之中央生态环境督察"绿盾行动"等对自然保护地的督察通常表现为依据《自然保护区条例》等在有些方面过时或不科学的政策法规的强力事后监督问责，地方政府及国家公园管理机构在这种压力下更倾向于采取"一刀切"禁止的管理方式。

这种一味地禁止所有人为活动，既难以保护好区域生态，也难以促进区域绿色发展和民生改善。

2018 年大部制改革后，国家公园体制试点工作由国家发改委转交给国家林草局负责。国家公园建设由生态文明体制改革系统落地的先试区逐渐转变为自然保护地优化整合先行区。林草部门无疑是最专业的自然生态保护部门，① 但也形成了很多纯保护的惯性思维，基本没有形成高水平保护与高质量发展统筹协调的建设思路。

国家公园及其周边区域普遍存在大量原有居民，作为国家公园建设者，原有居民的民生保障与绿色发展也是国家公园建设的应有之义，更应该让他们成为自然保护的受益者。但国家公园及其周边区域的顶级生态资源及风土优势却存在明显的现代化产业要素短板，在"教条"的保护限制措施下，"绿水青山就是金山银山"的转变路径难以打通，大多原有居民没有获得"转型挣钱"能力。因此，在地方政府履行民生保障和经济发展职责的较大压力下，对于发展的需求只能被压制，从而产生了抵触情绪。也因此，地方政府的职能部门（大多是省级林草局）在制定国家公园设立方案时，会尽可能将国家公园"划得小一些"，将"矛盾和有发展潜力的地区都调出去"。

"推动绿色发展，促进人与自然和谐共生"是党的二十大报告生态环境和绿色发展部分的标题，这是新时代生态文明工作的大方向。习近平总书记 2021 年 3 月考察武夷山国家公园时的讲话实际上是对在工作中怎么体现这个方向的指示："要坚持生态保护第一，统筹保护和发展，有序推进生态移民，适度发展生态旅游，实现生态保护、绿色发展、民生改善相统一。"显然，国家公园应该是实现"人与自然和谐共生的中国式现代化"的先行示范区和重要根据地，推动国家公园及其周边地区的绿色发展，才能真正建好国家公园，实现人与自然的和谐共生。

---

① 原林业系统管理的自然保护区在历次自然保护区评估中取得的成绩远好于农业部门、环保部门负责日常管理的自然保护区。

12.3　解决划界、管理问题的思路

国家公园边界及内部分区划定方式决定了国家公园管控要求以及国家公园及其周边区域的发展方式和产业布局，国家公园的规划需要与地方经济社会发展规划有机衔接。边界划定不仅仅是"以生态系统完整性为先，应划尽划入国家公园"，还应该从"园地关系""社区共建""绿色发展"等角度统筹发力，贯通国家公园保护发展，形成"共抓大保护"的利益格局。

12.3.1　建立新型园地关系，推动社区共建

达成"园依托地加强保护、地依托园绿色发展"的新型园地关系需要在国家公园空间上的硬性规划基础上探索"柔性"共建模式。建好国家公园，需要吃透规则、均衡利益。要充分考虑各利益相关方意愿，多方按照规划因地制宜地探索出治理结构的细节，突破传统发展方式下的利益结构重新建立"共抓大保护"的利益共同体，从而实现共抓大保护、共谋绿色发展。

一是明确权责边界，落实联席会议制度。《总体方案》和中编委6号文对"园"和"地"的职责有系统规定，各国家公园总体规划也要求管理机构与地方政府、社区等建立共建共管机制或社区共建共管委员会。由国家公园管理局负责园内生态环境相关的所有事宜，地方政府负责经济社会发展相关工作。从工作内容上看，两个主体间存在职能交叉，如特许经营与市场监管、经济社会发展与国家公园的自然资源资产管理都有直接关联。因此，细分清楚管理局（及分局）与地方政府间的职责边界并明确合作机制是实现保护与发展协调的基础，在基层工作中两者的管理也是重点和难点。具体来看，国家公园内社区居民的就业引导和培训等与国家公园保护管理职责相关的事权，应该由国家公园管理局（及分局）负责履行并配备专门资金。绿色发展、农村新型经济合作组织培育虽然原则上属于地方事权，但由于"生态保护第一"的目标，国家公园需要设立专项引导资金，鼓励发展绿色林下经济、绿色种植业。同时，农村新型经济合作组织是绿色发展机制的重

要组成部分，国家公园管理局也应该适度安排引导资金。按中编委 6 号文和《国家公园管理暂行办法》的要求，落实联席会议制度，推动双方领导干部交叉任职以及落实"协调委员会决策效力与双方党委会决策等同效力"，共同解决历史遗留问题，开展"天窗"协同管理，推动绿色发展等。建立与保护成效挂钩的综合考核考评、转移支付等激励机制，促进"园""地"深度融合。

二是加强资金统筹和项目共同谋划。充分利用现有生态保护、绿色发展相关国家政策，通过相应资金渠道申请国家运行经费和补助资金、建设资金等。以联席会议为基础，在符合财政资金使用要求的前提下，统筹利用国家公园及其周边的国家公园专项资金、中央转移支付资金、各部委的项目资金（包括自然资源、生态环境、交通运输、文化旅游、林业、农业农村、水利、住建等部门）以及各渠道省级财政资金。加大对国家公园及其周边区域的建设项目的支持，将其纳入省重点乃至国家重大工程项目范畴。

三是推动社区共建。国家公园当地社区居民是保护工作的实际参与者，也在建设中付出了经济发展机会成本，因此必须让当地居民有渠道反映其真实诉求，更能够通过（市场化）生态补偿实现收入增加。建立社区共建共管委员会，保障原有居民参与权，吸收当地传统保护知识；建立紧密的利益连接机制，探索特许经营企业与村集体经济组织建立新合作关系和利益分享机制，引导培训培养农村新型经营主体。加强国家公园管理机构与地方政府、社区的共建共管，共同探索乡村振兴的国家公园模式。

12.3.2　在国家公园周边划出保护发展过渡带

国家正式发布的《武夷山国家公园总体规划》（2023 年 8 月 19 日第二届国家公园论坛发布）指出，"地方政府在国家公园外围规划的环武夷山国家公园保护发展带，协同保护国家公园，承接国家公园生态产品价值，实现生态保护、绿色发展、民生改善相统一"。环国家公园保护发展带（以下简称"环带"）的提出，对国家公园统筹保护与发展具有广泛影响和推广意义。用"外圈"来保护好国家公园这个"内圈"，通过圈内圈外协同联动，更好地保持自然生态系统的原真性和完整性，保护生物多样性，防止国家公园"孤岛化"，实现保护范围向外拓展、绿色发展空间向内延伸。

环带的范围划定必须突出国家公园生态系统完整性保护的特征。从山脉、森林生态系统、流域等角度出发，兼顾行政区划、交通联系、县域既定重大项目等，综合评估周边区域与国家公园联系的紧密程度，合理划定环带范围。在具体操作中，对国家公园周边各乡镇从生态、文化、交通、服务、产业发展五个方面进行评分，将紧密程度评分较高的乡镇纳入环带。这一方面保证了环带范围在生态系统方面的完整性，另一方面也有较强的可行性并有利于绿色发展。

在国家公园内外合理布局产业和产业链的前后环节，把资源环境的优势（绿水青山）转化为产品品质的优势，并通过国家公园品牌体系形成价格和销量优势（金山银山）。而像武夷山国家公园的这种环带发展方式，不仅填补了在保护上的"天窗"漏洞，还形成了较大范围的绿色发展空间和产业布局。由此可以较好地解决国家公园保护与发展之间的矛盾，更可在较大范围（地级市范围）内率先完成联合国《生物多样性公约》的"昆蒙框架"目标。

在操作层面，以国家公园为重点保护区，将未纳入国家公园的生态保护红线区域纳入环带，统筹协调外围地区适度发展绿色产业，保障国家公园内群众的生产生活需求。以此实现国家公园内保护好的绿水青山与环带的有利产业发展条件的结合，把更需要资源环境优势的产业链的前段（如茶叶种植）布局在国家公园内，把产业发展条件（即建设用地、交通条件、配套设施以及人流等，也包括人力资源、可利用资金等现代化生产要素）更好但生态限制较少的后段（如茶叶加工销售以及相关文化旅游）布局在环带内，共用遵循国家公园品牌体系的标准与接受同等生态和生产监管（但不同区采用不同的标准）。产业链前段的严格保护，保证了以茶为代表的绿色产品独特的"风土"和生产中的限制点（主要因为保护产生）；产业链后段的国家公园品牌体系的推广和销售，使"风土"、生产中的限制点能够转化为产品增值的卖点。不仅茶产业如此，旅游等产业也可以用同样的方式串联国家公园内外资源并扬长避短地发展产业。与此同时，解决市域和县域发展中的项目形成能力不足和项目现实支持不够的问题，也有利于解决国家公园带来的发展限制问题。

12.3.3　推动国家公园规划与地方发展规划衔接

国家公园规划体系包括全国层面的《国家公园空间布局方案》和实体国家公园层面的总体规划（包括专题规划）、详细规划、实施计划。国家公园建设过程中因为规划不衔接而延误项目建设的事件时有发生，[①] 必须将国家公园规划体系与国土空间规划体系衔接起来，尤其是将国家公园总体规划、专项规划与省、市、县、乡各级经济社会发展规划衔接起来（见图12-7）。

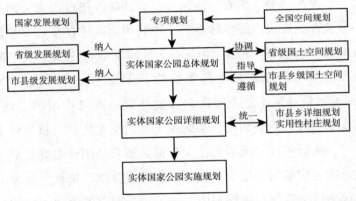

图12-7　实体国家公园规划体系与不同层级政府发展规划、国土空间规划的衔接

资料来源：作者团队自行绘制。

那么国家公园规划体系应该如何嵌入统一的国家规划体系和国土空间规划体系，如何理顺国家公园规划与不同层级行政区国土空间规划之间的关系呢？首先看国家公园规划体系是什么。国家公园规划体系包括全国层面的《国家公园空间布局方案》和实体国家公园层面的总体规划

---

① 本篇第一部分第二章"园地关系仍不协调"部分有详细说明。

（包括专题规划）、详细规划、实施计划。其次看国家公园规划体系应该如何定位。实体国家公园的总体规划是对国家公园范围内国土空间开发保护利用作出的专门性安排，是确定该区域保护、管理和利用的依据。总体规划应当定位于我国国土空间规划体系国家层面编制的专项规划，遵循《国家公园空间布局方案》与《全国国土空间总体规划》，兼具战略性、协调性和实施性，并与所涉及省份的省级国土空间总体规划充分衔接协调。国家公园根据实际工作需求，细化总体规划中的保护、科教、游憩、特许经营、社区管理等相关内容，编制专题规划，指导实际工作。国家公园外围保护地带内的城乡建设和发展，应当与国家公园总体规划的要求相协调。

另外，考虑到国家公园范围内，一方面有社区居民，另一方面要在保护的前提下，发挥科研、教育、游憩等综合功能，所以国家公园总体规划中确定的涉及社区发展、服务体系、土地利用协调等存在较多建设活动的区域应当编制详细规划。根据2019年5月印发的《中共中央 国务院关于建立国土空间规划体系并监督实施的若干意见》（中发〔2019〕18号），详细规划是对具体地块用途和开发建设强度等作出的实施性安排，是开展国土空间开发保护活动、实施国土空间用途管制、核发城乡建设项目规划许可、进行各项建设等的法定依据。国家公园详细规划应当由国家公园管理机构组织编制，报国务院国家公园主管部门审批。国家公园所涉及市县乡级的国土空间总体规划中关于国家公园范围内国土空间的相关部分规划，应当遵循国家公园总体规划，其详细规划、实用性村庄规划中的相关部分，与国家公园详细规划相统一。最后，单个国家公园的实施计划是国家公园管理机构的每年工作计划，由国家公园管理机构自行编制，主要是为落实总体规划（包括专题规划）、详细规划，制定每一年的工作目标和具体措施。

根据国家顶层设计思路，国家公园总体规划的层级高于市县乡级政府规划，需要推动属地政府空间规划与国家公园总体主动衔接。对于目前园地双方的既有规划项目难以顺利落实的项目，需要加强双方协作：属地政府规划的但未纳入国家公园规划的项目，由管理局与地方联合出资补充生物多样性评估，将评估合格的项目尽快纳入国家公园相应的专项规划；国家公园规划谋划的项目未纳入地方国土空间规划的情况，在保证管理局的"两个统一行使"职能后建设审批权也随之一并划转至管理局，一定程度上可以解决此类规划不衔接问题。未来国家公园的专项规划、入口社区与"天窗"建设详规都需要双方共同审核，提高规划决策的科学性、合理性以及可行性。

12.3.4　以绿色发展缓解国家公园周边矛盾

目前依托国家公园推动绿色发展的能力弱，生态产业化发展不能满足周边的发展需求，仍需协调处理好保护与发展、国家公园与周边社区的关系，提高自我发展能力，形成真正全面体现"最严格的保护"和绿色发展兼顾的发展路径，从而使原有居民能够在转型发展中提高收益，并且大大缓解由边界划分引起的矛盾。

从福利经济学角度看，"绿水青山就是金山银山"理念的本质是将区域生态环境的正外部性予以经济利益维度的内部化，并将这种内部化纳入国家治理体系和乡村振兴框架中，从而将生态保护与经济增长结合予以制度化和长效化，并最终创造出一种全新的地方发展模式——这才是"生态保护、绿色发展、民生改善"相融合的路径，才能够实现"人与自然和谐共生"。就"绿水青山就是金山银山"理念的内在逻辑而言，其核心要义是绿色发展，而落实的关键路径则在于生态产品的价值实现。将不同类型的生态产品分置，将生态产品价值实现的路径概括为"政府主导的生态产品的保护性补偿"与"市场化的生态产品的经营性开发"两大类型，后者正是目前国家公园绿色发展的关键所在。

根据理论分析和国际经验，可以认为市场条件下"绿水青山"向"金山银山"转化的难点在于作为正外部性内部化主要工具的特色产业的要素配置不全或水平低，难以稳定实现特色产品的增值。要实现这种转化，应该做到三方面：①必须有以生态保护为基础的绿色且特色产业，通过特色产品将资源环境的优势转化为产品品质的优势，使保护和恢复生态的价值在市场上稳定地、增值地变现；②在规范的市场经济条件下，这种特色产品的生产能在交通不便且人力资源水平、组织化程度都不高的情况下基本内驱地实现，产品有较稳定的供求关系，能够持续增值变现；③需要建立相对公平的绿色发展利益转化机制，得到农户、企业、政府、市场、金融等多方利益攸关主体的支持，形成较强的利益共同体。这三方面涉及生产力和生产关系，通过特色产业有效打通"资源环境优势→产品品质优势→价格销量优势（增值）"，才能够真正形成"绿水青山"向"金山银山"转化的"市场化的生态产品的经营性开发"路径，并在新的生产关系下补齐现代化生产要素短板，形成特色产业的公平惠益分享机制。

在制度层面，在科学和有效保护的前提下完善特许经营机制，构建起特许经营制度体系[①]，逐步打造符合国家公园高质量建设要求的生态产品价值实现路径与模式。促进自然资源资产集约开发利用，稳妥推进国有自然资源资产有偿使用制度改革，在严格保护的前提下有效实施自然资源资产有偿使用制度。坚持以人为本，体现全民公益性，充分考虑公园内及其周边社区居民的利益诉求，推进公园入口社区和特色小镇的规划与建设，推进健全国家公园自然资源资产特许经营权等制度，制定全民所有自然资源有偿使用的相关制度。鼓励依托特许经营机制积极有序引入社会资本，鼓励金融和社会资本按市场化原则为国家公园的自然教育、特色农副产品开发、生态旅游等项目提供融资支持，持续提升优质生态产品供给水平。支持各国家公园开展特许经营试点，正确认识特许经营试点的价值、系统总结问题、取得的经验。以项目试点的方式启动一批特许经营，摸清其套路，为《国家公园法》出台后依法建立完整的特许经营制度打下良好基础；建立起容错纠错机制，以妥善处理特许经营等相关工作探索创新过程中的失误或误差。

---

① 包括特许经营合同制度、特许经营费用制度、特许准入制度等，以及与之配套的立法建设、组织架构、监管制度。

第13章
国家公园管什么

从国土空间治理角度来看，国家公园体制改革是对国家公园这一以提供生态产品或生态服务为主体功能的国土空间治理体系的重构，即破解既往要素式管理模式下"一地多牌、多头管理"和"层层委托、属地管理"的问题，通过系统的事权调整，构建对山水林田湖草沙冰的自然资源综合体的系统管理模式。目前，国家公园范围内原有保护地体系存在的"交叉重叠、多头管理"的碎片化治理问题基本得到解决，初步实现由一个管理机构实现统一管理，由中央或者省级政府垂直管理。但是，目前的国家公园体制与"主体明确、事权清晰、权责明确、上下左右协调"的要求还有很大差距，国家公园管什么还不明确，关于国家公园事权如何科学划分，仍然存在大量的龃龉和争议。

13.1 我国国家公园事权划分现状

13.1.1 国家公园三种管理模式及相关事权划分

依据全民所有自然资源资产所有权行使方式的差异和是否跨省级行政区，目前我国国家公园的管理模式主要包括中央垂直管理、中央委托省级政府管理、中央与省级政府共同管理三种类型（见表13-1）。中央垂直管理模式和中央委托省级政府管理模式即为中央政府直接行使、委托省级政府行使全民所有自然资源资产所有权的类型。中央与省级政府共同管理模式本质上虽然与中央委托省管模式接近，但是涉及大量跨省协调事务。目前的顶层设计文件基本按照中央垂直管理和中央委托省级政府管理两种模式进行制度设计，对于中央与省共管模式鲜有提及，在实践中进展也最为缓慢。

表 13-1   国家公园三种管理模式

全民所有自然资源 资产所有权行使主体	跨省	不跨省
中央政府直接行使	中央垂直管理	
中央政府委托省级政府代理行使	中央与省级政府共同管理	中央委托省级政府管理

资料来源：作者团队自行整理。

　　第一批国家公园中，东北虎豹国家公园为中央垂直管理模式，海南热带雨林国家公园为中央委托省级政府管理模式，三江源、大熊猫、武夷山实质管理关系都跨省级行政区，为中央与省级政府共管模式。机构设置情况方面，东北虎豹国家公园正式设立东北虎豹国家公园管理局，并下设 5 个管理分局。其他四个国家公园仍然延续试点期间的机构设置情况，即三江源国家公园在青海片区成立三江源国家公园管理局，武夷山国家公园在福建片区成立武夷山国家公园管理局，两个国家公园正式设立时新纳入的西藏、江西片区均未进行相关体制改革；大熊猫国家公园、海南热带雨林国家公园均在省级政府的林草部门挂牌管理局（见表 13-2）。职能配置方面与机构设置改革基本同步，东北虎豹国家公园职能配置清晰，三江源、武夷山国家公园延续试点期间的机构职能配置情况，大熊猫、海南热带雨林国家公园的职能配置则仍不清晰。

表 13-2   第一批国家公园机构在试点期间的设置情况

国家公园	机构设置	机构性质与级别	管理模式
东北虎豹	成立东北虎豹国家公园管理局，并下设 5 个管理分局	行政机构，正厅级，与长春专员办合署	中央垂直管理
三江源	青海片区成立三江源国家公园管理局，下设 3 个园区管委会	行政机构，正厅级，独立设置	试点期间中央委托省管，正式设立时纳入西藏片区，中央与省级政府共同管理
武夷山	福建片区成立武夷山国家公园管理局	行政机构，正处级，独立设置	试点期间中央委托省管，正式设立时纳入江西片区，中央与省级政府共同管理

国家公园	机构设置	机构性质与级别	管理模式
大熊猫	在四川、甘肃、陕西省林草(业)局分别挂牌大熊猫国家公园××省管理局	行政机构,正厅级,部分独立设置(有专职领导和5个专门职能处)	中央与省级政府共同管理
海南热带雨林	在海南省林业局挂牌海南热带雨林国家公园管理局,下设7个分局	行政机构,正厅级,与省林业局合署	中央委托省级政府管理

资料来源：根据5个国家公园的总体方案及官网资料整理。

　　东北虎豹国家公园管理局的职责主要包括制度建设、自然资源资产管理和生态保护修复、规划标准制定实施、执法监督、特许经营等。根据职责范畴，内设了办公室、综合业务处、规划财务处、自然资源资产管理和生态保护修复处、执法协调处、科研监测处等6个职能部门。同时下设5个管理分局，即延边、牡丹江、珲春、汪清、绥阳分局，作为东北虎豹国家公园管理局派出机构，主要负责分局辖区自然资源资产管理和生态保护修复等相关工作。其中，延边、牡丹江2个分局设立办公室、综合协调科、资金项目科、资源保护科、执法科5个内设机构，珲春、汪清、绥阳3个分局设立办公室、资金项目科、资源保护科、执法科4个内设机构。延边、牡丹江2个分局分别承担与辖区内森工集团建立的协调机制日常工作（见表13-3）。

表 13-3　东北虎豹国家公园管理局在试点期间的部分内设机构及其职能

与行政管理相关的内设机构	职能
办公室	负责机关日常运转。承担信息、安全、保密、信访、政务公开等工作。负责党建群团、人事劳资、纪检等工作
综合业务处	组织开展重大问题调查研究,起草重要文件文稿,综合协调各项业务工作。负责科普宣教、交流合作等工作
规划财务处	负责组织拟订和实施东北虎豹国家公园发展规划。负责编制和组织落实部门预算、年度计划、投资项目、财务管理等工作
自然资源资产管理和生态保护修复处	负责自然资源资产管理工作。负责生态保护修复、野生动物保护等工作。负责拟定特许经营政策并监督执行。协同地方开展防灾减灾和生物安全工作

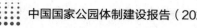

续表

与行政管理相关的内设机构	职能
执法协调处	负责起草相关法规制度并组织实施。依法承担园区内自然资源、林业草原等领域相关执法工作。与地方政府建立执法协作机制
科研监测处	负责东北虎豹及生物多样性科研监测工作。负责指导联系东北虎豹国家公园科研监测中心

资料来源：根据东北虎豹国家公园官网资料整理。

三江源国家公园管理局的职责包括制度建设、自然资源资产管理和国土空间用途管制、规划标准制定实施、基础设施建设管理和维护、资金管理、考核评价、特许经营、社会参与和宣传推介工作、科研监测等。根据《中共中央办公厅、国务院办公厅关于印发〈三江源国家公园体制试点方案〉的通知》（厅字〔2016〕9 号）和《中共青海省委办公厅关于印发〈三江源国家公园体制试点机构设置方案〉的通知》（省厅字〔2016〕9 号）文件，三江源国家公园管理局的主要职责是：（一）贯彻执行中央和省委、省政府关于国家公园体制试点的有关方针政策，组织起草三江源国家公园和三江源国家级自然保护区的有关法规、规章方案，并负责批准后的监督执行。（二）负责三江源国家公园自然资源资产管理和国土空间用途管制，依法实行更加严格的保护。（三）负责拟订三江源国家公园和三江源国家级自然保护区保护规划和建设标准，并组织实施。（四）负责三江源国家公园和三江源自然保护区基础设施、公共服务设施建设、管理和维护工作。（五）负责拟订三江源国家公园资金管理政策，提出国家公园专项资金预算建议，编制部门预算并组织实施、管理，指导国家公园各类专项资金筹集、使用工作。（六）负责三江源国家公园和三江源国家级自然保护区范围内的风景名胜区、地质公园、湿地公园、水利风景区以及生物多样性保护等各类保护地的管理。（七）负责协调三江源国家公园和三江源国家级自然保护区生态保护和建设重大事项，建立生态保护、建设引导机制和考核评价体系。（八）负责三江源国家公园特许经营、社会参与和宣传推介工作。（九）组织开展三江源国家公园和三江源国家级自然保护区科研监测工作。（十）承担国家、省委、省政府、三江源国家公园体制试点领导小组交办的其他事项。根据承担的职责，三江源国家公园管理局设置 9 个内设机构：党政办公室、规划与财务处、生态保护处、自然资源资产管理处、执法监督处、国际合作与科技宣教处、人事处、直属机关党委、机关纪委（见表 13-4）。

表 13-4　三江源国家公园管理局在试点期间的部分内设机构及其职能

与行政管理相关的内设机构	职能
党政办公室（挂政策法规处牌子）	机关政务综合协调、督查督办和重要活动的组织协调工作；政务公开、文电处理、机要保密、文书档案、资产管理和后勤保障等工作；党委会、局务会等会议的事务工作；发文审核、印制管理工作；机关信息化工作，组织开展国家公园信息采编和综合性宣传工作；"放管服"工作；人大建议、政协提案汇总反馈工作。承担行政应诉、行政复议、听证、普法、规范性文件的合法性审查
规划与财务处（挂特许经营处牌子）	拟订园区内项目资金的规划和计划并监督实施；组织、指导各类自然资源补偿和生态补偿（管护）工作；编制部门预算，提出专项转移支付等资金的预算建议，并批准后的监督管理；试点区特许经营管理工作；机关和所属单位财务、内部审计工作，指导监督管理局系统财务工作；规划、财务、项目管理信息统计工作
生态保护处（挂生态环境评价处牌子）	拟订园区内生态保护政策、标准、措施草案并指导实施；审核各园区生态保护建设工程项目，项目验收、项目绩效评价、生态状况评价和野生动物疫源疫病防控工作；生态公益管护岗位管理工作，指导、监督生态保护站（保护管理站）生态保护和生态管护员巡护、监测工作；社区共建共管等工作
自然资源资产管理处	拟订园区内各类全民所有自然资源资产管理、保护的规划和计划以及国有自然资源资产有偿使用制度、生态补偿制度等并监督实施；履行园区内国有自然资源资产有效保护职责，统筹资源配置，统一标准规范；组织开展园区内草原资源、森林资源、湿地资源、地表水资源和野生动物资源等重要自然资源的本底调查，查清国有自然资源资产底数，划清园区内全民所有自然资源资产边界；建立自然资源资产目录清单、台账和动态更新机制，组织开展自然资源定期评估等工作
执法监督处	资源环境综合执法并协调开展三江源自然保护区内园区外资源环境综合行政执法工作
国际合作与科技宣教处	拟订园区内科学技术、宣传教育、国际合作规划和计划并组织实施；新闻宣传发布、科普教育、学术交流、推介服务、期刊编辑和文化建设工作；组织开展生态管护员培训工作；指导生态保护科学研究和技术推广体系建设工作；生态保护标准化和生物种质资源、林业转基因生物安全监督工作；组织、指导国外先进技术及智力引进工作；组织开展国际合作与交流和履约工作；志愿者招募相关工作

续表

内设机构	职能
人事处	机关及系统机构编制工作；干部选拔、考察、任免、管理和监督工作，提出干部调整配备建议；干部职工的工资、津贴、补贴、福利管理工作；干部职工的流动调配、录用聘用、考核奖惩、辞职辞退工作；人才引进和人才队伍建设工作；拟订干部教育培训规划，组织开展干部培训、继续教育、工人技术等级岗位培训工作；干部职工的人事档案管理、出国(境)管理工作；组织开展职称评审，指导行业特有工种职业技能鉴定工作；人事、劳动工资、教育培训等有关报表的编制、统计、报送和管理工作；机关退休干部服务保障和管理

资料来源：根据三江源国家公园官网资料整理。

武夷山国家公园管理局的职责主要包括制度建设、各类自然人文资源管理、规划标准制定实施、科研监测、社区协调、游憩与科普宣教、特许经营、执法监督等。根据《中共福建省委机构编制委员会关于武夷山国家公园管理局主要职责和机构编制等有关问题的通知》（闽委编〔2017〕5号），武夷山国家公园管理局的主要职责是：（一）贯彻执行中央和省委、省政府关于国家公园体制试点的有关方针政策，组织起草武夷山国家公园体制试点区（以下简称国家公园）相关法规规章，研究制定各项管理制度。（二）全面负责武夷山国家公园内的自然、人文资源和自然环境的保护与管理、规划与建设工作。（三）组织制定武夷山国家公园内各种发展规划，各类人文、自然资源的保护与开发利用方案。（四）组织开展资源调查并建立档案，组织生态环境监测。（五）引导社区居民合理利用自然资源。（六）组织开展游憩、科普宣教、科研合作和科学研究工作。（七）组织实施国家公园体制试点区特许经营，提出国家公园体制试点区门票价格制定的政策建议。（八）协调有关地区和部门在试点区内派驻机构的工作。（九）完成省委、省政府交办的其他事项。根据承担的职责，武夷山国家公园管理局设置5个内设机构，即办公室、政策法规部、计财规划部、生态保护部、协调部，机构规格为正科级。下设武夷山国家公园执法支队和武夷山国家公园科研监测中心两个事业单位。武夷山国家公园执法支队（原福建武夷山国家级自然保护区管理局）为参公管理的事业单位，机构规格为副处级，受委托承担国家公园内相关行政执法工作。执法支队下设 3 个执法大队，机构规格为正科级。武夷山国家公园科研监测中心加挂"福建省武夷山生物多样性研究中心"牌子。作为武夷山国家公园管理局所属事业单位，机构规格为副处级，主要承担国家公园有关科普宣教、宣传推广、科研合作、科学研究和环境监测的具体工作（见表 13-5）。

表 13-5　武夷山国家公园管理局在试点期间的主要职责

机构名称	职责
武夷山国家公园管理局	（一）贯彻执行中央和省委、省政府关于国家公园体制试点的有关方针政策,组织起草武夷山国家公园体制试点区(以下简称国家公园)相关法规规章,研究制定各项管理制度
	（二）全面负责武夷山国家公园内的自然、人文资源和自然环境的保护与管理、规划与建设工作
	（三）组织制定武夷山国家公园内各种发展规划,各类人文、自然资源的保护与开发利用方案
	（四）组织开展资源调查并建立档案,组织生态环境监测
	（五）引导社区居民合理利用自然资源
	（六）组织开展游憩、科普宣教、科研合作和科学研究工作
	（七）组织实施国家公园体制试点区特许经营,提出国家公园体制试点区门票价格制定的政策建议
	（八）协调有关地区和部门在试点区内派驻机构的工作
	（九）完成省委、省政府交办的其他事项

资料来源：根据武夷山国家公园官网资料整理。

13.1.2　我国国家公园事权划分改革实践存在的问题

1. 管理机构在层级和责权利配置上参差不齐

通过体制改革，第一批 5 个国家公园在一定程度上实现了统一管理，但是改革进展不一，且管理局层面机构设置方式形式多样，管理分局层面更是五花八门。中央编委《关于统一规范国家公园管理机构设置的指导意见》规定，"国家公园管理机构原则上实行'管理局—管理分局'两级管理，管理局、管理分局主要承担规划计划、政策制定、监督管理等职责，明确为行政机构"。目前，只有东北虎豹国家公园符合这一要求，管理局和管理分局均为行政机构。三江源国家公园管理局为行政机构，3个园区管委会与属地政府的资源环境管理部门交叉重叠，如对3个园区所涉4县进行改革，整合林业、国土、环保、水利、农牧等部门的生态保护管理职责，设立生态环境和自然资源管理局（副县级）、资源环境执法局（副县级），全面实现集中统一高效的保护管理和执法。整合林业站、草原工作站、水土保持站、湿地保护站等，设立生态保护站（正科级）。国家公园范围内的12个乡镇政府挂保护管理站牌子，增加国家公园相关管理职责。大熊猫国家公园是在四川、甘肃、陕西省林草（业）局分别挂牌大熊猫国家公园××省管理局，分局层面多数仅仅是开展了挂牌工作，人员、资金、管理等仍按照原先的制度运行。海南热带雨林国家公园管理局也是在海南省林业局挂牌，各分局仍为事业单位性质，专职从事国家公园工作人员数量不足，限制国家公园建设高效推进。

2. 管理事权划分不清

主要表现在纵向上中央与地方事权划分不清和横向上国家公园管理机构与地方政府、政府各部门之间事权划分不清晰。

（1）国家公园中央与地方、管理机构与地方政府之间事权划分不清晰

2017年出台的《建立国家公园体制总体方案》提出"合理划分中央和地方事权……中央政府直接行使全民所有自然资源资产所有权的，地方政府根据需要配合国家公园管理机构做好生态保护工作。省级政府代理行使全民所有自然资源资产所有权的，中央政府要履行应有事权，加大指导和支持力度。国家公园所在地方政府行使辖区（包括国家公园）经济社会发展综合协调、公共服务、社会管理、市场监管等职责"。其中，"地方政府根据需要""中央政府履行应有事权"中根据什么需要，什么是应有事权，都语焉不详，或者是刻意做了模糊化处理，难以对实践起到应有的指导作用。

国家公园管理机构在实践中面对的最多、最棘手的工作就是协调和处理与地方政府、社区居民的关系。事实上，在包括资源环境综合执法、国土空

间用途管制、生态保护修复、特许经营管理、社区发展、森林防火等在内的几乎所有领域，都存在大量的园地共同事权，绝对不能简单地划为某一方独立事权。对这些共同事权，只有进行分解细化，了解每一类事权的历史沿革、管理现状和问题，并根据事权划分原则对未来作出准确的预测，才能构建出清晰的、科学的、具有实践指导意义的事权框架，减少管理中的摩擦纠纷，提高协调水平。

（2）国家公园事权在政府各部门间划分不清晰

这在自然资源管理领域表现最为突出。根据自然资源部的"三定"方案，自然资源调查监测、确权登记、产权管理、空间规划、国土用途管制等多项二级事权以及几十个管理事项均属于自然资源部门的管理职责。但在国家公园范围内，国家公园的集中统一管理又要求上述事权由国家公园管理机构来行使，这就导致了实践中的诸多困境：上述事权是不是都应该划归国家公园主管部门来行使？如果不是的话哪些该由自然资源主管部门行使，哪些应该委托国家公园主管部门来行使？在由国家公园管理机构行使的事权中，哪些应该由国家公园主管部门行使，哪些由国家公园管理机构来行使？这些问题在现行的制度文件中都无法找到答案，导致自然资源主管部门和国家公园主管部门相互磨合的过程显得痛苦而漫长。

3. 协调合作机制不畅

事权划分并不能解决所有的分工合作问题，国家公园体制强调合理的事权划分，也强调有效的事权协调机制。由于事权划分和事权协调都涉及各参与方利益的重新调整，必要的行政权威是不可缺少的。对于国家公园事权协调机制而言，谁来充当这个行政权威、履行协调的主体责任，建立什么样的协调制度体系、组织体系和工作机制，协调的内容是什么，如何创新协调方式，这些有关事权协调的问题在相关文件中几乎都没有明确涉及。各个国家公园在实践中都处于独立探索的阶段，协调效果也参差不齐。

4. 国家公园事权划分法制化程度不高

这方面的问题主要表现在：国家层面立法空白，事权划分处于无法可依的状态；地方层面立法层次不高，事权划分严肃性和权威性不足；具体实施层面可操作性差，事权划分的可执行力打折。种种问题导致实践中的国家公园事权划分存在过多的"权宜"和"变通"，规范性不足，加剧了各利益相关方的博弈。

13.2　我国国家公园事权划分问题产生的原因

上述问题的存在，从原因上看首先是自然资源产权不清晰，另外还有原自然保护地事权划分不清的历史延续因素，以及机构改革带来的新的事权摩擦因素。

（1）我国自然资源产权不清晰。理论上，国家公园是一类具有重要生态功能价值和国家代表性的自然资源。自然资源产权不清晰在很大程度上也限制了国家公园事权的清晰划分。虽然我国法律规定主要自然资源属于国家所有，国务院代表国家行使占有、使用、收益和处分的权力，但缺乏相关配套规章制度。由于国务院无法直接行使全部的自然资源资产所有权权能，委托授权下级政府机关代理履行所有者职责成为必然。但我国现行法并未赋予地方政府明确的自然资源资产所有权主体地位，形成地方政府"有实无名"的权力现状。地方政府可以实际行使，甚至越权行使全民所有自然资源资产所有权的部分权能，同时规避本应承担的法律义务，加剧了资源浪费、资产流失、生态破坏等侵害全民利益的现实风险。

（2）自然保护事权划分实践晚，对其规律掌握不清。不同于公安、医疗、教育等传统政府事权，自然生态保护理念是近几十年才逐步受到重视的，事权划分的实践较晚，不成熟度较其他传统政府事权更高。

（3）国家林草局为2018年新组建机构，承接国家公园等各类自然保护地管理职责的时间不长，对国家公园事权进行系统的梳理并提出解决方案需要一个探索的过程。在国家公园体制试点之前，自然生态保护事权由多个政府部门行使，没有一个牵头部门，也缺乏一部专门法规对事权作出明确规定。事实上，自然生态保护事权划分的具体规定主要散见于国务院有关文件或部门规章中。这些文件出台的时间不一、背景不一，甚至带有很强的部门色彩，是中央和地方相互博弈妥协的结果，并非总是基于如何更好地实现保护目标而设计。国家林草局原以林业行业管理为主，在行使统一管理自然保护地职能后，综合管理职能大大加强了，对森林资源之外的其他自然资源管理规律有待进一步探索并研究提出事权解决方案。

（4）党和国家机构改革后，部门职能转换引起事权出现了新的变化，相关部门间的工作调整、协调配合等需要较长时间磨合。在森林防灭火领域，机构改革后，包括森林防灭火在内的灾害防治和应急救援主体责任被移交给新成立的应急管理部门，森林武警部队、森林公安系统也面临转制，原有的事权划分格局被打破，新的格局尚未建立起来，应急管理部门和国家林草主管部门如何在国家公园森林防火工作中实现科学的分工合作，并在此基础上合理划分财政事权和支出责任，需要一个较长的磨合期。类似的问题还发生在草原管理上。草原管理职能由农业农村部门划转至林草部门后，财政事权却没有作出相应调整，前者仍然在承担草原管理有关支出，与林草部门在财政事权和支出责任划分上有待进一步协商和调整。

（5）部门之间事权协调和沟通机制不通畅。按照"一项事权由一个部门牵头负责"的原则，国家林草局应该是自然保护事权划分的牵头单位。在此次机构改革中，虽然国家林草局被赋予主管全国自然保护地的更大的职能，但受机构级别、工作定位等限制，不论是在横向与财政部、国家发改委、自然资源部的协调中，还是在与省政府的协调中，国家林草局推动工作、履职尽责的难度都比较大。

国家公园事权划分是一个历史的、动态的调整过程。既要遵循事权划分原则，体现出效率和公平的要求，又要继承和发展原有体制事权划分的历史经验，还要充分考虑现实机构改革带来的新情况和新问题，使结论能够兼顾过去、现实和未来，具有前瞻性和实践上的可操作性，这并不是一件容易完成的工作。对于研究者而言，这个领域的研究不仅有学术性要求，更有实践性要求，需要进行大量的实地调研和专家咨询，在充分掌握信息的基础上运用多种研究方法才能得出相对科学的结论。

13.3 主要国际经验与启示

13.3.1 主要国际经验

目前国际上的国家公园事权划分主要分为中央垂直管理、地方自治管理、中央与地方混合管理三种类型。中央垂直管理模式的代表是美国。立足于《美国国家公园管理局组织法》，美国确立了具有中央集权特质的国家公园管理体制。这一自上而下的垂直管理结构共分为四个层次，包括对国家公园各项事务进行统筹的内政部，实施统一集中管理的国家公园管理局，负责各区域国家公园资源分配的地区分局以及作为基层组织部门负责具体管理事务的公园管理局。基于上述四个层级的管理架构，每一层级由上级机构直接管理，这意味着国家公园在管理的过程中不会受到属地政府的干预，这一模式一方面提升了基层公园管理局的工作效率，另一方面也有效地规避了多重领导与多头管理的局面。

地方自治管理模式的代表是德国。德国虽与美国同属联邦制国家，但就国家公园的管理体制而言却选择了完全有别于美国的管理模式。美国所采取的中央垂直管理模式将国家公园的管理权力集中于中央，而德国则将国家公园的管理权下放至地方。在地方自治管理模式中，国家公园所在地区的州政府拥有国家公园最高管理权力，对国家公园建设管理进行决策，基于本地区的实际情况制定适用于国家公园的法律法规，并设置国家公园主管部门与相应的管理机构。在此基础上，为实现各地区之间的统一协调管理，各州通过设立国家公园顾问委员会以处理国家公园不同区域管理部门之间的关系，协调国家公园各利益相关者的利益。此外，通过设立国家公园地方政府委员会实现地方政府与国家公园之间的衔接，使地方政府发展与国家公园建设实现协调统一。

采用中央与地方混合管理模式进行国家公园管理的国家典型的有法国、日本与英国。法国国家公园在早期阶段借鉴了美国国家公园的中央集权式管理模式，但在具体实行过程中忽视了人地关系（涉及土地权属、人口密度和生产方式等）的国情差异，损害了国家公园所在地基层地方政府与原有居民等利益相关方的利益，由此导致冲突多发。在此之后，随着 2006 年的国家公园体制改革建立了多元化的公园管理主体与分区治理模式，基层地方政府得以参与到国家公园管理中并从中获益，自此，法国国家公园管理步入了良性发展阶段。日本所采用的国家公园管理模式根据国家公园分类而存在差异：最高层级的国立公园由中央政府直属的环境省进行管理，属于中央直管模式；处于第二层级的国定公园与处于第三层级的都道府县立自然公园均由地方政府进行管理。此外，日本国家公园管理并不局限于政府层面，而是广泛吸纳社会团体的参与，非营利机构、社会组织以及财团都积极参与日本国家公园的管理运营。

13.3.2　国际经验启示

1. 土地权属是构建管理体制、进行事权划分的基础

不同国家的国家公园管理体制的差异从本质上来看源自各国国家公园土地权属的差异。 美国国家公园的土地权属归联邦政府所有，对于少部分国家公园所在区域归属私人所有的土地，美国联邦政府通过收购或置换的方式取得联邦政府对土地的所有权。以此为前提，美国所采取的国家公园中央垂直管理模式作为由联邦主导的国家公园管理体制，依托所拥有的土地所有权，有利于实现国家公园管理事权的集中统一。德国国家公园的土地权属归州政府所有，而联邦政府所拥有的国家公园土地权属极其有限，在这种背景下国家公园采用地方直管的形式，联邦政府将国家公园管理事权下放至州政府，采取契合管理属地原则、保障地方政府利益的管理体制。对于日本国家公园而言，受制于国土面积的限制，大部分国家公园与居民社区之间存在空间层面的重合，国家公园中存在私人所有的土地，国家公园土地权属相对较为复杂，形成了多种所有权并存的局面。国家公园管理虽属中央事权，但在地方分权的发展趋势下，中央政府管理与地方自治管理之间不断博弈，最终形成了中央与地方混合管理的国家公园管理体

制，而这一协同治理型管理模式也契合了日本国家公园多样化的土地权属特征。由此可见，土地权属的差异决定了国家公园管理事务经济属性的区别，致使在国家公园管理过程中基于土地权属采取与之相适应的国家公园管理体制。

2. 国家层面立法确立国家公园管理权限范围

不同国家虽然所采取的国家公园管理体制有所差异，但均已具备完善健全的国家公园法律体系与制度体系。美国国家公园基本法作为国家层级的法律，规定了美国国家公园管理局的基本管理职责。在此基础上，依据"一园一法"原则所设立的授权法，美国国家公园法律体系逐步走向成熟。除此以外，具备法律效力的部门规章也是美国国家公园法律体系的有益补充。德国国家公园法律体系在基本法层面采用联邦政府与州政府同享的竞合立法权，各州基于实际情况在基本法的基础上制定"一区一法"，实现各区域国家公园的有效管理。日本国家公园法律体系以《国立公园法》（后修订为《自然公园法》）为基础，结合《自然公园法施行规则》与《自然再生推进法》等配套法律法规构成多维度的法律体系。由此可见，国家公园法律体系是保障国家公园有效规范管理的基础，而法律体系在建立过程中也与国家公园管理权限范围相呼应。

3. 事权履行保障资金机制健全

不同管理体制下的国家公园资金保障机制与国家公园管理事权相匹配，与管理体制高度契合。美国国家公园资金机制以联邦财政投入为主，辅以多元化的资金来源。联邦政府作为美国国家公园的管理事权的主导方，政府财政投入是国家公园的主要资金来源；在此基础上，社会捐赠、特许经营收入等多元化资金也是国家公园资金机制的重要组成部分。对于采取地方自治管理体制的德国国家公园而言，联邦政府并不投入资金，主要资金来源依托于州政府的财政拨款。州政府所承担的国家公园管理事权与国家公园资金来源体现了对应一致性。日本国家公园资金机制同样体现了中央与地方混合管理的管理体制特征，来自中央政府与地方政府的政府财政拨款是国家公园的主要资金来源，与此同时依托基金会所募集的社会资金与民间团体的资助也成

为日本国家公园资金机制的有机组成要素。由此可见，国家公园的资金机制
与国家公园的管理体制具有高度的统一性，国家公园管理事权的主导方同时
也是国家公园资金的主要来源，事权履行保障资金机制健全，充分体现了国
家公园管理中权责统一的原则。

第14章
国家公园给地方带来了什么

国家公园给地方带来了什么，这是当前国家公园体制改革能否深入、第二批国家公园能否顺利设立乃至国家公园到底能否为各地广泛接受的关键问题，又可细分为三个小问题：国家公园对区域发展是利是弊？国家公园内地方政府能干什么？国家公园周边（包括天窗社区）地方政府能干什么？

14.1   国家公园对区域发展是利是弊

国家公园是国土空间用途管理的新形式，在这种新形式下，国家公园因其三方面特点会对一个区域的发展产生全面的影响：区域面积大、管理体制全、中央管得多。大多数国家公园设在一个或几个省份生态价值最高的区域且面积远远超过相应生态系统的自然保护区（最大的三江源接近20万平方公里，最小的钱江源也远远超过原来设置的自然保护区），这样的区域为了"实现最严格的保护"，按照《总体方案》的要求对"权、钱"相关制度进行了根本性的改变，相当于设立了一个生态文明体制特区，既往的区域发展方式（产业结构、居民安排等）和管理方式（涉及国土空间主体功能定位、国土空间用途管制方式以及资源环境综合执法等）都必须发生符合生态文明要求的整体转变，管理机构的权限相对自然保护区等而言有了全面的扩充。而且，中央会更全面地介入管理，与既往主要是地方政府尤其是基层地方政府就能做主设置机构、安排干部、考核绩效等不同。这样，承担这种功能的区域，不能沿用过去自然保护区的单一要素管理形式，只能采用基于空间的综合管理方式，既有产权管理也有行政管理，既管生态保护也管绿色发展，管理机构的设置须与这种现实需求相适应。

毋庸讳言，国家公园对地方发展会带来负正两方面影响，负在正前。负的是多数地方政府和社区都能直接看到和感受到的，概括起来就是国土空间用途管制立刻严格了许多①；正的是国家公园的特色产品可能因为国家公园的影响而增值（"转型挣钱"）以及获得更多的转移支付（"升级要钱"）。在中央生态环保督察的压力下，多数地方政府目前更多关注负面影响，且伴随负面影响的，还有不少管理上的隐忧，包括"天窗"应该怎么管、地方政府与国家公园管理机构的事权细分及责权利的匹配等。这些问题不解决好，不仅试点期间在政治压力下地方政府对国家公园的支持会弱化，原有居民对国家公园的反对还会增多，抠出的"天窗"更是可能成为完整生态系统的病灶。

很多地方会觉得设置国家公园对地方发展来说弊大于利，因为在比原来大得多的范围里实行最严格的保护，且地方政府的管理自主权少了。以往，我国保护地的通病是产权主体虚置、产权管理不到位、资产化管理与资源化管理边界模糊。虽然我国法律规定主要自然资源属于国家所有，国务院代表国家行使占有、使用、收益和处分的权利，但缺乏相关配套规章制度，形成地方政府"有实无名"的权力现状。地方政府可以实际行使甚至越权行使全民所有自然资源资产所有权的部分权能，同时规避本应承担的法律责任。国家公园体制改革明确了其范围内自然资源资产管理体制，即《总体方案》中明确的管理机构的资格："国家公园可作为独立自然资源登记单元，依法对区域内水流、森林、山岭、草原、荒地、滩涂等所有自然生态空间统一进行确权登记。"这样，国家公园管理机构能在资源上"做主"，才可能在管理上"当家"：对中央直接行使所有权的国家公园，其管理机构当仁不让就是全部资源的主人；对部分资源由省级政府代理行使的国家公园，其管理机构实际也上收了过去常常为县级地方政府行使的所有权且与六大项权力结合

---

① 这已经体现在武夷山的茶产业、南岭的旅游产业、黄河和辽河口的石油开采业上。如武夷山国家公园内的 8000 多亩违规茶园全被铲除（国家公园内总共只有约 5 万亩茶园，国家公园建设以来基本没有违规茶园），国家公园外尽管也有铲除违规茶园的举措，但力度明显小于国家公园内（武夷山全市号称有 14.8 万亩茶园，实际超过 20 万亩，即全市至少 1/4 的茶园是违规的）。

后同样能实现对集体所有制资源的有效监管。也即，管理机构有权且有资格来统筹，统筹好以后不同层级政府间、管理机构与地方政府间的权责关系就易于分清，地方政府相关职能部门只能对国家公园实施自然资源监管而非过去先到先得、占山为王式的交叉管理。从地方政府角度看来，这就是实实在在的"交权"。

地方政府对国家公园的偏见或误解大多源自中央生态环境保护督察等自上而下的审计、督察、纪检等监督行为。中央生态环境保护督察开展以来，诸多领导干部被问责，形成强大的震慑力，国家公园实行"最严格的保护"深入人心（尤其是对于政府部门相关管理人员），环境保护方面的"党政同责、一岗双责、失职追责"真正落地。厘清地方政府领导对国家公园的偏见，需要从加强"一个认识"和"两方面匡误"着手。"一个认识"即：**国家公园范围全部进入了生态保护红线，本来就不能作为大规模建设用地开发利用，划成国家公园基本不会带来额外的国土空间利用约束。**这样的区域对地方政府而言基本上不能再设置为产业用地反而要承担诸多保护责任，现在中央政府相关部门介入后帮地方政府承担部分责任：中央政府的相关部委对国家公园管得多但责权利相称，即在权力多的同时担责也多、带来的资金和编制多，且理顺相关管理体制后更易让地方政府从防灾、社区扶贫、综合执法等事务中超脱出来，实际上减轻了地方政府负担。"两方面匡误"指：①《国家公园法》不同于《自然保护区条例》，最严格的保护并非建禁区，而是最严格地按照科学来保护，即便是核心保护区也有九项允许的人类活动，还有弹性管理等方式；②国家公园体制也是最好的生态产品价值实现机制，不仅有比原来力度大得多的生态保护资金，也有更好的将"绿水青山"转化为"金山银山"的特许经营机制和国家公园特色小镇等新的发展业态。国家公园整合了地方的优质生态资源并形成了地方著名品牌，这有利于各地优化形象、吸引游客和投资商，如再形成国家公园产品品牌增值体系的话，会给地方的发展带来明显的绿色赋能。

那么，地方政府在处理国家公园带来的利弊时有什么统筹解决办法？一言以蔽之，地方政府力量大、手段多，需要的只是发展思路和发展方式的创新，至少可以从两方面兴利除弊：①空间上的兴利除弊、扬长补短；②措施上的以资金和政策扶持为基础的绿色发展。前者可以根据产业链前后环节对资源环境和产业要素的需求不同而在国家公园内外合理布置产业链的不同环节来实现，后者本质上就是将"升级要钱"和"转型挣钱"结合起来，使地方政府开展国家公园工作在获得足够转移支付的情况下也能算经济账。可以从国家公园内和国家公园周边地方政府能干什么来细化这种兴利除弊办法。

14.2　国家公园内地方政府能干什么

按中编委6号文，国家公园内的事权划分是清晰的：国家公园管理机构承担六项职能，地方政府承担经济调节、市场监管、大多数公共服务和部分社会管理职责。这样，国家公园内的经济发展和民生改善的大部分责权利仍然在地方政府。

但毕竟国家公园"实行最严格的保护"，且多数国家公园的全民所有自然资源资产产权和前置性的国土空间用途管制权转移到了国家公园管理机构，地方政府不能像过去那样根据自身对绿色发展的理解去招商引资。因此，在国家公园内，即便是经济发展事务，也应该是国家公园管理机构和地方政府按照国家公园总体规划共同制定出产业规划，双方按产业规划共同推动，主要路径是生态产业化和产业生态化，既往的产业项目不符合产业规划的必须关停并转或优化调整。[①]

国家公园区域推进生态产业化，协调保护与发展统筹机制的落地，还需要坚持全域、内外、主体三个统筹。全域统筹，即统筹国家公园范围内的不同功能分区。《总体方案》明确，国家公园要"按照自然资源特征和管理目标，合理划定功能分区，实行差别化保护管理"。不同功能分区的差别化保护管理体现在生态产业化过程中国家公园产品品牌增值体系的认证要求中。

---

① 参见本书第三篇第二部分海南热带雨林国家公园内的红峡谷景区的业态优化设计。

内外统筹，即统筹国家公园范围内及其周边区域。囿于我国行政区常依靠分水岭等自然界限划分的传统、保护对象尤其是动物完整的活动范围较难确定或者过大等限制条件，国家公园范围的划定往往还无法包含完整的生态系统。要有效保护国家公园内的自然生态系统，统筹保护与发展，还需要统筹国家公园范围内及其周边区域：以国家公园范围内的社区及其周边的特色小镇作为国家公园产品品牌增值体系的空间基础。主体统筹，即统筹国家公园管理机构、地方政府、原有居民社区、社会组织等不同主体。国家公园产品品牌增值体系的建立，需要调动各方力量的积极性、主动性、创造性，推动各方同心同向行动。国家公园产品品牌增值体系，涉及品牌准入、市场监管等多个环节，需要在国家公园管理机构主导的基础上，建立多方共治的治理结构，如借鉴法国国家公园的做法，建立管理机构、地方政府、社区、行业协会、公益组织等各利益相关方参与的董事会或理事会制度，形成有话语权和获利渠道的利益共同体，各尽所长，共抓大保护，共同将保护好的"绿水青山"可持续地转化为"金山银山"。

14.3 国家公园周边（包括天窗社区）
地方政府能干什么

国家公园周边区域主要包括国家公园边界范围内因管理需要而抠出的"天窗"和国家公园入口社区、接邻社区等。"天窗"这个俗称其实指国家公园的接邻社区建成区、厂矿及基本农田等，在规划图上被抠到国家公园以外且大多在生态保护红线以外。除天窗社区外，国家公园周边区域需要加强与国家公园的协同管理，主要原因在于生态过程并不会因为国家公园的边界而戛然而止，而是会跨越边界，所以国家公园内部难免会受到周边区域的影响。国家公园受周边区域影响的类型包括：人为环境灾害；气候变化；自然灾害，如洪水、地震、火灾等；外部环境污染物和外来物种入侵；等等。[1]

---

[1] 庄优波：《美国国家公园界外管理研究及借鉴》，中国风景园林学会编《中国风景园林学会2009年会论文集：融合与生长》，中国建筑工业出版社，2009，第206~210页。

国家公园连同周边区域，就像坐在了一艘由国家公园管理局驾驶的船上，乘客是地方政府和周边社区，这时，驾驶员和乘客是利益共同体（目标相同、荣辱与共），更是生命共同体（风雨同舟、生死与共）。《建立国家公园体制总体方案》中也专门提出了"引导当地政府在国家公园周边合理规划建设入口社区和特色小镇"。

"天窗"在自然保护地整合优化中曾经是调处矛盾的重要手段，但在国家公园保护中却可能成为生态保护及绿色发展的漏洞。目前的文件（如《关于在国土空间规划中统筹划定落实三条控制线的指导意见》）中的一些要求也罔顾了基本农田必然存在有时对保护而言甚至不可或缺的生态功能。"天窗"被抠出去以后，接受中央生态环保督察和国家土地督察等是没问题了，地方政府建设项目也没大问题了，但大多数作为主要保护对象的动物却不可能将这些区域视为禁区，其生态过程仍然会利用（有时甚至是依赖利用，如候鸟冬季在基本农田中觅食）"天窗"，但"天窗"却连生态保护红线的保护要求也达不到，这就可能导致生态系统破碎化和保护对象高危化——"天窗"成漏洞。如果囿于原来的分区管理、各区截然分开思路，则"天窗"是明智的、可行的解决办法。但从满足保护需要以及统筹保护与发展的关系而言，"天窗"却有天然的缺陷：从自然科学角度而言，没有天然地理屏障（如大河、陡崖）分隔的相邻区域不可能从生态系统中剥离，而作为主要保护对象的多数动物对人类活动却有一定的适应性（即便是对人类活动敏感的大熊猫，也在原茶马古道范围内养成了滚马粪取暖的习惯。许多候鸟更是高度依赖人类作为生产基地的农田、基围甚至生产用水库），只要科研基础扎实、管理机构有力，完全可以兼顾生产、生活、生态需要，用适应性管理的措施将"天窗"管起来。

在绿色发展转型过程中，国家公园与周边区域统筹后，可以将产业链的不同环节布置在国家公园内及其周边区域，让对国土空间用途管制敏感和对风土敏感的不同环节各得其所，这样就可以变负面影响为正面影响。目前环武夷山国家公园保护发展带就是这一思路的体现。武夷山正式设立国家公园后，福建南平市和江西铅山县相继开展环武夷山国家公园保护发展带建设，以国家公园为重点保护区，将未纳入国家公园的生态保护红线区域纳入保护协调区，在保护协调区外设立发展融合区（涵盖了所有的"天窗"），统筹协调外围地区适度发展绿色产业，保障国家公园内群众的生产生活需求。这样，可以实现国家公园内保护好的"绿水青山"与环带的有利产业发展条件的结合，把更需要资源环境优势的产业链前段（如茶叶种植）布局在国家公园内，把产业发展条件（即建设用地、交通条件、配套设施以及人流等，也包括人力资源、可利用资金等现代化生产要素）更好但生态限制较少的后段（如茶叶加工销售以及相关文化旅游）布局在环带内，共用遵循国家公园品牌体系的标准与接受同等生态和生产监管（但不同区采用不同的标准）。产业链前段的严格保护，保证了以茶为代表的绿色产品独特的"风土"和生产中的限制点（主要因保护而产生）；产业链后段的国家公园品牌体系的推广和销售，使"风土"、生产中的限制点能够转化为产品增值的卖点。不仅茶产业如此，旅游等产业也可以用同样的方式串联国家公园内外资源并扬长避短地发展产业。武夷山国家公园的环带在国家公园内外合理布局产业和产业链的前后环节，把资源环境的优势（绿水青山）转化为产品品质的优势，并通过国家公园品牌体系形成价格和销量优势（金山银山）。而国家公园环带发展方式，不仅填补了在保护上的"天窗"漏洞，还形成了较大范围的绿色发展空间和产业布局。

在国家公园与周边区域的统筹协调方面，法国国家公园的经验可资借鉴。法国国家公园在"生态共同体"（ecologibal solidarity）理念指导下，通过《国家公园宪章》与周边市镇建立合作伙伴关系，签署宪章的市镇即成为加盟区，纳入国家公园一体化管理，形成核心区与加盟区协同发展的生态共同体，这使国家公园与周边社区从防御转为合作，对区域协同发展起到了积极作用。加盟区的引入成为其空间统一管理的亮点：这一模式在保障核心资源得到充分保护的前提下，充分尊重民众意愿、吸纳社区加盟，以达成完整性、原真性保护目标。加盟区的设置并非以实现某种特定管理目标为目的，也不因资源的差异而区别对待，而是为了尽可能地以民主协商的方式扩大同一生态系统下国家公园的空间范围，最大限度地实现生态系统的完整保护并有利于实现当地原住居民文化的原真性保护。法国国家公园建立以国家公园产品品牌增值体系为核心的绿色发展和特许经营机制，推动国家公园与加盟区共享国家公园品牌价值，形成利益共同体。法国借助国家公园产品品牌这一工具，成功定位了管理方和社区的利益共同点，从而以规范化、精细化且能增值的特许经营，实现了最大范围吸纳地方企业和个体自愿加盟、最大程度实现保护发展共赢的目标。与其他国家相比，法国国家公园特许经营机制的亮点有二，一是精细化的行业划分和行为清单，二是国家公园产品品牌增值体系，前者为后者服务。国家公园联盟针对不同的行业分别出台了相应的"准入规则"，详细列出了管理的具体标准（包括对申请人自身条件的要求和生产全过程的行为要求）。法国国家公园独特的特许经营机制是国家公园和周边社区共赢的一种绿色发展模式。一方面，通过在行业"准入规则"中充分融入保护地友好的要求，使国家公园的保护和环境教育目标在经营中得到了贯彻；另一方面，通过国家公园产品品牌增值体系这一平台，品牌使用者可以通过国家公园品牌得到更好的发展。这种共赢的关系为国家公园及社区的健康持续发展提供了保障。

第15章
中央的钱怎么用

以财政为主体的多元化资金机制是国家公园实现统一、规范、高效管理的保障，也是国家公园"全民公益性"的基础。只有建立起体现中央事权和支出责任的中央财政资金保障机制，才能有效约束地方政府过度的经济开发，形成各利益相关者责权利相当、激励相容的体制机制。

15.1 国家公园资金机制建设的历程与现状

建立以财政为主体的资金保障机制是全民公益性的根本保障，"后试点"阶段国家公园的财政资金保障机制逐渐健全，尤其是中央财政资金保障能力明显增强。相关财政资金使用管理也在以下两个文件的指导下更趋规范化：2022 年财政部、国家林草局发布的《关于推进国家公园建设若干财政政策的意见》（以下简称《国家公园财政意见》）、2024 年财政部和国家林草局发布的《国家公园绩效资金管理办法》。

15.1.1 初步建立起以中央财政资金为主体的资金保障机制

以 2022 年《国家公园财政意见》为节点，国家公园的中央财政资金保障情况可以分为两个阶段。

第一阶段：多渠道零散投入阶段

2013～2015 年，相关部委（如环境保护部、国家林业局等）大多各自出台文件自行开展国家公园体制试点工作，此时的试点并不涉及资金机制改革（只有一些其他渠道的支持开始往国家公园领域倾斜[①]），中央财

---

① 例如，2014 年 3 月，环境保护部批准浙江开化、仙居县开展国家公园试点工作。为了支持仙居国家公园的相关工作，环境保护部对外合作与交流中心积极协调外国（转下页注）

政也没有给予专门支持。随着 2015 年国家发改委牵头开展国家公园体制试点工作，财政资金机制的保障渠道才逐步建立，到试点结束前有两个主渠道。①国家发改委社会发展司实际负责的文化旅游提升工程专项资金，从 2016 年开始切块专门保障 10 个国家公园体制试点区相关建设，①并在两个文件②中明确说明这个资金渠道与国家公园的关系。②2018 年大部制改革后，国家林草局作为业务主管部门也通过安排中央财政林业改革发展资金，支持试点区开展天然林资源保护、森林生态效益补偿、造林补贴、森林抚育、林下经济等项目，累计投资 30 多亿元。中央财政资金的投入，对国家公园体制试点有推动作用，但没有解决主要问题：必须意识到在国家公园建设初期，矛盾调处（集体土地赎买租赁、企业退出、生态移民等）需要大量资金，这些资金"大头"基本是由省市级政府承担的。比如钱江源国家公园体制试点期间，获得各级各类财政资金共计 5.42 亿元，其中浙江省财政资金 3.97 亿元（浙江省给予每年 1.1 亿元专项资金），占总资金的 73.25%；中央资金 1.45 亿元，占总资金的 26.75%；南山国家公园体制试点期间，中央、省、市、县财政专项安排试点资金 6 亿元（其中中央 1.26 亿元、省级 4.61 亿元、市级 0.1 亿元、县级 0.03 亿元）。另外，湖南省财政承担了省级发证的 4 座矿山的采矿权退出补偿金 1660 万元，邵阳市财政

（接上页注①）政府贷款支持并推荐了仙居国家公园。2016 年，国家发改委、财政部正式下达了 2016 年外国政府贷款项目备选规划，仙居获得法国开发署 7500 万欧元的低利率（不到 1%）、20 年的长期贷款（以生物多样性保护示范利用工程名义）。尽管仙居国家公园后来未成为国家公园体制试点单位（各试点省一省选择一个，浙江省选择了开化作为钱江源国家公园体制试点单位），但仙居所做的相关工作〔如 2015 年在全国率先实施县级生物多样性保护行动计划《仙居县生物多样性保护行动计划（2015~2030 年）》〕和获得的法国开发署优质贷款起到了以国家公园推动生物多样性保护和生态文明建设工作的作用。

① 例如，2016~2019 年，这个工程共给东北虎豹国家公园安排科研监测、巡护道路、巡护装备等项目 32 个，总投资 6.68 亿元（其中中央资金 5.71 亿元）。

② 即《关于印发〈"十三五"时期文化旅游提升工程实施方案〉的通知》（发改社会〔2017〕0245 号）和《关于修订印发〈文化旅游提升工程实施方案中央预算内投资管理办法〉的通知》（发改社会〔2019〕124 号）。后者更是在开篇专门提到了国家公园工作〔"为贯彻落实党中央、国务院关于打赢脱贫攻坚战的重大决策部署以及国家公园体制试点等相关工作安排，我们对《文化旅游提升工程实施方案中央预算内投资管理办法》（以下简称《管理办法》）进行了修订"〕。

承担了十里平坦退出补偿金 5000 万元以及市级发证矿山矿权退出补偿金。

第二阶段：中央专项资金保障阶段

国家公园正式设立后，中央资金支持力度明显加大。2022 年《国家公园财政意见》正式印发，国家公园财政制度体系建设步入正轨。《国家公园财政意见》大体划分了中央和地方的事权支出责任，要求"中央预算内投资对国家公园内符合条件的公益性和公共基础设施建设予以支持"，并明确了财政支持国家公园建设的五个重点方向：①生态系统保护修复；②国家公园创建和运行；③国家公园协调发展；④保护科研和科普宣教；⑤国际合作和社会参与。2024 年《国家公园绩效资金管理办法》印发，其中进一步明确"中央财政通过林业草原生态恢复资金安排用于已设立的国家公园和创建中的国家公园候选区"。2023 年中央财政共拨付约 30 亿元，这个经费体量将近试点期间中央财政资金投入总额的 3/4①。在这个阶段，中央投入资金显著提升，体现了中央政府在国家公园建设中的事权和支出责任，也是国家公园实现"生态保护第一""全面公益性"的有力支撑。而且，这种投入的制度化程度近期也得到了显著提高。财政部和国家林草局于 2024 年 5 月联合发布了《关于印发〈林业草原生态保护恢复资金管理办法〉的通知》（财资环〔2024〕39 号），其中第一条就表明了中央层面的国家公园资金在林草系统资金渠道中的地位："为加强和规范林业草原生态保护恢复资金使用管理，提高资金使用效益，促进林业草原生态保护恢复，根据《中华人民共和国预算法》及其实施条例等法律法规、《国务院办公厅转发财政部、国家林草局（国家公园局）关于推进国家公园建设若干财政政策意见的通知》（国办函〔2022〕93 号）等文件，以及有关财政管理制度规定，制定本办法。"第二条规定："本办法所称林业草原生态保护恢复资金，是指中央预算安排的用于国家公园、其他自然保护地和野生动植物保护、森林生态保护修复补偿、生态护林员等方面的共同财政事权转移支付资金。"第七条

---

① 2016~2021 年国家发改委文化旅游提升工程与国家林草局林业改革发展资金两条渠道共投入资金不到 40 亿元，年均不到 7 亿元。

第一项规定："国家公园支出用于国家公园生态系统保护修复、创建和运行管理、协调发展、保护科研和科普宣教、国际合作和社会参与。"这些规定都显著强化了中央专项资金在国家公园事业中的主体地位，辅以在国家公园远不到十个的情况下每年数以十亿元计的中央专项资金规模，至少从经费投入上已经初步体现了国家公园真正是国家的公园。

15.1.2　国家公园财政资金保障的总体情况

自 2021 年第一批国家公园设立以来，国家林草局和各个国家公园管理机构积极改革和探索，初步形成了以财政投入为主的多元化资金保障机制的基本框架。

1. 国家公园财政资金保障基本框架

国家公园包括中央直管和中央委托省管两种模式[①]。与中央直管模式相适应，文件中的中央直管国家公园的财政保障机制具有以下特点：①预算管理级次为中央预算，独立编制单位预算，为国家林草局二级预算单位。②统一收入，将全部收入纳入中央预算。将国家公园范围内由各部门、各企事业单位分散收取的收入集中由国家公园管理机构收取，作为政府非税收入，全额上缴中央国库。包括门票和特许经营收入、国有自然资源资产有偿使用收入、捐赠和生态环境损害赔偿收入等。③统一支出。国家公园管理机构的基本支出和项目支出都列入中央预算支出，原由各部门、各单位分别行使的保护、游憩、科研、宣教等职能划归国家公园管理机构统一行使，并由后者统一安排支出。特别是涉及小水电、工矿企业关停、生态移民等均转为中央预算内支出项目。④转移支付体制。中央通过一般性转移支付弥补国家公园所在省及县由限制和禁止开发所导致的地方收入减少[②]，以及由"最严格的保护"导致的地方就业和经济转型所消耗的地方财力，促进区域间基本公共服务均等化。中央与地方共同财政事权中由中央财政事权委托各省行使的，

---

① 央省共管模式为中央委托省管模式的变形，在财政文件中只有此两种模式。
② 通过对重点生态功能区的转移支付，具体参见本书附件 1。

通过专项转移支付加以安排。①

与中央委托省管模式相适应，中央委托省管的国家公园财政保障机制具有以下特点：①预算管理级次为省级预算，独立编制部门预算，直接由财政厅资环处管理，作为与省林草局并行的一级预算单位。②统一收入，将全部收入纳入省级预算，包括由其他部门和企事业单位分散收取的门票、特许经营收入、国有自然资源资产有偿使用收入、捐赠收入等。③统一支出，国家公园管理机构的基本支出和项目支出都纳入省级部门预算管理。④转移支付体制。中央与地方共同财政事权中的中央财政事权委托各省行使，通过专项转移支付加以安排。建立省以下国家公园转移支付制度，省级财政事权委托各县市行使或者省和县市共同财政事权中的省级财政事权委托各县市行使的应通过专项转移支付加以安排。

划分国家公园中央和地方财政事权和支出责任。《国家公园财政意见》对国家公园管理机构运行、基本建设等中央和地方财政事权和支出责任进行了明确的划分（见表15-1）。各省级财政、林草部门也积极探索国家公园省以下财政事权划分。例如，2023年2月、3月和4月，黑龙江、福建、云南三省分别印发了《关于推进国家公园建设若干财政政策的实施意见》（黑政办函〔2023〕19号、闽财资环〔2023〕7号、云政办函〔2023〕16号），明确了国家公园省级、县市级财政事权以及共同财政事权的内容。

表15-1　中央直管、委托省代管国家公园的央地事权及支出责任划分

	中央直管国家公园	中央委托省代管国家公园
中央事权	国家公园管理机构运行和基本建设	
地方事权	国家公园内的经济发展、社会管理、公共服务、防灾减灾、市场监管等事项	国家公园管理机构运行 国家公园内的经济发展、社会管理、公共服务、防灾减灾、市场监管等事项
共同事权	国家公园生态保护修复	国家公园基本建设

资料来源：根据《国家公园财政意见》整理。

---

① 这是根据各中央文件以及东北虎豹国家公园的相关制度总结的，在实践中不一定都已做到。

2. 提高国家公园的财政资金保障能力[①]

加强预算内投资和专项转移支付，加大财政资金投入和统筹力度。从资金来源上看，试点以来，中央财政和省级财政不断加大对国家公园的资金投入，总体上财政投入占比已经普遍高于 90%。从资金来源结构看，中央层面支出口径主要是国家发改委的预算内基本建设项目和中央财政林业草原保护恢复资金支持国家公园保护、补偿等项目，地方财政主要为满足国家公园日常运行的基本支出以及中央投入的配套资金需求。"十三五"时期，国家发改委通过文化旅游提升工程投入基本建设资金约 40 亿元，支持 9 个国家公园体制试点单位建设，投资建设生态系统和遗产资源保护设施、科普教育和游览服务设施等。"十四五"期间，中央财政对国家公园的投入仍延续国家发改委和国家林草局两个口径，且投入经费显著增加。一是通过国家发改委文化保护传承利用工程[②]，支持国家公园生态保护监测能力建设，完善宣教、救援、游憩等公共服务设施建设。例如在三江源国家公园（含唐北区域），2021~2023 年共安排了中央预算内文化保护传承利用工程项目资金 2.86 亿元。二是通过林业草原生态保护恢复资金和林业草原改革发展资金两个转移支付项目，加大对国家公园的转移支付力度。2021~2023 年，全国林业草原生态保护恢复资金总量由 15 亿元增长到约 30 亿元，2022 年在修订资金管理办法时，还大幅增加了纳入中央项目储备库的年度支出需求在因素分配法中的权重。

上述财政资金投入强化了国家公园保护性基础设施建设，有利于协调改革过程中各利益相关方的利益结构，[③] 使国家公园体制改革能持续推进，但资金使用规定的不合理之处仍然颇多，导致具体推动国家公园体制改革的县级政府以及相关社区仍然不能普遍感受到国家公园带来的经济利益上的好处

---

① 本部分所有数据均为实地调研中获取。

② 这个项目最新的情况参见国家发改委等七部委发布的《文化保护传承利用工程实施方案》（发改社会〔2024〕374 号）。

③ 具体参见《国家公园蓝皮书（2021~2022）》附件 2（《从冲突到共生——生态文明建设中国家公园的制度逻辑》，此文也发表于《管理世界》2022 年第 11 期）的详细分析。

或至少是对损失的足够弥补。①

提高一般性转移支付和均衡性转移支付。中央财政通过加大重点生态功能区转移支付力度和均衡性转移支付力度，增强国家公园所在地区基本公共服务保障能力，这包括加大对国家公园内生态公益林补偿和商品林停伐补偿力度，筹集资金将国家公园内的集体所有土地及其附属资源通过租赁、转换、赎买的方式纳入管理。例如在生态大省四川，2022 年中央财政下达重点生态功能区转移支付 60.15 亿元、均衡性转移支付 1439.11 亿元，同比增长分别达到 7.3% 和 13.9%。但因为是一般性转移支付，这个渠道的资金不一定能保证用于国家公园范围。

3. 国家公园财政体制改革进展不一

财政体制受制于行政体制，截至 2024 年 9 月，就 5 个已设立的国家公园而言，由于大熊猫、东北虎豹、海南热带雨林国家公园的二级机构并未真正改制，财政体制改革进展差异明显。东北虎豹、武夷山、海南热带雨林国家公园的"三定"规定中明确了相应的财政体制，但只有武夷山基本执行了这个财政体制。这样的现状，表明目前的国家公园体制与中央编委《关于统一规范国家公园管理机构设置的指导意见》提出的要求还有不少距离，与行政体制相关联的国家公园财政体制也尚未理顺。

15.1.3　各国家公园财政资金投入和使用基本情况

国家公园设立后，国家公园的资金使用重点理论上应该由矛盾调处、勘界立标及资源调查等基础建设支出，转向以生态补偿、日常监测和生态管护为主的运营支出（实际还有许多历史遗留问题没有解决，尤其是矛盾调处）。总体上看，中央财政资金投入逐渐增加，地方政府积极履行生态保护主体责任，基本保证了国家公园各项建设管理资金需求。

1. 三江源国家公园

三江源国家公园是我国面积最大也是最早设立的国家公园体制试点区，

---

① 本书中列举的调研案例多有提及，如武夷山国家公园内的星村村党支部书记在 2023 年仍然担忧国家公园尚未给百姓带来"实惠"。

正式设立后的区划面积为 19.07 万平方公里。由于其"中华水塔"的重要生态战略地位，中央政府在国家公园设立前后对其财政支持力度也最大。据2024 年 1 月全国林草工作会议的相关数据，三江源国家公园体制试点以来共获得财政资金近 70 亿元。在国家发改委安排的预算内基本建设投资中，2021 年安排三江源生态保护建设二期工程基建投资 1.33 亿元、重大区域发展战略建设（黄河流域生态保护和高质量发展方向）项目资金 5200 万元，2021~2023 年安排文化保护传承利用工程项目资金分别为 6000 万元、4000 万元和 8000 万元。除此之外，2021~2022 年，中央财政还安排林业和草原专项转移支付资金共计 7.99 亿元。青海省财政在 2022 年安排基本支出和项目支出共计 4.5 亿元。除了这些资金以外，三江源每年用财政资金保障的最大项目是生态巡护员工资性收入支出 3.7 亿元，源自青海省政府从中央一般性转移支付中切块支出①。

由西藏实际管辖的唐北区域虽然划入了正式设立的三江源国家公园，但在正式设立三年后，这个区域的管理体制改革和生态巡护员制度还没有与原三江源国家公园体制试点区对齐，生态巡护员制度也没有全部覆盖到位。这个区域两条渠道的投入情况是：中央财政通过"十四五"文化传承利用工程投资 1.06 亿元，用于多功能哨卡、标准化保护站、宣教中心馆、巡护道路等项目建设；2021~2022 年中央财政共安排林草专项转移支付资金 3.04 亿元，用于实施方案编制、国家公园勘界立标、自然资源调查、监测体系、生态保护补偿与修复、野生动植物保护、自然教育、培训与生态体验、保护设施设备运营维护、管理费用等。

2. 东北虎豹国家公园

东北虎豹国家公园跨吉林、黑龙江两省，总面积 1.41 万平方公里。由于国有林地占比达到 91.7%，加上历史形成的管理体制因素，东北虎豹国家公园是我国唯一明确由中央直接行使国有自然资源资产所有权的国家公

---

① 三江源国家公园体制试点涉及青海省 4 个县 17211 户牧民家庭。4 个县过去均是深度贫困地区。2018 年起，青海省政府每年拿出 3.7 亿元，每户安置一名生态管护员，每月收入 1800元，仅此一项三江源的原有居民户均年增收 21600 元。

园。这决定了东北虎豹国家公园的资金保障机制与其他国家公园具有不同的特征——由中央财政承担主要支出责任。2020~2023年，中央财政通过林业草原保护恢复资金和林业草原改革发展资金共安排东北虎豹国家公园补助资金9.88亿元。

3. 大熊猫国家公园

大熊猫国家公园跨四川、甘肃、陕西三省，总面积2.2万平方公里。2021年设立以来，四川片区财政投入建设资金共计8.27亿元，其中中央资金投入6.88亿元（中央预算内基本建设投资1.74亿元、中央财政林业和草原共同财政事权转移支付资金5.14亿元），省财政投入1.39亿元（含中央预算内基本建设投资配套资金0.39亿元、省财政专项补助1亿元）。陕西片区累计下达中央财政林业草原生态恢复资金914万元。

4. 海南热带雨林国家公园

海南热带雨林国家公园是第一批国家公园中唯一不实际跨省的国家公园，总面积4269平方公里。2021~2023年，中央财政累计拨付海南热带雨林国家公园8.02亿元，用于支持国家公园勘界立标、资源本底调查与监测、生态廊道通道建设、林业有害生物监测与防治等项目。国家发改委安排中央预算内投资2850万元，用于支持霸王岭分局配套基础设施、尖峰岭分局科普宣教设施、黎母山分局配套基础设施等项目建设。在省级层面，海南省累计投入国家公园建设资金11.49亿元，其中用于支持海南热带雨林国家公园人员经费和日常公用经费的支出1.07亿元，项目支出10.42亿元。

5. 武夷山国家公园

武夷山国家公园跨福建、江西两省，总面积1279.82平方公里。2021~2023年，武夷山国家公园福建片区财政投入共计4.74亿元，其中中央投入2.26亿元，省级投入2.48亿元。利用国家发改委预算内基本建设投资共实施了10个项目，总投资额1.76亿元。2021~2023年，中央财政林业和草原共同事权转移支付资金投入武夷山国家公园福建片区总计2.1亿元（其中2021年5529万元、2022年5529万元、2023年9981万元）。武夷山国家公园江西片区在国家公园正式设立前没有纳入试点范围，试点期间并没有享受中央和省级财政国家公园体制试点项目资金支持，2021年武夷山国家公园设立后直接纳入国家公园范围，基础设施投资和保护管理水平较武夷山国家公园福建片区有较大差距。江西片区自正式设立以来，累计获中央、省级投资9654.25万元。其中，中央累计投入5284.5万元，省级累计投入4369.75万元。

15.2　国家公园财政资金保障和使用方面的问题

综合第一批5家国家公园财政资金保障状况，可以得出一个基本结论：以财政为主体的资金保障机制基本形成。但"基本形成"不等于"高效"，国家公园在财政资金的使用上普遍面临"要钱""用钱"能力均不佳的窘境。

第一，中央和地方财政事权和支出责任划分存在不清晰、不合理、不规范的问题。一是"园地"财政事权和支出责任划分不清。《国家公园财政意见》虽然明确了基本建设、管理机构运行等中央和地方财政事权的划分原则，但在自然资源管理、国土空间管制、综合行政执法、森林草原防灭火、社区和产业发展等诸多财政事权上依然存在不清晰、不合理、不规范的问题。以社区和产业发展事权划分为例，《总体方案》强调国家公园管理机构"履行国家公园范围内的生态保护、自然资源资产管理、特许经营管理、社会参与管理、宣传推介等职责，负责协调与当地政府及周边社区关系"，而国家公园所在地方政府"行使辖区（包括国家公园）经济社会发展综合协调、公共服务、社会管理、市场监督等职责"。这种事权划分的表述一方面存在不合理之处，即强调了保护和发展的对立而非统一性，导致国家公园管理机构不愿将资金投入保护以外的社区和产业发展事务，而地方政府也不愿投入（国家公园周边区域）保护资金；另一方面，国家公园范围内的居民就业、社区人居环境改造、产业发展等事务需要国家公园管理机构与地方政府共同履责，单一划分为地方事权难以满足实际工作要求，引发实践中大量的财政事权纠纷。二是中央和地方纵向财政事权和支出责任不清，导致中央财政补助不到位。南山国家公园小水电退出补偿事项应是中央和地方的共同财政事权，中央和湖南省按比例承担财政事权，但城步县在小水电退出上承担了2亿多元的财政支出，中央财政的奖补却迟迟未到位。

第二，资金使用缺乏顶层制度设计，资金统筹难度大。一是部门间项目资金缺乏统筹协调。国家公园的资金来源主要包括中央预算内基本建设资金、林业草原生态保护恢复资金、林业改革发展资金以及省市县各级财政资金等，如何统筹管理各来源资金是国家公园的重要议题。国家公园范围内的农村社区能从多种渠道申请各部委的项目资金和补助，如农业农村部门的乡村振兴项目资金、生态环境部门的农村环境综合整治资金、自然资源部门的生态修复资金、文化和旅游部门的文旅融合资金等。目前国家公园管理机构尚没有动机和能力主动对接并统筹这些项目资金，影响到资金使用效率。二是林业系统财政资金的统筹管理也存在问题。多数国家公园管理机构只是名义上实现了原自然保护区、森林公园、湿地公园等保护地及林场的统一管理，在国家公园范围内，林业系统的财政资金又分别由国家公园管理机构、国有林场、天保中心等多个单位使用，以上单位各有其独立的机构和人员。各个单位资金渠道独立，也缺乏信息交流，管理政策和管理成效也呈现出较大差异。

第三，国家公园项目支出的定额标准体系尚未建立。《国家公园财政意见》确定了财政支持国家公园建设的5个重点方向，《林业和草原生态保护恢复资金管理办法》也对国家公园资金使用范围作出了相应的规定。在大的资金使用范围和方向明确的情况下，各国家公园管理机构在申报项目资金时却面临项目支出定额标准不明确或标准过低的问题，项目预算缺乏科学的依据，各省级林草部门和国家林草局在审核并纳入中央和省级项目储备库时常常采取大幅度削减预算的方式，导致项目资金预算与实际需求产生较大差距。比如巡护道路的修复，项目支出定额标准为车行道10万元/公里、步行道2万元/公里，这个标准在很多地方已经无法覆盖道路修复的成本。

第四，"一类一策"的财政资金投入原则没有落实到位。按照《国家公园财政意见》的要求，需要依据国家公园的自然属性、生态价值和管理目标分类施策，明确不同类型国家公园的投入重点，满足不同国家公园的保护管理需要。但现有的财政资金分配在很大程度上依然延续了原来依据面积、地方财力等因素进行分配的做法，罔顾了国家公园生态系统保护需求巨大的差异性，财政投入与不同国家公园的资金实际需求不匹配情况依然严重。

15.3　中央财政资金使用的障碍及优化建议

正式设立以后，中央对国家公园的投入资金明显增加，2023年中央拨付了约30亿元专项资金，接近试点期间的全部投入。但事实上这些资金的使用仍存在问题，2023年的30余亿元专项资金只用了一半左右[①]，究其原因，可能存在三方面的障碍。

一是行政体制不健全且配套的财政体制不完善。国家公园的机构还没正式建立，仍有3个管理局的"三定"规定没有获批，各个国家公园的专项规划体系基本没有建立起来。国家公园在既没有机构也缺少规划的情况下，花钱缺少依据和政策保障。国家公园配套的财政体制还没完全建立，在预算管理体制上也不统一、不规范。在中央和省共管的大熊猫国家公园，成都专员办难以起到协调川陕甘三省国家公园管理的作用，三省资金在使用上也缺少统筹。大熊猫国家公园范围内的卧龙、佛坪、白水江3个国家级自然保护区[②]的基本支出列入国家林草局部门预算，但项目支出资金主要来源于中央转移支付项目。按预算管理相关体制，中央直管的国家公园的基本支出和项目支出都应该列为中央部门预算。在东北虎豹国家公园，在原长春专员办的基础上组建东北虎豹国家公园管理局后，2024年其已作为国家林草局二级单位纳入中央部门预算，但在东北虎豹国家公园，同样作为国家林草局二级单位的还有大兴安岭林业集团公司、大兴安岭林业集团公司加格达奇航空护林站、大兴安岭林业管理局塔河航空护林站等多个单位，统一的预算管理体

---

① 远低于2022年预算执行程度。
② 这3个保护区是全国最早主要由中央经费保障运转的保护区，其中卧龙还以行政特区的形式进行管理。

制尚待进一步明确。

二是国家公园现有财政支出政策执行困难，且周边社区的绿色发展与民生改善相关经费难以在国家公园财政经费中列支。《国家公园财政意见》给出了财政资金的重点支持方向，其中之一就是支持国家公园协调发展。[1] 可现实中，这一条的执行却存在困难。第一，财政资金支持方向并没有完整覆盖现实中处理人地矛盾、园地关系的若干关键问题，"天窗"和入口社区的基础设施建设（如帮助社区开展人居环境改善等）和绿色发展的支出仍然受限。第二，根据事权划分责任，"绿色发展和民生改善"事务的主体并非中央财政的支出责任。根据《国家公园财政意见》，国家公园内的经济发展、社会管理等事项属于地方财政事权，并由地方承担支出责任。这就造成中央财政资金有结余，但又没法直接补齐国家公园在绿色发展上的资金缺口。第三，财政资金使用限制在国家公园范围内，国家公园周边区域（如环带、"天窗"等）均不在财政资金支持范围。虽然 2024 年《国家公园资金绩效管理办法》对财政资金管理提出了进一步的要求（坚持全程覆盖、"一类一策"、合理可行、结果导向），明确了具体的指标考核要求，但上述问题并没有得到真正解决。

三是国家公园管理机构和地方政府的思路老旧、项目形成能力不足。到2023 年底，5 个国家公园的相关专项规划都没有及时通过审批或尚未编制完成，国家公园的项目设计缺乏依据。比这种情况更严重的是国家公园管理机构在一些方面缺少对保护的科学认识，过于强调"一刀切"的严防死守式保护，忽视了园地共建和社区绿色发展，缺少与地方政府沟通协作的积极性，以至于国家公园内涉及绿色发展的事情都尽量回避。在管理机构与地方政府难以形成"园依托地加强保护、地依托园绿色发展"的合作机制背景下，项目谋划能力不足的问题变得尤为突出，目前项目建设对绿色发展产业

---

[1] 文件要求："鼓励通过政府购买服务等方式开展生态管护和社会服务，吸收原有居民参与相关工作。探索建立生态产品价值实现机制。妥善调处矛盾冲突，平稳有序退出不符合管控要求的人为活动，地方对因保护确需退出的工矿企业及迁出的居民，依法给予补偿或者安置，维护相关权利人合法利益。引导当地政府在国家公园周边合理规划建设入口社区。"

化的关键环节和基础设施的扶持不够，且没能设法解决现有产业"小散乱"问题，难以带动国家公园及其周边区域的绿色产业整合升级①。如在武夷山国家公园福建片区，管理局与市、县两级地方政府在信息沟通上不够顺畅，国家公园"内圈"与环带"外圈"项目衔接不够紧密，政策联用、工作联动、保护联处、问题联调的机制不够健全，没能形成共同策划项目并相互配合争取中央资金和政策扶持的机制。在福建片区，国家公园保护发展带的项目库中只有 46 个可以争取财政政策的倾斜，多数项目只能依靠省级财政资金。

　　鉴于以上三方面障碍，国家公园用好中央财政资金支持，实现"生态保护、绿色发展、民生改善"三方面相统一，重点要做好以下四方面工作。一是尽快出台三江源、大熊猫国家公园的"三定"规定和第一批国家公园的专项规划，并随之建立起配套财政资金体制。二是在"一类一策"的基础上探索"一园一策"的财政资金投入与使用方案。充分考虑国家公园的自然属性、生态价值、管理目标、历史遗留问题，明确国家公园投入重点，满足各个国家公园保护管理的实际需要。三是进一步明晰中央和地方财政事权和支出责任划分，细化央地共同事权的双方出资比例，适度扩大中央财政资金支出责任范围，如允许中央财政资金对国家公园民生保障、绿色发展项目的支持。四是提高管理机构与地方政府的项目谋划能力，在国家公园内、"天窗"及入口社区按国家林草局和财政部的文件要求设计保护类项目，使保护的各项投入标准得以提高、覆盖面得以扩大。

---

① 在这方面也有将中央财政资金使用得较好的国家公园，如钱江源国家公园利用中央财政资金建设了天文馆、博物馆等，这既是展示国家公园的平台，也有望成为开化县发展自然教育特许经营中的关键基础设施。但管理机构负责人鉴于黄河源特许经营试点项目的教训，忌惮国家公园绿色业态特许经营可能被权力部门曲解和误伤，因此未能依托这些基础设施以及已经完成的自然教育课程体系及时开展特许经营试点。

第16章
跨省的国家公园怎么实现统一管理

我国的省级行政区边界划分原则是以"山川形便"为主，省界往往体现为江河湖泊、山脊线等。以完整保护大范围生态系统为特征的国家公园，因此常常会涉及跨省级行政区。然而，在目前体制下从行政管理角度来看国家公园只能由各省的管理机构来管理①，导致同一个国家公园因行政区划的不同而被分别管理。而且，不同省份对生态保护的理解和区域功能定位存在差异，各省的国家公园管理机构在"权、钱"制度上也存在明显不同②，这就造成跨省国家公园统一管理的现实困境：一旦跨省，就很难实现统一管理。即使国家公园有统一管理的相关政策法规、总体规划和管理计划并受到上级单位的行业监管和中央的督导，而各省分别按照名义上统一或标准一致的法规、规划管理仍然会出现问题。也即，实际上的跨省统一管理在目前的行政体制下不可行，但至少应该努力实现一致性管理——这在现实中也有诸多难点。至于林草部门的一些工作人员认为已经形成了统一管理的文件就基本解决了这方面的问题③，那只能是口是心非或闭目塞听。

---

① 这显著区别于美国的国家公园。美国国家公园的土地绝大部分（超过95%）属于联邦所有，因此可以由联邦政府的国家公园管理局（NPS）来垂直管理，一个国家公园跨州对其由一个机构进行统一管理没有实质性影响（如黄石国家公园跨了三个州）。

② 即便是出自同一个"三定"规定的国家公园管理局，在两省的级别和职能设置也有不同，如2024年4月发布的武夷山国家公园"三定"规定的福建片区管理局和江西片区管理局。人员工资、日常支出以及和国家公园相关但又没有体现在"三定"规定中的森林公安的配置、地方政府在国家公园范围内的责权利等更是有明显的省际差别。

③ 例如，国家林草局与青海、西藏两个省级行政区联合印发了《建立三江源国家公园唐北区域"统一规划、统一政策、分别管理、分别负责"工作机制的实施意见》，似乎就解决了目前行政体制下一个国家公园因为跨省难以统一管理的问题。事实上，不仅三江源国家公园唐北区域与已经进行过试点的三江源国家公园三个园区目前仍然存在全方位的差距（目前看不出这种差距能在短时间内被弥补的迹象，且即便补齐现实工作差距也难以实现统一管理），即便是统一立法和建立了多层次、多方面的协作机制的武夷山国家公园，在现实中也只是名义上实现了统一管理，连双方信息平台都难以做到实时互通，双方制服都会因为预算标准和招投标环节的不同难以做到材质一致，遑论执法和更复杂的处理园地关系、特许经营事务上的统一。

16.1　跨省国家公园统一管理的顶层设计不明确，实践进展缓慢

在顶层设计层面，跨省国家公园如何实现统一管理仍然没有明确的措施而只有原则的规定。《总体方案》提出"统筹考虑生态系统功能重要程度、生态系统效应外溢性、是否跨省级行政区和管理效率等因素，国家公园内全民所有自然资源资产所有权由中央政府和省级政府分级行使"，后续相继出台的顶层设计文件顺承这一规定，进行了相应的制度设计。国家林草局2022年牵头起草的《国家公园法（草案）（征求意见稿）》、中央编委2020年印发的《机构设置指导意见》和财政部、国家林草局2022年发布的《国家公园财政意见》，都明确规定国家公园范围内全民所有自然资源资产所有权由中央政府直接行使或者委托相关省级政府代理行使，对管理机构的设置、中央与地方财政事权和支出责任的划分作出了相应的规定。但是对于事实上采取央地共管模式的跨省国家公园如何实现统一管理却较少提及，仅《机构设置指导意见》在"组织实施，严格审批程序"部分提到"跨省设置或以国家林草局为主管理的国家公园，由国家林草局会同国家公园所在地省级政府提出方案"，这一规定也体现了跨省设置而非中央垂直管理（即国家林草局代表中央直接管理）国家公园的特殊性。而且对于跨省设置的国家公园，考虑到我国自然保护地普遍存在的"人地约束"和生态文明体制改革整体的进度及自然资源资产的产权现状，在较长的历史时期内，中央垂直管理仍是极少数，央地共管模式仍会是主流，即省级政府必然会是真正的管理主体，不同省份管理中存在的省级壁垒仍难消除①。因此，解决这种管理模式下跨省国家公园的统一管理难题，必然是这个阶段国家公园体制深化改

---

①　这种壁垒包括：①不同省份在操作层面上对国家公园生态系统的管理目标和管理标准的细化执行存在差异；②管理机构间协同联动性欠缺造成管理目标无法实现，这一般体现在科研、规划协调、执法等方面。具体参见赵鑫蕊、何思源、苏杨《生态系统完整性在管理层面的体现方式——以跨省国家公园统一管理的体制机制为例》，《生物多样性》2002年第3期。

革的重点。

在改革实践层面，跨省国家公园仍然是"一园多制"。试点至今，国家公园形成了中央垂直管理、央地共管（中央和省级政府共同管理）以及中央委托省级政府代管三种管理模式。央地共管模式下的跨省国家公园的管理，从本质上而言与中央委托省级政府管理接近，但是涉及大量省域间的事项协调工作。在试点改革成效方面，整体上呈现出一省之内改革进展较为全面而跨省统一管理改革几无进展的特点。位于一省之内的国家公园体制试点区基本组建了统一的管理机构，多数实现了由省政府垂直管理，部分成为省财政一级预算单位。跨省域的试点单位中，名义上在三个国家林草局直属的森林资源监督专员办事处（以下简称"专员办"）分别挂牌东北虎豹、大熊猫、祁连山国家公园管理局，承担统筹协调和统一管理工作。但是在实际工作中，中央垂直管理的东北虎豹试点，改革方向一直比较明确，由国家林草局设立管理机构进行统一管理，只是权力结构、资金渠道调整等难度较大，目前还在深化改革过程中；而央地共管模式下的大熊猫、祁连山试点，挂牌于专员办的管理局和相关省份片区管理局主体平行，相关省份片区管理局的人事任命、人员编制、工作经费等都由各省级政府负责，国家林草局牵头与相关省级政府建立的体制试点工作领导小组或联席会议并未制度化运行，挂牌于专员办的管理局没有权力和手段对其进行相应的协调约束推动统一管理，各省之间自发协调不足，结果导致各省域内的国家公园片区管理制度差异显著，碎片化管理问题仍然突出。

16.2　国家公园跨省管理存在的问题

各省在自然资源资产管理和国土空间用途管制中的标尺不同，在规划制定、执行、监管、考核等方面也存在差异，这就导致跨省的国家公园不仅很难统一管理，甚至很难实现一致性管理①。具体而言，主要表现在两个方

---

① 可采用相同的土地管理制度和管理标准以实现一致性管理，达成事实上的保护维度的统一管理。

面。一是不同省在操作层面对国家公园生态系统的管理目标和管理标准的细化执行存在差异。如大熊猫国家公园地跨四川、甘肃、陕西三省，试点中三省管理局对大熊猫国家公园优化调整工作把握的原则差异很大，在试点中多次出现跨省标准不统一的情况。大熊猫国家公园体制试点中四川、甘肃和陕西三省管理局对大熊猫国家公园优化整合工作把握的尺度差异很大。如对矿山、水电等敏感问题的处理，非常容易引起相互攀比，形成新的上访源头。特别是在"开天窗"的问题上，有的省一度无原则地在整合优化方案中大量"开天窗"（这是表面上统一的整合优化文件难以定"死"的，主要取决于各省的具体操作者对此事的外部性的把握），数量达到1000余个，既不利于自然生态系统的整体性和完整性，也不利于大熊猫国家公园的统一管理。二是管理机构间协同联动性欠缺造成的管理目标无法实现，体现在科研（如候鸟与迁徙动物监测）、空间管理（如规划协调、跨区域联合执法等）上难以实现同步甚至难以执行同一标准，后者尤甚。在科研监测方面：福建、江西武夷山国家公园管理机构对黑麂（*Muntiacus crinifrons*）、黄腹角雉（*Tragopan caboti*）等国家一级保护野生动物的监测和科研基本没有行政层面的常态化合作和信息共享，这是仅靠统一的法规、标准、规划难以奏效的。以信息共享为例，如果没有专门的协调机制并明确信息共享平台管理中的责权利，相关的功能都难以在日常工作中实现（候鸟同步调查等不属于日常工作）。在武夷山国家公园体制试点后，福建和江西形成了协作机制，但因为信息管理的宏观体制存在省际壁垒，江西武夷山的相关监测数据不可能动态报给福建武夷山国家公园管理局的智慧管理平台。在规划协调方面，祁连山国家公园虽然已经编制了《祁连山国家公园总体规划（试行）》，区域内其他各类规划应与该规划充分衔接，但实际上，青海和甘肃片区在生态移民、生态修复、特许经营、生态体验等方面仍各行其是，如两省分别编制了《生态体验与自然教育专项规划》并在表面上进行了沟通，但两省的生态体验线路并不衔接，对生态体验的管理体制也不同，这不但会影响游客体验，更可能在两省交界线路节点因规划不统一而出现接待人数超负荷或违规建设等乱象。在执法方面，福建省主导建立的武夷山国家公园管理局拥有相对完善的执法权和执法队伍，江西武夷山自然保护区管理局的执法权和执法队伍相形见绌。对于非法穿越等违法事件，若穿越者逃入江西省界，福建省管理机构因不属于其管辖范围而不能执法，江西省则因执法能力不足而不易执法。福建和江西两省也难以常态化地协同执法，这在统一的武夷山国家公园成立后仍无改观。

16.3　跨省管理问题的制度成因

跨省分割管理的根本原因是不同省的"权、钱"制度不同导致的激励不相容。激励不相容是指个体与集体之间的利益驱动方向不一致，对跨省国家公园管理而言即指在各自利益驱动机制下各省国家公园的管理与保护生态系统完整性的目标之间出现了偏差。只有管理机构的利益目标与生态系统完整性保护的目标趋同，且各省管理机构的利益驱动机制相近，才可能实现跨省工作的统一协调，才能实现跨省生态系统的完整性保护。

由于国家公园管理机构与所在的省级政府在利益驱动机制上同构化，可将管理机构的利益从政治和经济两个维度进行拆解。在中国科层制和"晋升锦标赛"的行政体制背景下，政治利益可以具象为政绩目标及考核机制，由于行政隶属关系，相关负责人会根据考核要求和"权、钱"等行政资源配置情况，将工作重心放在完成各省份的主要任务上。且在以经济建设为中心的政绩观及其相关制度的影响下，生态方面的政绩往往被弱化甚至忽视。经济利益则是指国家公园管理机构的资金机制，这是国家公园顺利运行的基本保障。经济实力较弱或对生态保护重视不够的省份对自然保护地的财政投入较少，加之管理机构还可能承担着利用区域内资源创收的任务，因追求经济利益损害生态保护的事件时有发生。祁连山自然保护区事件就是典型案例，且这在我国的自然保护区中是常态，如"绿盾2018"专项行动查出自然保护区涉及采石采砂、工矿企业、核心区缓冲区旅游设施和水电设施等问题2518个。经济利益的差别还表现在人员工资标准及构成的差异，这可能导致不同省份同一生态系统的保护管理水平呈现明显差异。

　　以武夷山国家公园为例，福建和江西两省的管理机构在"权、钱"制度上有多处不同①，在政治利益和经济利益维度上存在明显差异：福建省武夷山国家公园管理局在"权、钱"保障方面好于江西省武夷山管理机构。在国土空间用途管制权方面，在国家公园体制试点前，福建武夷山自然保护区管理局就已经配备森林公安并拥有对破坏森林和野生动植物资源案件的刑事执法权（参见《福建武夷山国家级自然保护区管理办法》第三十条）。国家公园体制试点开始后，福建省相关各级政府逐渐将武夷山国家公园建设作为重要政治任务。因此，可以认为（福建省）武夷山国家公园管理局成立一段时间后②，作为福建省政府的派出机构，其政治利益诉求与福建省政府基本一致，即完成《国家生态文明试验区（福建）实施方案》中"推进国家公园体制试点"的任务，为完成领导干部政绩考核中的国家公园建设等目标全力开展工作。武夷山市也在福建省政府的推动且无经济考核压力的背景下③将部分审批、执法等与国家公园相关的国土空间用途管制权划转至（福建省）武夷山国家公园管理局（依据《武夷山国家公园资源环境管理相对集中行政处罚权执法依据》和《武夷山国家公园资源环境管理相对集中行政处罚权工作方案》）。江西省虽然也是国家生态文明试验区，但国家公园体制试点并非其任务，江西省武夷山管理机构至今没有获得与福建武夷山管理机构类似的国土空间用途管制权和配备森林公安队伍④。在资金机制方

---

①　即使是同步开始试点的跨省国家公园，各省管理机构的体制也存在差别，甚至省内各片区之间"权、钱"制度也不相同：如大熊猫国家公园各省管理局基本沿袭了省林业和草原局的行业管理；各保护地只是加挂了相关牌子，管理方式没有真正改变，应该整合的管理机构也没有真正合并。

②　武夷山国家公园体制试点是由福建省主导的，2016年8月中共中央办公厅、国务院办公厅印发的《国家生态文明试验区（福建）实施方案》中明确了推进国家公园体制试点的重要任务，而同时印发的《国家生态文明试验区（江西）实施方案》中并无相关内容。

③　2014年，福建省政府发布《关于取消限制开发区域地区生产总值考核的通知》，取消了作为重点生态功能区的12个县的GDP考核，武夷山市是其中之一。

④　武夷山国家公园（江西片区）目前仍由江西省武夷山自然保护区管理局实际管理，其是江西省林业局所属事业单位。参考我国其他国家公园的改革进展，江西省武夷山国家公园管理局未来能否获得相关国土空间用途管制权尚不能确定，且江西省未必会挤出编制为管理局新建或配属一支有刑事执法权的队伍。

面，试点前，由于两省的财政实力、环保意识等方面的差异，福建省管理机构的日常管理经费（包括人员工资）和项目经费都高于江西省管理机构。

从政治利益维度分析，江西省在没有中央任务的情况下没有必要为武夷山国家公园兴师动众搞权力结构改革，且其体制上欠账本来就多；从经济利益维度分析，福建省管理机构的资金保障程度始终高于江西省的管理机构，而且两省管理机构工作人员的薪酬标准不同，江西武夷山所在的铅山县获得的相关转移支付又明显少于福建省武夷山市，很难全力支持管理机构按照国家公园的标准来强化管理。如果一味按照中央要求强化统一管理，江西的基层政府和管理机构在政治利益和经济利益维度上都无利可图反而可能带来损失，因此目前的体制机制形成的激励方向与生态系统统一管理的要求是相悖的，即便两省有协作机制也是有名无实：双方成立了武夷山国家公园和江西武夷山国家级自然保护区闽赣两省联合保护委员会，由两省林业局局长共同担任主任，下设生态保护组、科研监测组、政策协调组，按照"一个目标、三个共同"的协作管理模式，联合开展生态系统保护、科研监测、森林防火和引导绿色发展等工作，以求推动武夷山脉生态系统完整性保护。但实质上并没有常态化的协作，日常管理仍然是两个系统、两套机制，连常态化信息共享都未能实现，难以达到生态系统完整性保护的要求。

第三部分
在解决关键问题上的僵化
曲解保护工作等现象及案例 ⟫

本部分导读

解决这些关键问题，大多数情况下会涉及改革，而所谓改革正是要在某些方面突破既有的工作模式和政策法规，这样的突破，有可能被管制、被追责，哪怕是明显的进步也会出现越矩之处，如果实践说明这种越矩合理，要改正的恰恰是"矩"。正如第 12.2.2 节中的分析，对国家公园而言"最严格的保护"指的应该是"最严格地按照科学来保护"，需要基于对自然生态系统结构和过程的认识，细化保护对象的保护需求，统筹考量以土地权属为代表的社会经济限制条件，采取措施在"生态保护第一"的前提下统筹保护与发展，尤其是以生态产业化等形式的发展来反哺或促进保护。如果将国家公园视为禁区，就是僵化曲解保护，在一些情况下甚至还会对主要保护对象造成伤害①。按照马克思主义的分析方法，可以把这种僵化曲解保护视为国家公园建设中的"左"倾现象。

---

① 例如，如果按照有些地方不科学的《自然保护区条例》来严格管理自然保护区，有可能原有的较好的人地关系反而被打破。贵州草海自然保护区的主要保护对象是黑颈鹤，其在冬春季常常在当地的农田觅食。中央生态环保督察主要依据《自然保护区条例》要求草海边的农田退耕，这实际上减小了黑颈鹤的栖息地，对其越冬造成了负面影响。

第17章
从马克思主义和生态学角度分析国家
公园建设中的僵化曲解保护现象

　　纵观中国最近一百年来的发展史，可以发现螺旋式前进是客观的发展规律，毕竟没有现成的康庄大道，要摸着石头过河。总结既往规律，可以发现无论是革命还是建设，有重大成果和影响的前沿领域，一定经历过摇摆。对此，1992 年党的十四大修改后的党章明确提出，"反对一切'左'的和右的错误倾向，要警惕右，但主要是防止'左'"。在此之前，邓小平同志已经在 1992 年南方谈话中阐述过这个重要观点①。领袖和党章都明确这么提，是因为既往的无论是革命还是建设，保守的错误产生的时间长、危害大，这是价值观和历史经验决定的：宁可认识不到位，不能立场出问题。在实际中对冒进革新的错误处理得比较重，对保守封闭的问题处理得比较轻，这就打下了群众基础。所有这些，都造成保守的错误容易发生且难以纠正，也造成了不仅是上层建筑和重大战略，即便在很多专业领域里也容易有较高级别的领导者以守旧的思路来"一刀切"地处理关键问题。

　　对于防止过分保守，列宁早有经典著作《共产主义运动中的"左派"幼稚病》（1920 年，以下简称《"左派"幼稚病》），毛泽东在 1956 年的《共产党人对错误必须采取分析的态度》中也说："好的领导者不在于不犯错误，而在于认真地对待错误。"《"左派"幼稚病》还给出了对策，"公开承认错误，揭露错误的原因，分析产生错误的环境，仔细讨论改正错误的方法——这才是郑重的党的标志"。② 在现实中为什么重点防治因循守旧贻误

---

① "现在，有右的东西影响我们，也有'左'的东西影响我们，但根深蒂固的还是'左'的东西……右可以葬送社会主义，'左'也可以葬送社会主义。中国要警惕右，但主要是防止'左'。"参见《邓小平文选》第三卷，人民出版社，1993，第 375 页。

② 《毛泽东文集》第七卷，人民出版社，1999，第 20 页。

改革战机？即便是在生态保护领域，也有个别主政者或相关部门的管理者把最严格的保护处理成最严苛的保护，在中央对生态环境领域违规违法事件追责力度日益加大的情况下狭隘自保。

强调"生态保护第一"和"实行最严格的保护"的国家公园，在中国的国情下，必须处理好保护和发展的关系，认识到"最严格的保护"是最严格地按照科学来保护[①]。**既不能过于强调排除人的发展考虑（甚至罔顾可能已经形成的人与自然和谐共生关系）的保护，又不能罔顾保护需求和发展模式改革就上项目、搞建设。**但因为既往的政策法规有"一刀切的严格"特点，所以在现实中可能被审计、督察、纪检等工作造成误伤情况也偶有发生——将本来属于绿色发展有利于生态保护的行为误作破坏生态并予以各种整治；另一类冒进开发的行为是各地常见的、容易识别的，对其处理基本不会造成误伤（如祁连山事件）。

必须认识到，这种误伤可能源于不合理的、过时的政策法规。例如，从《自然保护区条例》开始，各种自然保护地相关的政策法规都规定了核心区（或称核心保护区），其中都以不同的表达方式禁止人类活动。这种意在加强保护的做法在多数情况下是适用的，但在法律、标准及各种文件（包括近几年刚刚颁布的）中近似复制粘贴式的"一刀切"的规定，却可能失之偏颇——问题的重点在于核心区的科学划定和对应的管制措施。如果就是有科学依据地按照人类活动对主要保护对象的扰动影响划定的核心区，那么在核心区内就有必要严格禁止人类活动。但目前的划分法显然与这个管理需求是脱节的：一般而言，**目前的核心区主要是根据生态价值划出的[②]，但控制人类活动应该主要看主要保护对象的保护需求（包括与人类活动的关系）。**再具体到现实管理问题——核心保护区能否进行农业生产或开展旅游，许多

[①]　具体参见《国家公园蓝皮书（2021~2022）》第一篇第一部分的详尽分析。

[②]　例如，根据《国家公园总体规划技术规范》（GB/T 39736—2020）"范围和管控分区"部分的规定，核心保护区是国家公园范围内自然生态系统保存最完整、核心资源集中分布，或者生态脆弱的地域。应实行最严格的生态保护和管理，除巡护管理、科研监测经按程序规定批准的人员活动外，原则上禁止其他活动和人员进入。

管理者认为，既然人多了容易被破坏，那就圈起来干脆不让进，禁止旅游，禁止参观。有林草系统爱思考、思路更细致的干部认为：这个区域就是野生动植物的家园，人类不要打扰。这是保护更是一种尊重。野生动物们不会说话，不然他们也不会同意在核心区开展旅游。人与自然和谐共生，不能只考虑人的需求，也要考虑自然的需求。恰恰就是这种说法，需要有科学依据而非只靠外行人角度的代位感觉，因为至少有两种情况说明这种代位感觉不对。①与人伴生的生态系统甚至物种很多，这种情况下"山水林田湖草人"是一个生命共同体，将人强行、快速从生态系统中剥离出去，反而不利于保护。不管保护对象的科学需求而拍脑袋认为核心保护区就不能有人的活动，很可能是好心办坏事。中央生态环保督察后草海边上的耕地被退，冬春季将耕地作为重要食物来源的黑颈鹤的生存质量反而下降就是一例。②有些濒危物种，既往的最适生境被破坏了，在目前的生境中需要人为干预才有利于对它们的保护。例如正在创建的钱江源—百山祖国家公园的重要保护对象百山祖冷杉，如果不是管理机构在谙熟保护规律的情况下及时进行导流堤建设和清除林冠、地表的不利因素，这一重要物种可能已灭绝①。

　　虽然已发表的多篇学术文章和多部著作都从科学的角度分析了野生动植物与人类活动之间的适应性以及开展适应性管理的必要性和可行性，即学术圈中基本对"最严格的保护"不是"一刀切"建禁区形成了共识，但从各种论坛的交流、各著名国家公园微信群②的讨论来看，林草系统和一些所谓的生态专家至今没有想明白其中的道理，即便印证这种学术规律的甚至有直观的景象，如像朱鹮栖息地那样的地方更容易实现农业生产、旅游活动与保护相得益彰（参见图17-1，朱鹮的觅食能力和对栖息地的适

①　《国家公园蓝皮书（2021~2022）》第一篇第一部分第1.2.1节"'一刀切'的管理方式限制了自然保护地的科学管理"中有详细介绍。

②　例如，在国家公园领域有两个影响较大的微信群"国家公园国家队"和"国家公园及自然保护地交流群"。后者以林草系统工作人员为主，前者则有参与国家公园工作的多个系统的人和社会组织的人以及国外国家公园管理机构的工作人员。关于这个话题，在"国家公园及自然保护地交流群"发表的观点就趋于保守，多数人也不了解学术原理。本章中摘录的多个林草系统工作人员的观点，来自"国家公园及自然保护地交流群"的留言。

应性不及食性相近的鹭科动物，但习性较为亲人，在稻田中觅食更具相对竞争优势），今天的日本佐渡岛（朱鹮在日本文化中地位很高，近似皇鸟。日本在其朱鹮极危时即从中国引入有繁殖力的个体并繁衍扩大至数量超过 700 只，但迄今佐渡岛仍是朱鹮在日本的唯一的栖息地）更是全岛呈现这样一种人与自然和谐共生的景象。而像黄山那样以地质景观为旅游主要吸引物的核心区（风景名胜区中的核心景区管理规定有别于自然保护区中的核心区），在控制人类活动方式和强度的情况下让人参观并不会影响保护，从未挂过任何自然保护区牌子（只是联合国教科文组织世界生物圈保护区网络成员）的黄山从生态保护的角度来评判也比绝大多数自然保护区更好。

图 17-1　朱鹮栖息地的人与自然和谐共生景象

资料来源：作者团队成员拍摄并处理

另外，林草系统的有些管理人员基于一线管理经验产生了困惑，如果要开放旅游尤其是在核心保护区允许游客进入，如何在操作层面上基于现有的管理力量实行有效管理？回答这个问题其实也不难：遵循生态旅游专项规划、依靠支撑依规运营生态旅游业态的特许经营制度和控制好空间关键点。

第一，不同于难以控制的大规模的大众观光旅游①，遵循专项规划，从科学角度处理好核心保护区的生态旅游活动管理并非难事：主要依据生态价值划定的核心保护区配套人类活动管理白名单，就可在满足主要保护对象保护需求的情况下兼顾人类的资源利用需求甚至实现适当的利用促进保护。对此，《国家公园蓝皮书（2021~2022）》第一篇第二部分第2章"适应性管理的国际经验及其在国家公园划界和管理中的体现"中有详细的介绍。在国土空间总体规划都能对图斑进行专项管理的情况下，这种功能区划分后配套人类活动白名单管制方式的操作性是毋庸置疑的，工作量也并不大（毕竟真正容易形成市场价值的核心保护区其实面积占比很小且绝大多数活动对其是线性利用），但对林草系统的工作人员来说这种管理需要在思想和行动上走出舒适区。

第二，在满足保护需求的情况下，核心区开放旅游并非开放大众观光旅游，而是按照规划严格控制人类活动和强度方式的生态旅游，以特许经营的形式进行制度化管理，全程严管。青海三江源的黄河源园区的生态旅游特许经营历经多次检查都未出过生态问题（包括2024年2月中央生态环保督察组向青海省委、省政府的反馈②）已经说明了这一点。武夷山K2线路（参见图17-2）非法穿越的问题，恰恰是在现实需求存在的情况下没有规划、没有特许经营制度形成有序疏导而堵的力量又不强导致的③。与之相对比，三江源的生态旅游是有省政府通过的生态体验专项规划和相对规范的特许经

① 这是许多林草系统工作人员乃至地方领导产生误判的重要原因，因为其基本没有见过真正的生态旅游业态（许多人把所有的游山玩水都称为生态旅游），以为旅游必然是人山人海和垃圾成堆，必然是对游客违规行为的防不胜防，国内树立的安吉等样板以及武夷山国家公园的所谓生态旅游也没有展示出真正的生态旅游形象。

② 参见《中央第五生态环境保护督察组向青海省反馈督察情况》，生态环境部网站，https://www.mee.gov.cn/ywgz/zysthjbhdc/dcjl/202402/t20240226_1067004.shtml。

③ 这条线路从江西省上饶市铅山县武夷山镇肖家元村开始，途经独竖尖、过风坳、香炉峰，到福建干坑林场结束，全程约30公里，具体线路参见书末的彩色附图。因为海拔2128米的华东第二高峰独竖尖的攀登难度远大于早被福州军区部队建好机动车道到顶的华东第一高峰黄岗山（2160.8米），类似世界第二高峰乔戈里峰（海拔8611米，在西方国家被称为K2）在登山界相对世界第一高峰珠穆朗玛峰的难度超越，故美其名曰"K2线路"。这条线路的大多数路段位于武夷山国家公园的核心保护区，但其实也与三江源国家公园一样，这些区域中的多数只要规范好游客行为、控制好游客数量，是可以满足生态保护要求的。在这条线路上目前出现的生态负面影响，实际上只是管理机构难有足够的力量进行管护，又没有一个专业的生态旅游公司来进行规范运营所致。

营制度支撑的，因此其在生态系统更加脆弱、核心保护区生态旅游规模显著大于武夷山的情况下并未产生生态破坏问题，反而强化了生态旅游线路周边的监测和社区居民培训。

图 17-2　两步路 App 上违法穿越者标注的 K2 线路

资料来源：作者团队在两步路 App 资料基础上绘制。

第三，对核心区生态旅游活动的管理只要在生态旅游（或生态体验）专项规划指定线路、业态、强度后控制好入口社区（出发地和补给点）和路口即可。即便是非法穿越活动，也基本不可能自开线路，更不可能不要起点、终点的补给。特许经营商可以有序组织并管理游客的活动，对其的监管与对非法穿越者的监管一样，与相关村委会共同控制好空间关键点即可。即便像三江源那样道路的约束作用弱的区域，因为有了全员巡护的制度，也能很好地控制非法穿越。

再从可行性来看，对核心保护区的"一刀切"禁止也很难行得通。以经过特许经营事件风波后的三江源国家公园在 2024 年 5 月 9 日发布的通告[①]为例。①三江源国家公园广达 19.07 万平方公里，核心区县乡公路、牧道也纵横交错（如从玉树到不冻泉都是国道穿过核心区），不可能有足够的管理人员来管理和判断哪些车是旅游车从而禁止。②"未经三江源国家公园管理机构批准，任何组织和个人不得在网络、报纸、杂志等各类媒体平台发布三江源国家公园相关信息。"[②] 莫非所有信息发布带上"国家公园"就违法？国家公园信息和话语都要被垄断？国家公园是谁的公园呢？谁有权利这么做，法律依据是什么呢？看起来以上通告是核心区对违法问题的规定，实际上公告一发，下面所有的区域、部门、人员都不知道怎么做，也不敢做，因此宁愿什么也不做[③]。而自然保护地范围内旅游引发的问题，要么是因为大众观光旅游的业态不对且缺少管理，要么是因为相关自然保护地还没有发展生态旅游的思路并配套产业要素。

总结起来，最严格的保护中僵化曲解保护的表现就是：不顾科学原理和现实可行性提出苛刻甚至不合理的名义上基于保护的要求，对主要因为这种要求引发的问题用权力过度地处理问题相关人而非科学评判后协调各方全力解决保护需求问题；以所谓保护的名义盲目建禁区，既不管发展需要也不管

① 三江源国家公园管理局发出通告，禁止在三江源国家公园核心保护区开展旅游、探险、穿越等活动，一切组织或个人未经许可不得擅自进入。对违反规定的单位或个人，将严格依法予以处罚；对因违法组织旅游、探险、穿越等活动造成核心保护区自然资源、生态环境严重破坏的单位或个人，根据有关法律法规交由公安机关处理，直至追究刑事责任。

② 参见《关于禁止在三江源国家公园核心保护区开展旅游、探险、穿越等活动的通告》，三江源国家公园网站，https://sjy.qinghai.gov.cn/govgk/gknr/gsgg/25685.html。

③ 还可举一个国家公园外的保护地例子来说明这些共性问题：青海海西是荒漠、半荒漠区（景点有东台吉尔湖、冷湖、翡翠湖等），近几年因为独特景观在民间声名鹊起，自驾游客逐渐增多。但地方政府的管理措施没有跟上，停车场、垃圾站、指定线路标识、监控探头等都没有，这就使本来环境容量内的旅游活动都可能造成生态破坏、引发人身安全风险。

保护需要。以海南最高峰五指山二峰为例，其被划成了核心区，根据相关规定严禁任何人进入，实际上每天仍有几十人登顶且没有实质性保障和管理。如果有生态旅游专项规划支撑、有特许经营制度严管，既能产生很好的经济效益也能充分满足民众多样化的需求。但环保和林业系统的少数管理者对生态旅游缺乏正确理解，混淆了老业态无序发展和新业态绿色发展的区别，对保护部门怎么形成新质生产力也缺少思考，因此难以实现党的二十大报告中提出的"推动绿色发展，促进人与自然和谐共生"。

这种僵化曲解保护的思路还容易显现为审计、督察、纪检等工作过于挑剔国家公园绿色发展中的程序问题，作为改革前沿的国家公园特许经营也因此曾经遭遇不当管理行为，这方面可以本是行业标杆的三江源国家公园为案例，下一章将对此进行介绍。

第18章
三江源国家公园特许经营项目案例

三江源国家公园的特许经营是迄今的三本《国家公园蓝皮书》持续关注的主题，《国家公园蓝皮书（2021~2022）》还在第三篇第一部分用三万多字专门进行了三江源国家公园特许经营的实践评估与总结。各种科学、系统的评估都说明三江源国家公园的特许经营，尤其是更符合市场规则的黄河源园区特许经营社会效果较好、经营规范程度较好。但2024年初的黄河源园区特许经营风波导致这种改革中止了进程：只是因为一份冠以"三江源国家公园管理局违规引入民营企业违法违规开展旅游"的材料，已经是行业模范的企业及三江源国家公园管理局、黄河源园区管委会被彻查。所幸的是，彻查的结果是在疫情和地震中坚守了四年的特许经营项目试点全程没有一个人违法，只是2020年的特许经营项目评审会有程序不太规范的现象①、2023年的经营中有监管访客不力导致访客私飞无人机的现象。这种轻微的、不影响先进性的瑕疵被小题大做，导致特许经营企业经营终止，这也显示了部分行政管理者在实践中没有认真学习习近平总书记提出的"三个区分开来"②。

这种误判其实不难避免。相关管理机构只要把握两个原则即可：①这种作为改革探索的项目试点是否造成了生态破坏？如果没有造成生态破坏，就说明相关上报材料有违背事实和乱泼脏水之嫌；②这种项目试点是否在全国

---

① 实际上，这也只是延续了2019年3月第一个特许经营项目试点方案评审会的组织形式和流程（当时评审的是澜沧江源园区的两个特许经营试点项目）。

② 2016年1月18日，习近平总书记在省部级主要领导干部学习贯彻党的十八届五中全会精神专题研讨班上的讲话：要把干部在推进改革中因缺乏经验、先行先试出现的失误和错误，同明知故犯的违纪违法行为区分开来；②把上级尚无明确限制的探索性试验中的失误和错误，同上级明令禁止后依然我行我素的违纪违法行为区分开来；③把为推动发展的无意过失，同为谋取私利的违纪违法行为区分开来。

率先进行了符合国际惯例的改革探索，如果是完全填补空白并在大的程序上基本符合相关规划和文件要求的探索，即便有程序瑕疵也完全适用于习近平总书记提出的"三个区分开来"处理原则。

对最重要的原则①，正好有同期结束的中央生态环保督察结论作为判断依据。2024年2月26日，中央第五生态环境保护督察组向青海省反馈督察情况。反馈指出，青海省"一些地方和部门对青海'生态优先'的认识还停留在浅层，生态环境保护履责不够有力，存在宽松软问题。有的推进工作时标准不高，有的存在一提生态保护就不发展、一发展就忘了生态保护的倾向"，其中明确指出的问题包括"小水电清理整改推进迟缓""矿山生态环境整治滞后""草地和沙化土地被违规开垦"等。① 作为国家公园创建区的昆仑山、青海湖都被点名，但三江源国家公园的黄河源园区没有任何问题。这实际上已经说明上报材料中反映的特许经营破坏生态说法严重失实。在没有摸排最重要的生态是否遭到破坏且中央生态环保督察的结论已经出来的情况下，仅以无数据、无分析的内部报告就假设特许经营行为造成了生态破坏，在"有罪推定"下用"极端手段"介入，这种行为也明显有悖于习近平总书记对青海嘱托的"三个最大"：最大的价值在生态、最大的责任在生态、最大的潜力在生态。明明是符合新质生产力各项要求的特许经营项目试点形式，明明可以很好地把依托生态的绿色发展的潜力挖掘出来，却被一些部门的僵化曲解保护行为造成试点项目的无疾而终。

对原则②，其实已有各种学术分析、党报党刊的宣传报道来说明，也有其他国家公园的实践来做对比。例如，同是第一批国家公园的武夷山，目前所谓生态旅游就是把原来的大众观光旅游项目（竹筏游览、环保观光车、漂流）"新瓶装旧酒"，在生态安全和人身安全方面也亟待填补漏洞：多处穿越武夷山国家公园核心保护区的K2非法穿越线路，平均每天有数十人②

---

① 参见《中央第五生态环境保护督察组向青海省反馈督察情况》，生态环境部网站，https：//www.mee.gov.cn/ywgz/zysthjbhdc/dcjl/202402/t20240226_ 1067004.shtml。

② 据两步路户外网（https：//www.2bulu.com/）的帖子估算，全年的人数不少于5000人。

穿越却没有管理力量真正控制[①]，"驴友"丢了大量垃圾，且造成了火灾隐患和极端天气下自身的人身安全隐患。这样的线路，如果像三江源国家公园黄河源园区那样以生态旅游特许经营项目试点的形式操作，不仅能规范"驴友"行为、消除各类隐患，还能带来一定的经济效益，提高相关社区原有居民收入，增强重要区域的动植物监测力量。

[①] 这种控制在操作上是易于实现的，只要控制非法穿越"驴友"作为出发和到达点（需要进行补给等）的村庄（如肖家元村）和路口即可。但福建和江西两省的国家公园管理机构从未对易于通过两步路户外网获取信息的村庄进行专项管理，没有对村委会部署有针对性的日常管理工作。只是通过网信办对两步路网站的 K2 穿越线路帖子进行了删除，这种工作方式近乎掩耳盗铃。

第19章
常规的偏离保护要求的做法及成因

　　一般而言，在生态环境领域，不顾保护需求和不搞发展模式改革就上项目、搞建设被视为右倾。从实际情况来看，在国家公园相关工作上的开发冲动在数量上是多数、在力度上却处于弱势，毕竟在生态文明时代政治立场和态度被优先考量，且中央生态环保督察对大量冒进开发的追责远胜过目前国家公园事业发展中对少量保守懒政类事件的处理。但也有一些地方领导干部基于实际情况实话实说。2024 年 2 月，安徽省宣城市旌德县①的县委书记吴忠梅在其主持召开的 2024 年旌德县工业发展暨"双招双引"推进会上表示："不能因为是生态功能区、全域旅游区，就绕过工业谈发展……全力拼经济，推动大发展，基础在工业，从拉动经济、推动税收、带动就业上看，工业经济过去是、现在是、将来也一定是旌德发展不可或缺的主要力量……"② 显然，在安徽省目前的实情下，与旌德县相邻的黄山市也不可避免会产生某些偏离保护要求的发展冲动。

　　这种发展倾向实际上通常由县级以上政府推动。《国家公园蓝皮书（2021~2022）》的附件 2《从冲突到共生——生态文明建设中国家公园的制度逻辑》用大量的篇幅分析了国家公园建设中的中央政府和各级地方政府在利益结构上的差异。如果没有将生态文明体制改革全面执行到位，各级地方政府在算政绩账的时候就难以按习近平总书记的要求去"算大账、长远账、整体账、综合账"③，只可能去算眼前的经济账，毕竟对中国大多数

---

① 该县在 2016 年被列为国家重点生态功能区。具体情况参见本书附件 1 "重点生态功能区如何发展新质生产力"。

② 参见《女县委书记：不能因为是生态功能区、全域旅游区，就绕过工业谈发展，这是一个悖论》，凤凰网，https://i.ifeng.com/c/8XQnNMAWIeY。

③ 2015 年 1 月，总书记在云南考察工作时强调："要把生态环境保护放在更加突出位置，像保护眼睛一样保护生态环境，像对待生命一样对待生态环境，在生态环境保护上一定要算大账、算长远账、算整体账、算综合账，不能因小失大、顾此失彼、寅吃卯粮、急功近利。"

位于重点生态功能区的县级政府而言，"保民生、保工资、保运转"的压力巨大。一般而言，只有在对生态环境破坏事件的追责超过"保民生、保工资、保运转"不利影响的情况下，基层地方政府才可能在某些时间节点更多考虑生态环境保护的需要。

为此，要正视"以经济建设为中心"的地方政府建设或创建"最严格的保护"的国家公园时仍有的发展冲动和发展倾向。要解决国家公园事业发展到这个阶段的关键问题，总的思路还是在人与自然和谐共生这个大方向下，在加大中央转移支付的同时扶持地方发展新质生产力来解决重点生态功能区的共同富裕问题，这样才能统筹高水平保护和高质量发展。也即，"园依托地加强保护、地依托园绿色发展"，本书的第三篇就是对这个思路从理论到实践的完整阐释。对国家公园管理机构而言，目前还存在一类普遍问题：经济发展和民生改善仍是地方政府的事权，在事权没有明确细致划分的情况下，国家公园管理机构在推动地方政府实现发展方式转型上难有作为。实际上，国家公园管理机构对国家公园范围内的资源环境有最全面准确的了解，不仅易于制定绿色产业发展的白名单和整合新业态发展的产业要素，也易于利用中央专项资金建设博物馆、天文馆、野生动物繁育救助中心等设施，而这些在生态旅游新业态中均能成为重要的劳动资料。从实践来看，像广东丹霞山国家公园创建区那样比较成功地发展了新业态的案例，其发展方式创新就是由管理机构（广东丹霞山风景名胜区管委会）推动的①。

---

① 具体见本书附件1《重点生态功能区如何发展新质生产力——以国家公园为例》中的丹霞山案例介绍。

第三篇

十年后建成"全世界最大的国家公园体系"的重要举措和案例呈现

本篇导读

　　本篇是分析问题以后的建设性思路和思路如何转化为措施的
"案例教学"。从 2021 年 9 月国家正式设立第一批五个国家公园以
来，诚如第一、二篇的分析，相对于《建立国家公园体制总体方
案》的要求，正式设立的国家公园仍有一些体制改革未能落地，
像三江源国家公园生态旅游特许经营那样模范性的先行先试中也
存在问题。① 这实际上意味着：自第一批国家公园设立以来，国家
公园体系建设三年还未真正走出泥泞路，再过十余年就建成 "全
世界最大的国家公园体系" 不觉间有点像电影 Mission Impossible
（中文译名《碟中谍》） 那样充满了突发的丰富剧情，以致这样
的重大任务都有点前途叵测。直面路上的难点，其实就是要深化
改革、落到实处，在合理划分事权的基础上，既依靠转移支付，
也依靠绿色发展，解决好保护与发展的矛盾，消除利益不同导致

---

① 《国家公园蓝皮书（2021~2022）》第三篇 "三江源国家公园特许经营实践评估与总结"
从科学的角度全面客观地评价了这个按照《建立国家公园体制总体方案》在全国明显改革
领先的先行先试，但这个过程中因先行先试难免的程序瑕疵被一些权力机构在不明真相的
领导的批示下小题大作，导致相关试点半途而废。这种做法显然违背 "三个区分开来"
（2016 年，习近平总书记明确提出 "三个区分开来"。2020 年，党中央印发了修订后的
《中国共产党党员权利保障条例》，明确规定要 "把党员在推进改革中因缺乏经验、先行先
试出现的失误错误，同明知故犯的违纪违法行为区分开来；把尚无明确限制的探索性试验
中的失误错误，同明令禁止后依然我行我素的违纪违法行为区分开来；把为推动发展的无
意过失，同为谋取私利的违纪违法行为区分开来"） 的要求。

的体制改革难点。① 在这个过程中，要充分整合并借鉴地方经验②，如创新要素配置（如国家公园环带）和打造符合生态产业化要求的新业态，正式设立的国家公园和国家公园创建区的一些痼疾就可能找到对症药，减少国家公园设立和运行的障碍，推动实现2035年基本建成"全世界最大的国家公园体系"目标才可能在不降低质量的情况下按期完成。

① 具体参见《国家公园蓝皮书（2021~2022）》附件2《从冲突到共生——生态文明建设中国家公园的制度逻辑》。
② 本书多次提到，一些被中央部委和宣传机构推荐的先进案例，其实有超出常规的扶持措施和政治影响考虑，其发展方式不仅借鉴性不强（并没有破除现实约束、创新发展方式的独特思路），也较少可复制性（获得了大量的财政资金支持，如果没有这些资金，其经济效益就乏善可陈。其他没有获得这种力度资金支持的地方难以采用这种发展方式）。本篇第二部分的四个案例均无特殊的资金支持和政策扶持。

第一部分
深化改革的关键举措

第20章
中央事权的加强和园地的合理分工与各尽所长

国家公园体制改革是对国家公园这一以提供生态产品或生态服务为主导功能的国土空间治理体系的重构，即破解既往要素式管理"一地多牌、多头管理"和"层层委托、属地管理"的问题，通过系统的事权调整，构建基于山水林田湖草沙冰生态综合体系统管理模式下统一的类垂直管理体制。对于第二篇总结的国家公园在处理人地关系和园地关系上的若干关键问题，需要通过两方面措施解决：一是适度加强中央事权；二是在操作层面细化园地之间的事权划分，实现园和地的合理分工以各尽所长。

20.1　中央事权的适度加强

国家公园体制改革的目标之一是适度加强中央事权，避免中央该承担的责任没有落实到位的问题。可以从三个方面来看：一是决策方面，第一批国家公园正式设立已约三年，三江源、大熊猫等国家公园的"三定"规定至今尚未出台，国家公园管理机构开展工作的依据不足，在各个国家公园管理局的分局以下越是临时抽调的工作人员，越是困惑和迷茫，部分关键工作处于暂时维持状态。又如，针对自然资源资产管理权、特许经营等重大改革事项，中央层面应该在试点基础上出台明确的实施意见，以减小国家公园管理机构的改革阻力并控制风险，但是目前相关进展不明显。二是财政事权方面，对处理矿业权、小水电退出等历史遗留问题财政事权如何划分、资金应当由谁出还不明确，也曾出现中央的国家公园专项资金结余较多，而地方政府处理关键问题却资金匮乏的局面。三是协调方面，跨省国家公园多数是各省自主推进，中央层面管理机构牵头的协调机制还不完善，有些国家公园即便号称做到了"一园一法"上的省际协调，其实也与中央协调无直接关系。针对这些问题，应当在以下三方面继续深化改革，强化中央的事权履行责任。

首先是机构设置和重大改革事项方面。《总体方案》中早已明确国家公园机构设置为中央事权，但是受各方面因素的影响，实际改革推进较慢——第一批国家公园中的多数在二级分局层面还维持试点阶段的架构，这无疑在很大程度上影响了国家公园建设的进程。重大改革事项方面，中央层面应当及时总结试点经验，在《国家公园管理暂行办法》的基础上出台一系列暂行办法以指导后续工作，并且建立容错纠错机制，给想干事、把改革任务落到实处的干部吃"定心丸"，否则可能出现因为缺乏上位政策法规而难以继续推进改革的局面。其中最为关键的有国家公园自然资源资产管理、国土空间用途管制、资源环境综合执法、特许经营与市场监管等几个方面。前三项因为与国家宏观层面的相关体制改革同步推进，很多工作还在探索过程中，国家公园内的相关工作还没有文件规定进行明确指导；特许经营在自然保护地领域则是相对的新生事物，三江源等少数国家公园做了试点探索，但是因中央层面没有及时给予充分肯定，当前这项改革暂时陷入停滞。

第二是财政事权方面，应该调整中央层面国家公园资金支出结构，专项资金向矿业权和小水电退出、集体林各类历史遗留问题的处理与引导社区发展绿色转型倾斜，逐步补齐地方政府的资金缺口。当前，中央层面国家公园资金主要是指中央财政通过林业草原生态保护恢复资金安排的用于已设立和创建中的国家公园候选区的相关支出，局限于资源保护和管理相关的项目，无法用于解决历史遗留问题、引导社区发展等对国家公园建设成效也至关重要的事项。[①]

第三是跨省国家公园的统一协调方面，需要中央层面牵头，即构建中央统筹、省际协调的"决策—执行—监督"协作治理机制。具体而言，明确

---

① 如美国国家公园管理局专门设置土地征收专项资金，用于解决国家公园的土地权属问题。

国家林草局与跨省国家公园所涉省份人民政府联席会议为该国家公园重大事项的决策平台和监督考核平台，明确联席会议机制成员构成、组建核心领导小组，主要工作任务是研究制定重大政策、重大战略、重大方针和重大管理措施，负责审议中央预算和资金安排、建设项目和年度投资计划等，负责各省管理局班子成员的考核评价。设立联席会议机制办公室作为领导小组的常设办公部门，可以在国家林草局设立相关省的专员办，主要负责日常联络、协调统筹，及时跟进督促各省管理局工作，推动日常的监督考核工作，管理统一的信息平台。联席会议办公室的人员可以是国家林草局专员办相应增加的编制，设立专门的部门；也可以由国家林草局和各省选派或聘任，积极探索开放灵活、互联互通的干部选用和激励机制。建立完善的监督机制，在联席会议制度章程中予以明确规定，承认联席会议及会议机制办公室的监督考核权力与责任。成立统一的国家公园专家咨询委员会，由联席会议办公室统一管理，主要负责在国家公园生态保护修复、项目设置、科研监测、社区经济活动等决策方面提供专业咨询，推动国家公园科学保护与合理利用。

20.2　园地合理分工与各尽所长

应进一步梳理和划分国家公园管理机构与属地政府之间的关键事权，从实践中避免延续原自然保护地体制下的条块管理方式，进一步落实国家公园机构的统一管理。如国家公园全民自然资源资产管理权仍分别由地方政府的自然资源、农业、水利部门行使，执法权分别由地方的生态环境、自然资源、林业、水利等部门行使。此外，社区和产业发展事权在园地事权间也划分不清晰，实践中出现保护和发展脱节的问题。解决这些问题，首先需要以山水林田湖草沙冰生态综合体统一管理为基本原则，由国家公园管理机构对国家公园范围内的**资源环境进行统一管理**，自然资源、生态环境、水利等部门进行外部监督；然后需要以"园"依托"地"加强保护、"地"依托

"园"绿色发展为原则①，对国家公园管理机构与属地政府之间的事权进行划分。

目前顶层设计文件中，将相关事权划分为园、地事权，但是有很多事项却是二者的共同事权，所以需要改变当前园地事权二分现状，增加园地共同事权。对于共同事权，应当根据影响程度，按事权构成要素、实施环节，分解细化园地各自承担的职责（图20-1）。本书对自然资源资产管理、国土空间用途管制、资源环境综合执法、特许经营与市场监管、社区和产业发展、防灾减灾等实践中园地之间权责划分较为模糊的几个方面进行分析。

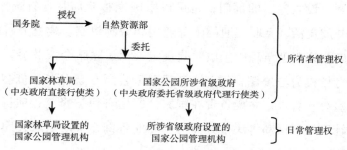

图20-1　国家公园范围内全民所有自然资源资产管理权划分

资料来源：作者自行绘制。

自然资源资产管理方面，国家公园范围内，全民所有自然资源资产所有者职责，部分职责由自然资源部直接履行，部分职责由自然资源部委托国家林草局（中央政府直接行使类）、省级政府（中央政府委托省级政府代理行使类）代理履行。在日常的运行管理中，由国家林草局或者省级政府设立

---

① 即国家公园管理机构主管保护并协助属地政府转型发展、属地政府主管发展并协助国家公园管理机构加强保护。提出这种原则是基于以下两方面考虑：一是只有国家公园管理机构才能体现"生态保护第一"和"全民公益性"理念，"以发展为第一要务"的地方政府要体现这种理念必然出现激励不相容的情况，且地方政府较难发展起真正的生态旅游这样的绿色业态，需要国家公园的相关资源助力实现劳动者、劳动对象、劳动资料的创新才能形成新质生产力（具体原因参见本篇第二部分的分析）；二是地方政府在国土空间用途管制、资源环境综合执法及社区和产业发展方面优势明显（如改革后属于地方政府的森林公安就是国家公园不可或缺的执法力量），国家公园管理机构行使保护职能更需要依托地方政府。

的国家公园管理机构，履行全民所有自然资源资产的日常管理权，即负责自然资源资产的调查监测、清查统计、台账管理、价值评估、有偿使用、收益管理、资产核算、资产报告、资产负债表编制等具体事务。

自然资源资产管理的二级事权包括调查监测、确权登记及有偿使用和权益管理。调查监测方面：①按照《自然资源调查监测体系构建总体方案》，自然资源部门负责"六个统一"，国家公园管理机构按要求负责管辖区域内各类自然资源调查和监测的组织实施。②国家公园范围内的基础调查和常规监测由国家公园管理机构负责，专项调查和专题监测可通过购买服务的方式由专业机构负责。③国家公园调查监测信息纳入全国自然资源信息系统。确权登记方面：依据《自然资源统一确权登记暂行办法》，中央直管的国家公园管理机构向自然资源部提交确权登记申请和相关材料，由自然资源部组织实施；中央委托省管的国家公园管理机构向省自然资源厅提交申请和材料，由自然资源厅组织实施。全民所有自然资源资产的有偿使用和权益管理方面：依据《关于统筹推进自然资源资产产权制度改革的指导意见》，需要"健全自然保护地内自然资源资产特许经营权等制度，构建以产业生态化和生态产业化为主体的生态经济体系"。这一方面主要是国家公园管理机构负责推进特许经营相关事项，自然资源部门主要履行外部监管职责。

国土空间用途管制方面，国家公园管理机构可以通过直接或者间接的方式实现国土空间用途统一管制，即：①通过权力划转的方式由国家公园管理机构直接统一管制；②通过设置前置审批权的方式，由国家公园管理机构实现间接统一管制。二者的异同见表20-1。我国国土空间用途管制制度仍然在改革过程中，虽然已经明确由自然资源部门统一行使，但是当前仍然分散在自然资源、林草、水利、生态环境、农业农村等部门。所以在过渡期，可以考虑设置前置审批权的方式。远期来看，条件成熟时成立中央层面的国家公园管理局可以代表中央直接行使全民所有自然资源资产所有权和国土空间用途管制权。

表 20-1　国家公园管理机构直接和间接统一行使国土空间用途管制权的异同

异同点		由国家公园管理机构直接统一行使	通过前置审批权的设置，间接实现国家公园管理机构统一行使
区别	行使主体	国家公园管理机构	国家公园管理机构与各级政府自然资源管理部门
	管制强度	强	相对较弱
	改革难度	相对较大	相对较小
	改革内容	需要建立一套由国家公园管理机构执行的用途管制制度	只需前置审批，把控各类用途的影响程度。具体的管制细节由相应层级的自然资源管理部门具体执行
相同点		所有国土空间用途管制都必须遵守国家公园相关规划，国家公园管理机构对国家公园范围内所有活动进行监管	

资料来源：作者自行整理。

资源环境综合执法方面，授予国家公园管理机构必要的综合行政执法权。独立的综合行政执法权，是国家公园管理机构有效履行资源环境保护职能的前提。同时，国家公园的综合执法权不应该是"全面的"，而是"必要的"。生态环境行政执法事项繁多，涉及大量的法律、行政法规和部门规章，从执法的专业性、执法成本等因素考虑，国家公园管理机构没有能力也没有必要行使全部资源环境执法事项的执法权。将专业性程度适宜、在基层发生频率较高、与人民群众日常生产生活关系密切、多头重复执法问题较为突出的行政处罚事项交给国家公园综合执法机构，其他的执法事项仍由地方生态环境综合执法部门行使执法权，可以更好地兼顾执法的专业性和经济性。此外，还需要加强国家公园与地方政府行政执法工作的协调协同。一是共同确定国家公园执法事项，明确国家公园综合行政执法目录（包括执法对象、措施、执法依据及执法方式），并纳入国家"互联网+监管"系统监督管理事项目录清单进行管理；二是共同确定国家公园执法协同机制，推进违法线索证据材料、执法标准、处理结果的互通、互认，协调建立联合执法制度，明确各方协作配合工作机制，探索资源环境领域行政执法与刑事司法工作的协同联动；三是共同建立统一的数字化行政执法平台，将国家公园行政执法系统融入地方数字化行政执法平台建设中，运用大数据、物联网、云计算、人工智能等技术，推动行政执法数据归集和共享、统计分析、预警研判、联动指挥，实现全流程在线监管执法。

特许经营与市场监管方面，由国家公园管理机构作为独立的民事法人主体，依据《合同法》对特许经营合同中约定的产品或服务数量、质量和价格对特许经营商进行管理。这是合同管理的范畴，此时国家公园管理机构与特许经营商是平等的民事法人主体，双方都有义务履行合同并承担违约责任，双方的纠纷则以合同约定的仲裁或诉讼方式解决。由于合同条款不得违反《食品安全法》《价格法》等法律规定，所以这种基于合同的管理实际上已经可以阻止大部分涉及质量和价格的违法行为，保证经营活动在法律允许的范围内进行，维护消费者的合法权益。一旦涉及因食品安全、产品质量安全或特种设备安全引发的人身伤害或者纠纷，需要依靠专业的检验检测机构来确定侵权责任的，由地方政府市场监管部门行使检验检测和行政处罚权。电梯、索道等特种设备由地方市场监管部门行使日常监管权，国家公园范围内商户的注册登记、信用监管等其他市场监管事项，由市场监管部门履行综合行政执法职责。

社区和产业发展方面，①国家公园管理机构事权：引导社区产业转型，推动绿色发展；推动建立特许经营制度和国家公园品牌增值体系；吸纳国家公园范围内和周边社区居民参与国家公园生态管护、生态旅游和特许经营项目；开展社区居民的就业引导和培训。②国家公园管理机构和地方政府共同事权：推动乡村建设（包括乡村规划、农村道路建设、农村防汛抗旱和供水保障、乡村清洁能源建设、农村人居环境整治、农村精神文明建设等），建立共同治理体系（包括共同治理结构中的权利和收益分配制度创新、构建集体成员之间的互相监督和惩罚机制等），推动农村新型经济合作组织建设和产业经营模式改革，推动农村基层组织建设；③地方政府事权：国家公园范围内和周边社区的基础设施建设、基本公共服务提供、社会管理和市场管理等社区发展事项，均应划归地方事权。社区因为国家公园建设而失去发展机会造成的损失，包括基本公共服务能力不足、生产生活受到影响等，通过中央对地方的一般性转移支付进行补偿。国家公园管理机构不负责补偿这类损失。在双方共同事权中，国家公园管理者需要投入大量的精力与地方政府和社区进行沟通和协调，共同探索出一条绿色发展之路，并建立互信机制和长期合作机制，这对国家公园管理者的能力和素质提出了很高的要求：既要有较强的协调沟通能力，又要有市场经营意识，同时要具备"创新、协调、绿色、开放、共享"的发展理念和开拓进取的精神。这在现阶段无疑是一个高难度的挑战。

防灾减灾方面，以森林草原防灭火为例[1]，国家公园管理机构负责预防，地方政府负主体责任和扑救以及灾后处置。森林草原防灭火事权包括预防阶段、扑救阶段和灾后处置阶段。预防阶段的森林草原火险区域等级标准的制定、防火规划和应急预案的编制、火情预警监测、火源火种检查、防火宣传、防灭火队伍建设、防火基础设施建设、防火装备的配备、防火物资储备以及防火指挥信息系统建设等，扑救阶段的森林草原火灾扑救和人员疏散，灾后处置阶段的火灾损失调查评估和统计、扑救人员的误工补贴和生活补助、火烧迹地植被恢复等。将国家公园范围内日常火情预警监测，对居民、访客的日常防火宣传，对居民、访客的日常火源火种检查，半专业消防队伍建设，国家公园范围内的火情瞭望和监测设施、防火隔离带、防火道路、防火物资储备库（站）等的基础设施建设，航空消防能力建设，日常防火交通工具、灭火器械、观察和通信器材等装备的配备，一般森林草原火灾的防火物资储备，火险预警平台建设和维护、日常防火信息共享平台，一般森林草原火灾的即时扑救，国家公园范围内火灾损失调查评估和统计、火烧迹地植被恢复等事项，划归国家公园管理局事权。地方政府承担灾害防治的主体责任，主要职责是指挥系统和应急体系建设，以及防灭火责任制的落实。应当发挥"林长制"组织功能，在"林长"的统一领导和组织下开展协同工作。建立森林草原防灭火责任制度，将森林草原防灭火工作纳入相关的目标考核管理机制。

---

[1] 这方面的具体改革历程和海南省的经验参见附件6。

第21章
国家公园的生态产业化路径
及其社会参与方式

——基于新质生产力视角

处理好人地关系和园地关系的本质都是处理好保护与发展的关系。如果"实行最严格的保护"的国家公园及其周边实现了生态产业化，就有利于处理好这种关系，这显然是传统的发展方式难以实现的，推动国家公园及其周边发展新质生产力就成为"保护难，发展也难"的两难之中的出路。探索这条出路，既需要理论分析，也需要案例归纳，本章就是理论层面的分析，第三篇第二部分则是不同情景下各地初露端倪的案例呈现及其未来的发展方式设想。

21.1 国家公园生态产业化中存在的"两个反差"
及其在三江源的现实体现

21.1.1 国家公园生态产业化普遍存在的"两个反差"

中国国家公园的三大理念是国家代表性、生态保护第一、全民公益性①，分别反映了国家公园的资源价值及其兼具生态、社会效益的特点。若要统筹实现国家公园的社会—生态福祉，则不能照搬其他区域的发展方式，如乡村振兴中的以产业兴旺带动生态宜居和生活富裕，这是因为对产业发展而言，国家公园首先意味着国土空间用途管制，其内部普遍存在"两个反

---

① 引自《总体方案》。

差"：①**自然资源价值高和资源利用限制多的反差**。国家公园及其周边（包括内部的"天窗"）的自然资源价值高、组合程度高①，可能是某些产业发展的优质资源。但从产业发展角度看，国家公园也面临严格的国土空间用途管制、自然资源的使用限制。②**自然资源价值高和产业要素配置水平低的反差**。第一个反差使绝大多数产业的发展受到限制，即便是保护政策所允许的绿色产业，也需要配套相应的生产要素以保障产业发展。但国家公园内及其周边的产业要素难以配套齐全②，以致绿色产业难以培育或可持续性差，国家公园较高的自然文化遗产资源价值难以有效且持续地转化为较好的经济效益。

基于"两个反差"，国家公园的产业发展首先要突破国土空间用途管制的约束，生态产业化因此成为国家公园绿色发展的主要方式③：在对资源尽可能少的消耗性利用、对环境尽可能小的扰动条件下④，通过选择特色产业或业态，将资源环境的优势（绿水青山）转化为产品品质的优势，并在品牌

---

① 具有生态系统最重要、自然景观最独特、自然遗产最精华、生物多样性最富集的"四个最"特征，拥有山水林田湖草等多类自然资源要素，也有大量具有国家代表性的文化遗产资源。

② 产业发展需要的建设用地、交通条件以及较高水平的人力资源、金融支持等，往往由于保护政策的限制和地处偏远难以配套齐全或达不到现代化产业发展所需的水平。

③ 以三江源国家公园为例，如果不改善、提升传统的经济产业结构和生产生活模式，传统游牧的经济生产和生计模式对草地生态的影响将持续存在。传统畜牧业主要依赖不断扩大生产规模来增加经济收入，而生产规模的扩大将导致人畜矛盾突出，加速人与环境关系紧张。同时，受环境承载力约束，三江源地区畜牧业规模有限，基本只能维持牧民最低限度的生活，商品化利用的空间十分有限，虽然具有绿色高品质农畜产品的优势，但难以形成组织化程度很高的生产经营模式，也难以形成产业链条长、附加值较高的大规模农牧业生产龙头企业。此外，由于生态条件和环保政策限制，以及畜牧产品增值的基础性条件差、对外交往便利程度低而导致的交易费用约束，与地理环境相关的资源开发成本约束，资源要素匹配状态导致的产业发展约束等，其他产业进入受到严格限制，经济增长徘徊不前。2020年底，黄河源头地区人均可支配收入16500元左右，发展不平衡不充分的矛盾十分突出，改善民生的任务仍然十分艰巨。因此，要跳出区域局限和传统的人地关系模式，从更大范围更高层面实现生态产业化，推动形成人与自然和谐共生的关系。

④ 例如，真正的生态旅游并非像大众观光旅游那样要建设诸多基础设施和吸引大量浅尝辄止但经济贡献不大的游客，其业态产生的环境扰动是很小的，这包括开辟越野和徒步专线，选择无建筑的安全帐篷营地，完善自然知识和道路标识系统，修建临时避难补给（转下页注）

体系等规范的市场监管和推广平台下获得价格和销量的优势（金山银山），形成国家公园体现"两山"转化的新质生产力。在这个过程中，还需要构建与生产力相适应的生产关系，形成政府、企业、社区与公众、非政府组织等的多元参与局面，实现"两个确保"、充分彰显国家公园的社会—生态福祉：①确保特色产业发展所需要的高水平产业要素能配齐、能应对市场波动，使产业实现可持续的增值发展；②确保这个过程能构建高效的要素组合、各方参与的形式和公平的惠益分享机制——生产关系，在生产力稳定发展的同时使社区因为保护而得利、公众通过特色产业分享国家公园的保护成果、企业能可持续地组合产业要素并为社区和公众提供惠益。"两个确保"的前提是因地制宜地设计满足生态产业化要求的新业态并确定合适的社会参与方式，即便在多数国家公园有一定产业基础的旅游业（往往也被表述为国家公园游憩）——在很多地方被视为国家公园生态产业化的主要形式，在"两个反差"下必须压缩大众观光旅游规模、向生态旅游转型且要调整各方参与方式，但这种转型过程存在诸多共性难点，需要因地制宜地设计满足生态产业化要求的新业态并确定合适的社会参与方式。

21.1.2　"两个反差"的案例体现——三江源国家公园黄河源园区

仅就合乎保护政策的绿色产业的发展基础条件而言，三江源国家公园黄河源园区比较典型地反映了国家公园产业发展的"两个反差"①：①自然资

（接上页注④）和救援报警点，实施进入预约登记和专业向导系统，严格零废弃和无痕山林管理等。这些体验活动，如果在资源价值一般且基本没有安全风险的郊野公园中开展，可以是低收费的，以体现全民公益性；如果在国家公园中开展，以特许经营的方式实现，可以进行较高收费，由专业科学向导队（保证科学体验和安全体验）并吸纳原有居民提供交通餐饮等服务，以尽可能小的环境扰动（甚至是环境保护方面的正面贡献）获得较高收益并促进原有居民增收。

① 黄河源园区生态体验是全国国家公园发展的翘楚，以其为例只是说明领先者都仍然存在"两个反差"。除了基础设施外，全国其他国家公园条件大多不如黄河源园区，其"两个反差"会更加明显。

源价值高和资源利用限制多的反差：其矿业资源乃至畜牧业资源的利用都有严格的限制①，只有生物多样性资源有可能被合规利用。②自然资源价值高和产业要素配置水平低的反差：黄河源园区发展生态影响低、以野生动物观赏及相关体验为核心的生态旅游，可以减弱第一个反差。但黄河源园区自2020年开始以特许经营项目试点的形式开展生态体验时，其面临的第二个反差就很明显：软硬件设施匮乏、人力资源短缺、产业配套不成熟，加之疫情、地震等影响，导致生态产业化的规模一直有限。

　　首先，基础设施条件不佳，难以满足基本住宿需求。一方面，玛多县城的酒店是黄河源生态体验的基本选项，但该县城到2023年时，也只有3家小规模酒店（日接待能力最高不足500人），弥漫式供氧②无法保障，导致黄金时段③难以满足已经被严格限制规模的生态体验访客的住宿需求。另一方面，观兽的最佳时间为夏季的晨昏，最好的选择是在黄河源园区内设置露营地（无需固定设施的修建），但目前园区内没有露营、帐篷基地等，所以无法提供该选项，导致了生态体验产品的独特性和吸引力不足。④与业态发展相关的软件条件也不佳：黄河源园区访客中心建成后，其类似博物馆的布展等工作未能开展，园区内部缺少科普设施及内容（如没有定点观察点和科普展板等）。这些软件的匮乏，导致业态发展只能依靠特许经营项目试点单位的小规模团队向公众传达生态保护知识与本地文化，而大多数社区牧民无法经过短期培训后担任科学领队或

---

① 在改革开放初期，黄河源园区所在的玛多县人均收入曾位列全国第一（当时以户均牛羊折价计算。1982年，玛多县总人口仅为8954人，而人均占有牲畜达到了90多头（只），当地人均收入超过500元，达到全国人均收入125元的4倍以上，曾经连续三年位居全国人均收入第一。20世纪90年代，过度放牧和全球气候变暖导致玛多县自然生态环境急剧恶化，草场沙化、退化、湖泊干涸，在大范围禁牧和控制草场载畜量后，玛多反而成为国家级贫困县。致贫主要原因有三：传统畜牧业生产的规模因为保护原因被严格控制；没有新业态且发展新业态缺技术、缺资金、缺人力资源；牧民自身发展动力不足。后来的超载放牧等多种因素使草场荒漠化情况严重。

② 从人居环境角度，黄河源园区气候环境恶劣（平均海拔4500米以上，氧气稀薄，年平均气温-4℃），酒店房间内提供弥漫式供氧可以缓解游客不适。

③ 黄河源园区高海拔、低气温，考虑大众的舒适度与安全性，7~9月是黄河源的最佳到访期。

④ 尤其相对肯尼亚等非洲国家和尼泊尔等也以观兽为业态主要吸引物的国家公园而言。

讲解员，这也明显削弱了特许经营试点的公益性。①

第二，黄河源园区的科研成果转化不足，这也是政府管理角度对业态需要的科普内容输出不足的原因之一。一方面，黄河源园区及其周围的产业基础较差，加之自然资源使用上的严格限制，导致科研成果难以在该区域进行中试、转化，科研成果与园区产业发展的关联性不高；另一方面，在产业实践中引入科研创新成果的要求及社会化接口较少，导致科研单位常常罔顾园区业态发展的科普需求。

第三，人力资源短缺体现在运营管理的专业人才和落地执行的社区人力资源短缺两方面。①以野生动物 SAFARI 生态体验为例，这类多要素组合的业态对专业策划人才的需求远比大众观光旅游复杂，黄河源园区乃至全国大多数自然保护地的管理人员可能也需要培训上岗，遑论社区原住居民。国家公园的生态体验最终是为公众服务的，市场需求是项目从路线选择到要素组合都应考虑的重要因素，而企业正是政府与市场的纽带，管理机构可以稳定的政策支持与初期的资金补贴或政府采购助力专业公司从业态设计开始打造新产品。②社区原有牧民发展新业态的能力不足，不必说复杂的业态设计和要素组合，即便只是作为整合好的产品中的人力资源常常也难敷需要。例如，2023 年在三江源国家公园黄河源园区特许经营试点项目中，共有 308 名社区居民以不同身份参与运营，参与者大多从事歌舞表演、驾驶和做饭等工作，其中大多数人表示难以完全胜任岗位要求。把大量牧民从传统畜牧业中转移出来参与三江源国家公园管护和生态旅游，可以减轻畜牧业对环境的压力，实现高水平保护和高质量发展的统一，但当地的人力资源目前还难以满足生态旅游业态的需要。

第四，黄河源园区的生态体验活动的交通方式是小车成队②，但玛多本

---

① 与本书中分析的丹霞山国家公园创建区的"研学导师—志愿者—原有居民"多层次生态旅游人力资源体系对比。

② 一般是每个车队 3~6 辆车，非向导车的每辆车含驾驶员 4 人，其中游客 3 人；向导车游客 2 人、解说员 1 人。所有车辆均为当地社区的越野车，这一方面是出于安全和生态保护需要（尽量不引入外部车辆以控制环境影响），一方面也是为了尽可能使当地社区居民参与受益。

地没有专业的车队，当地社区牧民的车辆因为车型不统一、性能不统一难以成为规范的服务运营车辆，且牧民车辆原则上不具备合法合规的运营资格，因此交通工具也成为一个要素短板。

综上所述，第一个反差决定了国家公园必须以生态产业化作为产业发展的主导方向，而第二个反差则说明，国家公园必须补齐产业要素短板、优化要素组合以释放乘数效应，才能实现生态产业化。

21.2　国家公园生态产业化的"两个难点"

21.2.1　难以设计出将资源环境优势转化为产品品质优势且能较好地实现各方参与的新业态

新业态指可以较好地实现生态产品价值且符合保护政策的新产业或既有产业的新业态，地方政府、国家公园管理机构和企业要共同设计出并运营好符合生态产业化要求的新业态，而原有居民作为生态保护的第一线人员，只有从新业态中实现公平惠益分享，才能产生保护动力，从而实现发展反哺保护。从经济学角度解释，这相当于在国家公园的社区中重构生产力和生产关系——本质上就是发展新质生产力。

从产业发展角度看，国家公园生态产业化的过程包括规划产业发展方向、选定细分业态、设计要素组合、形成生产关系、规范和推广核心产品等环节。对于国家公园而言，基于"两个反差"，必须设计出能实现"两山"转化且符合市场需要的特色产业，且这种特色产业发展往往还需要接受各种环保督察的检验[①]和市场培育期的考验，所以一般只能"以点带面"，通过小而精的示范性试点项目摸索保护政策允许的边界并培育新业态。

---

① 在中国国家公园发展中，"旅游"曾经是敏感词因而在各种文件、管理办法中被游憩或生态体验等词替换。本来在全国领先的三江源国家公园黄河源园区的生态体验特许经营试点项目就因为前文提到的"左"倾做法被整改而夭折。

基层地方政府和国家公园管理机构作为管理者，理应是培育新业态的基础性力量——完成产业规划、制定项目试点政策等基础性工作。但与市场主体相比，管理者对生态产业化的产业规律和市场需求往往缺少精准认知，加之推进生态产业化缺乏项目模板及因地制宜的调整方案，所以其在业态设计以及通过招投标等程序选择实施企业时容易出现偏差。以游憩为例，目前由于国家公园体制改革还在进行中，地方政府和国家公园管理机构的事权划分还比较模糊。地方政府大多习惯于既往以人流规模衡量业态发展的模式，追求豪华、奇特的基础设施建设，罔顾或无力开发以自然文化遗产资源的系统深度体验为核心吸引物的生态旅游等业态；国家公园管理机构则因为没有发展的动力和缺少必要的产业要素组合手段，也疏于将保护性基础设施（如野生动物繁育救助中心、博物馆、天文馆等）等与生态旅游等新业态结合起来。双方较难合作吸引专业公司设计并运营新业态，而没有真正的生态旅游也就难以体现国家公园"四个最"带来的资源环境优势和产品增值。

21.2.2　难以配齐新业态所需的高水平产业要素

从产业要素角度看，新业态的发展需要在满足市场竞争需求的情况下（即以合适的成本）配齐基础设施和相关软件（如生态旅游的线路勘察和自然教育手册）、人力资源（如研学导师队伍）、管理体系（如销售平台、品牌体系、志愿者招募管理机制）等要素或补齐要素短板。但亟待生态产业化的区域往往属于欠发达地区，所以其在供给现代化产业要素方面有明显不足。

具体而言，一方面是欠发达地区满足新业态需要的基础设施不足或基础设施之间未能从产业的角度形成良好配合[①]，另一方面是相关的软件基础设施也不足。加之缺少产学研联通渠道，科研单位等产出的科技成果难以直接支撑业态发展。而且绝大多数国家公园地处偏远，社区居民文化程度整体不

---

① 例如，部分自然教育中心、访客中心、博物馆、天文馆等基础设施在建设时未能全盘统筹，这就可能造成基础设施用途单一、设施闲置、资源浪费等问题。

高，在没有外部力量介入培训的情况下，难以成为满足业态需要的人力资源，外部的志愿者批量规范进入并成为业态重要支撑的前提是完整的制度建设——这些对绝大多数国家公园而言竟告阙如。

21.2.3 大熊猫国家公园大邑片区的"两个难点"

大熊猫国家公园成都管理分局大邑片区云华村从大众观光旅游向生态旅游转型的过程较为典型，体现了国家公园生态产业化的"两个难点"。云华村拟以自然教育的方式实现业态升级，但仅靠自身力量无法培育出这样的业态和有市场竞争力的产品，而只能模仿全国常见的自然教育产品（本质上仍是大众观光旅游），这样的产品在任何拥有较好生态资源的地方都能实施，缺乏独特性和吸引力，在成都周边这样市场竞争较激烈的区域很可能难以生存。

自然教育的产业化离不开独特资源的挖掘和富有深度的主题策划，追求"大而全"反而事倍功半。常见的情况是软硬件要素配置均不齐全而导致项目难以落地。在硬件要素上，云华村自然教育中心在建设时没有考虑到运营需求，导致空间布局与功能需求不匹配，内部更是缺乏必要的设施，无论是面向大众的体验活动，还是专业培训，都难以在此进行。在软件要素上，首先，云华村在自然教育内容的独特性、丰富性上存在不足，除了巡护小径的徒步活动外，缺乏生态体验项目，难以有效吸引和留住访客；其次，除了本地居民外，缺乏较高层次的人力资源，自然教育的效果完全依赖带领访客的导赏员的能力，且只能小规模、个性化地开展；再次，云华村曾与公益组织合作开展过零星的志愿者活动，但由于没有形成志愿者招募和管理体系，这种活动的志愿者不可能成为自然教育业态合格且低成本的人力资源来源。为突破生态产业化的发展瓶颈和解决要素支撑问题，云华村拟以合作社与企业成立合作公司的形式搭建社会参与平台，整合在地社区、企业员工、非政府组织、志愿者等多方力量实现业态的升级，以克服"两个难点"。[1]

---

[1] 案例的展开说明见本篇第二部分"新业态设计及相关基础设施建设——以大熊猫国家公园大邑片区手作步道为例"。

21.3　发展新质生产力，破解"两个难点"、 形成"两个确保"

21.3.1　以新质生产力破解生态产业化难点

习近平总书记在主持中共中央政治局第十一次集体学习时指出："发展新质生产力，必须进一步全面深化改革，形成与之相适应的新型生产关系。"[1] 新质生产力是由技术革命性突破、生产要素创新性配置催生的先进生产力形态，兼具产品因形态或品质获得持续性增值和资源环境友好特点。国家公园的生态产业化就是典型的新质生产力，可以在"两个反差"的情况下，通过发展新质生产力破解国家公园生态产业化的"两个难点"。但无论是业态设计还是要素补齐，都离不开生产力中最活跃、最具决定意义的因素——企业的参与，尤其是在国家公园自然资源使用受到限制、业态设计难以突破、要素补齐可能遭遇市场失灵的情况下，更应优化生产关系层面的营商环境，进而引导专业程度较高的企业介入，将其作为带动新业态设计、补齐产业要素以及形成原有居民公平惠益分享机制的主要力量。本书将"两个反差"和"两个难点"的关系及破解难点的思路总结如图 21-1。

21.3.2　以游憩为主要形式的国家公园生态产业化中的生产力和生产关系构建案例

符合保护政策要求的游憩，在国家公园内有三个特点：①空间有限，通常只能在一般控制区，且游客人数、活动范围和方式明显受到环境容量限制；②从生产力角度尽量开发必须依托国家公园顶级资源的系列、深度体验的生态旅游业态（科普研学、自然教育、特种运动等），丰富业态中的参与

---

[1]　《加快发展新质生产力　扎实推进高质量发展》，《人民日报》2024 年 2 月 2 日，第 1 版。

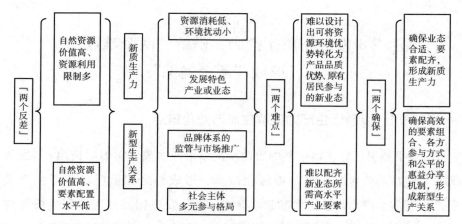

图 21-1　国家公园实现生态产业化的"两个难点""两个反差""两个确保"

资料来源：作者自行绘制。

性内容（如标本制作、个性化星座识别拍照等），甚至形成产业串联（如茶旅融合，通过茶生态、茶文化的体验带动茶叶销售），产业链全程都用国家公园品牌体系进行规范和市场推广，获得明显的增值；③从生产关系角度以专业化的公司整合志愿者和原有居民，在补齐生态旅游需要的人力资源短板的同时，使原有居民参与经营并公平获益。这种形式在广东丹霞山国家公园创建区已经初露端倪：其有规划、有体系[①]，从小规模试点开始，在硬件上完善了博物馆、科普教育径、科普游步道，在软件上研发了《丹霞地貌与中国丹霞》《红石头的故事》《夜观丹霞秘境》《国宝丹霞》《生态观鸟》《天文观星》等 200 多个精品课程和 9 条生态旅游线路，建立了完整的科普解说系统和志愿者参与机制，并系统培训了原有居民，使其中部分简单业态（如民宿和餐饮）的经营者能通过生态旅游服务获得收入并增加原有业态的

---

① 丹霞山风景名胜区管委会牵头制定了《韶关丹霞山自然教育发展总体规划（2020—2030）》，丹霞山入选 2021~2025 年第一批全国科普教育基地、进入韶关市多个县区的国民教育体系，如《2020 年乐昌市中小学校推进社会主义核心价值观"进教材、进课堂、进头脑"工作方案》明确提出充分发挥丹霞山等研学资源作用，广泛开展中小学生研学实践活动，把社会主义核心价值观内容融入综合实践活动课程，并在多个年级的教学计划中安排丹霞山的自然教育课程，显著提高了丹霞山生态旅游业态的客源保障水平。

客源。丹霞山风景名胜区管委会支持的民办非企业组织（丹霞山研学实践中心）以市场化的方式运作整合，基本解决了"两个难点"。

从单纯的大众观光旅游到大众观光旅游和生态旅游（在丹霞山被称为科普研学）兼具，丹霞山在与其他旅游景区竞争中有了特色差异化产品。在丹霞山每年接待的约300万人次旅游者中，超过1/10会停留过夜并成为生态旅游者，人均收费较高的生态旅游不仅以较小的人流获得了较高的产值，也因游客停留时间延长、研学相关需求增加和回头客增多（每年课程不同）显著提高了旅游"吃住行游购娱"全产业链的产出，使得丹霞山的生态产品价值成为旅游业的首要增值因素，提高了原有居民的餐饮住宿等游客接待收入，公众在丹霞山的体验常去常新，总体实现了"两个确保"。显然，这种国家公园游憩初步实现了生态产业化，使社会—生态福祉在新质生产力发展中得以统筹实现。

21.4 国家公园实现生态产业化的共性经验

总结国家公园生态产业化"两个难题"和"两个确保"的实现路径，可从生产力和生产关系两方面提炼出经验。

一是构建多样公平的社会参与通道，改善符合生态产业化要求的新业态设计和各方参与状况。国家公园实现生态产业化要以发展新质生产力为方向，也要努力构建新型生产关系。首先，地方政府和国家公园管理机构要对新业态有认知和规划能力，这要求其搭建社会主体参与平台，重视社会参与力量及其作用，与企业、科研机构、社区居民、公益志愿者等利益相关群体共同讨论业态升级方向，发挥市场机构的专业性优势，使新业态设计具有市场竞争力。其次，应在治理层面创新治理结构，地方政府和国家公园管理机构可以通过政府采购、合作开发、特许经营等方式，将企业、科研院所与NGO等参与者纳入新业态设计、培育与发展的全过程，充分发挥各参与主体的专业能力。

二是充分挖掘要素潜力，强化要素配置组合补齐短板。首先，注重以志愿者为代表的人力资源要素开发，把握志愿者专业性、低成本、意愿强等特点，将其作为撬动新业态培育发展的重要环节，引导其在培养科研监测、社区营造、品牌创建等高端要素培育方面持续发力，助力全产业链条升值。其次，要素要适配新业态的发展要求，聚焦"自然驿站"①、茶庄（茶旅融合）、手作步道等精品基础设施建设；完善基础设施软件配套，以自然教育课程体系等内容驱动提升文旅体验、交旅融合。最后，以治理结构创新培育高端生产要素，通过当地管理部门牵头主导短板要素弥补，推动要素组合赋能新业态，彰显新质生产力。

---

① 如中国国家地理杂志社正在推广的"秘境飞羽"自然驿站以鸟类为内容主题，其设计灵感来源于中国国家地理品牌标识"红框"，以"China"的首字母"C"为原型，延伸出从二维到三维的外观设计，打造涵盖打卡地标、科普导览、科技应用和综合服务的集合型空间。驿站营造上，也将3D打印、太阳能光伏、GIS（地理信息系统）、AI数字互动等多种技术相结合，把自然友好理念，低碳环保技术，充分融入产品之中，不同主题的驿站串点成线，营造出可持续的、有内容的、交通和旅游融合的自然体验。

第22章
产业串联的全域全类型特许经营

仅仅某方面的生态产业化还难以形成足够平衡人地关系、园地关系的经济力量，毕竟在"最严格的保护"下不仅白名单产业不多，而且白名单产业的规模限制很明显。要使国家公园及其周边的绿色发展能真正体现优质资源环境的价值，需要国家公园及周边全域、多种产业尤其是产业链能通过产品价格增值体现资源环境的价值。从改革角度来说，就是要通过相关制度建设，形成产业串联的全域全类型特许经营。

这种发展思路，与目前的全域型生态文明建设区域有两方面不同：**①这需要在市场条件下很明确地推动生态产业化、发展特色产业并使特色产品获得可持续的增值，从而体现"绿水青山"的价值（从经济学角度表述即使生态环境的正外部性在经济利益维度实现内部化）；②这需要有真正的政府和品牌特许经营制度，**使特色产品增值的过程能在"生态保护第一"的前提下规范、批量化、稳定地实现，因此需要配套完整的现代化产业要素。而在全域型生态文明建设区域以及专门的生态产品价值实现案例①中，各项建设任务较多，仅就产业而言，除了难以满足两方面要求，大多数存在以下四方面情况：①一些文件只是走形式，其内容中有概念性错误、并未涉及关键问题，且大多并未被真正执行；②有的特许经营是"新

---

① 如2023年公布的自然资源部第四批《生态产品价值实现典型案例》，包括了**福建省南平市推动武夷山国家公园生态产品价值实现案例**，但案例中的总结恰恰不是武夷山国家公园探索出的亮点（如环带发展思路和操作措施），而是名不副实的生态旅游（其实就是新瓶装旧酒冠以特许经营名义的大众观光旅游）和早已存在、与国家公园建设并无直接关系的茶产业（其中没有强调如何通过品牌体系建设补齐现代化产业要素，而只是零散地提到了生态茶园等做法。武夷山市的"武夷山水"区域公用品牌基本只是一个宣传推广平台且和武夷山国家公园建设脱钩，其如何升级成可以优化产业链各环节的品牌体系，尽管武夷星、永生茶业等企业已有一些零散的做法，但这个案例经验中却毫无涉及）。

瓶装旧酒"，只是把原有旅游经营项目换了个名称，与生态产业化并无关系；③所有案例的成功都有其约束条件，迄今这样的区域的一些"高大全"案例也许只是政治正确，因为其既没有探索出特色产品增值、兑现出生态环境正外部性的路子，也没有积累出特色产业配套现代化产业要素的经验；④有的特许经营没有按市场规律运行，且如果算"全业态"成本就相当于扶贫。因此，其特许是真的、其经营是真的，但不是真的特许经营。①

22.1　产业串联的全域全类型特许经营的内容和发展难点

首先是空间上的全域，这基于以下两方面考虑：①国家公园内部建设用地少、交通条件差、人力资源缺，很难配齐绿色产业所要求的产业要素，因此必须利用全产业链环节对资源环境和产业要素的需求不同在国家公园内外统筹布局，也使国家公园外同一个生态系统的区域（只是因为土地权属、人类活动和基础设施建设情况而没有纳入国家公园）能作为绿色发展的主要空间，这就使相关产业规模能大幅增加，而国家公园带来的国土空间用途管制对产业链的负面效果能被最大化地遏制。②从保护的角度，需要统筹考虑国家公园内的"天窗"及其周边区域（如入口社区乃至武夷山市等人口规模更大的城镇建成区）的发展，以便于调集相关资源建设和维护（包括执法）国家公园原产地品牌体系。

---

① 如三江源国家公园澜沧江园区的生态体验特许经营，就是依托非政府组织山水自然保护中心进行人力和资金贴补运营的，相关财务核算并没有将山水自然保护中心的在地运营成本全部算进去。与澜沧江园区的情况比较，黄河源园区的特许经营基本是按市场经济规则和市场经济规律运行的：①对澜沧江昂赛峡谷的 22 户牧民接待，管理者尽管采取了一点双向激励（奖惩）措施，但总体上仍然按"大锅饭轮流制"来运行，不论牧民服务质量，大家轮流接待访客，通过市场竞争奖优汰劣的作用没有发挥出来；②澜沧江的盈利状况不是全口径的财务核算结果，山水自然保护中心贴补了大量科研项目费以支撑这个体系的运转（包括前期的科研、运行期的培训、在地人员的工资以及项目的宣传推介等），如果按全口径来计算澜沧江的特许经营是入不敷出、市场经济条件下不可持续的。另外，澜沧江源园区昂赛峡谷有约千户牧民，现在只有 22 户能参与进去，其他的均被山水自然保护中心排斥在外，这本身有悖于国家公园的全民公益性。

　　第二是类别上的全类型且要形成产业串联局面。从特许经营的类型而言，政府特许经营和品牌特许经营都需要大发展，经营规模较大且必然涉及产业串联的品牌特许经营更加重要。①

　　目前存在以下两方面发展难点：①难以在绿色发展上统筹国家公园外和国家公园内，因为不仅两个空间的管理主体、发展依据（规划）和国土空间用途管制政策不同，产业要素的配置水平和未来拓展空间也有较大的差异。②政府特许经营和品牌特许经营的制度和平台（如品牌体系）匮乏、相关经营风险高，而地方政府既往的相关工作基础没有和国家公园结合起来（如丽水山耕公用品牌体系和百山祖国家公园的创建工作脱钩）。而且，公用品牌体系和原产地标志体系等都非完整的国家公园品牌体系，还不足以推动特色产品全产业链（包括茶旅融合等产业串联）的标准化、体系化。②

　　例如，法国国家公园品牌体系（ESPIRIT）克服以上两方面难点，其不仅体系健全①，覆盖了国家公园管理机构管理的国家公园核心区和国家公园董事会管理的加盟区内的特色产品和服务，且品牌体系覆盖了一、二、三次产业，其经验可供中国国家公园借鉴：①国家公园管理机构须认定国家公园品牌体系的有效空间范围、有效产品及其标准化生产方式并与

---

①　相关说明参见《国家公园蓝皮书（2021~2022）》第二篇，在国家公园体制试点中落地的主要是三江源国家公园在生态体验上的政府特许经营，有的地方虽然在品牌特许经营上做了一些工作（如大熊猫国家公园和钱江源国家公园体制试点区贴牌的一些农副产品）但从制度和体系建设而言这些事本身就是不规范的，不仅远远达不到品牌特许经营制度的水平，有些做法还背离了品牌特许经营的要求（如没有质量标准体系和监督体系就随意给有关产品授牌等）。

②　世界贸易组织《与贸易有关的知识产权协议》将地理标志定义为："地理标志是指证明某一产品来源于某一成员国或某一地区或该地区内的某一地点的标志。该产品的某些特定品质、声誉或其他特点在本质上可归因于该地理来源。"顾名思义，地理标志农产品的品牌化必然以"地理"为出发点。但没有体系化的标准和监管完备的地理标志体系，是难以规范产业链发展并保证产品增值的，国内的地理标志体系内部的品控还有较大提升空间，几乎不构成体系。如普洱茶这样的所谓地理标志，基本上起不到产业规范和产品增值的作用，企业商标在这方面的作用都明显大于地理标志体系。

①　包括产业发展指导体系、质量标准体系、国际认证体系和品牌监管和推广体系，使全产业链的所有产品的规范、认证、监管和推广能被体系覆盖。

地方政府一同参与监管和品牌推广①；②在"生态保护第一"的前提下，在认定的国家公园品牌体系有效产区内，地方政府应遵循国家公园品牌体系的各项标准并在国家公园管理机构的配合下担起市场监管的主责。这样，以全域全类型特许经营制度支撑国家公园内外的绿色发展才可能被制度化、体系化推动，将资源环境优势转化为特色产品品质优势，从而实现增值的方式才可能具有规模性和可持续性。所谓"园依托地加强保护、地依托园绿色发展"的良性园地关系才可能被真正构建起来。

另外，这种发展思路是海洋类型国家公园尤其需要的。海洋类型国家公园建设是国家公园体制和海洋生态文明建设不可或缺的内容，但这类国家公园内外界线难分、保护对象具有移动性和不可见性，管理困难且成本高，涉及有人居住较大规模海岛的海洋类型国家公园还具有内外空间互联、资源互补、生态互通的特征，其空间兼具"生产、生活、生态"功能，这样的区域只靠严防死守是难以管理好的，需要依托产业串联的全域全类型特许经营实现规范的绿色发展，但资源环境的优势通过特色产品的价格优势兑现。②

22.2 支撑产业串联的全域全类型特许经营的制度和措施

这种绿色发展的思路必须有完整的制度和针对性强的措施，才能确保落地且在工作思路上免受行政部门非其业务指导范围的干扰。最重要的制度就是国家公园和国家公园环带的总体规划、与发展空间挂钩的产业白名单（本质上是国家公园产业专项规划）、特许经营及相关监管制度，这三者分

---

① 中国国家公园目前在这方面有雏形，而没有制度和体系。如武夷山的正山、正岩茶叶产区大体符合这样的要求，但没有科学的认定和监管；丽水山耕如果只看现状，即便与钱江源　百山祖国家公园的建设充分融合，也不是完整的国家公园品牌体系，难以规范管理国家公园品牌产品。

② 以长岛国家公园创建区为例的分析参见本书附件2。

别决定了产业发展的空间布局、保护政策和资源条件允许的产业类型和规模，以及确保产业规范发展并存在有限有序的市场竞争以优化产业发展。对产业规模大、产业链复杂的品牌特许经营而言，制度还需要覆盖产业体系、生产体系和经营体系。

总体规划是国家公园内及周边（包括天窗社区、入口社区）产业发展的基本依据，决定了国家公园的功能分区和产业可能的发展空间。但因为每个区域主要保护对象的保护需求不同（包括对人类不同活动的敏感程度）且存在季节变化，还需要对获批的发展空间分别确定不同的产业（业态）和规模，使产业发展在保护生态环境的基础上充分利用资源环境优势。因为保护政策的边界和中央生态环保督察的既有制度依据等可能有模糊之处，因此还必须采取以下三方面措施才能在制度建设到位的同时，使全域全类型特许经营真正发展起来。

首先是特许经营制度进法条。特许经营是地方需求迫切但改革畏首畏尾的重要领域。这一方面要使地方政府有参与渠道，另一方面根据经济学激励不相容原理，要明确和细化国家公园管理机构在特许经营中的主导权。国家公园管理机构的六项职能中特许经营是与地方政府市场监管职能交叉较多的，国家公园管理机构应在产业规划审批、特许授权、收费、日常监管等方面顺承"两个统一行使"职能具有主导权（也是2022年《国家公园管理暂行办法》规定的"国家公园管理机构应当引导和规范原住居民从事环境友好型经营活动"的具体反映），但地方政府也应能主导编制国家公园产业规划，并根据一些产业链不同环节对资源环境的敏感度不同，在国家公园内外统筹布置各环节，这样才能使国家公园在国土空间用途管制严格的同时给相关县带来发展机会，使地方政府从市场活动中获利，从而发现国家公园的好处。2019年以来，三江源国家公园以项目试点形式启动了四项特许经营，涵盖了三个江源，取得了良好的社会效果并促进了保护（2024年中央生态环保督察对青海省的评价中未发现这四个项目涉及区域的任何问题），这是目前所有国家公园及创建区中仅有的真正落地的特许经营。但因为未能有中央层面的对项目试点的科学评估，一方面有些没有科学依据的上报材料反映说特许经营造成了生态破坏使一些领导对这种全国领先的改革产生了误判，一方面其他准备效仿三江源以项目试点形式先小范围启动特许经营的国家公园及创建区，受"黄河源特许经营项目"事件影响全面停止了特许经营的准备工作，许多地方政府据此更强化了"国家公园就是建禁区"的认识，对国家公园事业、2035年建成全世界最大的国家公园体系等均产生了明显的不利影响。这方面的改革建议由全国政协①从第三方角度牵头、组织相关专家进行科学评估，然后将科学评估成果反馈给行政职能部门和正在进行《国家公园法》立法的机构，以通过立法和相关部门规范性办法等形式，确保在这个处理园地关系最前沿的领域的参与者（国家公园管理机构、基层地方政府、特许经营企业）既能共同推动规范发展，也能确保自身安全。

第二是多种手段引导和扶持能够牵引生态产业化的企业主导特许经营。国家公园内及其周边资源丰富，但产业要素不齐全或配置水平低，很难有现成的企业能够在满足生态保护要求的情况下，以生态产业化方式实现产业绿色发展，因此大多需要引入外来的企业牵头推进生态产业化的业态升级，进而实现一二三产融合发展（严格意义而言，目前各种以自然景观为主要吸引物的旅游经营商大多不具备生态旅游业态的设计能力）。因为国家公园在绿色发展上存在"两个反差"，且生态旅游等业态需要培育市场，在目前这个阶段以科研项目财政资金支持、人才补贴等形式对特许经营企业进行扶持是有必要的：生态旅游等业态需要以旅游产品游线、活动的形式体现出来，特许经营对经营者、社区、访客乃至驾驶员的管理制度需要制定，这都是必要的科研活动；而特许经营企业的领头人和技术骨干是新业态不可或缺的人力资源要素，且其往往需长期生活在国家公园所在的"深山老林"，用西部一些人才支持计划的项目资金进行补贴是补齐人力资源要素短板的合理

---

① 2020年以来，在各地的国家公园工作中，有个很重要的共性变化是政协介入得越来越多（如在海南、江西等省，省政协领导都专门将国家公园相关工作列为重点调研专题并作为全年只有四次的省政协季度会的主题）。作为牵涉部门众多、调整园地关系情况复杂的工作领域，由不带部门利益且委员来自各方面、各层面的政协牵头摸清相关情况并反馈给省级党委、政府，这种工作机制具备逻辑自洽性。将这种工作机制上升到全国层面也适用。

举措。

第三是建立真正的完整的品牌体系，进行严格的监管和有力度的产品推广。目前各地既有的区域公用品牌，基本只有宣传和营销功能，不是完整的产业和产品发展指导体系、质量标准体系、国际认证体系、品牌推广和监管体系的组合体，对生态产业化的产品增值贡献不明显且不稳定。可效仿法国国家公园建立完整的国家相关机构背书认可的品牌体系，对国家公园品牌产品进行严格的认证和监管，并推动国际互认以及国内外重要销售平台的战略合作，一方面确保从生态旅游到农副产品的特色品质稳定，另一方面确保特色产品容易得到市场认可从而实现稳定增值。

第23章
跨省统一管理的现实操作方法

　　跨省国家公园的统一管理是试点期间基本没解决、当前国家公园体制改革的主要难点。本章在探讨国家公园统一管理内涵的基础上，提出在现行政治体制下基本能达成国家公园跨省统一管理效果的一致性管理方法和操作方案。跨省国家公园统一管理问题突出，主要表现在组织层面统一的决策管理主体缺失、制度层面统一的法律法规体系不完善、技术层面统一的信息管理平台难建立等问题。对此，应当构筑中央统筹、省际协调的"决策—执行—监督"协作治理机制，搭建统一的信息管理平台，建立统一规划、统一标准、统一政策、分头实施机制，构建信息交流共享机制和有效的激励约束机制，健全运行保障机制，推动协调合作立法。同时，提出跨省国家公园统一的立法可以有国务院条例、各省协调立法、国家林草局（国家公园管理局）与各省人民政府协同制定规章三种形式，并分析其不同的适用情形。

23.1　国家公园统一管理的内涵

　　我国国家公园体制改革目标是建立"统一规范高效"的管理体制，其中"统一"是首要改革目标。前文分析了跨省国家公园统一管理存在的各种问题。只有深刻理解国家公园统一管理的内涵，才能更好地推动跨省国家公园统一管理机制的创新。公共治理包括制度、组织与管理、技术三个层面。从这三个层面综合分析国家公园相关顶层设计文件，可以发现国家公园的统一管理应该以组织层面统一的管理体制为前提，以制度层面统一的管理制度为基础，以技术层面统一的信息化综合管理平台为支撑。

23.1.1　统一的管理体制

统一的管理体制是国家公园统一管理的前提。我国的国家公园体制改革是在自然保护地"交叉重叠、多头管理"的背景下提出来的，所以建立统一的管理体制是首要改革任务，而统一的管理机构（权）和统一的资金机制（钱）又是其中的核心。国家公园体制试点单位管理人员曾形象地总结，做好国家公园工作的重点主要在于抓好"帽子"（权力）、"票子"（资金）和"棒子"（考核），即有一定级别和行政权力的管理主体以便有更强的协调能力去做成事、有持续充足的资金做事、合理有效的考核机制以引导正确的工作方向。

统一的管理机构设置，主要是确定管理机构的组织形式、权责范围（职能配置）和设置方式（机构的性质、级别和人员编制）。管理机构的组织形式和权责范围确定之后，具体的性质、级别与人员编制可以相应地进行配置。根据《机构设置的指导意见》，中央垂直管理和委托省级政府管理的国家公园管理机构的组织形式和设置方式已经明确，分别在国家林草局和所在地省级政府设立管理机构。央地共管模式下的跨省设置国家公园，管理机构由所涉省级政府分别设立，缺乏统一的决策机构和有效的协调机制，针对当前协调工作领导小组未常态化制度化运行、挂牌于专员办的管理局无权无钱协调的情况，需要继续创新制度，探索有效的协调机制。

统一的资金机制，主要是建立以财政投入为主的多元化资金保障机制和构建高效的资金使用管理机制，具体落实时，需要立足国家公园的公益属性，确定中央与地方事权划分，保障国家公园的保护、运行和管理。并且在确保国家公园生态保护和公益属性的前提下，探索多渠道多元化的投融资模式。资金保障机制的建立，与管理机构的设置紧密相关。根据《国家公园财政政策的意见》，中央垂直管理的国家公园管理机构运行和基本建设为中央财政事权，中央委托省级政府管理的国家公园管理机构运行和基本建设分别为地方财政事权和中央与地方共同财政事权。各省级政府参照要求，结合本省实际，合理划分省以下财政事权和支出责任。对于央地共管模式下的跨省设置国家公园，需要通过协调机制，处理同一国家公园不同省域资金机制差异带来的系列问题。

23.1.2 统一的管理体制机制

统一的管理体制机制是国家公园统一管理的基础，也是规范管理的主要内容，主要包括统一的法律法规体系、规划体系、标准规范和技术规程体系等几个方面。

《总体方案》提出要完善法律法规，研究制定有关国家公园的法律法规，研究制定国家公园特许经营等配套法规，制定国家公园总体规划、功能分区、基础设施建设、社区协调、生态保护补偿、访客管理等相关标准规范和自然资源调查评估、巡护管理、生物多样性监测等技术规程。具体实践中，需要梳理并继续完善国家公园设立、建设、运行、管理、评估、监督等各环节，以及生态保护、自然教育、科学研究等各领域的制度办法，形成全过程闭环管理的制度体系，为高质量推进国家公园建设提供制度保障。

一般来看，管理制度能否统一取决于管理主体是否统一。国家公园体制改革和自然保护地整合优化工作之前，我国自然保护地因分属环保、林草、住建、自然资源、农业农村、水利等多个部门管理，各部门分别制定各自管理类别自然保护地的制度。同一国土空间上有多种保护地类型叠加，"一地多牌""一地多主"现象普遍，所以出现同一生态空间区域要遵循多种管理制度的问题。2018年机构改革后，由国家林草局统一负责监督管理各类自然保护地，拟订相关政策、规划、标准并组织实施，在中央层面实现了统一。具体到实体国家公园层面，中央垂直管理和委托省级政府管理的国家公园应该是统一的管理主体，理论上不会存在管理制度不统一的问题，但在试点期间并未实现。而央地共管模式下的跨省设置国家公园，因各省单独设立管理机构，相应的管理制度体系各自拟定并组织实施，会导致规划制定、政策执行、监管执法、绩效考核等方面的差异，从而产生跨省管理不统一的问题。

23.1.3 统一的信息化综合管理平台

统一的信息化综合管理平台是国家公园统一管理的重要支撑，也是高效管理的关键手段。从某种意义上说，政府治理过程就是信息收集、加工、处理并进行决策实施的过程，所以统一的信息管理是国家公园统一管理的重要方面。

国家公园统一的信息化综合管理平台可以应用于综合决策和业务管理方面。综合决策应用方面，信息化综合管理平台可以在规划审批、业务督导与审查方面发挥作用，如通过提供详细的资料，方便决策者全面了解国家公园基本情况和问题症结；通过信息化综合管理平台的分析模块，提供多方案比较分析，有效提高决策的科学性和决策效率。业务管理方面，国家公园信息化综合管理平台在规划土地管理、工程建设与设施管理、资源保护管理、游憩服务与安全管理、解说教育管理、紧急搜救与防灾减灾、执法指挥等国家公园日常管理的各个方面，促进国家公园办公自动化，提升管理体系与管理技术的科学性、现代化水平，提升管理效率。

与管理制度能否统一相类似，能否建立统一的信息化综合管理平台也取决于管理主体是否统一。中央垂直管理和委托省级政府管理的国家公园都是统一的管理主体，也不会出现信息化综合管理平台不统一的问题。央地共管模式下的跨省设置国家公园，因存在多个管理主体，可能会各自建立信息化综合管理平台，产生信息壁垒。对于这一类国家公园，信息共享的限度在一定程度上会决定国家公园统一管理的实效。

23.2 跨省国家公园的统一行政协调

国家公园体制改革的一个重要目标，就是破解大面积具有国家代表性的自然生态系统因跨行政区带来的管理制度各异进而导致无法有效保护的问题。针对前述各种问题，央地共管模式下跨省国家公园委托省级政府管理，要破除行政壁垒，紧扣组织、制度、技术三个方面，从治理

组织机构、运行机制、立法与制度层面创新中央与省级政府的协调机制
（图23-1）。

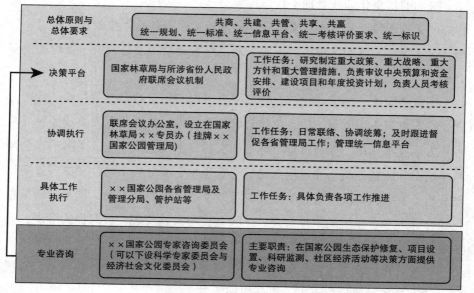

图23-1 央地共管模式下跨省国家公园协调机制基本框架

资料来源：作者自行绘制。

治理组织机构层面，构筑中央统筹、省际协调的"决策—执行—监督"
协作治理机制。明确对于央地共管模式下的跨省国家公园，国家林草局与所
涉省份人民政府联席会议作为央地协调和沟通平台，同时也是该国家公园重
大事项的决策平台和监督考核平台；明确联席会议机制成员构成、组建核心
领导小组，主要工作任务是研究制定重大政策、重大战略、重大方针和重大
管理措施，负责审议中央预算和资金安排、建设项目和年度投资计划等，负
责各省片区管理局班子成员的考核评价。设立联席会议机制办公室，作为领
导小组的常设办公部门，可以设立在国家林草局专员办，主要负责日常联
络、协调统筹，及时跟进督促各省管理局工作，推动日常的监督考核工作，
管理统一的信息平台。联席会议办公室的人员可以是国家林草局专员办增加
相应的编制，设立专门的部门；也可以由国家林草局和各省选派或聘任，积

极探索开放灵活、互联互通的干部选用和激励机制。建立完善的监督机制，在联席会议制度章程中予以明确规定，承认联席会议及会议机制办公室的监督考核权力与责任。成立统一的国家公园专家咨询委员会，由联席会议办公室统一管理，主要负责在国家公园生态保护修复、项目设置、科研监测、社区经济活动等决策方面提供专业咨询，推动国家公园科学保护与合理利用。

运行机制层面，建立统一规划、统一标准、统一政策、分头实施机制，构建信息交流共享机制和有效的激励约束机制，健全运行保障机制。推动跨省国家公园统一规范高效的管理需要由中央层级进行统筹协调，制定相关规划、标准、政策，通过规划标准政策的编制凝聚共识，形成统筹指导国家公园保护管理的行动纲领。同时，划分跨省国家公园央地事权，制定任务分工和分头实施机制，协同推动国家公园相关工作落地实施。国家林草局、跨省国家公园所涉各省级政府每年提出推进国家公园建设的年度重点工作，经联席会议讨论决策达成一致后，共同推动落实。建立单个跨省国家公园统一的信息管理平台，推进跨省国家公园各类规划标准政策统一管理、各省实际运行管理信息互通共享。建立有效的激励约束机制，继续贯彻新发展理念，强化各省级政府及国家公园管理机构生态保护责任意识，坚持"生态保护第一"的利益导向机制，建立相应的干部政绩考核体系，形成与国家公园保护管理生态保护成效挂钩的表彰与惩戒制度。

立法与制度层面，推动跨省国家公园协调合作制度立法，明确中央统筹、省际协调联席会议机制的法律地位。当前我国宪法和地方各级政府组织法中，规定各级政府行政权力限定在"本行政区域内"，逐步形成了"行政区行政"格局，限制了区域合作的发展。由于缺乏政府间合作的相关法律和制度规定，中央部委与地方政府间的联席会议制度、地方政府之间的联席会议制度等的运行，以及该类制度形成的合作协议成果等也就缺乏法律制度的保障。因此，一方面需要推动普适性的区域合作法律法规建设，建立相应的协调与合作机制法律保障体系；另一方面就跨省国家公园协调合作制定专门的法律法规，对国家公园跨省协调管理进行法律规范。

23.3 跨省国家公园的统一立法协调

统一的法律法规体系既是跨省国家公园统一管理的前提，又是统一管理的保障。央地共管模式下跨省国家公园统一的立法可以有国务院条例、各省协同立法、国家林草局与各省级人民政府协同制定规章三种模式。三种模式在立法主体、类型、效力、需要配套的制度建设、事权归属等方面各有差异（表23-1）。

表23-1　央地共管模式下跨省国家公园不同立法模式对比

	国务院条例	各省协同立法	国家林草局与各省级人民政府协同制定规章
主体	国务院	各省人大	国家林草局与各省级人民政府
类型	行政法规	地方性法规	部门规章和地方政府规章
效力	行政法规>地方性法规、部门规章，地方性法规>本级和下级地方政府规章		
制度建设	已有成熟的条例制定机制	需要各省人大建立协同立法制度	依托于国家林草局与各省级人民政府协调机制
立法事权	中央事权	地方事权	中央与地方共同事权
推荐阶段	成熟完善期	过渡期	过渡期

资料来源：作者自行整理。

第一种模式国务院条例作为行政法规，法律效力最高，而且已经有成熟的条例制定机制。根据《总体方案》，要求"统筹考虑生态系统功能重要程度、生态系统效应外溢性、是否跨省级行政区和管理效率等因素，国家公园内全民所有自然资源资产所有权由中央政府和省级政府分级行使。其中，部分国家公园的全民所有自然资源资产所有权由中央政府直接行使，其他的委托省级政府代理行使。条件成熟时，逐步过渡到国家公园内全民所有自然资源资产所有权由中央政府直接行使"。所以将跨省国家公园的立法作为中央事权具有较强的合理性，也属于国家公园管理体制的改革创新。但是从立法实践角度而言，制定国务院条例程序相对比较烦琐，现实操作方面会存在一些难度。

　　第二种模式各省协同立法制定的属于地方性法规，法律效力低于行政法规，但是高于本级和下级地方政府规章，而且跨省国家公园涉及省份的协同立法，需要省人大立法系统配套建立省际协同立法机制。因为按照我国当前法律规定，任何一个行政区域的地方性法规和规章都只能在本行政区域内发生作用，而不能作用于其他行政区域。这一模式下，适用于国家公园内全民所有自然资源资产所有权由中央政府委托省级政府代理行使，划归地方事权。存在的主要问题在于，没有中央层面的协调推动或者《国家公园法》的规定要求，中央事权体现不足，各省协同立法的动力可能会不足，出现当下各主体单独立法的倾向。

　　第三种模式国家林草局与各省级人民政府协同制定规章，相对于前两种模式比较灵活，程序相对简便，但是法律效力较低，属于中央与地方共同事权。这种模式的推动需要依托国家林草局与国家公园所涉及的各省级人民政府的协调机制。

　　综合而言，在国家公园体制改革过渡期间，推荐第三种模式；在中央层面能够有效参与的情况下也可以选择第二种模式。但是国家公园体制成熟完善期，应该选择第一种模式，因为其法律效力更高、约束力更强，更有利于提高国家公园保护管理效能，有利于国家公园的长远发展。

第24章
法制保障

深化改革的关键举措都需要法制保障，原因有二：①国家公园是资源富集但高度敏感的国土空间，也是新生事物，对其的管理和理解很容易发生偏差，且在各种审计、督察的压力下"要警惕右，但主要是防止'左'"。②既往的相关法律法规制定时就有一些不科学之处，应用到现实中不仅不合理，还容易给不熟业务、不明真相的行政人员带来误判——对参与前期改革的相关人员反复审查，这也是许多自然保护地管理者在日常运行有财政资金保障的情况下宁可谨慎不创新的重要原因。这方面，即便是总体上属于拨乱反正的"祁连山事件"其纠正措施从科学角度而言也有白璧微瑕之处①。另

---

① 在既往的两本《国家公园蓝皮书》中，都介绍、分析和肯定了2017年"祁连山事件"和中央环保督察对其的处理。但在祁连山事件处理后的纠偏行为中，却有依据《自然保护区条例》中少数不科学合理的条款纠偏更偏的个别情况。如相关通报中的"在立法层面为破坏生态行为'放水'"，即《甘肃祁连山国家级自然保护区管理条例》历经三次修正，部分规定始终与《中华人民共和国自然保护区条例》不一致，将国家规定"禁止在自然保护区内进行砍伐、放牧、狩猎、捕捞、采药、开垦、烧荒、开矿、采石、挖沙"等10类活动，缩减为"禁止进行狩猎、垦荒、烧荒"等3类活动，而这3类都是近年来发生频次少、基本已得到控制的事项，其他7类恰恰是近年来频繁发生且对生态环境破坏明显的事项。2013年5月修订的《甘肃省矿产资源勘查开采审批管理办法》，违法允许在国家级自然保护区实验区进行矿产开采。2017年7月，甘肃省人大常委会对《甘肃祁连山国家级自然保护区管理条例》进行了修订，严格按照上位法规定增加了7类禁止性活动，包括禁止任何人进入保护区的核心区、禁止在缓冲区开展旅游和生产经营活动等，并将原《条例》第十条"禁止在保护区内进行狩猎、垦荒、烧荒等活动"修改为"禁止在保护区内进行砍伐、放牧、狩猎、捕捞、采药、开垦、烧荒、开矿、采石、挖沙等活动"，使规定的禁止性活动与上位法规定完全一致。该条例的修订草案还删除了不符合上位法或国家政策规定的条款，删除了在缓冲区"可以从事拍摄影片"、在试验区可进行"地质勘测、多种经营活动"等不符合上位法和有关政策规定的内容。实际上，就如《国家公园蓝皮书（2021~2022）》第一篇第1章（"最严格的保护"是最严格地按照科学来保护）中分析的那样，《自然保护区条例》不考虑保护对象需求和生态系统差别的10项禁止在某些情况下是不科学的，2022年8月国家林草局公开征求意见的《自然保护区条例（修订草案）》中也修改 （转下页注）

外，对已有的法律法规，也应该加大执行力度，尤其充分调动地方的司法力量强化国家公园管理机构执法——形成"园依靠地加强保护"的局面。因此，法制保障应该从立法、执法两个层面都体现出来，目前这个阶段的重点在立法，各地探索的强化执法方面工作的经验也应该推广①，尤其是法院和检察院系统在这个方面的机构改革和机制创新，更需要在总结的基础上形成制度，争取体现到"一园一法"和相关部门的规范性文件中。

24.1　《国家公园法》的立法进程滞后及其原因

《国家公园法》在2017年中办、国办《总体方案》中即被列为刚性任务，按该文件要求应当在2020年前完成立法工作。因为国家公园体制改革的难度大加之牵头这项工作的机构由国家发改委转为国家林草局（2018年），立法工作虽被各方高度重视但进展较慢。

其后，《自然保护地法》也被提上日程。但许多专家甚至职能部门没有理解《自然保护地法》是梳理自然保护地体系的基本法，其推动现阶段工作的意义显然不如《国家公园法》——要害在国家公园体制，没有体制保障，任何自然保护地都只是牌子保护地甚至如国外媒体说的纸上公园难免自身难保；而如果体制自我封闭保障求稳，就像中央生态环保督察对自然保护区的督察如果严格依据在个别地方缺乏科学依据的《自然保护区条

（接上页注①）或删去了这些不合理的法条，同期《国家公园法（草案）》（征求意见稿）也明确规定在核心区内有9项允许的人类活动。

① 例如，2024年6月举行的全国检察机关服务国家公园建设研讨会发布了一批检察机关服务国家公园建设典型案例，引导各地检察机关充分发挥公益诉讼检察职能，更好地服务保障国家公园建设，推动生态环境高水平保护。该会发布的典型案例包括青海省果洛藏族自治州检察机关督促保护三江源国家公园核心区物种生境行政公益诉讼案等6件，其中行政公益诉讼5件，民事公益诉讼1件。案例涉及我国首批设立的三江源、大熊猫、东北虎豹、海南热带雨林、武夷山等5个国家公园，青海、四川、吉林、海南、福建、江西等6省。从案件保护对象来看，既有雪豹、东北虎豹、海南坡鹿等保护动物，又有天全槭、武夷山松树等在国家公园生态环境中发挥重要作用的植物。公益保护手段既包括通过行政公益诉讼督促行政机关依法履职，也包括提起民事公益诉讼追究违法行为人民事责任，保护对象全面、保护手段多样，体现了检察机关对国家公园保护的多视角全面关注。

例》，就难免导致一些误伤，也会给事业带来损害。对中国自然保护地体系的主体——国家公园，先将《建立国家公园体制总体方案》中的体制以法律的方式固化，并纠正《自然保护区条例》中的一些不合理之处，就能保障以国家公园为主体的自然保护地体系获得"权、钱"方面的支撑，进而处理好人地关系、园地关系，实现人与自然和谐共生。

2018年以来，主管部门对《自然保护区条例》的纠偏工作取得很大进展，用部门规章（2022年颁布的《国家公园管理暂行办法》）的方式使法制化管理前进了一步，但与全国人民的期待和现实问题的复杂相比，这仍然难敷需要。可以从职能主管部门的描述中看出其工作的认真和扎实，也可看出其中的无奈和妥协中的文字：2018年7月，国家林草局启动国家公园立法工作，成立了由局领导担任组长的领导小组和工作专班，在委托课题研究、组织座谈会、深入实地调研等基础上，2020年9月形成《国家公园法（草案征求意见稿）》，先后征求了局内各单位、试点国家公园管理机构、地方政府和有关部门意见。2022年4月，根据习近平总书记在考察调研海南热带雨林国家公园时的重要指示精神，结合国家公园体制建设实际需要，进一步修改完善，形成了《国家公园法（草案）》（征求意见稿），于2022年8月向全社会公开征求意见。① 其后，又于2023年形成《国家公园法》（征求意见稿）上报国务院（由司法部承担相关工作），全国人大也将其列入一类立法规划。② 这个过程中，根据现实管理需要，还出台了部门规章《国家公园管理暂行办法》。

这个过程中的阻力主要来自三方面：①相关部委和地方政府对国家公园的认知与中央的认知、国家林草局的认知有偏差，可能呈现"多争权夺利、少担责"的倾向，事权划分存在多方分歧。就连《国家公园空间布局方案》的出台，也因为相关部委的阻力进行了较大调整。如因为某些部门的争执与

---

① 参见2022年8月国家林草局关于《国家公园法（草案）》（征求意见稿）公开征求意见的说明的附件2中的文字。

② 2023年9月，十四届全国人大常委会立法规划公布，总计130件立法项目。其中第一类项目（条件比较成熟、任期内拟提请审议的法律草案）79件，《国家公园法》名列其中。

阻碍，洞庭湖、鄱阳湖、长江口、珠江口等重要生态系统都未被纳入布局方案。②一些涉及处理保护与发展关系、跨省管理的关键制度产生了较多争论。③有些国家公园管理机构不愿揽事，哪怕事关人地关系、园地关系中的重大问题（如三江源国家公园管理局在试点期间特许经营进展超前、各方面反映良好的情况下想把特许经营的日常管理权交给地方政府）。这种情况下，国家林草局提交的草案采取了对有些问题回避的做法，这样的《国家公园法》实际变成了《国家公园保护法》，处理人地关系、园地关系的一些重要制度难以入法，这样的法律的实践效果仅从目前预估来看都大打折扣——需要法律为体制改革、法律执行保驾护航时没有法律依据。比较这些法律草案版本和部门规章，可以发现有若干各方高度关注的重要主题在其中"出没"多次且表述方式也变化颇多，分析这些变化并提出法条文字建议，利于将本书研究成果用于实际。

24.2 事关人地关系、园地关系中的重大问题所需要的法制保障分析及立法建议

24.2.1 保护地役权

保护地役权制度是一种可以较低成本实现自然资源统一管理，包括作为土地产权或经营权所有者的原有居民在内的，多方可以有效参与生态保护并实现公平惠益分享的土地管理制度：为了保护自然资源、野生动植物栖息地、文化资源及开放空间等公共利益，由政府或公益组织（保护地役权人）与自然资源权利人（供役地人）签订保护地役权合同，对不动产施加限制或积极义务，供役地人履行该义务，保护地役权人支付报酬（或体现为税收优惠、工作岗位、绿色发展方式引导等形式）。该制度起源于美国，并在加拿大、肯尼亚、乌干达等国家得到广泛应用。

与土地征收、租赁等土地管理方式相比，基于细化保护需求的保护地役权制度具有如下优势（表24-1）：①充分考虑了保护对象的主要保护需求。部分人与自然长期共存的生态系统中，对于特定的生境类型或者物种，需要

适度的人为干预。土地征收、租赁之后，要满足保护需求，需要额外投入人力物力进行维护。保护地役权制度则是根据保护对象的保护需求，明确鼓励和限制行为清单，土地权利人可以继续限制清单之外的土地利用，特定情况下还可以参与对保护有促进作用的活动。②可以调动社会力量参与生态环境保护的积极主动性。当前我国生态环境保护的管理制度，主要是政府部门通过行政法规规定强制性的义务，如禁止乱砍滥伐、超载放牧等，这类制度缺乏激励作用，很难调动土地权利人保护资源的积极性。而保护地役权，则是通过限制供役地人的部分行为，并对其承担的保护行为及由此产生的损失给予补偿，以达到保护的功效。地役权人可以是政府部门，也可以是社会组织、企业甚至个人，这为社会力量参与生态环境保护提供了一个很好的途径。③可以减轻财政负担、减少社会矛盾、防止资源闲置。保护地役权是非占有性权利，土地资源可以供役地人与地役权人共用，以实现资源生态、社会和经济效益的最大化。保护地役权的资金来源可以是财政资金拨款，也可以是社会捐赠，这为社会资本融入资源科学保护和合理利用提供了制度基础和实现平台。保护地役权模式并非一味地迁出原有居民的做法，也减少了潜在的社会矛盾问题。

表24-1 保护地役权与征收、租赁的区别

	保护地役权	征收	租赁
是否实现统一管理	是	是	是
是否改变所有权	否	是	否
是否改变使用权	部分限制，而非完全禁止	是	是
所需成本	较低	极高	较高
资金来源	财政资金拨款、社会捐赠	财政资金拨款	财政资金拨款
调动保护参与方	调动多方参与	政府为主	政府为主
是否考虑需要人为干预部分的保护需求	是	否	否
效益	生态、社会和经济效益最大化	生态、社会和经济效益较低	生态、社会和经济效益较低

资料来源：作者自行整理。

建议在《国家公园法》中予以规定，可以 2022 年 6 月《国家公园管理暂行办法》中的提法为依据形成以下法条建议文字：国家公园管理机构应当按照依法、自愿、有偿的原则，探索通过租赁、合作、设立保护地役权等方式对国家公园内集体所有土地及其附属资源实施管理，在确保维护产权人权益前提下，探索通过赎买、置换等方式将集体所有商品林或其他集体资产转为全民所有自然资源资产，实现统一保护。

24.2.2　特许经营

特许经营机制是国家公园统筹实现"最严格的保护"和"绿水青山就是金山银山"的基础性制度，能在"生态保护第一"的前提下确保"全民公益性"并发挥市场在资源配置中的高效作用；是突破资源和人地关系约束，实现国家公园多元共治的价值共创、生态产品价值的永续转化、全域品牌共享的发展性制度；是国家公园关注民生福祉，产出社区友好与服务公民享受的保障性制度机制。

为更好地规范国家公园范围内经营活动，应当建立特许经营制度。建议在《国家公园法》中作出原则性规定，具体的国家公园特许经营管理办法由国家公园主管部门另行制定，即采用 2022 年 8 月《国家公园法（草案）》（征求意见稿）中的提法：

第六条第四款　国家公园管理机构负责国家公园自然资源资产管理、生态保护修复、特许经营管理、社会参与管理、科研宣教等工作，可以设立保护站承担相关工作。

第四十五条　国家公园范围内经营服务类活动实行特许经营。

国家公园管理机构鼓励原住居民或者其主办的企业参与国家公园范围内特许经营项目。国家公园管理机构应当以招标、竞争性谈判等方式选择特许经营者，因生态安全或者公共利益等特殊情况，不适宜通过市场竞争机制确定特许经营者的情形除外。

国家公园管理机构应当与特许经营者签订特许经营协议，对特许经营活动进行监督。

特许经营的具体办法由国务院国家公园主管部门制定。

第四十八条第四款　国家公园门票、特许经营等收入实行收支两条线，按照财政预算管理。

24.2.3　社区治理

国家公园建设要实现"生态保护、绿色发展、民生改善相统一"。我国国家公园及周边往往分布着大量社区和原住居民，具有人口众多、分布广泛，平衡保护和发展关系难度大的特点，这决定了社区治理的重要性。据测算，我国第一批国家公园内及其周边5公里、10公里和20公里缓冲区范围内分别分布有63.66万、79.05万、206.70万和453.17万人。未来全国49个国家公园及其周边区域将涉及数千万乡村人口。①

出于严格保护和全民公益性的需要，国家公园的管理会对当地社区的经济社会发展有一定的限制；同时，社区经济社会发展程度不同，当地居民对国家公园范围内自然资源的依赖程度会有显著差异，这在很大程度上决定了国家公园管理的难易程度。因此，建议《国家公园法》专章规范社区治理相关事项，即采用2022年8月《国家公园法（草案）》（征求意见稿）中的提法：

第四章　社区发展

第三十八条　国家公园所在地人民政府应当建立国家公园社区治理体系，采取多种有效措施，全面提高社区治理能力。国家公园管理机构应当配合做好社区治理工作。

第三十九条　国家公园所在地人民政府会同国家公园管理机构，指导和扶持社区居民生产生活转型，提供与国家公园保护目标相一致的生态产品、公众服务，促进社区协调发展。

第四十条　国家公园管理机构应当积极吸纳社区居民、专家学者、社会

---

① 黄宝荣：《健全国家公园治理体系，高质量推动世界最大的国家公园体系建设》，《中国科学院院刊》2024年第2期。

组织等参与国家公园的设立、建设、规划、管理、运行等环节，以及生态保护、自然教育、科学研究等领域，并接受社会监督。

国家公园管理机构应当建立健全生态管护制度，设立生态管护岗位，优先聘用国家公园范围内的原住居民为生态管护员。

第四十一条　国家公园毗邻地区县级以上地方人民政府可以与国家公园管理机构合作，按照与国家公园保护目标相协调的绿色营建理念，规划建设入口社区。

第四十二条　地方人民政府及其有关部门应当采取措施，加强国家公园毗邻社区监督管理，防范人为活动对国家公园产生不利影响，确保国家公园毗邻社区发展与国家公园保护目标相协调。

24.2.4　跨省级行政区统一管理

我国省级行政区边界划分原则是以"山川形便"为主，省界往往体现为江河湖泊、山脊线等。国家公园作为以保护具有国家代表性的大面积自然生态系统为主要目标的特定陆地或海洋区域，难免会涉及跨省，如第一批设立的 5 个国家公园中有 4 个跨省级行政区[①]，其中三江源和武夷山国家公园在一个省内的区域进行试点，正式设立时依据生态完整性要求，纳入邻省管辖的同属一个生态系统的区域。不同的省级行政区具有不同的经济社会发展背景，同一生态系统的不同部分受制于不同的政策法规、管理体制机制和工作力度，有可能导致生态系统管理分散，生态连通性不足，生态系统功能受到影响、部分物种生存受到威胁。我国推动建设统一规范高效国家公园体制的目的之一就是破解这些问题。

跨省国家公园的统一管理要破除行政壁垒，亟待紧扣组织、制度、技术三个方面，从治理组织机构层面、运行机制层面、立法与制度层面创新中央与省级政府的共同管理体制（见 23.2 节）。

---

① 三江源国家公园因历史原因，虽然行政区划地理空间上属于青海省，但是在实际管理中涉及青海、西藏两个省级行政区。

表24-2 《国家公园法》文稿各版本及相关规章中事关人地关系、园地关系中重大问题的条文对比

	保护地役权	特许经营	社区治理	跨省统一管理
2020年9月《国家公园法（草案征求意见稿）》	无此内容，相关的有：第二十六条第二款 对划人国家公园的集体所有资源，应当根据国家公园保护管理目标需要，按照依法、自愿、有偿的原则，通过租赁、置换、赎买、合作等方式维护产权人权益，实现多元化保护	第五条 国家公园管理机构依法履行国家公园范围内的……特许经营管理……等职责。第四十四条【特许经营一般规定】；第四十五条【针对特许经营的禁止性规定】；第四十六条【特许经营项目类型】	第四十条【社区发展】国家公园管理机构会同国家公园所在地县级地方人民政府，指导、规范和扶持聚居区内居民生产生活并向国家公园保护目标相一致的生态产品、生态服务模式转型	无此内容
2022年6月《国家公园管理暂行办法》：部门规章	第十九条 国家公园管理机构应当按照保护地役权方式，探索通过土地租赁、合作的原则，设立国家公园内集体土地及其附属资源实施管理，在确保维护产权人权益及其附属资源权人权益前提下，探索通过赎买、置换等方式将集体资源资产转为全民所有，或其他自然资源资产，实现统一保护	无此内容，相关的有：第三十四条 国家公园管理机构应当引导和规范原住居民从事环境友好型经营活动，践行公民生态环境行为规范，支持和传承传统文化及人地和谐的生态产业模式	第三十四条 国家公园管理机构应当引导和规范原住居民从事生态友好型经营活动，完善生态管护岗位选聘机制，优先安排国家公园内及其周边社区原住居民参与生态管护、生态监测等工作。国家公园保护与社区建设应当与国家公园周边社区建设目标相协调。国家公园毗邻地区县级以上地方人民政府可以与国家公园管理机构签订合作协议，合理规划建设人口社区	无此内容

续表

	保护地役权	特许经营	社区治理	跨省统一管理
2022年8月《国家公园法（草案）（征求意见稿）：向社会公开征求意见	无此内容，相关的有：国家公园范围内集体所有土地及其附属资源，按照依法、自愿、有偿的原则，通过租赁、置换、赎买、协议保护等方式，由国家公园管理机构实施统一管理	第六条 第四款 国家公园管理机构负责……特许经营管理……等等工作。第四十五条 国家公园范围内经营活动实行特许经营。国家公园管理机构鼓励原住居民或村集体企业主办与国家公园范围内特许经营项目。国家公园管理机构应当以招标、竞争性谈判等方式选择特许经营者，因生态安全或者公共利益等特殊情况，不适宜通过市场竞争方式确定特许经营者的情形除外。国家公园管理机构应当与特许经营者签订特许经营协议，对特许经营活动进行监督。特许经营的具体办法由国务院林业草原主管部门制定。第四十八条 国家公园门票、特许经营等收入实行收支两条线，按照财政预算管理	第四章专章规范社区发展，其中共五条，规范了国家公园管理机构与国家公园所在地人民政府、国家公园毗邻地区县级以上地方人民政府的权责。	无此内容
2023年《国家公园法（征求意见稿）：提交国务院并列入全国人大一类立法规划	无此内容，相关的有：第二十三条第二款 国家公园范围内集体所有的土地及其附属资源，按照依法、自愿、有偿的原则，通过协议等方式，纳入国家公园统一保护	无此内容，相关的有：第四十二条第一款 在国家公园范围内利用公共资源开展的经营服务类活动，应当以招标、竞争性谈判或者市场竞选择经营者，因生态安全或者公共利益等特殊情况，不适宜通过市场竞争方式确定经营者的情形除外。具体管理办法由国务院国家公园主管部门组织制定	第四章"公众服务"中，第三十七条至第三十九条共三条，规范了国家公园管理机构、国家公园所在地人民政府、国家公园周边县级以上地方人民政府的权责。	第五条第二款 国务院国家公园主管部门会同有关省级人民政府，建立国家公园工作协调机制，落实共同责任，统筹协调跨省级行政区的国家公园建设、保护、管理及相关工作

建议《国家公园法》中，采用 2023 年底《国家公园法》（征求意见稿）中的提法：国务院国家公园主管部门会同国家公园所在地省级人民政府建立国家公园工作协调机制，落实共同责任，统筹协调跨省级行政区的国家公园建设、保护、管理及相关工作，并补充"跨省国家公园各省片区应当建立统一规划、统一标准、统一政策并分头实施的机制"。

24.3 地方司法机构强化执法的做法、典型案例及如何制度化

从国家公园体制试点以来，许多试点省份无论是机构建设还是机制建设都在执法层面有所加强，这是既往的自然保护地完全不可同日而语的：无论是成立直接以国家公园命名的生态法庭，还是形成环境资源案件集中管辖制度、行政执法和刑事司法衔接机制，地方司法机构助力国家公园执法的形式和力度都有较大的改善。考虑到司法机构的参与大多是同步进行机构和机制改革，难以将其相关改革严格地区分为机构和机制，可以将这些改善从总体的行政执法与刑事司法衔接机制、法院相关改革、检察院相关改革三方面进行总结。这些做法目前是零散的甚至细节到不宜在《国家公园法》中专条提到，但对提供国家公园法制保障来说是关键的，有些做法应该在"一园一法"或相关的规范性文件中进行明确，从而将其在有条件的国家公园都制度化。也只有地方司法机构参与进来强化执法，才能全面体现"园依托地加强保护"，使党政以外的地方力量甚至跨省的地方力量都能形成"共抓大保护"的合力。

24.3.1 强化行政执法和行政执法与刑事司法衔接机制

党的十八届四中全会通过的《中共中央关于全面推进依法治国若干重大问题的决定》明确要求，健全行政执法和刑事司法衔接机制，完善案件移送标准和程序，建立行政执法机关、公安机关、检察机关、审判机关信息共享、案情通报、案件移送制度，坚决克服有案不移、有案难移、以罚代刑现象，实现行政处罚和刑事处罚无缝对接。加强行政执法与刑事司法衔接是

为了确保二者之间既互不干扰，又高效转换。特别是在环境保护、食品安全、劳动保障等关系群众切身利益的重点领域，行政执法与刑事司法有机衔接能更好地让严格执法与公正司法共同发力，保障社会公平正义。

这方面，三江源国家公园最先开始探索，在试点期间的 2018 年，就已基本形成了有效的工作机制。随着 2018 年底行业公安体制改革和生态环境综合执法改革的展开，三江源国家公园管理局优化了工作机制。在正式设立国家公园后，2022 年 8 月，青海省公安厅、省林草局、三江源国家公园管理局联合印发《关于建立生态环境资源行政执法与刑事司法有效衔接的工作机制》。在此基础上，2022 年 12 月，青海省公安厅、省人民检察院、省自然资源厅等 9 部门制定印发了《青海省食药环领域行政执法与刑事司法衔接工作办法（试行）》，全面规范了生态环境领域行刑衔接工作机制，为国家公园示范省建设提供了法治保障。这两个文件对线索、案件移送处理和证据收集、涉案物品检验与认定、协作配合机制、执法监督等方面作出了明确规定。如向公安机关移送的涉嫌犯罪案件应当符合实施行政执法的主体与程序合法、有证据证明涉嫌犯罪事实发生条件，公安机关应当接受自然资源、生态环境、农业农村、林业和草原等部门移送的涉嫌犯罪案件，对于本机关管辖的涉嫌犯罪案件，公安机关应当自接受移送案件之日起 3 日内，作出立案或者不予立案的决定等。这些具体的措施，使 9 个部门之间线索和案件移送得以制度化。

全国其他的国家公园相关省也正在开展类似的工作，有的还把这种衔接机制转化成了合体机制，如海南省通过省长令的方式授权森林公安行使林业行政执法职能，减弱了 2018 年行业公安体制改革对国家公园这个生命共同体产生的分散执法影响。但从现实需要来看，对国家公园这样大多地处深山老林且多数违法行为存在即时性特点的区域，资源环境综合执法更符合现实需要①，这方面仍然需要深化改革。

---

① 具体的分析参见《国家公园蓝皮书（2021~2022）》第一篇第 8 章"国家公园资源环境综合执法制度"，其中的表 8-1 按"地理位置、地方政府执法部门可达性、信息对称性"和"是否跨县级以上行政区、面积大小"两个综合维度对自然保护地管理机构自身设置资源环境综合执法队伍需求情况进行了分析。

没有正式设立的国家公园，只要是列入了国家公园体制试点区的，均进行了这方面的工作机制优化。如湖南南山国家公园管理局成立了以管理局局长、城步县委书记为组长，管理局、县人民政府及相关职能部门主要负责人为成员的联合执法领导小组、建立了执法和司法部门的联席会议机制，实行管理局—城步县政府两级联动，形成了"联合执法领导小组+县人民政府+综合执法支队+县直相关部门"一条龙式执法新机制，以及与法院、检察院的联席会议沟通制度，解决了执法碎片化和国家公园自身执法队伍力量不足等问题。

24.3.2 法院系统进行的相关改革及其可复制性

法院是国家的审判机关，成立国家公园法庭以加大涉国家公园案件的审判力度是全国多个国家公园进行的尝试，有的还进行了配套改革，形成了环境资源案件集中管辖制度。

这方面最初的改革始于武夷山国家公园。从武夷山国家公园巡回审判法庭成立，南平建阳区、武夷山市、邵武市、光泽县4地法院同步设立武夷山国家公园巡回审判点，形成环境资源案件巡回审判机制矩阵化格局，到武夷山市法院设立全国首个以国家公园命名的人民法庭，并在试点期间初步形成了跨区域司法协作制度。这个制度的背景是武夷山国家公园横跨福建、江西两省的南平、上饶两市五县。福建省高级人民法院牵头逐步构建起省域内5家法院、闽赣省际9家法院之间的协作框架，不断完善跨辖区生态环境案件的协同审判机制，完善异地执行委托衔接、生态环境修复效果评估、环境修复资金管理制度等配套措施。具体来说：①2022年，南平市中级人民法院与武夷山市人民法院、光泽县人民法院、建阳区人民法院、邵武市人民法院（以下简称"'1+4'法院"）共同构建武夷山国家公园生态司法保护协作机制，5家法院签署了《南平"1+4"法院关于推进武夷山国家公园生态司法保护协作框架意见》，就工作信息联通、环境问题联排、矛盾纠纷联调、巡回审判联开、法治宣传联推、专家资源联享、司法保护联动、亮点品牌联创等8个方面确定了25项具体协作内容。因为这5家法院同在南平市范围内，所以这样的工作机制已经在一些案件中发挥了作用。②2023 年，《南平中院、上饶中院关于推进武夷山国家公园生态司法保护协作框架意见》在两省高院指导下，由两市中院和上饶市铅山县、南平市建阳区、邵武市、武夷山市、光泽县五地法院共同建立，逐步形成"环境问题联排、矛盾纠纷联调、巡回审判联开、法治宣传联推、工作信息联通、专家资源联享、司法保护联动、亮点品牌联创"的司法协作新格局。这些措施，就目前的实效而言，还只是形成了一种信息交流和共同宣传机制，在促进跨省统一管理尤其协同执法方面，还没有明显的成果——省际壁垒仍然是明显的。

其后，四川大熊猫国家公园生态法庭于 2021 年 4 月在成都天府中央法务区揭牌成立。四川大熊猫国家公园生态法庭对大熊猫国家公园四川片区 7市（州）20 县（市、区）环境资源案件实行跨区域集中管辖①，并采取刑事、民事、行政、恢复性司法执行"四合一"审判模式。自 2021 年 5 月 1日开始收案到 2023 年底，法庭共受理环资案件 273 件，其中刑事案件 54件，民事案件 135 件，行政案件 81 件，恢复性司法执行案件 3 件。吉林省高院与黑龙江、辽宁、内蒙古联合签署保护协议，意图推动实现东北虎豹公园司法保障全域覆盖，但目前也没有体现到实效上。

2022 年后，鉴于国家公园工作已在全国全面推开，国家公园的司法保护协作工作也开展起来。例如，2023 年 9 月，国家公园司法保护协作联盟成立大会在南平召开。在最高人民法院统筹指导下，经福建省高级人民法院、南平市中级人民法院联合倡议，青海、西藏、四川、陕西、甘肃、吉林、黑龙江、海南、福建、江西等省 10 家高级人民法院及南平中院、福州大学法学院在会上共同签署了《国家公园司法保护协作框架协议》，宣告国

---

① 《四川省高级人民法院关于实行大熊猫国家公园四川片区环境资源案件集中管辖的意见（试行）》（川高法发〔2021〕7 号）中明确：成都铁路运输第二法院（四川大熊猫国家公园生态法庭）司法管辖区域调整为成都、德阳、绵阳、广元、雅安、眉山、阿坝 7 市（州）所辖崇州、大邑、彭州、都江堰、绵竹、什邡、平武、安州、北川、青川、天全、宝兴、芦山、荥经、石棉、洪雅、汶川、茂县、松潘、九寨沟 20 个县（市、区）全域范围……成都铁路运输第二法院（四川大熊猫国家公园生态法庭）自 2024 年 5 月 1 日起按照上述管辖区域和案件范围受理环境资源案件。

家公园司法保护协作联盟正式成立。另外，法院系统还组织了若干社会参与活动以扩大地方司法机构助力国家公园建设的影响。如 2023 年，武夷山国家公园法庭联合环保志愿者组织、国家公园管理局共同开展"萱草花·夷路同巡"武夷山国家公园生态司法巡护志愿服务项目，推动"环境问题联排、矛盾纠纷联调、巡回审判联开、司法保护联动"。

在没有正式设立的国家公园，也大多有法院系统通过机构设置或指定专门人员办理国家公园案件的做法。例如，湖南南山国家公园所在的城步县，就组建了生态保护司法法庭并授牌南山国家公园环境资源审判合议庭，明确专人审理国家公园的生态破坏案件。这都使国家公园范围内的行政执法与刑事司法的联动、国家公园相关案件在矛盾调处和审判环节的工作得到了加强。

24.3.3 检察院系统进行的相关机制创新及其可复制性

检察院是国家的法律监督机关，同时也是公诉案件的审查起诉机关。检察院参与国家公园方面事务的职能主要是发挥法律监督作用并强化涉国家公园案件的公诉职能，检察院可以运用刑事打击、民事行政监督、公益诉讼等手段加强保护，包括协助和敦促相关政府部门填补工作漏洞和处理案件，进而实现个案办理、类案监督、诉源治理一体推进。这方面的工作，武夷山国家公园也走在了前面，可以其为例来说明检察院系统发挥的作用。

首先是"林长+检察长"协作机制取得了实效。例如，2023 年 3 月，福建省武夷山市检察院收到"益心为公"志愿者提供的武夷山市星村镇辖区内发生松材线虫病疫情的线索。武夷山市院初查核实相关情况后于同年 3 月 31 日立案，随后通过实地查看重点区域、询问护林员、咨询林业部门专家等方式全面摸排全市松材线虫病发生情况。2023 年 5 月，武夷山市检察院依据《森林法》第三十五条第三款、《福建省林业有害生物防治条例》第四条第二款等，向负有监管职责的星村镇人民政府制发检察建议，建议其全面履行林业有害生物防治监管职责，并邀请武夷山国家公园管理局、武夷山市林业局共同召开圆桌会议，督促其依法履行预防、治理和宣传职责，全面做好松材线虫病防治工作。武夷山市院联合武夷山国家公园管理局、武夷山市林业局建立信息共享、线索移送机制，加强疫情发现能力；同时相关部门加强对属地镇政府的指导，强化疫木管理、规范疫木处置，形成闭环管理。截至 2024 年，星村镇人民政府、林业部门在武夷山市相关乡镇、街道开展松材线虫病除治工作，防治性采伐面积共计 16893 亩，其中国家公园范围内8339.6 亩。

在更大范围上，南平市检察院于 2023 年 6 月与南平市林业局就松材线虫病防治开展磋商并达成一致意见，由南平市林业局会同武夷山国家公园管理局加强对全市松材线虫病疫情防控监管，采取有效措施筑牢武夷山国家公园生态防护屏障。2023 年 7 月，南平市检察院以武夷山国家公园所涉南平市建阳区、武夷山市、邵武市、光泽县为重点，在全市范围部署开展松材线虫病防治公益诉讼专项监督活动，办理了一批行政公益诉讼案件。2024 年 5 月，南平市检察院根据《森林法》第九条、第三十五条，《森林病虫害防治条例》第五条，《福建省林业有害生物防治条例》第五条、第七条、第九条相关规定以及南平市林业局"三定"规定立案后，向南平市林业局制发检察建议，建议南平市林业局强化对各县市编制年度防治计划、疫情监测、专项普查的指导与对疫木处理除害企业的监管，同时开展松材线病虫防治知识宣传。

在强化检察区际协作方面，武夷山国家公园在全国最早形成了"2+5"协作机制①："2"即指协作机制由南平市检察院和上饶市检察院牵头，"5"则是指机制由南平市建阳区、邵武市、武夷山市、光泽县、上饶市铅山县五地检察机关共同建立。这种协作主要体现在案件线索移送、办案协作会商、信息资源共享等方面。仍以推进松材线虫病治理为例，南平市检察院与江西省上饶市检察机关依托闽赣检察"2+5"协作机制，强化松材线虫病跨省域检察公益诉讼协作。武夷山国家公园管理局、南平市林业部门通过完善技术方案编制、除治队伍监管、联动执法及成效验收等方式，在武夷山国家公园

---

① 这种协作是有工作基础的。早在 2018 年，武夷山市检察院就已和上饶市铅山县检察院会签《关于加强生态检察区域协作服务和保障武夷山自然保护区生态文明建设的意见》，带动周边检察力量共同保护国家公园区域生态资源，起到良好示范作用。

和周边区域开展疫情防治工作，共处置疫木 5200 余立方米、预防性注射健康松树 1.2 万株，遏制了松材线虫病疫情向武夷山国家公园蔓延传播。

检察院的民事行政监督作用在其他国家公园也有体现。例如，2020 年 6 月湖南南山国家公园所在的城步县检察院在履职中发现，位于南山国家公园两江峡谷流域的大桥水电站在生产经营过程中，截断河道蓄水发电，导致大坝下游近 5 公里河道断流、河床干涸。城步县检察院通过执法和司法部门的联席会议机制向湖南南山国家公园管理局通报了该情况，并会同该县农业农村水利局工作人员进行现场勘查，询问了水电站负责人，并依法向该县农业农村水利局制发检察建议，建议其立即督促大桥水电站向下游释放生态基流。收到检察建议后，该县农业农村水利局立即督促大桥水电站在 1 个月内整改到位。从试点开始，城步县检察院通过该机制已办理案件 12 件，实现了以专业分工推动依法行政、保护公共利益、加强检察监督的有机融合。

值得总结的是，检察院系统围绕武夷山国家公园的机制创新，均没有涉及职能调整和机构改革，只是通过机制创新充分发挥了检察院在民事行政监督、公益诉讼等方面的职能，因此在全国的可复制性较强，相对法院系统的工作而言也更易见到实效。

第二部分
国家公园也可以
体现新质生产力

——国家公园绿色产业发展的案例呈现

本部分导读

习近平总书记在 2024 年 1 月召开的中共中央政治局第十一次集体学习讲话时指出，"新质生产力……由技术革命性突破、生产要素创新性配置、产业深度转型升级而催生，以劳动者、劳动资料、劳动对象及其优化组合的跃升为基本内涵，以全要素生产率大幅提升为核心标志"，这实际上已经明确指出了新质生产力是怎么实现的。对国家公园这样强调"生态保护第一"的重点生态功能区，更需要体现新质生产力。实际上，正是因为要在"人、地约束"的情况下实现人与自然和谐共生，更加依赖既带来最小的资源环境扰动也最多体现资源环境优势的特色产品和服务，国家公园及其周边传统的生产方式显然难以满足这种要求，既往的分析也没有系统总结并指明新质生产力如何实现：上一本《国家公园蓝皮书》专门详细介绍了国家公园统筹"最严格的保护"和"两山"转化的案例及相关措施的项目化方案，读者不难了解在以特许经营制度推动国家公园绿色产业发展中管理者应该怎么做、参与者可以怎么干。但在国家公园建设实践中，更前端的问题是**如何在合理规避保护政策限制的同时，以特色产业充分体现资源环境的优势，体现国家公园带来的新质生产力**，这就既需要解决既往传统发展方式下的历史遗留问题，更需要形成符合国家公园发展要求（既有保护政策的限制，也在某些产业或产业链环节中可能体现资源环境的优势）的新业态，还需要补齐产业发展的要素短板。因此，本部分立足如何从空间上形成国家公园内外的产业链合理布局、利用既有设施或者改造原有设施形成新业态，以四个案例来说明这些更前端的问题如何因地制宜地统筹解决，然后与上一本《国家公园蓝皮书》中提到的政府和品牌特许经营制度结合起来，读者就能了解全国有些地方是如何在市场经济条件下的现实约束中实现绿色产业发展的。因为这些案例均是在现实约束条件（甚至就是直面中央生态环保督察）下开始实施或策划成功（如中央生态环保督察的现场调查小组按程序审定后被认为没问题）的，且均立足市场经济、通过形成资源环境要素和产业要素的要素组合优势获得产品（或服务）增值，因此比较典型地体现了国家公园的新质生产力，这与一些部委的"两山"实践创新基地、生态产品价值实现典型案例等相比可能更具借鉴价值，毕竟挂牌的基地、包装的案例可能既没有呈现完整的现实约束、更没有给出两山在市场经济条件下转化的技术路线。

第25章
整合公园内外要素实现绿色发展、构建国家公园新型园地关系
——以环武夷山国家公园保护发展带规划及实施为例

25.1 环带助力国家公园实现"生产要素创新性配置"从而发展新质生产力

国家公园范围内的产业发展存在"两个反差",面临"两个难题":即存在自然资源价值高和资源利用限制多的反差、自然资源价值高和产业要素配置水平低的反差,面临难以设计出将自然资源合规转化为经济效益的新业态、难以配齐新业态所需的高水平产业要素两个难题。但通过研究发现,在产业发展过程中,产业链的不同环节对资源环境的需求和对产业要素的需求不同。环国家公园保护发展带(以下简称"环带")可以扬长避短,整合公园内外要素,发挥内外资源各自优势,在合理规避资源环境限制的同时,构建特色产业体系,配套现代化产业要素,这正是习近平总书记指出的"生产要素创新性配置"[①],这样就有可能实现绿色发展、形成新质生产力,为国家公园平衡"两个反差"、破解"两个难题"、形成"两个确保"提供一种实现路径。

这种路径已经初步得到国家认可:国家正式发布的《武夷山国家公园总体规划(2023—2030年)》(2023年8月19日第二届国家公园论坛发布)中已经明文要求"地方政府在国家公园外围规划的环武夷山国家公园保护发展带,协同保护国家公园,承接国家公园生态产品价值,实现生态保护、绿色

---

① 《加快发展新质生产力 扎实推进高质量发展》,《人民日报》2024年2月2日,第1版。

发展、民生改善相统一"。在操作层面如何实现环带发展，本章就以武夷山国家公园环带的福建和江西片区规划及实施为例详细阐述，以供其他国家公园仿效，因为其呈现了完整的现实约束并有与国土空间规划等法定规划的衔接、省级政府在规划实施中应该提供哪些保障和支持等不可或缺的内容。

25.1.1 环武夷山（福建片区）国家公园保护发展带的提出

2021年3月，习近平总书记视察武夷山时指示："要坚持生态保护第一，统筹保护和发展，有序推进生态移民，适度发展生态旅游，实现生态保护、绿色发展、民生改善相统一。"① 这是对"站在人与自然和谐共生的高度谋划发展"的具体指示，不仅提出了共生目标的具体构成（保护、发展、民生），也给出了共生的实现方式（生态移民、生态旅游等）。武夷山国家公园正式设立时，在试点期间福建片区基础上纳入了江西片区，生态系统保护范围更加完整。

正式设立国家公园后，福建南平市在2022年划定了4252平方公里的"环武夷山国家公园保护发展带"〔涉及南平市四个县级行政区，《环武夷山国家公园保护发展带总体规划（2021—2035年）》在2023年4月通过专家评审〕，意图在更大范围内统筹保护与发展、"既生态又文明"，探索以国家公园为依托的人与自然和谐共生的现代化路径：在武夷山国家公园福建片区范围内（约1001平方公里）周边，划定了环武夷山国家公园保护发展带，其以国家公园为重点保护区，将未纳入国家公园的生态保护红线区域纳入保护协调区，在保护协调区外设立发展融合区，统筹协调外围地区适度发展绿色产业，保障国家公园内群众的生产生活需求。在环带内推动创新绿色发展机制：构建环带风景道服务体系，推动国家公园内外的资源串点成线、串珠成链，构建多元化、多层次的"交通+旅游"融合发展业态体系；以朱子文化遗存等优秀传统文化保护利用、品牌打造、文旅融合为重点，构建环带文

---

① 《习近平在福建考察时强调 在服务和融入新发展格局上展现更大作为 奋力谱写全面建设社会主义现代化国家福建篇章》，新华网，http://www.xinhuanet.com/politics/leaders/2021-03/25/c_1127254519.htm，最后访问日期：2024年11月13日。

化品牌体系；聚焦环带竹、茶、水等特色优势生态资源转化，探索生态产品产业化经营的路径模式。

武夷山国家公园（福建片区）率先提出环带概念，并制定规划和设计项目，且已有251环线公路（国家公园1号风景道）等项目落地。① 但是在环带概念、统筹解决"天窗"问题、区域整体防火防疫和产业链的内外统筹上均为空白，且没有全面体现国家公园和国家公园环带范围的"生产要素创新性配置"，因此亟待升级。

25.1.2　环武夷山国家公园保护发展带（江西片区）的理念升级

2023年9月启动编制的《环武夷山国家公园保护发展带（江西片区）总体规划》（以下简称《环带规划》），立足武夷山国家公园（江西片区）和铅山县是江西相当长一个时期的国家公园唯一县的现实②，创新了环国家公园保护发展带的学术定义，以及环带与"天窗"的关系等，为我国国家公园区域协调发展提供理论方法支撑和案例示范。从发展角度而言，福建环带规划没有把国家公园内外的产业统筹起来，尤其是没有把产业链各环节连接关系系统呈现出来，这是江西规划可能有的创新点。从规模和布局来说，环带规划的产业部分的重点在国家公园外，但要清楚呈现其与国家公园内的产业链连接关系。另外，跳出了铅山县等上饶市下属各县空间规划的套路：不是自成县内环路体系，而是通过国家公园这个国家级吸引物形成跨省高端旅游及产业发展平台，将县内小环套到跨省国家公园大环带中，将县内旅游小环套到国家级茶旅融合大环带中，同时形成上饶市相关县与铅山县在生态产业化、产业生态化上的联系及其与国家公园的联系。

《环带规划》以国家公园为重点保护区，将未纳入国家公园的生态保护

---

① 福建环带规划中的重要项目251国家公园1号风景道已于2024年5月1日全线贯通运行。

② 在《国家公园空间布局方案》中，与江西相关的有武夷山国家公园和井冈山国家公园。但井冈山国家公园的创建工作才刚刚起步，"十四五"期间进入创建方案评审阶段，再到正式设立，时间不会短于三年。即从《环带规划》的编制年2023年算起，五年内铅山县都将是江西唯一的国家公园县。

红线区域纳入保护协调区，在保护协调区外设立发展融合区（涵盖了所有的"天窗"），统筹协调外围地区适度发展绿色产业，保障国家公园内群众的生产生活需求。这样，可以实现国家公园内保护好的绿水青山与环带的有利产业发展条件的有机结合，把更需要资源环境优势的产业链的前端（如茶叶种植）布局在国家公园内，把产业发展条件（即建设用地、交通条件、配套设施以及人流等，也包括人力资源、可利用资金等现代化生产要素）更好但生态限制较少的后端（如茶叶加工销售以及相关文化旅游）布局在环带内，共同遵循国家公园品牌体系的标准和接受同等生态和生产监管（但不同区采用不同的标准）。产业链前端的严格保护，保证了以茶为代表的绿色产品独特的"风土"和生产中的限制点（主要因为保护产生）；产业链后端的国家公园品牌体系的推广和销售，使"风土"、生产中的限制点能够转化为产品增值的卖点。不仅茶产业如此，旅游等产业也可以用同样的方式串联国家公园内外资源并扬长避短地发展产业。如此一来，保护者能通过市场成为受益者，解决了保护和发展"两张皮"的问题，从而使原住居民和地方政府、国家公园内外形成利益共同体，从而形成"共抓大保护"的生命共同体。

这种环带发展形成了明晰的"两山"转化技术路线：在国家公园内外合理布局产业和产业链的前后环节，把资源环境的优势（绿水青山）转化为产品品质的优势，并通过国家公园品牌体系形成价格和销量优势（金山银山）。而武夷山的这种国家公园环带发展方式，形成了较大范围的绿色发展空间和产业布局，也使较大范围都能重构体现生态文明的政治利益维度和经济利益维度，从而推动真正的绿色发展，在国家公园周边使人与自然和谐共生的现代化初露端倪。

《环带规划》从空间布局和项目安排上体现了新型园地关系：园依托地加强保护、地依托园绿色发展，这不仅使武夷山国家公园（江西片区）以较小的体量能更好地体现从生态系统完整性角度的保护，也使铅山县能较好地体现与福建武夷山市的差异化发展和互补化发展，在分水关沿线打造出充分体现江西资源优势的绿色发展轴。

另外，《环带规划》是国家公园及周边区域国土空间的布局规划，需要与法定规划《铅山县国土空间总体规划》充分衔接并得到认可才有效：在《铅山县国土空间总体规划》中纳入环带的管控规则、环带的重点项目等，以保障《环带规划》的有效实施。2023年底上报的《铅山县国土空间总体规划》专栏7因此专门规定了环武夷山国家公园保护发展带分区管控规则。

《铅山县国土空间总体规划》专栏7
环武夷山国家公园保护发展带分区管控规则

环武夷山国家公园保护发展带涉及生态保护区、生态控制区、农田保护区、城镇发展区、乡村发展区和矿产能源发展区6个一级规划分区。

环带地区生态保护修复空间主要分布在生态保护区、生态控制区、农田保护区，共有三个层次的目标：第一，促进国家公园相关生态系统和珍稀濒危物种栖息地的完整性保护，提升国家公园保护成效；第二，提高国家公园外围保护缓冲效果；第三，发挥国家公园生态文明的带动作用，构建内外协调保护合作机制，推进环带地区山水林田湖草一体化保护修复，保护恢复区域生态系统的原真性和地方旗舰物种生境质量。

环带地区文旅体验环节主要涉及生态保护区与生态控制区，在符合生态管控要求的前提下，不同资源优势的文旅片区侧重培育差异化的文旅发展主题。环带地区文旅服务环节主要涉及城镇发展区和乡村发展区；提升河口镇、武夷山镇、葛仙山镇三大核心的文旅体验与服务水平，强化环带文旅主轴及环线的骨架功能，将文旅服务设施规模布局在城镇发展区的开发边界内或乡村发展区的发展用地内。环带地区文旅发展项目建设均应按照"详细规划+规划许可"和"约束指标+分区准入"的方式，根据具体土地用途类型进行管理。

对于茶、旅游等产业链各环节跨越国家公园内外的产业项目，按产业链不同环节进行相应的国土空间用途管制，涉及占地1亩以上基础设施建设的环节只能布局在城镇发展区内且其主要的物流和人流必须来自国家公园和环带内的上游环节，按照"详细规划+规划许可"和"约束指标+分区准入"的方式，根据具体土地用途类型进行管理。

25.2 环武夷山国家公园保护发展带生态产业规划主要思路与发展格局

25.2.1 主要思路

《环武夷山国家公园保护发展带（江西片区）总体规划》与《铅山县国土空间总体规划》进行了充分的协调和衔接，并考虑了"三个打通"，划定了"内外两个圈层"（图25-1）。

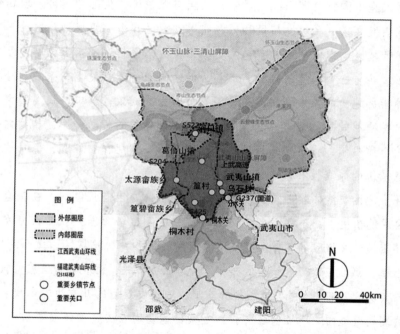

图25-1 环武夷山国家公园（江西片区）保护发展带内外圈层示意

资料来源：作者利用网络图绘制。

三个打通：公园内外、产业链前后、两省环带。新思路是重点发展资源条件和交通条件俱佳的乌石到分水关一线，布局茶和茶旅融合等经济体量大的产业，这不仅降低了对国家公园内建设用地的需求，也给福建环带提供了一条新发展轴。

内外两个圈层：环武夷山国家公园保护发展带（江西片区）的范围暂可分为两个阶段、有内外两个圈层。内部圈层基本以铅山县县域为主体，参考福建武夷山面积设定经验确定合理范围；未来条件成熟，讨论扩展到外部圈层，即上饶市信江流域以南至武夷山区域，包括上饶中心城区、玉山、横峰、弋阳和铅山。

在此基础上进行总体空间布局、保护和发展格局的划定。总体上，应形成环武夷山国家公园保护发展带，把江西片区和福建片区连贯起来。江西片区也应形成片区内的环线，连通区域内重要的产业发展、旅游资源、社区点位。

《环带规划》生态产业发展主要创新思路体现在：在国家公园内外合理布局产业和产业链的前后环节，把资源环境的优势（绿水青山）转化为产品品质的优势，并通过国家公园品牌体系形成价格和销量优势（金山银山）。而国家公园环带发展方式，不仅填补了在保护上的"天窗"漏洞，还形成了较大范围的绿色发展空间和产业布局。这样，从国内来看，较好地解决了国家公园保护与发展的矛盾；从国际来看，就可在较大范围（地级市范围内）率先完成联合国《生物多样性公约》的"昆蒙框架"目标。

25.2.2 发展格局

整体发展格局参见图 25-2。

大圈层：联系江西和福建的跨省高端茶业、旅游等特色产业串联发展平台。

小圈层：铅山县尺度构建以"一轴三线三环"为骨架，"三核多节点"为支撑的发展格局。

"一轴"指以河口镇、武夷山镇、分水关为支点构成环武夷山国家公园保护发展带（江西片区）的主轴线，形成茶旅和茶产业品质提升带：以八大关分水关为起点，形成茶径，串联与红茶文化相关的旅游资源，沿线布局茶园、茶厂、茶民宿，建茶业研学中心、综合业态茶庄、茶酒店，提供"原

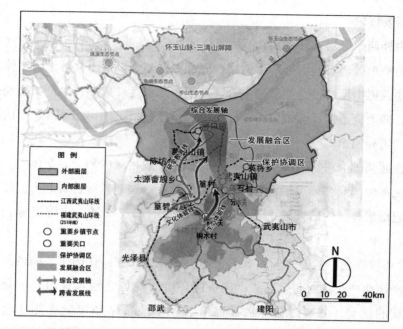

图25-2　环武夷山国家公园（江西片区）保护发展带发展格局示意

资料来源：作者利用网络图绘制。

产地+场景化"的沉浸式品茶方式和休闲、养生、交流的机会。

"三线"即生态体验线、文化体验线和研学教育线，指国家公园内的峡谷探险线路、串联葛仙山镇—篁碧畲族乡—光泽县文化体验线路、串联陈坊乡—太源畲族乡—光泽县的研学教育线路构成的三条跨省衔接线路，贯通南北的发展核心与节点，沟通江西和福建的环带发展主题与内容。

"三环"指以武夷山镇、篁碧畲族乡、英将乡、陈坊乡等节点构成的两级主题环路。

中部：综合体验服务环线，以武夷山镇、葛仙山镇、河口镇为核心，串联石塘古镇、鹅湖书院等多节点，打造综合生态文化体验环线。

东侧：户外生态体验环线，依托英将乡、石塘、紫溪，石垅东部等生态旅游资源，打造生态文化体验环线。

西侧：田园风情体验环线，以葛仙山镇为核心，依托204省道资源，串联陈坊乡、太源畲族乡、篁碧畲族乡、天柱山乡，依托畲族乡传统民居、宗祠等建筑，打造铅山县西部田园风光和畲族风情体验示范区。

"三核多节点"指以武夷山镇、葛仙山镇、河口镇为核心节点，以篁村、分水关（乌石村）、桐木关、篁碧畲族乡、太源畲族乡为重要节点，依托河口镇、葛仙山镇、武夷山镇形成的文旅产业发展核，串联紫溪、石塘等交通节点及人文景点。

25.3　环武夷山国家公园保护发展带生态产业发展方案

生态产业发展贯通国家公园和国家公园环带，且充分考虑国家公园给产业发展带来的负正两方面影响：依据风土①条件、生态依赖性、发展强度等因素，将不同生产环节在国家公园内、环带内圈层及外圈层分别布局。将对资源环境优势要求更高的原材料的农业生产环节布局在国家公园内部，将现代化生产要素需求更高的加工业、服务业环节布局在国家公园环带。通过内外连通，将国家公园对产业发展的限制最小化、正面影响最大化，打通生态产品价值实现的路径。目前阶段，绿色产业项目主要集中在环带的保护发展区范围内，充分利用武夷山国家公园核心保护区及一般控制区的生态资源，合理布局产业发展空间。

25.3.1　生态产业发展主要问题与发展挑战

生态产品增值能力弱。整体来看，环武夷山国家公园保护发展带（江西片区）普遍存在增值能力不足的问题，产业链配置不齐全，产业增值链断裂。表现最明显的是茶产业：作为正山小种的正山产区之一，江西片区红茶价格远低于福建区域，且长期以来是茶青和人才的输出端，因此也导致产业链增值环节主要在福建。

---

① 风土具有地域性指的是同一地域的风土特征具有同质性，意味着不同地域的风土特征是有差异的。风土不仅仅是抽象的"自然—人文"综合概念，更可以成为一套系统的原产地生产—加工标准制度体系。

产业组织程度低。环武夷山国家公园保护发展带（江西片区）的经济发展对资源依赖性较强，尚未建立起高质量绿色产业结构，也尚未建立起有效的市场经营体系，市场主体培育不足，"小散乱"突出，缺乏规模化龙头企业带动。产业化技术力量薄弱，科技创新能力不强，资源开发利用效率低，例如，红芽芋、竹笋等特色农副产品以简单初加工为主，技术创新和更新能力不足，产品附加值较低。品牌的培育力度不够，区域公用品牌建设尚未起步，整体的品牌管理、市场营销、监管能力需要进一步加强。

现代化产业要素存在明显短板。铅山县的产业发展在设施用地、建设用地、人才、技术等方面都存在短板。铅山县内建设用地普遍匮乏，茶农自建的初制所、乡镇茶叶加工厂、物流仓储用地等建设都无法落地。区域内公路等级相对偏低、农产品物流通道通行效率不高，游客观光的路径不足，重要民生通道、供水工程等还不够完备，仍存在断头路、通信盲点等。国家公园及换地所处地区的大部分村庄人口流失、"空心化"现象严重，导致基层人才队伍薄弱，结构性人才短缺。技术研发推广人才、特色产业人才、管理人才匮乏是普遍现象，产业从业人员的整体素质与发展生态产业的要求尚存在一定差距。

25.3.2　重点产业发展方案——以茶产业和生态旅游产业为例

从国家公园生态保护第一和现代化产业发展逻辑的角度分析，重点发展的产业应该满足以下要求：①充分利用武夷山国家公园资源条件，且产品能够体现出"优质优价"和"品牌增值"特征；②易于吸收现代化生产要素，能够构建完整的产业链，且有比较强的带动作用；③带动就业能力强，能最大限度吸纳原住居民就业。本章以茶产业和生态旅游产业为例进行发展方案详细设计。

1.茶产业

武夷茶历史悠久，武夷山河红茶具有"花蜜香、琥珀汤、甘醇味、高山韵"的特点。武夷山具有世界顶级的自然生境，所产茶青多数供应福建头部茶企，而铅山境内精茶加工能力和技术均有欠缺。未来要突出茶作为生态产品领头羊的地位，利用武夷茶的天然优势资源，支持构建完整供应链、升级产业链、优化增值链。打通国家公园内外"茶脉"，国家公园内作为优质茶青采集区、国家公园核心环带内布局（预）加工区、展示区，促进茶产业融合联动发展。

（1）加强茶叶原产地管理，提升茶园基地管理规范化水平

严格限定茶山面积，加强茶园扩张综合管理，打击违规开垦茶园行为，对既有茶园开垦计划必要性进行重新确定，以"提质"代替"扩容"，促进茶产业综合价值提升。科学划定武夷山国家公园（江西片区）的核心产区，拟将武夷山国家公园（江西片区）作为正山范围①，完善梯级茶青价格体系。推动茶园生态化改造，按照"头戴帽、脚穿鞋、中间扎腰带"的模式，保障茶园生物多样性，实施立体复合栽培，科学合理规划设计项目区的园、林、水、路，着力打造一批生态茶园、数字茶园、智慧茶园。优先加强700米以上高山茶园的管护，加强坡度10度以上茶园管理，抓紧制定一系列高山茶园维护、采茶标准，推进茶叶全程标准化生产。

（2）茶叶加工体系建设

在茶叶种植村庄、乡镇、精深加工区，打造三级茶叶加工体系。

初茶加工：在国家公园天窗社区（关联社区）及茶叶产区社区范围内，鼓励原住居民利用自家宅基地改建茶叶初制所。

精茶加工：在英将乡、天柱山乡、篁碧畲族乡内建立茶叶集中加工区域，建立乡镇级茶叶加工产业园，主动消纳各乡镇内茶青和粗茶。在分水关、桐木关区域打造赣闽茶叶合作发展区，加强省级层面的沟通协调，吸引福建头部茶企入驻武夷山镇。推广智能高效生产模式，加快推进茶叶生产过程工业化、智能化发展，培育智能制造模式，提高节能高效制茶装备的使用率。探索智能感知、智能分析、智能控制等数字技术在茶加工各环节的应

---

① 武夷山国家公园在划定过程中已经考虑到"自然生态系统结构、生态过程、生物多样性"等因素，统筹考虑"光、热、水、土、气等生态条件"，现武夷山国家公园范围已经涵盖茶产地精华部分，故将武夷山国家公园（江西片区）边界作为红茶的正山范围。

用，有力支撑茶产业结构调整。

精深加工：吸引茶叶精深加工企业入驻农业现代产业园，孵化茶饮料、茶叶提取物、茶叶保健品等多类型精深加工产品。加强技术研发，推进茶叶精深加工技术的创新和突破，提高产品的质量和口感。

（3）茶科技赋能增效

进一步推广"三茶统筹"的政策，提高产业现代化程度。扶持茶叶龙头企业，培育规模大、带动力强的企业和集群。推广"龙头企业+合作社（种植大户）+基地"等生产经营模式，适度规模经营，鼓励发展茶叶农民合作社联合社。打造一批茶空间、茶交中心、茶博苑、茶庄园、茶博会等重点项目。加大茶产业科技力量投入，在武夷山镇茶博园组建集科研、育苗、服务于一体的科技服务中心。鼓励研究开发具有自主知识产权、核心技术和市场竞争力强的创新型茶叶产品和服务。鼓励人工智能、遥感测绘等新兴技术逐渐渗透茶叶生产、加工、跨界应用、储运等领域。加强茶叶加工领域的人才培养和引进工作。建立茶叶加工专业化的培训机构，提供专业化的技能培训，加强跨省技术交流和合作。

（4）丰富创新茶产业业态

探索"茶+生态+文化+旅游"多要素融合创新，积极回应消费侧需求，不断提升产品功能，鼓励茶叶与文化、旅游、饮品、健康等行业创新融合，消费侧需求潜力得到激发。结合河红小镇、仙山岭、葛仙山风景区等重点项目，建设、打造茶旅融合体验区，建设茶旅融合示范项目、红茶文化体验项目，激发茶旅融合效应。在武夷山镇河红小镇、仙山岭项目区域重新规划项目业态，引入茶旅融合发展区和体验式茶庄。

2. 生态旅游产业

（1）生态旅游发展项目与产业业态

江西省内的武夷山涉及武夷山国家公园的中部峡谷探险区及北部康养休闲体验区。规划设计串联国家公园内外的多类型生态旅游业态，设计武夷山国家公园漫游道，围绕生态环境、森林康养、天文科普、自然体验等主体主题，规划面向不同人群的生态旅游产品，与全域旅游在项目上分层次衔接。

1）生态体验业态

面向武夷山国家公园中部峡谷体验建设，以武夷大峡谷为核心布局一系列涉水体验、自然风景观赏、野生动物观光、生态监测体验等产业项目，开发多主题、多业态、面向不同客群的自然导赏、深度体验活动。围绕八大关、擂鼓岭等历史交通要塞、自然景观设计徒步旅游路线、植物观测徒步线路、水上休闲活动体验区、露营基地。布局武夷大峡谷自然探索旅游区、武夷山镇姊妹湖森林体验绿道建设等生态体验类示范产业项目。在抽水蓄能电站周边布局一批生态体验营地和体验设施，利用新增景观和周边配套土地打造生态旅游体验区。优化生态体验接待能力，在紫铜线、紫葛线、英篁线重点社区、体验基地周围布局一批停车场、客运停靠站、自行车租赁点、医疗急救点、咨询接待厅，加强自助餐厅、公共洗手间和小卖部等生活配套设施建设。

2）康养产业

依托武夷山国家公园得天独厚的气候和养生环境，大力发展旅游产业导向下的森林健康产业，挖掘其康养功能和价值，丰富森林康养的体系结构。按照江西省森林养生基地的标准与要求，并参考国内康养产业发展经验，在太源镇、武夷山镇建设森林康养医院、康养社区、康养酒店、康养民宿等康养产品。在国家公园关键节点（如葛仙山镇等）规划建立"茶庄"式康养基地，打造武夷山国家公园康养产业体系。在武夷山镇、篁碧畲族乡、太源畲族乡等乡镇布局建设一批特色民宿，整体提升铅山县住宿接待水平，延长游客逗留时间，吸引高净值客户市场。

鼓励利用林场、垦殖场旧厂房空间改建康养基地，通过招商引资、股份合作等方式盘活国有资产，建立集观光、疗愈、高端民宿等功能于一体的现代康养基地。引进医养结合型的养老机构和综合性养老项目，积极规划打造森林康养养老产业园。

加强康养体验与医疗机构的深度合作，开发森林疗愈、森林冥想等康养产品。依托中医药文化、畲族医疗文化，丰富针灸推拿、药膳、特色疗愈等多样化养护服务。

3）自然教育业态

积极开展自然教育，从武夷山国家公园和世界双遗产的自然资源、历史文化两个价值维度，设计全面的教育内容，创新教育方式。与高等院校、中小学建立合作关系，将武夷山国家公园建设成高校生态学实习基地和中小学爱国主义和环境教育实践基地。探索亲子研学等主题线路，规划布局研学基地，推出亲水溯溪、户外拓展、森林探秘等系列生态旅游产品体系。

建立星空观测基地，以夜天文观测、气象观测、天文科普为主要功能，为天文爱好者露营观星、科研专家开展科学研究、青少年天文研学打造优质的综合服务平台。科学布局一批解说标志、科普教育橱窗等，将相关科学研究与成果以网上解说、AR 互动解说等方式进行开发，提升项目体验感。

在环带内建设一批与国际接轨的自然教育学校、环境教育营地、野外实习基地，丰富自然教育业态，开展常态化环境教育展示，打造成全国乃至世界知名的自然教育中心。

4）户外运动业态

按照国家体育总局、国家发展和改革委等七部委联合印发的《户外运动产业发展规划（2022—2025 年）》，以武夷山国家公园为核心联合环带小圈层，在大峡谷、仙山岭及篁碧入口社区周围因地制宜探索开展登山、徒步、越野跑、自行车、攀岩、漂流、定向等户外运动项目。建设国家级运动训练基地、极限运动体验营、户外主题公园、徒步营地等基础设施。利用抽水蓄能电站蓄水湖建设水上运动基地，打造以水上运动体验和水文化休闲为主题的"四季水上运动中心"。积极发展体育健身休闲产业，大力开发水上运动项目，如皮划艇、赛艇、龙舟、漂流等，开发生态溯溪有氧呼吸体验项目。

（2）生态旅游发展项目的环节梳理

对环带生态旅游发展示范项目进行梳理，总结得出旅游体验与旅游服务销售的旅游发展环节（图25-3）。

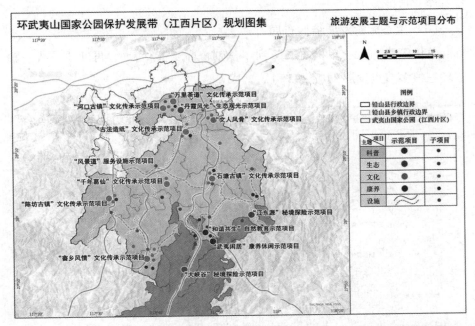

图25-3 环武夷山国家公园保护发展带（江西片区）旅游发展主题与示范项目分布示意

资料来源：作者利用网络图绘制。

　　科普教育主题示范项目覆盖了科普体验、科普营地服务、科普展示馆集中展示的全部旅游发展环节；生态主题示范项目集中在秘境探险和生态观光的生态体验环节；文化主题示范项目较多，分别涉及文化体验、餐饮住宿、购物娱乐、宣传销售等不同旅游发展环节；康养主题示范项目包括康养体验、康养基地综合服务的旅游发展环节；设施主题示范项目覆盖了交旅体验、服务与宣传销售的全部旅游发展环节。

　　选取环带主要的文化旅游链、生态体验链、茶旅融合链、科普教育链四条旅游发展链条，根据各链条的旅游发展环节对空间指标的要求，以遥感、资源点位与规模等数据为基础，分析得到旅游发展用地适宜性评价。根据评价结果，武夷山镇具有综合体验的核心功能，河口镇具有综合服务的核心功能，葛仙山镇具有体验与服务的复合核心功能；并将环带分为与国家公园紧密程度有别的**旅游体验圈层和旅游服务圈层**，指导不同圈层中的旅游示范项目有序、适度发展。

（3）生态旅游发展结构布局

总体策略： 从"单核发展"到"一轴一环三核发展"，再到"三线一轴三环三核多节点发展"（图25-4）。

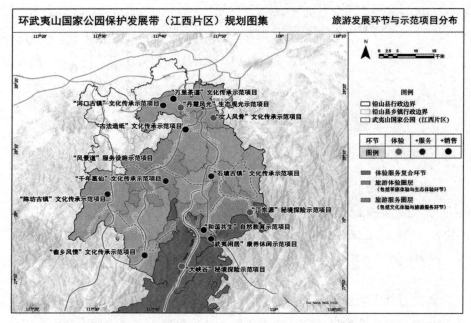

图25-4 环武夷山国家公园保护发展带（江西片区）旅游发展与示范项目所处环节分布示意
资料来源：作者利用网络图绘制。

1）现状：单核发展

现状游憩片区分为古镇书院主题片区、葛仙山主题片区、畲族主题片区和国家公园主题片区，据铅山县全域旅游规划统计，全县共涉及各级旅游资源186个。现状游憩展示价值内容包括红茶文化、书院文化、生态文化、古镇文化、畲族文化等（图25-5）。

葛仙山度假区为现状游憩资源的核心，景区年游客量曾高达205.54万人次，其带来的大量游客驱动铅山县区域旅游发展。河口、石塘两古镇在重要交通轴线上，是游客前往铅山县的重要目的地。

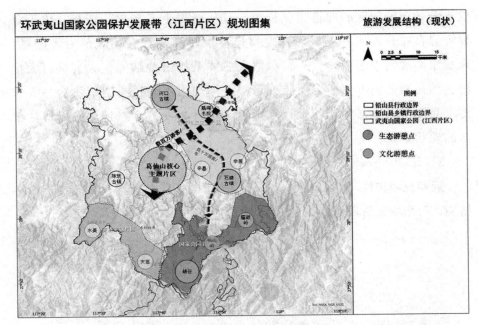

图25-5　环武夷山国家公园保护发展带（江西片区）旅游发展结构（现状）示意

资料来源：作者利用网络图绘制。

随着旅游市场趋势变化，"微度假"市场的快速发展使旅游资源的服务对象集中到本地居民客群，全民健身时代随之而来，户外运动成为本地居民近郊旅游的新时尚；伴随人口老龄化的加剧、亚健康人群的增多，在"健康中国"战略的推进下，康养旅游迎来重大发展机遇，环带良好生境的保护与利用成为迅猛发展的市场焦点；"双减负"时代，研学旅游、自然教育越发受到学校、家长、学生的欢迎。此外，旅游市场涌现出如夜间经济、演艺产品、自驾慢游等热门需求。

然而，武夷山国家公园现状生态游憩资源在环带区域的影响有限，市场有迫切需求的自然教育、户外运动、生态康养等旅游资源的供给水平有待提升。此外，现状旅游资源开发不均衡、旅游线路组织不合理、旅游产品类型不丰富等问题在环带区域依然存在。

环带区域有数十类主要的生态、文化旅游资源，而现状开发较好的仅有葛仙山度假区的佛道文化资源，其他诸如生态文化、红茶文化等重要资源存在开发水平不高、开发规模不大和开发理念相对落后等问题。现状旅游线路未形成环线，与多层次成体系的旅游结构相去甚远，大量游客前往葛仙山度假区后便无处可去，体现出旅游线路组织不合理、旅游产品类型不丰富的问题，直接导致了难以激发游客兴趣、难以留住游客的现状。

2）近期：一轴一线一环三核发展

近期规划构建以"一轴一线一环"为骨架、以"三核"为支撑的游憩格局，与全域旅游规划核心旅游环线和旅游集散中心衔接（图25-6）。

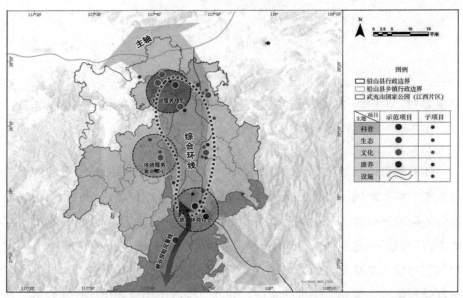

图25-6　环武夷山国家公园保护发展带（江西片区）旅游规划结构（近期）示意

资料来源：作者利用网络图绘制。

"一轴"指环武夷山国家公园保护发展带（江西片区）主轴，是以河口镇、武夷山镇为支点，以葛仙山镇为枢纽，衔接福建片区环带的茶旅融合协调发展带。"一线"指国家公园内部的峡谷探险风景线。"一环"指串联主轴及周边区域生态、红茶文化等游憩资源的交通环线。"三核"指河口镇、武夷山镇、葛仙山镇的游憩核心。

　　近期规划突出环带主轴的串联、衔接作用，提升"葛仙山—紫溪乡—武夷山镇"公路级别及"紫溪乡—石垅—桐木关"的道路质量，打通综合环线，设为风景道，形成茶旅交通环线，以葛仙山游憩核心大规模的游客基础，驱动武夷山镇生态游憩核心（《武夷山国家公园总体规划（2023-2030年）》中的"北部康养休闲体验区"）发展，以项目用地、资金支持保障武夷山镇国家公园入口服务、环带游憩核心及传统生产生活功能协调发展（图25-7）。

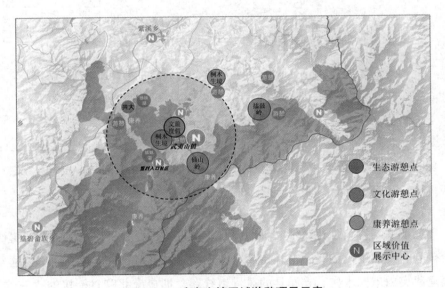

图25-7　武夷山镇区域游憩项目示意

资料来源：作者利用网络图绘制。

3）远期：一轴三线三环三核多节点发展

　　"一轴"指环武夷山国家公园保护发展带（江西片区）主轴。"三环"指串联国家公园内外各类游憩资源的交通环线。"三线"指国家公园内部的峡谷探险风景线，串联葛仙山镇、篁碧畲族乡和光泽县的风情体验风景线，以及串联陈坊乡、太源畲族乡和光泽县的古镇研学风景线。"三核"指河口镇、武夷山镇、葛仙山镇的游憩核心。"多节点"指分布在主轴及交通环线周边的全域游憩节点。远期规划与全域旅游规划的自驾旅游环线格局衔接（图25-8）。

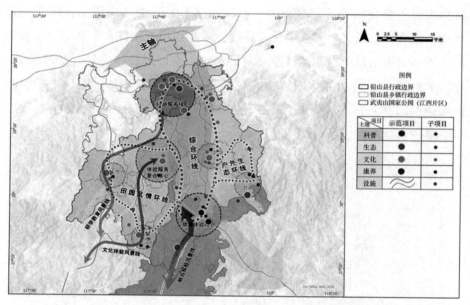

图25-8　环武夷山国家公园保护发展带（江西片区）旅游规划结构（远期）示意
资料来源：作者利用网络图绘制。

远期规划持续强化环带主轴的串联、衔接作用，分别以八大关及武夷山镇核心、葛仙山镇核心、篁碧畲族乡节点、陈坊乡节点为支撑，向南打通与福建武夷山市桐木村、光泽县的风景道线路，形成南北跨省衔接的"三线"格局；以武夷山镇游憩核心为中心，向东西辐射次入口社区及篁碧畲族乡、英将乡，通过田园风情游憩环线和户外生态游憩环线，串联国家公园周边的古镇商埠游憩资源、畲族风情游憩资源、文化教育资源等丰富的资源点位，并串联天柱山乡、太源畲族乡、陈坊乡、河口镇、葛仙山镇、武夷山镇、篁碧畲族乡等乡镇的丰富游憩节点，形成发达的风景道环线骨架，连接葛仙山、河口镇、武夷山镇游憩核心及鹅湖书院、石塘古镇、陈坊乡、篁碧畲族乡等游憩节点。最终形成"三线一轴三环三核多节点发展"的环带游憩格局。

根据铅山县 2014~2019 年的游客量及旅游收入数据，以线性趋势预测，并结合武夷山国家公园（江西片区）建设带来的影响，预期 2030 年环带接待游客量可达到 1000 万人次以上，旅游收入可达到 100 亿元以上。

25.4　环带规划实施的管理体制保障

环武夷山国家公园保护发展带涉及范围广、部门多且建设规模大，还需要持续的组织保障、资金保障和政策支持等。福建、江西的环带规划均是市级地方政府牵头编制的，都希望据此获得省里的各项保障和支持。以江西为例，其希望获得的保障和支持有以下四方面。

25.4.1　组织保障

建立健全分级管理和左右内外协调的组织保障机制。

省级层面，建议在江西省国家公园建设领导小组中成立环武夷山国家公园保护发展带（江西片区）建设专项工作小组。建议江西、福建两省共同建立武夷山国家公园建设联席会议机制，构建规划对接、政策衔接、互联互通、联防联保、共治共享一体化体系。

市级层面，建议建立联席工作制度，组织市、县各相关部门对保护发展带建设重大事项开展讨论商定，上报省级专项工作小组。围绕保护修复、价值展示、绿色产业发展、村镇发展、设施配套等"五大专项"建设，组建由市、县相关职能部门牵头的专班，集中落实推动各项工作；建议建立江西武夷山国家公园园地协作机制，共同加强保护、共同谋划可以争取中央资金支持的项目。

25.4.2　资金保障

探索以财政投入为主的多元化资金保障机制。

加大财政资金支持力度。充分利用现有生态保护、绿色发展相关国家政策，按相应资金渠道申请国家运行经费和补助资金、建设资金等。建立以省财政投入为主，省、市、县三级联动的地方政府资金投入模式，省财政设立专项资金，保障国家公园及保护发展带的保护、建设和管理经费。推动省自然资源、生态环境、交通运输、文化和旅游、林业、农业农村、水利、住建等部门单位充分整合相关领域资金，加大对环武夷山国家公园保护发展带（江西片区）建设项目的支持力度，将其纳入省重点乃至国家重大工程项目范畴。依据财政部、国家林草局《关于推进国家公园建设若干财政政策的意见》和《武夷山国家公园总体规划（2023—2030年）》，积极研究环带内尤其是国家公园"天窗"（关联社区）内的项目争取中央资金支持的依据，及时上报项目。

积极引入社会资本。搭建江西武夷山国家公园（江西片区）投融资平台，研究设立武夷山国家公园基金，引进金融和社会资本出资设立武夷山国家公园及保护发展带（江西片区）的保护和发展基金，对江西武夷山国家公园及保护发展带（江西片区）的保护和建设项目提供融资支持。

创新发展绿色金融。探索构建以绿色信贷、生态债券、绿色保险、绿色金融机构、绿色产权交易平台等为主要内容的绿色金融服务体系，创新服务方式、融资模式和管理制度，探索推进绿色金融支持生态产品价值实现。

25.4.3 政策支持

加强相关政策支持。江西省是唯一兼具国家生态文明试验区、国家生态产品价值实现机制试点和国家级绿色金融改革创新试验区的省份，国家公园及其周边区域又是最需要进行生态文明体制改革、生态产品价值实现和创新绿色金融的区域。加强武夷山国家公园规划与专项政策研究，对国家、省出台的政策进行及时收集整理、梳理归类、汇编成册、解读分析，找准与国家公园的结合点，积极向上争取政策支持。把武夷山国家公园及保护发展带（江西片区）建设作为重要内容，积极争取国家、省级层面国家生态文明试验区、国家生态产品价值实现机制试点、绿色金融改革创新试验区等相关政策的资金支持。省级层面，整合各部门优势资源，重点对土地、资金、政策、科技等要素投入和平台项目建设等方面予以政策支持。环武夷山国家公园保护发展带（江西片区）项目优先推荐列入省重大产业项目，对重大项目制定特殊供地政策。

需要政策突破的项目，认真统计各项目落地按照"三区三线"要求遇到的困难、生态旅游项目进入核心区的必要性等以及这些项目期待政策突破的原因，依据中办、国办《关于建立以国家公园为主体的自然保护地体系的指导意见》①，借鉴三江源国家公园的经验，按程序向国家报批，以项目试点的方式尝试政策突破。

创新环武夷山国家公园保护发展带（江西片区）自然资源资产管理机制。对于保护发展带的自然资源资产，创新建立省自然资源厅和上饶市、铅山县政府及国家公园管理机构联席议事机制，如采（探）矿权的设置由联席议事机制共同决定。

25.4.4　监督考核

强化项目推进。建立环武夷山国家公园保护发展带（江西片区）重点项目库，争取将重点项目纳入省级、国家级相关规划。建立重点项目负责人机制，实行项目全过程负责。按照"一事一议"的原则对投资金额大、带动能力强的重大项目予以支持。

强化工作落实。省直相关单位、市、县（市、区）分别制订年度工作计划，明确年度任务、进度安排、预期目标、责任主体等。环武夷山国家公园保护发展带（江西片区）建设专项工作小组办公室结合工作实际听取各相关部门、市、县工作开展情况汇报，将相关工作纳入各相关部门和市、县年度考核。

即便有了环带规划，其支撑点之一仍是生态产业化的新业态（生产力）和统一、规范、高效的管理体制（生产关系），且还要面对历史遗留问题。

---

① 第二十三条明确："在自然保护地相关法律、行政法规制定或修订前，自然保护地改革措施需要突破现行法律、行政法规规定的，要按程序报批，取得授权后施行。"

但武夷山呈现的新业态还不够多，地方政府对保护设施和保护队伍可能成为新业态要素还缺乏认识〔如武夷山国家公园（江西片区）所在的铅山县政府对利用国家公园专项资金建设的博物馆、天文馆可以成为自然教育业态的生产要素且是特色要素的认识不够深刻〕，因此本部分还补充三个案例，以完整呈现国家公园生态产业化在现实中的实现路径。

第26章
基于既有保护设施和人力资源的生态产业化

——以祁连山野生动物观光产业和年宝玉则生态旅游项目设计为例

26.1　祁连山国家公园推进生态产业化的必要性

2017 年的"祁连山事件"① 本身是生态保护的悲剧，但也加速了中国国家公园体制建设、催生了《建立国家公园体制总体方案》。祁连山国家公园体制试点迄今已有七年，祁连山生态保护的面貌已焕然一新，在各级政府的大力投入下，祁连山的保护设施和人力资源都达到了国内先进水平，但既往的黑色开发是否转成了符合生态产业化要求的绿色开发？这需要首先探讨大众观光旅游产业带来的问题和旅游产业转型升级的必要性。

从产业发展的角度看，祁连山的大众观光旅游产业已经颇具规模。西北大环线（又名"青甘大环线"）全程大约 2700 公里，穿越青海、甘肃，地貌特征几乎覆盖整个大西北地域景观元素。携程网等旅游平台型企业发布的数据显示，近年来，青海省西宁市是国内自驾游的热门目的地之一，而西北大环线也是热门自驾线路之一。② 2022 年，西北大环线甚至是搜索指数最高的自驾游线路。③ 而当地多个基层政府也早在十多年前就积极发展大众观光旅游产业，将其作为经济社会发展战略中的重要组成部分：早

---

① 《国家公园蓝皮书（2019~2020）》在主题报告第一章中专门介绍了祁连山国家级自然保护区的违法开发问题（简称"祁连山事件"）及其如何促成祁连山国家公园体制试点启动，以及中央及时出台《建立国家公园体制总体方案》的来龙去脉。
② 携程：《2023 年暑期租车自驾游报告》，2023。
③ 马蜂窝：《2022 年自驾游数据报告》，2023。

在 2014 年，祁连县的旅游人数首次突破百万，达 127.98 万人次，实现旅游总收入 3.26 亿元。[①] 其后，因为"祁连山事件"，旅游人数的增长出现了停滞。

但与此同时，大众观光旅游的生态破坏问题日益显现[②]，其对自然保护地的生态影响主要有两个方面：一是游客在景区的踩踏、刻画、采摘等活动，都会对生态环境产生影响；二是建设住宿、餐饮、娱乐等旅游观光设施都会占用景区土地，造成植被的大面积集中破坏。例如，2013 年，祁连山保护区生态旅游景区各类旅游设施占地 2 万多平方米，近 3 万平方米的植被遭到破坏。[③]

显然，祁连山国家公园的产业发展同样面临"两个反差"，必须向符合生态产业化要求的新业态转型：一是面对自然资源价值高和资源利用限制多的反差，以外延式扩大再生产方式发展大众观光旅游产业难免破坏生态，要考虑当地的发展需要，设计新产业、新业态；二是面对国家公园对国土空间开发的严格管制，要将既有的生态环保设施和人力资源队伍作为生产要素，不能再盲目进行基础设施建设。

26.2 祁连山实现生态产业化的"两个难题"

26.2.1 如何基于既有保护设施设计新业态

祁连山自 2017 年启动国家公园体制试点以来，依托中央资金投资的保护设施，在硬件和软件（人力资源以及自然教育课题体系等）等设施建设方面打下了坚实基础，如 40 个标准化管护站、野生动物救护繁育基地、国家长期科研基地、生态科普馆、展陈中心、大数据中心、生态监测定位站等

---

① 吴梦婷、马智尧、聂文虎：《青海祁连：旅游业从千万到亿的历史跨越》，《西海都市报》2015 年 12 月 10 日。

② 较大规模的大众观光旅游活动中的游客行为（如踩踏、攀折、小规模用火等）可能对植被产生的破坏：一是影响植被的生理代谢及形态；二是影响植被种子的发芽及苗木的成活；三是影响植被的生长高度，并阻碍其生长；四是影响植被的健康与活力；五是影响植被的开花及结实；六是影响植被的更新及侵移；七是影响植被种类的多样性及群落结构。

③ 徐柏林、刘金寿、蒋志成等：《生态旅游对祁连山国家级自然保护区景区植被的影响》，《旅游纵览》（下半月）2013 年第 18 期。

设施已经建成运行。

但这些设施尚未在符合保护需求和市场需求的新业态中被充分利用。祁连山国家公园与本书中其他案例探讨的情况不同，在拥有基础设施的情况下，其实现生态产业化的关键议题在于，如何在保护政策限制下实现既有保护设施的生态产业化。因此，利用既有的保护设施并使其产业化，如拓展科研基地的博物馆功能、将既有的野生动物救助中心拓展成小型动物园等，则是祁连山国家公园生态产业化的重要方向。

26.2.2 如何补齐新业态所需的高端生产要素

在明确方向之后，基于既有基础设施设计的新业态，也要配齐对应的生产要素，进而辅助新业态发展。但在此过程中，基于既有设施设计的新业态，在要素环节又面临新的问题。

祁连山虽然曾长时间发展大众观光旅游产业，但其基本的接待能力以及具有生态特色的场馆建设反而不足。而在国家公园的严格管制下，增加基础设施提升接待能力的方案不具有可行性，所以基本接待能力不足和接待水平低，也是影响新业态落地的重要因素。

结合调研情况而言，祁连山国家公园涉及的县城具有一定的接待能力，但在旺季其酒店房间往往会被成规模的项目所包揽而供不应求，加之科研基地不能提供适配的住宿空间，所以一些体量较小的游研学夏令营难以在旺季进入，而组织策划者的线路设计、吃住测试、课程资源梳理、宣传资料准备等市场预热工作也无法落地，都将阻碍新业态的培育发展。基于此，要按照产业化方向，改善既有的科研基地等基础设施硬件，增加科研基地接待服务等基础性功能，为新业态落地提供要素保障。

与此同时，产业发展的人力资源要素相对丰富。青海在依托试点区林场设立 9 个管护中心和 40 个管护站点，同时成立祁连山国家公园青海服务保障中心；1265 名管护员年均开展巡护 5 万次以上，巡护里程达 169 万公里；"村两委+"社区参与机制促进社区群众充分参与国家公园建设。而如何充分发挥人力资源要素的优势，也配为补齐生产要素的必要环节。

26.2.3　祁连山生态产业化"两个难题"的理论分析

结合上述情况，祁连山因为生态保护需求而建设完毕的硬件和软件基础设施，使其已经具备形成新业态的有利条件。但祁连山没有设计出新业态进而培育发展新质生产力的原因在于，一是在自然资源使用限制条件下，没有找到能够发挥自然资源优势的突破口，所以没有发展出新业态并使之体系化、制度化、规模化发展。二是按新业态落地的要求，当前的基础设施硬件与软件都需要进一步优化。如在基础设施硬件方面，长期科研基地要适应标准化、批量化住宿的需求，增加天文馆、参与式实验室等设施；在基础设施软件方面，与广东丹霞山以及处于同等发展情况的三江源地区相比，没有进一步健全志愿者机制，对人力资源的挖掘与要素配置作用有限。所以基础设施的不完善，也使新业态无法成功落地。

培育发展新质生产力，要形成与之适配的新型生产关系，所以在设计新业态、补齐生产要素的同时，也要通过创新治理结构实现要素资源的优化配置。现阶段祁连山虽然已经开展特许经营试点，但尚待进一步通过优化特许经营模式，依托创新治理结构从而引导各类产业要素赋能新业态落地。

26.3　祁连山实现生态产业化的"两个确保"

26.3.1　祁连山野生动物观光产业的发展基础

1.发展野生动物观光产业拥有政策空间

从法律角度看，野生动物的科学考察已经取消了行政许可，观赏活动已经不存在法律障碍。从政策角度看，青海省在率先探索自然保护地立法、积极申报地方标准制定等工作基础上，科学合理解决自然保护地矛盾冲突问题，而且三江源国家公园已经发展起以野生动物观光为主要业态的特许经营产业，用实践证明了在国家公园内发展野生动物观光产业的可行性。这些都为祁连山发展相关业务提供了实践参照。在特许经营方面，祁连山编制

《祁连山国家公园青海片区生态旅游线路设计实施方案》，探索设计以野生动物摄影为主线内容的国家公园生态体验线路。

2. 发展野生动物观光的产业设施及配套较为完整

目前，青海省已经建立的 13 所祁连山国家公园生态学校，为野生动物观光、科普产业与国民教育体系结合提供了基础条件。作为祁连山国家公园青海片区唯一的野生动物救护繁育中心，该中心设有救护、繁育、综合服务管理等区域，建有食草类动物、肉食类动物、杂食类动物及一般鸟类动物笼舍，将在及时救助野生动物、深入开展国家公园生态监测、丰富自然教育内涵等方面发挥重要作用。另外，生态科普馆、祁连山国家公园国家长期科研基地、普氏原羚科普研学基地等已经建立，可以提供讲解、科研、观光、科普等服务。

3. 祁连山具有野生动物的全国一流遇见率

祁连山国家公园青海片区具备野生动物观光产业发展的资源条件和软硬件工作基础，使得其在兽类方面有全国领先的野生动物遇见率（包括鸟兽组合也在全国领先），获得了野生动物全国一流遇见率，使自然保护地的野生动物观光产业成为生态产业化的重要资源，可以作为绿色发展新业态。而且随着当地生态环境持续改善，祁连山国家公园青海片区珍稀野生动物种群数量不断增加。[①]

4. 发展野生动物观光产业适应国家公园环境容量

野生动物观光产业与生态环境保护的兼容性较强，对人流规模和产业发展方式有严格的限制，而祁连山远离国内主要游客市场，主要由少量高端人群支撑这一高端业态，避免了发展其他旅游形式对生态环境保护造成的冲击。

5. 在野生动物的科研工作方面具有优势

以祁连山国家公园国家长期科研基地为中心，已经建立了涵盖各类生态

---

① 截至 2021 年底，祁连山国家公园青海片区分布有野生脊椎动物 25 目 65 科 252 种，其中国家一级重点保护野生动物雪豹、荒漠猫、白唇鹿等 21 种，国家二级重点保护野生动物棕熊、马鹿、岩羊等 53 种。

系统的综合观测网络和森林动态监测大样地，在全国率先为4只雪豹、10只荒漠猫、38只黑颈鹤个体开展追踪监测。其多种形式的野生动物长期监测（可提供物种分布、种群数量、生境信息、生活习性等基础数据）可以用于静态资源评价和资源优先区筛选，还可以进行长期动态分析（如种群生存力分析等）和未来人兽冲突热点地区分布、野生动物疫病状况分析等，为野生动物观光产业发展及防范产业活动带来的风险提供技术支撑。

26.3.2 发展野生动物观光产业的经验借鉴

以野生动物观光为主要吸引物的生态旅游是国家公园绿色发展的典型产业。野生动物保育是国家公园及自然保护地的主要职能之一，美国、日本、法国及非洲多国的国家公园相关产业体系中，在野生动物保育基础上的野生动物观光是重要的业态，也是全民共享国家公园的重要途径。

1. 非洲肯尼亚野生动物迁徙观光产业

肯尼亚是非洲开展生态旅游最早的国家。1990年肯尼亚曾召开关于生态旅游的区域性工作会议，1993年肯尼亚成立了全非洲第一个生态旅游协会（ESOK），1997年肯尼亚主办了关于生态旅游的国际研讨会。肯尼亚制定"生物多样性保护计划"，协助原住居民参与生态旅游项目，增加每个家庭的经济收入，改善居民的基本生活条件，缓解居民与国家公园管理间的矛盾和冲突。马赛马拉国家野生动物保护区和安波塞利国家公园是肯尼亚生态旅游发展最著名的两个地区。

2. 欧洲国家公园的多元生态体验业态

欧洲的国家公园纷纷推出野生动物观光游览体验项目，从短途旅行到五天沉浸式体验，种类繁多的体验项目、产业业态和经营模式为祁连山国家公园的野生动物观光产业发展提供了借鉴之处，如瑞典耶斯特里克兰的棕熊和野生鸟类探险、拉普兰野生动物探险、厄斯特松德的驼鹿之家体验等。

26.3.3 野生动物观光产业的业态升级方向

野生动物观光产业是体现国家公园全民公益性的必要形式。只有推动该产业发展并与国家公园外的大众观光旅游产业串联起来，才能让地方政府具有足够的发展动力参与到国家公园内的工作中，并使国家公园的天窗社区、入口社区等形成特色产业，即便在交通条件不利的情况下，也能获得比其他社区更好的绿色发展机会。这类新型产业以野生动物为媒介，将保护好的"绿水青山"转化为能用上的"金山银山"，因此能将当地社区整合为"共抓大保护"的生命共同体。而只有通过野生动物观光产业发展，才能让更多的国民尤其是学龄人群在"最严格的保护"下真正切身感受到祁连山的魅力、直接享用到生态产品，才能真正体现祁连山试点区的"全民公益性"。在祁连山国家公园争取尽快设园、建设生态文明高地的过程中，这类既生态又文明的产业不可或缺。

基于此，要进一步明确野生动物观光产业发展的业态升级方向。从野生动物观光产业的发展规律看，该产业的准入和管理的基本原则是：某个区域只有具有市场竞争力的野生动物资源且这种资源的数量和稳定性能支持业态的常规需求，才可能形成产业。

在野生动物观光产业发展和管理过程中，必须考虑业态和资源量（包括时空分布）的互动关系，旅游业的业态必须适应资源量、资源的保护需求并控制对人群的风险。因此，野生动物观光产业管理需要从动态上监测野生动物资源和相关风险变化情况，以采取适应性管理措施。

结合表26-1观察，祁连山国家公园显然具有天然资源和产业要素组合的双重优势，适合作为野生动物观光的样板优先发展区域。在明确产业发展方向之后，还需要对野生动物观光产业涉及的区域及相关设施进行分类，资源组合条件好的区域优先发展。按表26-1的维度，结合游客容量与环境承载力分析结果，并与《祁连山国家公园总体规划》的规划范围、分区范围等对照，筛选出优先区。野生动物观光产业优先发展区域在空间布局上体现生态系统组合（如草甸加湿地），体现鸟兽资源组合；要统筹考虑祁连山国家公园青海片区不同功能分区和国家公园内外，在有条件情况下可以向甘肃片区和周边其他自然保护地拓展项目活动空间。

表 26-1　野生动物观光产业发展条件分类

| | | 野生动物天然或人工资源条件及利用基础 | |
		天然资源好	人工资源好
野生动物观光产业要素条件	要素组合优势明显	祁连山国家公园（包括救护繁育基地）	青藏高原野生动物园（青海野生动物救护繁育中心）
	要素不全或规模小	青海湖国家公园（包括普氏原羚观光园），生态系统较单调且野生动物观光易受大众观光旅游干扰	青海青藏高原自然博物馆，相关展陈水平不高且缺少主题活动

资料来源：作者自行整理编制。

在业态设计方面。①在空间上，做到以野生动物为吸引物的生态旅游与野生动物友好型旅游两种业态的协调。首先是与以就地保护为主、迁地保护为辅对应的业态设计，把祁连山国家公园和周边区域（包括西宁）动物园（包括救助中心）、自然博物馆结合起来作为业态场所。尽量实现多种生态系统的结合，在一个游线产品中安排多种场景为活动场所。②在业态的参与方上，无论是生态旅游还是野生动物友好型旅游，都必须满足游客的基本需要，同时让原住居民充分参与，因此需要让做生态旅游的专业公司、传统旅游公司、原住居民的合作社等结合起来，形成能实现产业发展目的的利益结构，且让各方发挥所长，解决目前的生态旅游难以满足游客基本需要和原住居民参与不规范的问题。

在产品开发与流量进入方面，祁连山要实现从大众观光旅游向生态旅游的转变，就要将大众观光旅游的游客进行引流，这样才能为野生动物观光的高端业态发展提供消费受众。① 西北大环线这条线路因其丰富的自然风光、历史遗迹和文化体验而受到全国游客的青睐，游客需求从休闲观光、摄影、探险和户外活动到人文历史，虽然游客数量高，但是人均消费低，且以自然风景为卖点的旅游景区产品同质化极其严重，穿着生态旅游外衣，背后是千

---

① 前文提到，野生动物观光产业本身就是小容量的高端项目，所以从大众观光旅游的游客中甄选出的野生动物观光产业目标受众群体规模也符合国家公园的环境容量。

篇一律的油菜花海、徒步栈道，毫无地域特色，游客体验感与壮丽的景观和深厚的人文形成强烈反差。"80后""90后"作为主要客群，以自驾为主，对产品定制的需求逐步提高，停留1~3天的游客占比高达九成以上。基于上述游客的现实需求与游客结构，祁连山应以野生动物生态体验为方向进行主题设计、以金字塔式的项目满足不同客源需求、以模块化的体验项目/课程的方式嵌入已有行程，从而实现野生动物观光产业落地与运营发展。

26.3.4　野生动物观光产业的项目矩阵

野生动物生态体验的项目结构参见图26-1、项目矩阵参见表26-2。

野生动物生态体验：以野生动物观光为核心的生态体验既包含在国家公园空间内的野生动物真实观察，更是与野生动物生境、生态系统平衡、保护救治和周边社区发展等内容紧密相连，如野生动物生境观测与体验、野生动物生态防治、野生动物救治、野生动物保护、人地关系类项目……这也是寻找产品独特性、丰富产品内涵、避免产品同质化的最优解。

主题式项目设计：某一区域的野生动物生态体验项目可以在既有软硬件资源分析与梳理的基础上，结合本土化、高价值、高体验的亮点进行品牌项目设计，避免"野生动物观察、生物多样性"等雷同、空洞的大主题，以

图26-1　野生动物生态体验的项目结构

资料来源：作者自行绘制。

表26-2 野生动物观光产业项目矩阵

项目产品	客源定位	时长	特点	项目特点
普及类项目	面对人群：大众旅游者，临时参与者 人群特点：时间短，临时性强，人流大，没有深入的需求；对野生动物相关基础认知和了解不足	1~2小时	普及程度高 执行容易 参与度低	小模块体验活动/体验课程，嵌入各种社会媒介（旅行社、教育机构等）的产品中或者个人单独购买以丰富行程，对于项目的支持在地执行与基础设施的支持要求低。作为观光需求向深度体验的过渡阶段，触达更多人群
体验类项目	面对人群：大众旅游者，短期研学类（半天项目） 人群特点：时间不足，对兴趣度不高，对项目参与体验有一定要求，临时性小。参与者也有可能是专业团队与青少年研学，但不以该项目为主题	3小时及以上	普及程度高 执行容易 有参与度	小模块体验活动/体验课程，嵌入各种社会媒介（旅行社、教育机构等）的产品中或者个人单独购买以丰富行程，对于项目的在地执行与基础设施的支持有一定要求
学习类项目	面对人群：自然爱好者，研学团队 人群特点：参与目标明确，提前预约，时间安排少，以该项目为行程主题。有一定的学习与深度体验的要求，有一定的学习与深度体验，足够主题。	1~14天	普及程度不高 执行有难度 参与度高	停留时间长，对于项目的在地执行与基础设施的支持有很高要求
工作类项目	面对人群：以观鸟、观花等特定小众、专业性较强的观测类项目，相关专业人士为主的科研项目；以教育为主的考察类项目；面向大众的志愿者项目等工作类；设计非专业，游研学行业、旅游行业（包含专业与非专业，降低志愿者参与门槛，借助社会多元力量） 人群特点：时间充足，参与对于项目及其他的专注高，学习需求极高，深度参与前做大量的准备，学习需求准备、提	5天及以上	普及程度低 执行难度高 参与度极高	此类项目对于主题资源、基础设施、相关管理部门的支持力度要求较高。此类项目利润并不高，但向市场展示了项目的科研、生态、人文价值，是其他项目被大众认可的基础

资料来源：作者自行整理。

亮点进行深入的主题策划。明确的、有价值的主题，可以更好地与市场连接，实现大众观光旅游的游客引流，如三江源国家公园黄河源园区以野生动物监测为基底、以猛禽调查为主题进行的公众科学家项目设计。

金字塔式项目结构：一个主题并不意味着一个或一类产品，而是围绕该主题进行垂直策划，从而满足不同客源需求，形成从大众普及类到专业参与类的金字塔项目结构。

祁连山国家公园野生动物观光产业的项目矩阵——以祁连山国家公园野生动物救护繁育中心分析为例。

每一个有价值的资源地都能开发出面向市场不同需求、承担不同价值的产品矩阵，从单一的关注产品经济价值，转向关注经济、社会和宣传综合价值，在此理念基础上进行项目设计，合理安排项目的产业链分工、定位项目地的行业角色。

祁连山国家公园青海片区的一大核心优势是野生动物保护、科研基础设施及配套较为完善。在项目设计时，借助科研资源优势，在户外野生动物观光的基础上，挖掘项目亮点，表 26-3 以野生动物救护繁育中心为例详细说明项目思路与内容。同理，公园内管护站、国家长期科研基地、生态科普馆、大数据中心、生态监测定位站、大样地等正在运行中的设施及科研项目皆可以此思路进行模块化的内容设计。如此，祁连山国家公园的野生动物观光产业形成两种发展模式：一是单个或多个模块嵌入其他机构的线路，二是野生动物救护、野生动物巡护、野生动物监测等多主题、多天数、可定制的线路产品，满足多方需求。

26.3.5　补齐野生动物观光产业的要素短板

基于祁连山每一个资源点位的项目矩阵设计（如野生动物救助中心、博物馆、管护站），以项目设计拓展资源点位既有基础设施的服务功能，支持项目落地；野生动物观光产业结合常规的登山、漂流等活动，实现大众观光旅游升级，形成要素组合完整的生态旅游业态；完善社会参与机制，吸引社会力量参与，串联周边其他优质的自然和人文资源，尤其是周边社区的人

表26-3 祁连山国家公园野生动物救护繁育中心的产品模块

主题	类别	时间维度	空间需求	内容简介	可对接的业态
祁连山野生动物救助	普及类	1小时	救治中心的参观及基础导览	以中心动物的在地救助过程及真实事件为主体，以野生动物讲解为辅助	临时散客、旅行社业务、游研学团、专业考察
	体验类	2小时	中心基础导览+项目体验	在基础导览的基础上增加大众可参与或体验某野生动物救助的方法、运输等	临时散客、旅行社业务、游研学团、专业考察
	学习类	1天/2天/3天	野生动物救助中心工作真实体验	在救助中心内，模拟一个野生动物救助的全流程，在体验中了解救助工作的复杂性及社会价值	游研学团、专业考察
	工作类	7天及以上	救助中心工作内容	规划与设计公众或专业人士可以进行的工作，包括笼舍清理，动物照顾等参与者可独立开展的活动	游研学团、专业考察
"野生动物医生"	普及类	1小时	动物医生的工作内容	以动物医生为主题讲解野生动物看病是什么样的，包括动物看诊手术室，看病相关器械。揭开动物医生的神秘面纱	临时散客、旅行社业务、游研学团、专业考察
	体验类	2小时	动物医生课堂体验	主题性的基础导览，加上模拟动物医生的技能体验，比如：模拟缝合，根据X光片模拟诊断	临时散客、旅行社业务、游研学团、专业考察
	学习类	1天/2天/3天	成为一名野生动物医生	针对真实救助案例，学习动物的相关知识，判断病情，学习治疗手法并进行模拟救治	游研学团、专业考察
	工作类	14小时及以上	救治中心真实工作的一天	完整的模块学习及模拟，能够在一定程度上完成真正的工作。例如，某一种救治动物的看护及观察，在专业人士带领下协助治疗。此类救治项目需要前期的培训学习	游研学团、专业考察

资料来源：作者自行编制。

力资源与文化资源，形成完整的产品游线。将业态的升级发展作为全面落实《祁连山国家公园体制试点方案》《祁连山国家公园总体规划》《祁连山国家公园（青海片区）生态体验与自然教育规划》的重要抓手。

1. 拓展既有基础设施的功能服务

以野生动物救护繁育中心、生态科普馆、展陈中心、大数据中心等为在地依托场域，基于既有设施的现有功能，拓展各类设施的功能与服务，如依托祁连山野生动物观光资源，可以设计野生动物救助体验[①]、野生动物园科普等业态，并在政策允许的范围内对既有设施开展生活空间扩容，使其具备基本的接待服务能力，从而助力新业态落地。

2. 完善软件基础设施助力新业态落地

祁连山国家公园青海片区已经编制《祁连山国家公园（青海片区）生态体验与自然教育规划》，设计"生态体验项目谱系"和"生态体验线路"等具体产品，并对相应项目的使用规范、操作流程、注意事项等内容进行完善，规范在地居民牧民的参与方式和自然教育开展方式，提高项目运行效率。

3. 打造社会参与的惠益机制

①构建商业化平台，补齐高端要素短板。祁连山国家公园在地管理部门通过特许经营方式，与 NGO 达成协议，以"购买服务的方式"让 NGO 参与进来，由 NGO 建立平台，吸引艺术家、科学家等高端人力资源，发挥NGO 的协调作用，从而构建高端人力资源引入的市场化路径。②以赛事活动吸引人力资源要素。祁连山国家公园生态科普馆正式开馆运行，成功举办祁连山国家公园第二届自然观察节、线上生态摄影展、第一届文创大赛、第二届课程大赛等活动，持续吸引高端人力资源要素，签约摄影师和签约作家队伍不断壮大。[②]

4. 善用特许经营吸引社区居民力量

一方面，统筹推进祁连山国家公园青海片区特许经营体制试点，经营活

---

① 如和巡护人员搭建大鵟巢、和救助基地工作人员一起参与野生动物救治等。
② 近年来有 270 余幅摄影作品获得国际奖项，有 300 余幅作品获得国内摄影大赛 40 余个奖项。编撰《祁连山史话》《祁连山生态谚语汇集》等生态文化系列丛书 13 册。

动的受益对象以当地群众为主，优先聘用当地牧民和管护站管护员参与到具体访客食宿行服务供给中，就地就近解决牧民群众就业问题，引导其参与摄影、时长、讲解、向导等工作，利于其增加收入，巩固脱贫成果。另一方面，推动地区经济绿色发展，促进社区反哺。野生动物观光产业开展后，单个生态体验接待中心预计年接待访客 3000 余人次，预计直接、间接反哺社区超过 600 万元。通过野生动物观光产业的有序发展可以促进当地居民特别是当地社区群体参与到国家公园的建设与管理活动中，改善当地居民生活。

26.4　祁连山生态产业化的共性做法、适用范围

26.4.1　基于祁连山生态产业化案例的共性经验

一是善于从存量挖掘上下功夫，注重对既有资源的产业化利用。对于处于国家公园范围内的区域而言，由于受到自然资源使用与国土空间规划的限制，其进行基础设施增量建设通常都不是最优选择，所以必须对存量资源挖掘进行持续探索，因此，祁连山充分挖掘科研基地等既有设施的产业化潜力，设计野生动物观光新业态，并推动既有设施的生活空间扩容，形成与新业态相适配的接待服务能力，持续培育壮大新业态，使之与大众观光旅游业协同发展，提升区域绿色发展动力。

二是探索"政策导向+自主行为"的要素配置体系。一方面，善用在地管理部门的行政资源，统筹推进特许经营体制试点，举办以祁连山生态资源为主题的赛事及活动，吸引高端要素资源赋能新业态发展。另一方面，祁连山国家公园通过购买服务的形式，以市场化方式与 NGO 合作，吸引艺术家、科学家等高端人力资源要素，使高端要素赋能的方式更稳定、作用更突出，抬升新业态发展上限，从而形成"政策导向+自主行为"的要素配置体系，增强生态产业化的内源动力。

三是打造社会参与惠益机制的闭环体系。野生动物观光产业发展需支付特许经营费用，所以可以拓宽国家公园的建设保护资金渠道，丰富国家公园

建设投入经费，反哺国家公园的生态保护、管理建设，同时，也将反哺社区参与主体，增强其参与动力；产业经营收入将有助于国家公园管理局开展更多生态体验和绿色发展探索，能够助力国家公园管理局获取更多资金和项目支持，从而大大提升国家公园的建设发展水平和保护管理效率。

整体思路见图26-2：

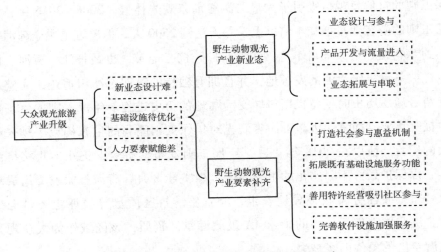

图 26-2　祁连山野生动物观光产业发展思路

资料来源：作者自行绘制。

26.4.2　年保玉则发展生态旅游的思路和新业态设计

从祁连山案例中提炼的利用既有设施实现业态升级的模式，也具有在条件类似的区域推广的可行性。因为国家公园在限制自然资源使用与国土空间开发的同时，也会根据生态修复与保护的需要，建设科学研究、生态监测、科普教育等必要设施，并配齐相应的人力资源要素，而因地制宜利用这些既有设施设计新业态、增强要素涵养能力，使之稳妥推进生态产业化，则成为各国家公园（或其他自然保护地）在实现生态产业化的过程中应考虑的重要方向。以青海省的另一个资源价值同样高，也基本与祁连山同期暂停大众观光旅游的年宝玉则自然保护区为例，可以提出以下发展思路和新业态。

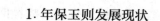

1.年保玉则发展现状

年保玉则（又名果洛山、年宝叶什则）属青藏高原东部的巴颜喀拉山，因其风景独特、神奇瑰丽、险峻隽秀而闻名于青、甘、川三省，藏野驴、野牦牛、藏羚羊、岩羊、白唇鹿、藏棕熊等珍贵动物常出没于此，拥有仙女湖、年保玉则峰等著名景观，被誉为"天神的后花园"。因此，年保玉则的自然景观也吸引了大量的游客前来观光体验。2006~2016年，年保玉则的游客数量增加4倍以上，每天达到2500人，但单客单次全部消费不到500元。年保玉则作为三江源保护区核心地带，也是长江、黄河、澜沧江三条世界级大河的发源地，并且拥有独特的第四纪冰川遗迹，完整地保留着地质历史时期特提斯海转变为陆地的历史进程。年保玉则的生态价值极其重要，而常年大量的游客观光对年保玉则脆弱的生态构成了越来越大的压力。所以在2018年4月，年保玉则发布禁游令，正式停止接待游客，以保护景区不断恶化的生态环境。2018年8月，青海省旅发委组成环保督察整改任务验收督导检查组，经省旅游景区质量等级评定委员会研究，决定取消年保玉则的国家4A级旅游景区资质，该区域作为大众观光旅游景区的条件已经丧失。

在严格生态保护的要求下，年宝玉则只能以生态产业化为方向，进行总体规模小、生态干扰少，但单客产值高的新业态培育。在地管理部门可以通过重塑游客服务中心等既有基础设施的服务功能，建设集地质科考、林业管护、湿地保护、野生动物保护等于一体的综合性工作站，为户外探险等生态旅游提供了设施保障，而生态旅游的发展也使得景区原来的安保、环卫、售票、导游等工作人员转变为年保玉则的生态管护员，这样可以实现资金、技术、人才、管理等生产要素的留存与优化配置，在符合生态保护要求的新业态中获得新生，提高原住居民的人均收入。

2.年保玉则基础资源分析

极高价值的地学教科书：深居青藏高原腹地，横贯黄河、长江水系、屹立于巴颜喀拉山群山东部的年宝玉则地区仍完整地保留着地质历史时期特提斯海"海进海退"历史进程、冰川地质遗迹和现代冰川风貌，是研究青藏高原隆升与全球气候环境演化，探索印度板块与欧亚板块碰撞挤压作用进程，揭示黄河、长江水系发育历史，了解高原冰川形成深化过程的地学教科书，具有极高的科学研究和保护价值。

高原生灵"基因库"：山顶的雪山冰川，山麓中生长着云杉、松柏为主的原始森林，山脚的河流湖泊、湿地草原，构成生态系统多样性，为多种动物提供生存空间，有雪豹、猞猁、白唇鹿、岩羊、野牦牛、棕熊、马麝、藏原羚、沙狐等珍奇的野生动物，有黑颈鹤、黑鸢、胡兀鹫、高山兀鹫、大鵟、红隼、纵纹腹小鸮等数珍稀鸟类，有青海裸鲤等高原特有鱼类20余种。

"天神的后花园"：年宝玉则完整地保留着自然界固有的粗犷美和自然景观特征，除引人注目的奇、险、秀、美、雅的冰川地质作用形成的峰林地貌景观外，还有仙女湖、妖女湖、日东玛错、玛尔杂湖、玛日当湖等300余个湖泊散布在山间草原，蕴藏着丰富的森林、草地资源、人文景观资源。巍峨高山下静谧的湖泊，夏日伴着绽放的花海更是无愧于"天神的后花园"的美誉，其景观为中外之稀有。

冰川地质遗迹和现代冰川风貌，壮丽的自然景观及其发展观光旅游时形成的交通、住宿等产业要素，为生态旅游业态的培育打下了良好基础，相对既往基本没有单纯观景型的大众观光旅游的三江源而言，这是年宝玉则的优势。

3. 设计以地质科考为核心的生态体验项目

地质学是自然科学和地球科学的重要分支，对人类社会的发展和自然环境保护具有重要意义。地质教育在当代社会中发挥着重要作用，帮助人们了解地球的物质组成、地壳的结构以及地球内部的结构和运动，从而提高人们对地球环境的认识，有助于人们更好地了解地球的自然环境。

年宝玉则分布有四个典型冰川地貌地质遗迹区，其壮观和发育程度为青藏高原所罕见，以冰川地质主题将在地生态、人文景观串联起来，以冰川遗迹为亮点，高原野生动物以突出的自然景观为吸引点，辅以科普讲解，形成"室内先导课程+户外体验"的模式，设计大众参与逐步深入的生态体验项目矩阵，包括公众探访类、大众参与研学类与培训/会议类，以摆脱传统的浅层次、打卡式业态特点，成为大众进入年宝玉则的新窗口。年宝玉则生态旅游项目结构见图26-3、项目矩阵见表26-4。

图26-3　年宝玉则生态旅游项目结构

资料来源：作者自行绘制。

表26-4　年宝玉则生态旅游项目矩阵

项目类型	产品	内容	功能
公众探访类	公众基础参与——年保玉则自然课堂	打造年宝玉则地质自然教育中心：以地质科学为核心，围绕高原地质地貌、高原冰川、高原隆升、高原气候环境演化、高原湿地、高原生物等环境资源设计，建立公众户外行为指南、冰川地质、在地文化的等一系列室内课程	1~2小时的初步体验。初识年保玉则：以地质学校的室内课程为访客进入年保玉则的第一站，建立公众与自然的认知链接（以下户外体验都在室内课程学习的基础上开展）
	公众基础参与——地质徒步	以地质特色景观设计5条不同地质主题、不同长度与难度的徒步路线：1公里2条、2公里1条、5公里1条、10公里1条。打造线路科普体系：梳理讲解点、讲解内容，实现标准化、大众化	1天及以上的多日项目。以徒步为大众进入年保玉则自然体验的载体。由有普通话基础的在地社区牧民完成讲解带领工作，逐步完成带领本土化。通过"空间体验+科普讲解"，让到访者体会年宝玉则景观的国家之最
大众参与研学类	工作类	根据年保玉则已开展的雪山监测、巡护、动物保护、社区发展等保护工作与成果，设计大众可完成的体验活动，如国家地质徒步线路维护、地质公园岩石标本收集、湖泊环境维护等	2天及以上的多日项目，公众可以拥有深入、完整的体验，对自然爱好者、研学团队、专业团队具有高吸引度

续表

项目类型	产品	内容	功能
大众参与研学类	科研体验类	结合已有的科研工作与成果,联合科研团队与研学行业教育专家,结合地质学校的室内课程,开发出面向公众的地质调研类公众科学家项目,如某线路的生物多样性调研、气候变暖与冰川融化调研等	2天及以上的多日项目,客户黏性大、停留时间长。需要社区人力与专业老师配合完成。以专业性项目增加年宝玉则的社会价值体现,以科学文化吸引全国的目光
	志愿者类	基于地质主题,组织各类志愿者参与相关的工作项目,与重在参与的工作类项目相比,志愿者类需要完成特定的工作目标并产生成果,例如:完成国家地质徒步线路维护10公里、参与地质主题项目的文字记录及整理等,产出志愿者笔记等。且此为参与者付费项目	1周及以上的多日项目,志愿者项目以市场产品的形式深度体现了生态文明教育理念和年保玉则的生态价值、自然文化,也是社会传播的一种途径
培训/会议类	在地社区力量培养	第一步,规划在地社区工作内容,将其流程化、标准化,保证项目的基础执行。第二步,依据执行反馈,提供能力培训、工作类项目组织培训,并定期进行遴选	以"培训+运营+培训"思路,以"全职+兼职"形式,逐步确定社区的参与角色与方式,并最终成为项目建设的主导力量
	公众兼职力量培养	线上培训课程:认识年保玉则等自然教育在地执行等系列培训;年保玉则自然课堂:与学校、NGO、行业机构等合作,以30分钟讲座的形式向更多大众传播年保玉则的保护价值与意义,吸引更多有志之士的参与	通过兼职和志愿者的形式,结合线上和线下培训,最大限度地汇聚公众的力量,带来多元化的视角和想法,丰富项目的内涵

资料来源:作者自行编制。

第27章
新业态设计及相关基础设施建设

——以大熊猫国家公园大邑片区手作步道为例

实现产业升级与新业态培育，是发展新质生产力的重要一环。目前全国各地仍将发展传统的大众观光旅游作为生态产业建设的主攻方向，采取修桥建路、大兴项目、流量吸引等举措。而以客流量为首要衡量标准的大众观光旅游，具有人均停留时间短、产值低等特征①，且较易形成同质化、一次性产品，很难保持足够的人流和较高的经济效益，不仅可能造成生态破坏，也难以持续获得较高的产值和形成较广泛的社会参与。因此，为充分发挥国家公园自然资源优势，同时减少产业发展对资源要素的使用消耗，形成促进生态产业化发展的新质生产力，必须推动大众观光旅游等传统业态向新业态升级。

当前，实现生态产业化面临的共性问题可以归结为"两个难题"，一是难以设计出将资源环境优势转化为产品品质优势且能较好地实现原有居民参与的新业态，二是难以配齐新业态所需的高水平产业要素。具体而言，"两个难题"在操作层面上体现为地方关注点与市场需求的错位、产业要素存在短板且组合不够、外部力量与社区的合作模式有待摸索、产业项目落地的保障体系不完备这四个方面。

如前所述，解决这些问题的路径在于设计新业态、补齐对应要素，而这

---

① 普通的大众观光旅游，一般以客流量为首要衡量指标。但这种业态人均产值较低：游客通常只是到景点打卡，给当地带来的收入一般只是门票、停车费和一顿午餐，想要获得吃住行游购娱的相关产业收入只能增加客流量，难以获得与国家公园优质生态资源匹配的全产业链溢价收入，即国家公园顶级的绿水青山没有转化为相应级别的金山银山。而且，这种业态的收入增长属于外延扩大式再生产，规模和强度的加大很容易造成生态破坏，这与国家公园的"生态保护第一"原则会形成冲突。

些都需要各利益相关主体的参与，从而设计出社会可参与、与当地优势资源和可获得产业要素匹配的新业态，再辅以保护政策允许甚至支持的基础设施建设、人力资源培训、志愿者管理制度等要素保障，最终形成"新业态+完善产业要素+可落地"的生态产业化发展模式。本节以大熊猫国家公园成都管理分局大邑片区云华村共建共管生态体验项目作为分析案例，具体阐释如何在实践环节破解国家公园生态产业化难题。

27.1　云华村的基本情况分析

27.1.1　云华村基本信息的情况描述

在土地性质方面，大邑县西岭镇云华村位于成都西部，距市区 100 公里，总面积 134 平方公里，其中 98% 的面积位于大熊猫国家公园一般控制区，林地所有权归集体，全村居民的生产生活与国家公园密不可分。

在资源状况方面，云华村森林覆盖率达到 96%，区域内有大熊猫、豺等国家一级重点保护野生动物 9 种，珙桐、红豆杉等一级重点保护野生植物 5 种。辖区内拥有国家 AAAA 级旅游景区——西岭雪山，以及国家级非物质文化遗产——西岭山歌。唐代诗人杜甫笔下描绘的"窗含西岭千秋雪"大美意境就在云华村境内，因此云华村也具有一定的文化底蕴。

在产业条件方面，自国家公园体制试点开展以来，云华村在自然资源本底调研、生态环境保护体制建设、基础设施建设、人力资源队伍建设上做了一些工作，因此具备了产业发展的部分基础要素。

27.1.2　从生态产业化角度对云华村发展条件的评价

从产业资源角度看，云华村在一定程度上具备发展大众观光旅游所拥有的生态资源、景观资源，但无论是生物多样性资源，还是森林、雪山等景观资源，都尚不具有独特性。所以云华村相对同质性的自然风景资源，使其难以像九寨沟那样凭自然风景和游客观光把产业做大，加之云华村的空间主体在国家公园的一般控制区内，其游客量和游客相关产业（餐饮、住宿、娱乐等）的发展必然受到国家公园保护要求、环境容量的严格限制，所以云华村不能再以传统的大众观光旅游为支柱产业，而要探索业态升级方式以平衡保护与发展的矛盾。

从工作基础看，云华村已搭建共建共管平台并建设共建共管阵地。云华村建立了大熊猫国家公园社区共建共管委员会，管委会在空间基础、人力基础方面已经完成一定工作，引导原住居民转产就业的意愿强烈。与此同时，大邑管护总站同云华村、社会公益组织、科研院校、社会企业等在云华村开展了自然教育线路的前期调查和生态体验模式探讨，并全面梳理了线路资源情况、难易度等，夯实了项目建设的前期准备。

整体而言，我国南方的自然保护地大多存在内部和周边社区集体林占比高的共性特征，且同样面临生态环境资源同质性程度较高等问题，而云华村实现生态产业化的案例，可以为国家公园一般控制区的社区产业转型、集体林的生态价值转换提供思路。

27.2　云华村生态产业化的共性难题与解决思路

27.2.1　地方关注点与市场需求的错位

政府部门是决定生态产业规划、项目布局、业态选择的决定性力量，所以在很大程度上，政府部门规划的合理与否，直接决定了生态产业化项目的成败。

目前，全国推进生态产业化的问题可以归纳为三点：一是政府部门在产业规律和市场需求认知方面存在不足，对于市场需求理解不到位，又缺乏可借鉴的项目，对创新项目难以理解，容易导致业态选择、项目预期出现偏差，在业态规划与项目策划上难以抉择，落实更是困难；二是在缺乏项目策划和运营思维的基础上修建基础设施、开发各种自然教育课程与产品，导致项目无法运营，浪费时间与精力，以云华村项目为例，政府部门更关注自然教育中心、科普展板等看得见的硬件，而忽视活动策划等软件；三是资金更加偏向硬件设施常规模式的建设，而不重视运营前置指导的空间设计。必须指明的是，基础设施、科普展板等硬件在没有项目策划的基础上难有"立竿见影"的成果，只会造成有而搁置、资源浪费的局面。

从解决方案角度看，一是要推动管理层与社区层开展多次沟通，通过项目展示、模拟体验等方式，让他们更直观地理解项目的理念和潜在价值；提出具体的项目策划方案，并结合地方特色和资源，制定可行的业态规划和项目策划，减少决策难度。二是加强项目策划和运营思维，确保项目操作性和可持续性，制订详细的运营计划，明确商业模式，确保项目能够自我维持并实现盈利。三是平衡硬件设施与运营需求，在资金分配上，应保证硬件设施建设与运营需求之间的平衡，避免过度投资于硬件而导致运营资金不足。四是以项目小规模试运行的方式进行测试（通过市场途径邀请目标人群参与项目），向政府部门直观立体地进行项目价值呈现，基于反馈情况，对业态设计持续调整。

27.2.2　产业要素存在短板且组合不够

国家公园的新业态需要软硬件共同支撑，其中人力资源（以社区居民为代表的内部力量、以志愿者为代表的外部力量）和产品运营体系等软件更是支撑新业态的核心。对大多数国家公园而言，以下现象具有普遍性：有一定的硬件设施但存在短板，如自然教育中心、访客中心、展厅等在设计建立之初并未考虑其后续使用功能，导致长期闲置，资源浪费；软件要素缺失严重，包括社区内部人力资源未实现高效配置，而且由于制度不完善，志愿者等外部力量无法介入；相关产品的市场竞争力不足。

在硬件设施方面，云华村已建成自然教育中心、共建共管共享服务阵地，配备了部分自然教育宣传设施设备，拥有室内教育空间基础，但这些硬件设施普遍处于空闲状态，尚未被有效利用。

在人力资源方面，云华村部分护林员具有提供环境解说服务、担任生态体验活动向导的能力和意愿，其中有个别护林员已经获得"自然教育讲师证书""科学志愿者证书"，而有部分志愿者则以参与公益项目的形式到访云华村，为其提供人力支持。

在产品开发方面，云华村村民依托西岭雪山景区，提供农家乐、民宿等服务，发展的仍然是面向大众的乡村观光旅游。社会公益组织曾在云华村开展过公益性的、面向具有专业知识背景人员的科学志愿者活动，但门槛相对较高，从而导致受众有限。在大熊猫国家公园社区共建共管委员会的推动下，云华村也尝试依托巡护小径开发生态体验型的产品，村民和护林员已经试验性、小规模地开展试点，但由于产品的科普教育性和体验性不足、线路独特内容挖掘不突出、后续标准化和市场化运行缺失，产品不具有竞争力。

从解决方案角度看，需要在业态设计、项目策划的基础上，实现高端产业要素的升级再组合。一是优化基础设施与运营前置，在项目运营方案的基础上，通过配套基础设施的"小变动"，包括调整空间布局、增加科普内容等，实现基础设施资源的"大利用"。二是高效配置社区人力资源，在当地政府与社区的支持下，对当地社区工作人员就其应当承担的各类角色与对应职能进行针对性培训，提升其参与国家公园管理和服务的意识和能力，培养一支本地化的执行团队；制订社区参与计划，鼓励社区居民参与到项目的维护和运营中来，发挥社区的内生动力。三是建立健全志愿者体系，明确包括面向人群、服务内容、管理与运行流程等在内的志愿者服务规范；降低志愿者参与门槛，增加志愿者福利，为非专业人士参与提供机会。四是着力提升产品的创新性，借鉴欧美地区国家公园的生态产品开发经验，争取政府项目支持或与 NGO 合作，开展公益性质的专业志愿者项目，打造面向市场、公众参与度高、体验感强的产品矩阵，使其兼具经济和公益属性。五是优化市场营销策略，明确目标客户群体，制定有针对性的营销策略，通过线上与线下渠道触达潜在客户；建立营销矩阵，通过研学游、文旅等行业大会与行业建立联系，与教育、文旅等部门达成长期稳定的合作。

27.2.3　外部力量与社区的合作模式有待摸索

国家公园的生态体验和自然教育活动离不开本地社区的参与，但云华村仅靠自身力量无法实现既有业态的升级，且由于缺少项目借鉴等原因，在业态设计方面甚至都难以想象出符合生态产业化要求的新业态。云华村依托西岭雪山开展传统的大众观光旅游，也尝试将护林员带领下的巡护小径徒步业态（见图27-1）作为实现转型升级的新业态，但既没有从业态设计上挖掘独特性和稀缺性（忽视了云华村是离成都最近的大熊猫国家公园区域之一，具有顶级生物多样性资源），也不具备支撑这个业态所需的软硬件资源，从而导致业态升级困难重重。

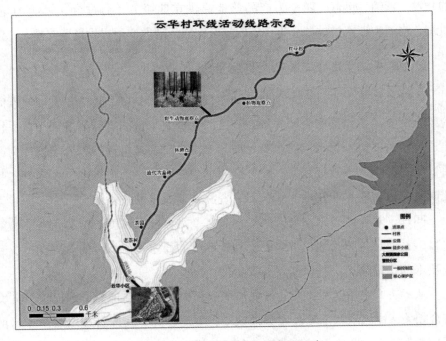

图 27-1　云华村和徒步小径位置示意

资料来源：作者自行绘制。

云华村的这种情况是众多以大众旅游观光为主要业态的国家公园社区面临的共性难题，即社区需要外部力量的介入以设计并实现业态升级，社区参与的良性机制又应如何构建，才能实现既让外来的社会力量（尤其是具有可持续性和能体现有序有限市场竞争的营利性社会力量）牵头，又使社区在其中获得公平惠益分享。

从解决方案角度看，一是构建完善、可执行的社区合作模式，让外部的社会力量与社区合作社联合成为运营主体，明确持股比例、利益分配比例、决策流程，实现企业与社区的平等对话，定期评估合作效果，根据市场变化和社区需求调整合作模式。二是双方共同研发、运营和交付国家公园生态体验产品，尤其是充分利用社区的本地知识和经验，结合外部力量的资源和专业，创造有竞争力的产品。三是引入企业提供专业技术支持，助力生态产品的开发、营销、运营。四是为产品落地提供在地服务，通过合作社等力量，组织、培训和管理护林员，为在本地社区完成活动的交付提供场所支持。

27.2.4　产业项目落地的保障体系不完备

在此基础上，推动产业项目落地不仅需要要素支撑，更需要实现要素间的组合配置。依据国家公园一般控制区的保护要求，国家公园的第一条手作步道项目需要得到管理层的政策允许与支持；对在地资源的深入挖掘，则需要云华村提供室内教育空间、社区空间、户外空间、人力等多方面支持；与此同时，也需要专业技术实践，需要资深专业人士的技术输出。

同理，对于位于国家公园一般控制区、需要社区深度参与的生态体验类项目，其稳定持续落地，也需要管理层政策的稳定性、社区的认同支持、专业技术的稳定输出，进而实现各要素的协同配置。

从解决方案角度看，一是加强与国家公园管理层的沟通，确保项目方案符合相关法律法规和国家公园管理政策；主动咨询并获取管理层对于项目的意见和支持，争取政策上的支持；定期与管委会进行项目进展汇报和问题协调，确保项目的持续性和稳定性。二是与当地社区建立良好的合作关系，通过工作坊、邀请参与等形式积极听取社区意见和建议，尊重当地文化传统，使项目更贴近社区需求，从而提高社区民众对项目的认知和认同，进而提高社区参与度和收益。三是与高校、科研机构合作，引入专业化知识和技术指导，确保项目符合自然保护等要求；联合非政府组织（NGO）及行业专家，汲取他们在生态保护、社区发展等方面的经验和资源；定期对项目团队进行专业培训。

27.3　云华村手作步道项目的生态产业化实践

27.3.1　项目内容策划及可行性分析

云华村手作步道项目包括新业态设计与产业要素升级两方面。在新业态设计方面，以国家公园"手作步道"生态体验为核心，打造面向市场的生态体验产品金字塔，包括从基础参与到深入参与的公众项目、面向大众和专业人群的志愿者项目，以及面向行业的培训考察类项目（见图27-2）。

在产业要素升级方面，以硬件的升级、软件的配套承载新业态的项目运营，产业要素及优化见表27-1。用高生态价值项目实现既有的大众观光的业态升级，吸引大众长时间停留或多次前往，从而带动当地社区文化与经济发展。

图27-2　生态体验产品金字塔

资料来源：作者自行绘制。

在项目可行性方面，云华村项目全面落实了财政部、国家林草局（国家公园局）发布的《关于推进国家公园建设若干财政政策的意见》中的具体举措："（四）支持保护科研和科普宣教……加强野外观测站点建设，建设完善必要的自然教育基地及科普宣教和生态体验设施，开展自然教育活动和生态体验……（五）支持国际合作和社会参与……健全社会参与和志愿者

表 27-1 云华村与新业态对应的产业要素及优化

产业要素	硬件			软件		
	基础设施——自然教育中心	基础设施——社区现有民居	基础设施——巡护小径配套设施	人力资源——村民与巡护员	人力资源——社会志愿者	新业态——巡护相关活动
功能	活动开展与科普空间	活动开展与科普空间	活动开展与科普空间	人力支持——社会多元参与的重要途径	人力支持——社会多元参与的重要途径	核心产品构成
优化方向	通过空间布局改造,增加国家公园和本地社区文化的宣教内容,增设设备,将其营造为能够同时容纳多个20人以上团队开展研学培训等各类活动的空间	营造生态体验氛围:将8处现有民居改造为生态文化体验点;墙面植入国家公园元素	加固小径已有基础设施,增设科普展板,警示牌,禁止牌	确立外部力量与社区的合作机制,支持项目落地的人力支持	设计面向市场的志愿者项目,制定志愿者服务体系	依托云华村既有的软硬件(巡护小径,自然教育中心,巡护员等)设计手作步道产品矩阵,面向市场

资料来源：作者自行编制。

服务机制，搭建多方参与合作平台，吸引企业、公益组织和社会各界志愿者参与生态保护……提高公众生态意识，形成全社会参与生态保护的良好局面。"

　　具体而言，云华村已具备部分科普解说、景观标识等基础设施并开展了一些经营活动（自然教育中心与生态文化体验点位置见图27-3，徒步小径资源与基础设施配套位置见图27-4），在相关政策扶持力度不断加大的背景下，完全具备条件通过新业态的设计和要素的重新组合，打造具有标杆意义的生态产品。

图27-3　自然教育中心与生态文化体验点位置示意

资料来源：作者利用网络图绘制。

　　同时以云华村为案例也可以回应全国的共性问题，即如何通过新的业态设计和产业要素升级，让"有"变为"好"。

27.3.2　新业态设计及其落地性分析

1.新兴的生态体验类项目及其设计原则

社会公众既是国家公园生态产业化的项目受众，也是重要的参与主体。随着社会公众对生态保护认知度的逐年提升，相应的市场需求也不断

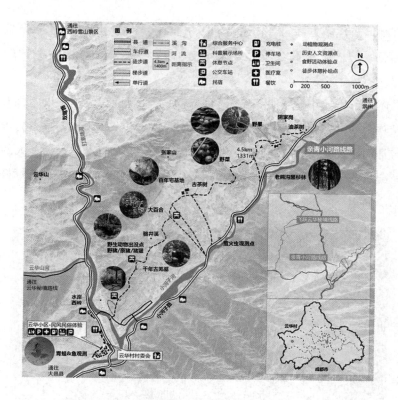

图 27-4 徒步小径资源与基础设施配套位置示意

资料来源：作者利用网络图绘制。

增加，但由于新业态设计的不足，目前仍然缺乏好的产品。优质的生态体验类项目在生态保护优先的基础上降低了公众参与自然保护的门槛，为公众提供了社会化接口，同时具有高教育性，强体验感、参与感和获得感的特征。

国家公园作为我国顶级生态资源的代表，不仅承载着保护自然生态系统、维护生物多样性的重要任务，也是公众亲近自然、了解生态、参与环保的重要场所。国家公园可以通过设计以下三类项目，推出高品质的生态产品，满足社会参与需求，并吸引更多公众参与，从而增强社会对生态保护的认同感并促进行动改变。

（1）生态类体验项目

以特定的技能、专业知识为基础。例如，以鸟类知识为基础的观鸟项目、以摄影技能为基础的摄影项目、以户外运动技能为基础的户外项目（如徒步、登山）等。参与者可以通过专业知识传授和技能培养，从而更加深入地体验自然。

（2）科研类体验项目

以科研项目为基础的体验项目。如北京、上海、武汉等城市已有一批持续开展的鸟撞、物种入侵调查等公众科学家项目。三江源国家公园黄河源园区特许经营商云享自然公司在2023年开展了猛禽调查项目的试运行，受到教育行业、亲子行业的高度关注。这类项目对大众吸引力非常大，不仅能够激发公众对科学研究的兴趣，还能够利用公众的参与力量，为科学研究提供更多的数据和视角。但目前该项目更多的是大学生等群体参与，需要吸引更多社会公众参与。

（3）工作类体验项目

通常以实际保护工作为基础，如巡护、红外相机放置等日常性、重复性的保护工作，它允许人们通过实际参与保护工作，来更深入地了解和体验国家公园及其保护工作。由于这类项目在各地方协调复杂，难以持续稳定落地，市场上此类项目极为稀缺，因此作为少数的、较成熟的国家公园巡护工作参与项目非常受青少年研学项目的欢迎。而云华村的手作步道项目即属此类。

一个在市场中良性、可持续发展的项目与在地资源挖掘、在地社区积极参与密不可分。高体验感、高价值感的主题项目的策划比同质的大众观光项目难度大，在项目策划、人力培养、市场拓展等方面都需要创新性工作。因此基于调研与探索的新业态项目设计需要遵循三个原则。

原则一：面向多维度人群。

原则二：精准定位、深入策划、专业化执行，基于在地资源明确项目范围，摒弃大而全的项目设计。

原则三：用一个具体、精准的主题项目，探寻其深度（科学与专业），拓展其宽度（文化）。

2. 美国国家步道的启示

"国家步道"的设想，最早由森林学家和规划专家本顿·麦凯（Benton MacKaye）提出。他发表《阿巴拉契亚小径：区域规划中的一个项目》，并直接促成该步道动工，之后阿巴拉契亚步道保护协会于 1925 年成立。之后，美国在 1968 年与 1978 年分别通过《国家步道法》与《国家公园和休闲游憩法案》，最终将美国的国家步道分为"国家景观步道"（National Scenic Trails）、"国家历史步道"（National Historical Trails）、"国家休闲步道"（National Recreation Trails）以及"连接步道"（Connecting Trails）这四种类型①，现阶段，美国国家步道体系包括 11 条国家风景步道（长度 160 公里以上）、21 条国家历史步道（长度不超过 160 公里）、近 1300 条国家休闲步道，另外还有成千上万条州立步道、地区和地方步道未纳入国家步道系统。美国国家步道经过百余年的发展，已成为美国户外重要的游憩资源，具有较高的公众参与度、认可度和极高的经济价值，也使"国家步道"的概念在全世界盛行，并形成一套完善的规划建设、组织管理体系。

美国国家步道的管理机构（见表 27-2）主要包括政府管理机构、国家步道伙伴这两类主体。由各政府管理部门共同组建的联邦国家步道理事会（Federal Interagency Council on the National Trail System），根据《美国国家步道理解备忘录 2017—2027》，在相关政府机构内协调信息、作出决定和提出政策建议，代表了官方的管理力量。而国家步道伙伴②（由政府管理部门负责认证）是促进美国国家步道发展、运营维护的私人组织、部落、州及地方政府、私人土地所有者、步道使用者和志愿者等主体。

---

① 国家连接步道负责将前三种步道连接成一个完整的国家步道系统。
② 主要包括：美国国家步道伙伴（The Partnership for the National Trails System）、美国徒步协会（American Hiking Society）、美国步道联盟（American Trails）、乡村骑兵组织（Backcountry Horsemen of America）、铁路步道保护组织（Rails to Trails Conservancy）、国际山地自行车联盟（International Mountain Bicycling Association）、美国荒野协会（The Wilderness Society）、美国河流联盟（American Rivers）。

表 27-2　美国国家步道的管理机构

主体部门	管理机构
内务部	国土局（BLM）、农垦局（USBR）、国家公园管理局（NPS）、渔业与野生动物管理局（USFWS）
农业部	林业局（USFS）
陆军部	工程兵（USACE）
交通部	高速公路管理局（FHWA）

注：①国土局、林业局与国家公园管理局受国会委托管理国家景观步道和国家历史步道。其管理工作包括为下述事项提供计划、监管和技术支持：一是线路选择、线路发展与保护；二是步道维护；三是步道市场推广；四是历史步道认证、资源清查和监测、历史资源保护；五是步道数据管理、地图制作、路书制作；六是与合作机构签订协议，合作机构包括支持发展、经营、国家步道维护的政府机构、土地所有者、组织和个人。②其余部门在《美国国家步道理解备忘录 2017—2027》的框架下，合作完成对于权属土地上步道的管理及相关业务的协作。

资料来源：根据《美国国家步道理解备忘录 2017—2027》整理。

从步道建设过程来看，步道建设需要法定的程序予以认定，并由联邦政府直接投资，由国家公园管理局等部门联合执行管理，并根据机构间谅解备忘录去协调各行政机构和联邦各州之间的关系；被纳入国家步道系统的联邦政府步道，由专人养护、设置路标并向公众开放。

在此过程中，社会力量在步道体系建设中发挥了不可替代的作用。大量的私人资本和志愿者参与了国家步道投资和管理，在步道日常管理中，由步道所在州、地方政府以及非政府组织等协商决策，由志愿者完成步道资源调查、数据库建立、解说、保护和维护等工作。如美国的阿巴拉契亚国家步道，作为一条完全无铺面的自然步道，在其修建、维护与修复的过程中，社区公众、社会组织、志愿者等社会主体的积极参与，为新业态的落地注入人力资源要素。

国家公园是步道项目落地的重要区域。如大烟山国家公园的步道修复项目，可以为志愿者提供不同频次、不同时长的活动选择，也是游客开展休闲游憩、科普教育①的重要空间。步道的规划设计需秉承保护自然和生态美学

---

① 步道中完善的标识、讲解系统为公众传递生态知识与文化，提升环保意识。

的理念①，其功能为我国国家公园的生态产业化提供了一定的借鉴作用，虽然现阶段云华村的步道体系仍无法做到系统性建设，但美国国家步道项目的建设过程，仍为云华村的步道项目设计提供了思路，即可以在生产关系层面通过设计社会参与惠益机制，引导社区公众、社会组织、志愿者等社会主体积极参与，为项目建设注入人力资源要素增量，充分挖掘人力资源要素潜力。基于此，可以发动社会力量完成云华村原始巡护小径的手工改造，并以产品为载体吸引多方的参与，让社会力量既成为项目产品的生产者又成为项目产品的消费受众，从而推动既有业态与产业要素的升级，充分发展新质生产力。

图 27-5　雨后小径现状

资料来源：作者现场拍摄。

---

① 步道就地取材，尽量采用可循环利用的天然材料和环保材料，在科学规划的基础上，坚持以因地制宜的设计手法和施工方案，保留步道的原始自然风貌，减少人工痕迹，使其在色彩和内容上与周围景观相一致。手作步道相对原有森林小径的变化参见图 27-5 和图 27-6，手作步道参与式施工的情况参见图 27-7。

图 27-6 手作步道平坦路面示意

资料来源：作者现场拍摄。

图 27-7 手作步道阶梯示意

资料来源：作者现场拍摄。

27.3.3 补齐产业发展所需的高端生产要素

1. 开发工作类生态体验产品完善软件基础设施

云华村在明确将步道项目作为新业态发展的重点方向后，要进一步补齐产业的基础设施、推动要素组合配置，而开发系列科普类、生态体验类的课程与产品，使新业态能够在实践环节以项目形式落地，则成为完善软件基础设施的关键。

在产品策划方面：云享自然将在大熊猫国家公园管理局和当地政府的支持下，统筹考虑各利益相关者的各项需求，以云华村既有的、可利用的产业要素为基础，将4.6公里的巡护小径作为产品升级切入点，引入"手作步道"① 理念，以大熊猫国家公园第一条"手作步道"为主题，让参与者可以亲手参与步道的修建和维护，并留下自己与步道的故事，以此作为项目产品的核心吸引力。与此同时，推出社区内的自然教育中心布局升级、人力资源要素培养、社区氛围营造、巡护小径配套设施等举措，根据受众定位的不同，产品的天数、参与程度不同，设计包含公众基础参与项目，公众深入参与项目，志愿者项目，行业培训类、专业考察类项目的产品矩阵（见表27-3）。

在产品落地方面：①产品具有能够落地的基础。项目所有的活动空间位于国家公园的一般控制区，项目整体不涉及新建道路或道路硬化类工程，不涉及新占地，仅需利用云华村已有建设用地实施，对既有自然教育中心、民居进行简单升级改造，以及在原有山道基础上进行专业的生态化改造。②加强社会参与推动产品落地。外部企业与云华村合作社成立联合公司，由合作社负责村内人力协调工作，云华村社区在传统观光提供食宿服务的基础上，以本村村民提供导赏服务、在村民民居进行生态文化体验为特色，并将培训后的本地社区居民、国家公园巡护员、专业老师等纳入在地服务体系，为手

---

① 与国家公园生态保护完全契合的"手作步道"理念：手作步道是连接云华村自然、文化、历史、艺术、科学的空间载体。手作步道基本以纯手工建造，尽量保持原生态。因地制宜、就地取材，在山中现有步道的基础上进行整理和贯通。运用土坎、砌石阶梯、导流横木、土木阶梯等工法，使得步道与周围环境达到最高程度的融合，达到"自然无痕"的效果。

表27-3　工作类生态体验产品矩阵

项目产品	项目主题	活动内容	项目类型	项目功能
公众基础参与项目	主题："国家公园里的一条路"；时间：1.5~2小时；面对人群：大众旅游者，短期研学类（半天项目）	手作道的讲解与体验，了解手作步道的意义，手作步道的工作流程，在巡护人员的带领下走入参观手作步道工作场域	1.5~3小时的小模块体验活动/体验课程，以碎片化的方式嵌入各种社会媒介（旅行社、教育机构等）的产品中或者合作者的项目内，通过精致化设计、专业培训，在地社区和工作人员即可高水平执行	在规定的人数限制内成为可操作、可执行的大众体验项目，以简单、浅层次参与满足生态资源价值体现、社区参与等大众需求
公众深入参与项目	主题："国家公园手作步道工作假期"；时间：2日以上；面对人群：10岁以上	参与手作步道修整全流程，从路线勘查、社区调研、学习基础工程技法到完成一段小径的铺设	2天以上的多日项目，此类项目公众可以拥有深入、完整的体验，将得到一张专业委会颁发的证书，需要社区人力与专业老师相配合完成	客户黏度大、停留时间长，可形成个体验的主动传播
志愿者项目	主题："国家公园手作步道志愿者工作项目"；时间：1周以上；面对人群：青少年志愿者，国际志愿者，大学志愿者，社会企业等	参与一段步道修建，并支持在地社区发展。公众志愿运营等工作①。公众志愿者项目免费项领者项目免费项领一定的费用付一定的费用	1周以上，以在地具体工作为载体的志愿者管理体验。参考美国国家公园的志愿者管理体系，本项目系统梳理在地工作内容，制定管理办法，由专人负责带领，面向更广泛的大众开展志愿者活动②	志愿者项目以市场产品的形式深度体现了生态文明教育理念和云华村的生态价值，自然文化，也是社会传播的一种途径
行业培训类、专业考察类项目	主题："手作步道考察/专业培训"；时间：2日以上；面对人群：教育行业、设计行业、研学游行业、旅游行业等	培训内容为手作步道专业技术、步道施工技术、带领，包括步道设计和步道工程带领两个部分	行业对于有创新性项目的学习需求较为旺盛，且考察类、培训类项目无占用节假日，是旅游项目的地极性的补充③	为整个行业提供了创新性案例，同时为项目落地积累各方资源，以及为未来步道师的职业培训做基础

注：①例如，已完成步道的维护工作，自然教育等多样性调查，步道生物多样性调查，自然教育/自然保护等公众认知和接纳，但现有的志愿者项目大都面对专业人士，如相关专业的大学生，普通公众可以报名参与我国国家公园/自然保护地的志愿者项目不足的原因。因此虽不以营利为目的，但与公益活动不同，项目将收取一定费用，以保障执行的可持续性。③三江源国家公园黄河源园区进行的科学领训队项目，已经吸引了社会各界志愿者的参与，包括大学、公益机构、行业协会、个人爱好者等多维度人群。

资料来源：作者自行编制。

作步道提供人力资源要素支撑。项目以步道的整体落地方案研讨为启动仪式，在手作步道专家的带领下，联合教育科研、设计、研学游等行业，组织2~3次研讨类项目，探讨国家公园步道理念，进行初步踏勘、手作技法的落实、公众参与项目的策划。通过线路专业踏勘，整体把控4.6公里小径不同路段的工程技法和所需材料，为后续的公众参与作科学、专业的基础技术铺垫。③利用企业的行业资源，通过渠道合作、线上营销向市场推出产品，招募访客，使产品真正落地，届时大众将进入云华村，进行生态体验活动。基于此，在产品稳定运行后，可以发展青少年研学、大众旅游、企业团建、志愿者项目、专业参访、行业培训等相关业态，实现业态串联。

2. 构建社会参与惠益机制补齐人力资源要素短板

将人才队伍建设作为基础性、先导性和战略性工作，通过项目核心团队组建、社区力量培养、公众力量吸引等方式，以"全职+兼职+志愿者"的形式，尤其是吸引职业与学科背景各异、成本低、意愿强的志愿者，着力打造云华村生态体验人才梯队。

在项目团队组建方面，外部力量与社区在达成合作的基础上组建全职的核心团队，建立沟通渠道达成项目发展共识，并通过项目的培训、试运行等逐渐磨合，明确团队成员的分工与责任。

加强在地社区力量培养。在地社区力量对手作步道项目的执行是首要且不可缺少的，以"规划+运营+培训"的思路，以"全职+兼职"的形式，逐步确定社区的参与角色与方式，并最终成为项目建设的主导力量。第一步，规划在地社区工作内容，将其流程化、标准化，保证项目的基础执行。第二步，依据执行反馈，提供能力培训、工作类项目组织培训，并定期进行遴选。

提升对公众力量的吸引。社区居民的优势在于对本土情况的深入了解和贴近，外部公众的参与能够带来多元化的视角和想法，丰富项目的内涵和外延。通过兼职和志愿者的形式，结合线上和线下活动，最大限度地汇聚公众的力量，形成对人才的有力支持和补充。前文的志愿者项目提供了人力资源要素供给的方式，即参与的志愿者付出了一定的金钱成本，也一定程度上保证了对项目的兴趣度和参与度。而培训类项目的实操技术培训也为项目的可持续执行积累了专业人才。除上述线下项目，开展包括项目识别、落地等相关内容的国家公园工作类项目的专业培训课程，也可以通过线上培训的方式，拓宽外部力量的社会参与，同时提升项目的传播度。

3. 多措并举推动基础设施硬件改造升级

自然教育、本地文化和社区参与深度融合的生态产品落地需要本地的硬件支持，但云华村社区既有设施无力支撑新的业态，亟须改造升级：将自然教育中心打造为访客抵达云华村的首个科普空间，针对不同类型访客提供差异化服务；将村民民居转化为生态文化体验场所，以真实空间的文化元素丰富产品内容，让访客贴近了解本地生活，也是社区参与新业态的重要方式；在巡护小径周边增添休息空间、标识标牌等配套设施以满足到访者的基本需求。自然教育中心现状见图 27-8，改造后效果和内部装饰见图 27-9、图 27-10。

图 27-8　自然教育中心现状示意

资料来源：作者现场拍摄。

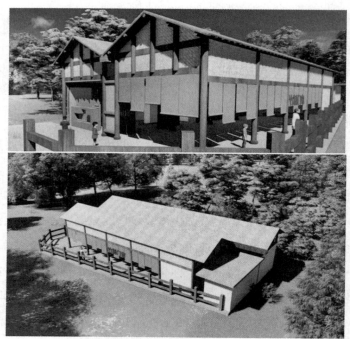

图27-9　自然教育中心改造后效果示意

资料来源：作者自行制作。

图27-10　自然教育中心内部装饰示意

资料来源：作者自行制作。

（1）室内空间——自然教育中心布局升级

云华村的自然教育中心为半开放的木质结构，目前处于空置状态，暂未使用。为有效利用资源，本项目通过面积扩大、功能布局调整、设施设备添置，将其营造为一个集访客接待、科普教育、培训、会议、文化展示于一体的空间（见表27-4）。

表27-4　自然教育中心内部空间调整

原有状态	调整计划	调整目标
室内空间60平方米，被划分为4个15平方米左右的小空间	与原有风格保持一致，利用自然教育中心旁的广场，将空间扩大至120平方米，调整为2个30平方米空间、1个60平方米空间，增加户外洗手池	同时满足2个20人（最多30人）团队的室内空间使用需求；满足可容纳100人大空间的使用需求
设备不足	增设研学产品交付和自然教育课程培训相关的宣教设施设备，如长条桌椅、生态宣教课程演示用的电视等	满足活动开展的基础设备支持
无展示面	增设内容可更换的生态产品展架展台，补充科普内容	支持参与者将图片、文章、设计等活动成果共享、展示，打造在地自然与文化积淀空间

资料来源：作者自行编制。

自然教育中心可以为不同的到访者呈现不同的内容，对于半天项目的访客，这里将提供基本的接待服务；对于深入参与的访客，这里将成为步道技艺学习和国家公园相关生态知识科普场所；对于志愿者项目参与者，这里将是他们工作和服务的地方；而对于培训类、考察类项目的学员，这里将成为一个高效的培训场所。通过这样的设计，云华村自然教育中心将成为一个能够满足公众不同需求、提供丰富体验的空间。

（2）户外空间——社区氛围营造

云华村居民有杀年猪、包粽子、做农家饭、做豆腐等生活习惯，可以发动社区内的现有居民，根据每户人家的特色，设置墙面装饰，增添生态体验活动所需的工具与摆设，打造8处乡土文化主题的活动空间（见图27-11、图27-12）。可以通过生态文化体验点进一步丰富社区内的活动，在主题设计后，推动项目策划与落地。与此对应，要进一步植入国家公园元素，对社区原有墙绘进行风格统一，为村落增添国家公园或在地生物多样性元素，增加或改良 10 处以上墙绘。

图 27-11 农家粽子主题民居示意

资料来源：作者自行制作。

图 27-12 云华植物园主题民居示意

资料来源：作者自行制作。

（3）户外空间——巡护小径配套建设

巡护小径是手作步道的对象，是生态体验产品的户外空间，公众将长时间停留并活动。可以调整小径上的遗留建筑及村民民居以满足项目使用需求，包括增设卫生设施、20平方米的室内空间（休息与团队课程讲解空间）、休息亭（加固保证安全）、导览牌①（满足基础道路指引、安全提示、科普内容讲解）等（见图27-13、图27-14、图27-15）。

图27-13　禁止标牌

资料来源：依据《大熊猫国家公园成都片区标识标牌设计方案》绘制。

图27-14　警示标牌

资料来源：依据《大熊猫国家公园成都片区标识标牌设计方案》绘制。

---

① 大熊猫国家公园成都管理分局已发布《大熊猫国家公园成都片区标识标牌设计方案》，明确规定了颜色、尺寸等内容。

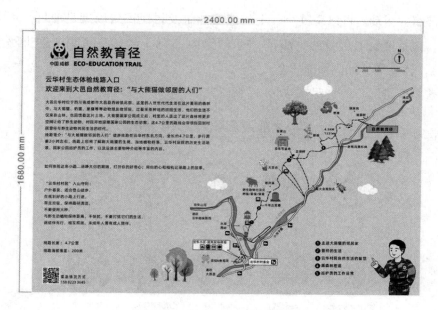

图27-15 入口处科普展板

资料来源：作者自行绘制。

27.4 云华村生态产业化实践案例的经验提炼

云华村在发展传统的大众观光旅游业时，面临景观同质化程度高、自然资源稀缺程度与独特程度低等问题，所以其本身就有业态升级的迫切需求，加之被纳入国家公园的一般管控区后，环境容量进一步受到限制，这就要求云华村必须选择生态产业化作为主攻方向，从而形成新质生产力。但云华村在实现国家公园生态产业化的过程中，也面临其他区域同样存在的"两个难题"，以及在实践过程中出现的地方关注点与市场需求的错位、产业要素存在短板且组合不够、外部力量与社区的合作模式有待摸索、产业项目落地的保障体系不完备等具体问题。面对这些共性难题与具体问题，云华村仍是坚持"新业态设计+要素保障"的破局思路。

在新业态设计方面，国家公园生态产业化的首要步骤是识别并评估自身所拥有的资源环境潜力，哪些资源能转化为何种类型具有价值的生态产品，即规划产业方向，这一关键步骤通常需要政府部门、科研机构、社会公益组织等各方共同参与，进行资源的系统梳理和分析。云华村在这一过程中，通过整合社会参与主体，使社区找合作、给资源，企业想设计、管运营，管理部门决策把控、给支持，科研院所与市场化专业团队出点子、做方案，通过市场化手段，实现各利益相关者的角色明确和利益共享，从而实现手作步道的创新业态设计。

在新业态落地方面，瞄准新兴的生态体验类项目作为产品开发导向，并将社会参与作为项目建设、开发、运维的重中之重，既把社会参与主体作为项目建设的重要人力资源要素，又将其视作购买产品的重要消费群体，从而为手作步道的创新业态落地奠定基础。

从补齐高端产业要素角度看，云华村打造手作步道新业态的项目产品体系，对照面向多维度人群、明确项目经营范围、聚焦特色主题等开发原则，设计公众基础参与项目，公众深入参与项目，志愿者项目，行业培训类、专业考察类项目这四类产品，做到了发挥产品差异化优势，拓展了对不同群体的吸引力。这套体系构建了社会参与惠益机制，激发了社区居民等主体的参与热情，用治理环节的新型生产关系去适应新质生产力的发展需求，补齐人力资源要素与硬件基础设施，从而支撑手作步道新业态落地。

综上所述，云华村能够成功推进国家公园生态产业化的经验在于以下方面。

一是精准设计手作步道新业态。政府部门联合社会参与的力量、以代表性的自然资源禀赋设计具有市场竞争力的新业态，不断提升识别新业态的认知及能力。管理层的政策支持与稳定性一定程度上决定了产品的"生死"，从纸面概念到落地的全过程与管理层保持密切沟通，确保获得相应的保护政策允许和支持。所以设计的手作步道新业态既能够与云华村的环境容量相契合，又可以将自然资源优势转化为经济价值。

二是充分挖掘人力资源要素。客观来说，云华村在产业发展层面，做增量投入的选择和空间十分有限，在这种情况下，依托社会参与提供的人力资源要素则成为唯一选择。而云华村设计的手作步道新业态、推出的生态体验类差异化项目，一方面吸引了社会各主体参与；另一方面构建起了社会参与惠益机制，补齐了各环节的人力资源要素短板，贯穿了业态设计、业态建设到业态消费转化的全过程。

三是重视基础设施软件开发与升级。通过手作步道的特色产品打造，构建多元参与的市场接口，联合企业、社区、科研院所、NGO 等共同挖掘既有要素潜力，主打主题性生态体验产品，设计四类差异性产品，实现基础设施的软件开发与升级，配合硬件基础设施的完善，从而释放品牌效应，以低成本的"小切口"将自然资源优势转化为经济效益。

云华村手作步道项目运营流程见图 27-16。

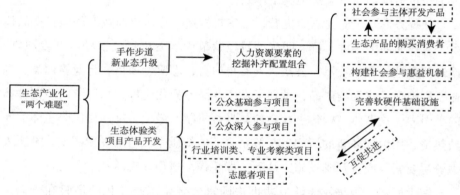

图 27-16　云华村手作步道项目运营流程

资料来源：作者自行绘制。

第28章
既有业态和基础设施的生态产业化改造

——以海南五指山红峡谷景区为例

28.1 国家公园的历史遗留产业问题
及处理不当的反面案例

在国家公园设立后，对于国家公园空间范围①内的既有产业及其基础设施的处理是至关重要的问题——一般也被称为历史遗留产业问题。受制于国家公园"最严格的保护"要求，部分既有产业或业态及相关基础设施便不再适合保留在国家公园中，其中最为常见的产业或业态主要包括小水电、各种矿业和大众旅游。国家公园既有产业或业态和基础设施可按两个维度分为四种类别，具体见表28-1。②

表 28-1 国家公园既有产业或业态及其基础设施的资源环境影响

带来的环境影响	空间占用情况	
	土地占用型	土地兼用型
低负外部性	Ⅰ类产业（如违反规划的种植养殖）	Ⅱ类产业（如强度过大的大众观光旅游）
高负外部性	Ⅲ类产业（如矿山开采和以大面积人工商品林替代天然林）	Ⅳ类产业（如穿越国家公园的较高级别的道路或管线型基础设施）

资料来源：作者自行编制。

---

① 从科学角度而言，这可以从两方面看：①产业的主体范围就在国家公园内，如矿山、水电站的坝址和厂房、旅游基础设施；②产业的主要资源来自国家公园且生产设施位于国家公园"天窗"内，如农夫山泉（福建武夷山）饮用水有限公司的水源位于武夷山国家公园内且取水坝位于"天窗"内。这两种情况都会对国家公园的生态保护产生实质影响，在《国家公园法》还未出台的情况下，都必须因地制宜地给出科学的解决办法。

② 详细说明参见《中国国家公园体制建设报告（2021~2022）》附件2的附表2-1。

如果一刀切地对国家公园既有产业或业态及其基础设施予以取缔和拆除，抛开资源浪费以及对合法合规产业退出的高额赔偿不谈，不仅拆除本身反而会对生态环境产生干扰，与国家公园保护要求兼容的产业缺乏必要的基础设施（如博物馆、天文馆、微缩生态系统展示区和严格控制规模与运行方式的住宿、餐饮设施）也会严重影响国家公园公益性功能的发挥。因此一般而言，仅应对于那些属于土地占用型且给环境带来严重负外部性的矿业采取完全清退的处理措施，而对于其他产业则要根据实际情况及其所处的空间位置采取相应的措施与手段：有的进行适度保留，一般要进行产业生态化改造（如一般控制区内保留的小水电需要保持生态基流下泄）；也有的将产业基础设施保留以作他用，或者服务于绿色产业（如将水电站的厂房改建为保护或科普设施），或者按照生态产业化方向进行业态和基础设施的协同改造。针对国家公园既有业态和基础设施的生态产业化改造具有良好的发展前景，但改造技术含量要求相对较高，本部分基于案例对此进行详细说明。

28.1.1 国家公园的产业发展限制要求

国家公园依据全国主体功能区规划分类来看属于禁止开发区域，纳入全国生态保护红线区域进行管控，实行"最严格的保护"。国家公园对于核心保护区和一般控制区实行分区管控政策。对于核心保护区的管控，《国家公园管理暂行办法》第十七条规定："国家公园核心保护区原则上禁止人为活动。国家公园管理机构在确保主要保护对象和生态环境不受损害的情况下，可以按照有关法律法规政策，开展或者允许开展下列活动：（一）管护巡护、调查监测、防灾减灾、应急救援等活动及必要的设施修筑，以及因有害生物防治、外来物种入侵等开展的生态修复、病虫害动植物清理等活动；（二）暂时不能搬迁的原住居民，可以在不扩大现有规模的前提下，开展生活必要的种植、放牧、采集、捕捞、养殖等生产活动，修缮生产生活设施；（三）国家特殊战略、国防和军队建设、军事行动等需要修筑设施、开展调查和勘查等相关活动；（四）国务院批准的其他活动。"对于一般控制区的管控，《国家公园管理暂行办法》第十八条规定："国家公园一般控制区禁止开发性、生产性建设活动，国家公园管理机构在确保生态功能不造成破坏的情况下，可以按照有关法律法规政策，开展或者允许开展下列有限人为活动：（一）核心保护区允许开展的活动；（二）因国家重大能源资源安全需要开展的战略性能源资源勘查，公益性自然资源调查和地质勘查；（三）自然资源、生态环境监测和执法，包括水文水资源监测及涉水违法事件的查处等，灾害防治和应急抢险活动；（四）经依法批准进行的非破坏性科学研究观测、标本采集；（五）经依法批准的考古调查发掘和文物保护活动；（六）不破坏生态功能的生态旅游和相关的必要公共设施建设；（七）必须且无法避让、符合县级以上国土空间规划的线性基础设施建设、防洪和供水设施建设与运行维护；（八）重要生态修复工程，在严格落实草畜平衡制度要求的前提下开展适度放牧，以及在集体和个人所有的人工商品林内开展必要的经营；（九）法律、行政法规规定的其他活动。"

因此，在国家公园建设过程中，被划入国家公园范围内的既有产业或业态和基础设施可能会与国家公园分区管控政策存在冲突，需要结合国家公园对于核心保护区和一般控制区所实施的分区管控政策，对可以保留的产业或业态及其基础设施进行生态产业化、产业生态化改造，从而满足国家公园相应的管控限制要求。

28.1.2　产业不及时转型的反面案例

受多方面因素限制，国家公园既有产业或业态和基础设施的绿色发展改造难点有二：①需要将原有的产业进行生态产业化或产业生态化改造，经改造后的新业态符合国家公园保护政策，并在政策允许的空间范围内进行调整，以符合市场竞争要求的成本为新业态配套分配生产要素；②在此基础上，需要对既有基础设施进行符合新业态要求的改造①，而且改造的及时性与实效性也是改造过程中至关重要的考量因素，如果改造不及时或改造未取得预期成效，就会在中央生态环保督察等集中查处行动中面临全面退出的处

① 本章即为以红峡谷景区酒店区域功能转型为例的分析。

理结果。在国家公园体制试点过程中，就有过部分产业不及时转型导致业主全面退出、基础设施被关停的教训：一是位于广东南岭国家级自然保护区①的乳源避暑林庄温泉大饭店，二是位于钱江源国家公园体制试点区的水湖山庄。由于产业转型不及时，相关项目的关停不仅导致了巨大的经济损失，也与国家公园全民公益性的核心理念相违背。

1. 广东南岭国家级自然保护区乳源避暑林庄温泉大饭店被清退案例

韶关乳源避暑林庄温泉大饭店位于广东南岭国家级自然保护区内②，是一家按五星级标准建造的集休闲、度假、养生于一体的森林生态养生度假型景区酒店，拥有客房、中餐厅、西餐厅、会议中心、温泉等完善的设施设备。2012 年开业后凭借优越的地理位置、高星级服务标准以及客房所配备的温泉池特色体验，乳源避暑林庄温泉大饭店成为景区内旅游团队的首选合作酒店。2016 年 11 月 28 日至 12 月 28 日，中央第四环境保护督察组对广东省开展环境保护督察，并形成督察意见，其中指出：在南岭国家级自然保护区的核心区、缓冲区违规建设乳源避暑林庄温泉大饭店、栈道、公路、采石场等项目，违反《自然保护区条例》。广东省委、省政府根据中央第四环境保护督察组督察反馈意见要求，责令韶关市南岭国家级自然保护区立行立改、持续整改，停止执行《南岭国家森林公园总体规划》，停止南岭国家级自然保护区核心区、缓冲区内一切与保护无关的项目建设，对游客数量及旅游范围进行控制。根据督察整改方案，韶关市对于乳源避暑林庄温泉大饭店及配套旅游设施进行停业整顿。停业之后，广东省林业局为应付检查，将乳源避暑林庄温泉大饭店内部布置为博物馆，但由于缺乏生态旅游新业态支撑，这一举措并未产生预期的经济效益和社会效益。

2. 钱江源国家公园水湖山庄项目被清退案例

钱江源水湖·枫楼景区由民营企业湖北卓越集团建设有限公司投资。该

---

① 广东南岭国家级自然保护区是南岭国家公园创建区（2024 年后，改名为岭南国家公园继续开展创建工作）范围内的 14 处自然保护地之一。

② 酒店所在的这个区域同时也是南岭国家森林公园范围，执行《南岭国家森林公园总体规划》。

项目于 2016 年 3 月开工，总投资 10 亿元以上，建设期限为 5 年，总规划面积达 9.46 平方公里，是依托钱江源生态资源、以"原味江南"为主题打造的集生态旅游、高端度假、山地立体运动、文化体验、商务会议等多种业态于一体的旅游景区。景区内的主体建筑水湖山庄位于钱江源水湖景区原味江南度假村内，地块规划总占地面积 26158 平方米，于 2014 年完成各项手续后启动建设。这块区域被纳入钱江源国家公园范围之后，已于 2018 年 9 月全面停止建设施工及 4A 级旅游景区创建；此外依据《钱江源国家公园体制试点区总体规划（2016—2025）》落实项目退出机制，已投资近 2 亿元的水湖·枫楼景区项目建设被紧急叫停，开化县政府启动政府回购工作。

这个区域的建设原本是符合相关规划且立项建设手续齐全的：根据水湖山庄区块详细规划，规划范围内根据不同保护要求和功能设置划分了四类功能分区，其中水湖山庄所在片区属于三级保护区；在三级保护区内，可以进行适度的资源利用行为，适当安排一些游览活动项目，有序控制各项建设与设施，并与风景环境相协调。水湖山庄内计划建设游客接待中心及五星级酒店，包含会议中心、健身中心、中西餐厅、SPA 及洗浴中心、客房等。而当 2016 年钱江源水湖景区纳入钱江源国家公园体制试点区后，景区原有规划与国家公园建设目标存在冲突，原有三级保护区规划无法达到国家公园环境保护管控的要求，水湖山庄建设及其相关业态存在违规嫌疑。

在《钱江源国家公园体制试点区总体规划（2016—2025）》[①] 中被划入生态保育区的水湖·枫楼景区，对已经完成主体结构的水湖山庄，本应积极对标国家公园的功能定位进行硬件（主体建筑和相邻地块）和软件（进行符合国家公园公益性功能定位的业态设计）改造，打造钱江源国家公园应有但未有的国家公园研学综合体，使主体建筑成为生态旅游、自然教育业态

---

① 按照国家公园体制试点要求，该规划编制工作于 2015 年 5 月启动，由浙江省发展和改革委员会委托中国科学院地理科学与资源研究所进行规划编制工作。规划内容包括钱江源国家公园体制试点区总体布局和生态保护、土地利用、科研监测、生态旅游、展示与教育、管理、社会发展与公众参与规划等八大体系建设，科学划定了核心保护区、生态保育区、游憩展示区、传统利用区四大功能分区。2017 年 11 月，浙江省政府批复同意该规划。

必要的基础设施①。然而，因为项目业主对项目设计业态和主体建筑与国家公园功能定位的冲突重视程度不高，没有及时听取专家意见进行主体建筑功能改造和相关的新业态设计，这个项目于2018年被自然资源部组织的国家公园相关督察叫停。最终，湖北卓越集团在收到近2亿元赔偿金后退出钱江源，水湖山庄的功能定位也从原先的五星级酒店转变为过渡期的钱江源国家森林公园管理处②办公所在地，同时暂作钱江源国家公园旅游接待服务中心。这种权宜之计的建筑功能调整不仅经济代价巨大，而且造成了基础设施的巨大浪费和新业态发展所需基础设施的缺位。如果湖北卓越集团能在钱江源水湖景区被划入钱江源国家公园生态保育区之后及时将水湖山庄转变为以生态旅游业态（包括自然教育等）为主的国家公园研学综合体，就能有效规避原有规划与国家公园保护要求之间的冲突，但湖北卓越集团仍旧按照酒店业态进行建设，建筑的功能和业态都和国家公园、生态保护红线的相关规定存在明显龃龉，最终导致项目业主单位和地方政府双输的结果，而这原本可以通过既有业态和基础设施的生态产业化改造加以避免。由此可见，既有业态和基础设施的绿色发展改造在国家公园发展过程中的重要性不言自明。

28.2　海南红峡谷的基本情况及其所代表的
国家公园产业类型

海南省五指山热带雨林红峡谷旅游区项目位于五指山市东南部南圣镇，用地面积28.05公顷，总建筑面积199900平方米。该项目由大峡谷漂流体验区、山水温泉酒店式公寓、热带雨林休闲度假区和山地休闲娱乐区等四个

---

① 中共中央办公厅、国务院办公厅发布的《关于在国土空间规划中统筹划定落实三条控制线的指导意见》指出：在生态保护红线内，在符合现行法律法规前提下，除国家重大战略项目外，仅允许对生态功能不造成破坏的有限人为活动，其中包括不破坏生态功能的适度参观旅游和相关的必要公共设施建设。《国家公园管理暂行办法》第十八条规定，国家公园管理机构在确保生态功能不造成破坏的情况下，可以按照有关法律法规政策，开展或者允许开展下列有限人为活动：（六）不破坏生态功能的生态旅游和相关的必要公共设施建设。
② 一旦钱江源国家公园正式设立，钱江源国家森林公园就会被取消。

功能区组成，主要建设内容包括大峡谷漂流河道改造及配套设施、漂流起始/终点站、休闲购物街、滨水度假区、山水温泉酒店、会议中心、民俗食街、休闲会所、游客接待中心、员工宿舍、山地度假区、热带雨林独轨观光车等。五指山热带雨林红峡谷旅游区红峡谷漂流一期工程建成后，自开业以来每年来景区游玩人数不断增长，2021 年旅游区实现年游客接待量 30 万人次，于 2021 年 10 月 15 日被评为国家 4A 级旅游景区，于 2022 年 8 月 30 日顺利通过省级旅游标准化试点，极大地促进了五指山市旅游业的发展，已成为五指山市的代表性旅游品牌。以此为基础规划的五指山热带雨林红峡谷旅游区二期项目作为海南省五指山热带雨林红峡谷旅游区重要的旅游配套设施，为其创建 5A 级旅游景区提供了硬件支撑，同时也为当地创造了 300 余个就业岗位，带动附近村民增收，促进五指山市旅游业的发展以及"南圣—水满"沿路旅游经济发展，进一步提升五指山市旅游品牌。2021 年 9 月 30 日，国务院同意设立海南热带雨林国家公园后，二期项目中的红峡谷养生居项目、红峡谷赏月养生酒店项目被划入国家公园一般控制区中，项目用地被纳入生态保护红线，导致项目虽然已经依法取得建设工程规划许可证和建筑施工许可证，但无法继续建设，面临既有业态转型发展改造的困境。

中国国家公园大多不是无人区，尤其是旅游资源较好的地方，大多已有各种建设项目。这些地方成为国家公园后，原有的发展模式肯定难以满足国家公园这样较高的环境保护要求，因此常常成为历史遗留问题。有鉴于此，对原先的旅游景区、自然保护区中的既有业态和基础设施的处理就成为国家公园建设发展过程中绕不开的重要话题。在国家公园发展过程中，需要采取正确的方式和手段针对既有业态和基础设施进行改造处理。这类问题如果不处理对生态负面影响很大，而如果处理不好，对地方经济的影响乃至对国家公园全民公益性的影响同样不容小觑。因此，对于国家公园既有业态和基础设施的绿色发展改造而言，急需成功案例作为样板与典范起到带头示范作用；顺利通过 2023 年底中央生态环保督察现场检查的位于海南热带雨林国家公园五指山片区一般控制区内的红峡谷旅游区二期项目就是这种以绿色发展改造解决历史遗留问题的成功典型，其经验的可推广性较强。

28.3 国家公园既有业态绿色发展改造的背景、理念与解决思路

28.3.1 国家公园既有业态绿色发展改造背景

1. 帕累托最优改进的外在目标

国家公园既有业态和基础设施的绿色发展改造从本质上来看属于资源分配问题，因此可以使用经济学理论中的帕累托效率来解决这一问题。帕累托效率是指在资源有限的情况下，无法通过任何改变来使某个个体更富裕而不损害其他个体利益的情况，是用于描述资源配置是否达到最佳平衡状态的一个经济学概念。对于国家公园而言，在环境保护与国家公园发展之间也存在着类似的平衡状态：国家公园在发展过程中的开发建设活动可能会对环境生态造成一定程度的破坏，然而如果保护措施过于严格，则可能会限制国家公园的发展潜力。

为了达到帕累托最优的目标，需要进行帕累托改进：对于固有的群体以及可分配的资源，从一种分配状态到另一种状态的变化中，在没有使任何人境况变坏的前提下，使得至少一个人变得更好。如果在国家公园既有业态和基础设施的绿色发展改造过程中，能够使各利益相关方均从中获利且国家公园生态也不受到损害，就意味着帕累托改进且有助于帕累托最优的实现。

2. 新质生产力发展的内在要求

从国家公园既有业态和基础设施自身属性来看，在被纳入国家公园管理前，可以归属于旅游业范畴之内。在旅游产业高质量发展的背景下，传统的旅游业态也面临转型升级的挑战，旅游业的产业定位、业态特征以及发展模式各个方面正发生前所未有的变革与创新。面对挑战与机遇，如果不积极主动拥抱变化进行转型，就会在激烈的市场竞争中被时代淘汰。

随着科学技术的飞速发展和产业结构的深刻变革，以高科技、高效

能、高质量为特征的新质生产力日益成为推动产业优化、实现产业高质量发展的重要驱动力。2024 年《政府工作报告》明确提出："大力推进现代化产业体系建设，加快发展新质生产力……不断塑造发展新动能新优势，促进社会生产力实现新的跃升。"文旅行业的高质量发展需要应用新质生产力，不断探索新的产品业态与服务方式，寻求文旅行业新的增长点。对于国家公园既有业态而言，只有依托业态发展转型方能顺应时代发展趋势，迎合市场需求，为游客提供更加丰富多样的旅游体验，实现自身的可持续发展。

28.3.2　国家公园既有业态绿色发展改造理念

1. 以"两山"理念为方向指引

对国家公园既有业态和基础设施的绿色发展改造而言，其核心在于"绿色发展"的落实。绿色发展战略是生态文明建设的重要指引，而"两山"理念则是绿色发展战略的集中体现——"绿水青山就是金山银山"，习近平生态文明思想中关于"绿水青山"与"金山银山"关系的阐述，为国家公园既有业态和基础设施的生态产业化改造指明了方向。"绿水青山就是金山银山"，对国家公园而言，国家公园所保护的生态环境具有无可比拟的价值，优越的生态环境不仅是国家公园重要的资源，对于国家公园的长远发展也具有不可替代的价值与意义。"既要金山银山，又要绿水青山"，生态环境保护和国家公园发展并不必然产生冲突，二者在绿色发展中可能互为依托、相辅相成，需要在国家公园既有业态和基础设施的绿色发展改造过程中实现生态环境保护与国家公园发展的双赢局面，并将其作为衡量国家公园既有业态和基础设施的绿色发展改造成效的重要标准。

在国家公园既有业态和基础设施的绿色发展改造过程中践行"两山"理念，需要准确系统地把握绿色发展理念与实施路径，贯彻落实习近平生态文明思想，并将其运用于国家公园既有业态和基础设施的绿色发展改造中。坚持问题导向，抓住国家公园既有业态和基础设施的绿色发展改造过程中的关键问题进行深入分析；在环境保护的前提下，充分利用好国家公园既有业态和基础设施资源，提升现有资源利用率，进而获得绿色发展效益。发展理念是行动的先导，立足"双碳"目标，使国家公园既有业态和基础设施的绿色发展改造成为践行"绿水青山就是金山银山"理念的试验田，成为落实生态优先原则、贯彻绿色发展战略的重要载体。以习近平生态文明思想与绿色发展理念指导国家公园既有业态和基础设施的绿色发展改造、引领国家公园绿色发展，不仅有利于体现绿色发展战略，有助于实现国家公园绿色发展目标，同时对于推进生态文明建设也具有十分重要的意义。

2. 以绿色营建理念为措施指引

绿色营建理念是《国家公园管理暂行办法》明确提出的国家公园建设理念："国家公园范围内的保护、宣教及民生基础设施等建设项目应当遵循绿色营建理念"。在《国家公园法（草案）》中对于国家公园的绿色营建也有相应的表述："在国家公园范围内修筑设施和开展建设活动，其选址、规模、风格、施工等应当符合国家公园总体规划和相关规定，采取必要措施，减少对自然生态系统以及自然和人文景观的不利影响。"国家公园基础设施作为国家公园功能实现的依托，对于国家公园发展而言是必不可少的，但在其建设过程中，建设活动对于自然生态环境的影响需要按最大程度加以考量。不仅需要在建设过程中减少对环境的污染，建设过程中对于生态环境以及生物多样性的影响也需要纳入考量范畴。

国家公园既有业态和基础设施的绿色发展改造同样属于在国家公园范围内修筑设施和开展建设活动的范畴，因此同样应当遵循绿色营建理念。在国家公园既有业态和基础设施的绿色发展改造过程中，需要以绿色营建理念为蓝本，遵循"最小干预"原则，防止"建设性破坏"，贯彻绿色发展战略，采用与自然和谐统一的技术手段，将改造建设对于自然生态环境的不利影响以及对于生物多样性和生态系统的损害降到最低。在绿色营建理念指导下的国家公园既有业态和基础设施的绿色发展改造能够在满足国家公园基础设施建设需求的同时，有效保持国家公园的原真性、完整性，使国家公园生态服务功能得到充分发挥，有助于实现国家公园可持续发展，使国家公园真正成为实现人与自然和谐共生的典范。

28.3.3 国家公园既有业态绿色发展改造解决思路

1.转变既有业态项目定位

根据国家公园分区管控政策，相关经营服务活动只允许在国家公园一般控制区内开展，且经营项目必须符合特许经营要求。以海南热带雨林国家公园为例，根据海南省林业局印发的《海南热带雨林国家公园特许经营目录》（第一批），共有九大类47种经营服务活动可以在海南热带雨林国家公园一般控制区内申请特许经营，合理利用自然资源，共享生态发展红利。第一批公布的特许经营项目有服务设施类、销售商品类、租赁服务类、住宿餐饮类、文体活动类、生态体验度假康养类、科普教育类、旅游运输类和标识类九大类，涵盖了博物馆、餐饮店、民宿、体育赛事、婚庆活动、生态体验、森林康养、观光直升机、低空观光飞行器等47种特许经营项目。

国家公园既有业态的绿色发展改造需要在国家公园分区管控政策的要求下针对既有业态进行转变，这意味着既有业态项目的定位需要进行相应的调整，以确保与国家公园的生态保护目标以及分区管控政策相契合。为了实现这一目标，可选择国家公园特许经营目录之内的特许经营项目开展相关经营服务活动。国家公园特许经营既是国家公园开发经营的一种形式，也是生态保护市场化融资的主要手段之一，能够起到市场化的生态补偿效应。在保护生态环境的同时，通过实施特许经营机制提供高品质服务满足游客需求，可提升国家公园经营水平，为国家公园建设提供资金支持，带动地方经济实现可持续发展。

2.大力发展生态旅游业态

2021年3月，习近平总书记在福建考察时强调，要坚持生态保护第一，统筹保护和发展，有序推进生态移民，适度发展生态旅游，实现生态保护、绿色发展、民生改善相统一。国务院办公厅于2023年9月印发《关于释放旅游消费潜力推动旅游业高质量发展的若干措施》，在加大优质旅游产品和服务供给方面提出发展生态旅游产品："在严格保护的基础上，依法依规合理利用国家公园、自然保护区、风景名胜区、森林公园、湿地公园、沙漠公园、地质公园等自然生态资源，积极开发森林康养、生态观光、自然教育等生态旅游产品。推出一批特色生态旅游线路。推进森林步道、休闲健康步道建设。"

发展生态旅游符合国家公园开发利用导向，在国家公园既有业态和基础设施的绿色发展改造过程中，需要在遵循严格保护的基础上依法依规合理利用国家公园自然生态资源，以习近平总书记系列重要指示为指引，创新发展方式，推动国家公园既有业态和基础设施绿色转型。需要处理好生态环境保护和生态旅游发展之间的关系，在生态旅游产品设计中融入绿色发展理念，强化国家公园旅游产品的生态属性；需要打造具有国家公园特色与市场竞争力的生态旅游产品，构建国家公园生态旅游产品体系，塑造国家公园生态旅游产品品牌从而提升产品附加值；需要依托生态旅游产品赋能国家公园绿色发展，使国家公园的生态、科普、旅游功能得到充分发挥，进而优化国家公园产业结构。

28.4　海南红峡谷绿色发展改造实践

28.4.1　项目改造背景及可行性分析

海南省五指山热带雨林红峡谷旅游区二期项目位于海南省五指山热带雨林红峡谷旅游区内，隶属于"南圣—水满"沿路生态旅游组团，包含红峡谷赏月养生酒店、红峡谷养生居、花舞人间观光农业旅游景区三大项目（初始规划见图28-1）。上述三个项目用地符合2018年12月海南省政府批复的五指山市总体规划，并已经依法取得建设工程规划许可证与建筑工程施工许可证。然而，2021年9月30日国务院同意设立海南热带雨林国家公园后，上述项目用地被划入国家公园一般控制区，纳入生态保护红线，导致项目无法继续按原有模式建设：不仅在国家公园内不允许也不必要有如此大规模的酒店，其既往的大众观光旅游模式的人流量带来的环境扰动也是难以满足国家公园环境保护要求的。其中，红峡谷赏月养生酒店项目已完成服务楼以及集中客房主体工程建设，红峡谷养生居项目已完成桩基础建设，花舞人间观光农业旅游景区项目已建成 8 栋大楼主体框架（拟作为温泉度假酒店但附近并无天然温泉）但其后处于烂尾楼状态。因此，这个项目改造的重点在于主体结构已基本建成的红峡谷赏月养生酒店，兼顾红峡谷养生居。

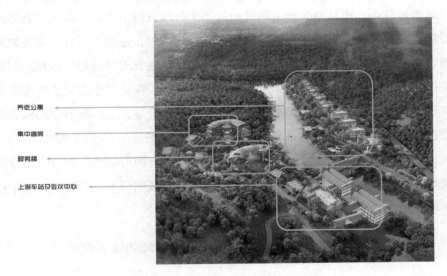

图 28-1　海南红峡谷项目初始规划

资料来源：作者自行绘制。

从海南红峡谷项目实际情况出发，如果按照国家公园一般控制区管理要求，对既有项目像对钱江源国家公园内的水湖山庄那样进行清退处理，不仅会导致五指山片区失去基础条件最好且当地是空白的"生态保护、绿色发展、民生改善相统一"基地，而且经济代价是巨大的。上述前两个项目在海南热带雨林国家公园设立前就已按照国家相关法规和程序立项，五指山中部旅游投资有限公司也合法、依规地与五指山市人民政府签署了经营合同。如果采用退出赔偿的处理方式，参照钱江源国家公园体制试点区水湖山庄项目退出后的赔偿金额，这对于五指山市人民政府而言是巨大的负担。因此，对于国家公园设立过程中存在的历史遗留问题，五指山市人民政府的思路是：本着尊重历史、实事求是解决历史遗留问题的原则，针对上述合法依规的建设项目进行主体功能调整，实现项目转型发展经营，以期形成双赢局面。

红峡谷赏月养生酒店、红峡谷养生居的业态需要立足于《海南热带雨林国家公园总体规划（2023—2030年）》，结合项目所在地生态环境特色进行选择和打造。项目地处海南热带雨林国家公园五指山片区，这里拥有海南最高峰——五指山，以及重要的水源地；与此同时，也拥有最好的漂流地和知名度最高的茶产业聚集区。除此之外，项目区还有天然河道、种植基地和国家公园微徒步山林。依托优越的自然生态环境，在贯彻生态保护的前提下发展生态旅游，实现既有业态和基础设施的绿色发展改造，能够使其成为国家公园体现"生态保护、绿色发展、民生改善相统一"的必要的基础设施，实现项目功能与国家公园的高度契合。这样做一方面有助于填补五指山片区国家公园研学基地的空白，另一方面也避免了合规项目下马后，给建设单位和地方政府带来的巨大经济损失。

28.4.2 政策允许的业态定位及建筑和区域功能调整思路

海南红峡谷项目用地在《海南热带雨林国家公园总体规划（2023—2030年）》中被划入生态保护红线内，并列入国家公园一般控制区。对既有业态和基础设施的绿色发展改造需要遵循对于生态保护红线内和国家公园一般管控区内这两类区域的管控政策。根据中共中央办公厅、国务院办公厅印发的《关于在国土空间规划中统筹划定落实三条控制线的指导意见》，在生态保护红线内，在符合现行法律法规前提下，除国家重大战略项目外，仅**允许对生态功能不造成破坏的有限人为活动，其中包括不破坏生态功能的适度参观旅游和相关的必要公共设施建设**。《国家公园管理暂行办法》第十八条规定，国家公园管理机构在确保生态功能不造成破坏的情况下，可以按照有关法律法规政策，开展或者允许开展下列有限人为活动：（六）**不破坏生态功能的生态旅游和相关的必要公共设施建设**。

在满足生态保护红线及国家公园一般控制区管控政策的前提下，参考《海南热带雨林国家公园总体规划（2023—2030年）》《海南热带雨林国家公园条例（试行）》《海南热带雨林国家公园特许经营专项规划（2022~2030年）（征求意见稿）》《海南热带雨林国家公园特许经营目录》，将既有业态和基础设施的业态升级定位聚焦生态旅游与研学范畴，规划国家公园访客中心、运动康复基地、红峡谷森林康养基地、国家公园户外运动基地、国家公园研学综合体、热带雨林生态系统微缩展示区、湿地净化系统展示区、植物驯化研学基地（兰花/野菜）、山兰稻和大叶茶种质资源展示区、木棉-水稻复合生态系统展示区等一系列生态旅游与研学业态布局（见图28-2）。

① 国家公园研学综合体
② 国家公园访客中心+运动康复基地+
　　红峡谷森林康养基地
③ 植物驯化研学基地（兰花/野菜）
④ 山兰稻和大叶茶种质资源展示区
⑤ 木棉-水稻复合生态系统展示区

图28-2　海南红峡谷项目规划调整业态布局

资料来源：作者自行绘制。

围绕调整后的核心定位，海南红峡谷项目对既有业态和基础设施从规划功能主题、建筑室内功能、建筑屋顶功能以及景观设计层面进行了相应调整，确保业态转变改造立足于既有业态和基础设施，且具有可落地性。

1. 规划功能主题调整

从整体规划功能主题层面定位为涵盖国家公园研学综合体、运动康复基地、植物驯化研学基地（兰花/野菜）及相关生态系统展示区的综合示范区，集中体现国家公园"生态保护、绿色发展、民生改善相统一"的核心理念。

2. 建筑室内功能调整

建筑室内部分重点强调国家公园的研学和文化体验公益性主题。通过设置生态博物馆和茶产业展示馆等室内功能区域，使游客能够深入了解国家公园的自然价值和文化内涵。

3. 建筑屋顶功能调整

重新设计建筑屋顶，通过布置天文馆（天文观测中心）和近自然绿化系统进行功能调整。天文馆所提供的观星平台能为游客提供欣赏星空的场所，感悟星夜之美；近自然绿化系统采用先进的生态技术，在屋顶营造接近于自然的生态景观，为国家公园建筑天际线增添一抹绿意。

4. 景观设计调整

转变传统的景观设计理念，由园林景观调整为热带雨林生态系统的微缩展示区，通过精心设计的微缩景观呈现热带雨林中丰富多样的生物和环境。与此同时，结合项目区域的自然条件和建筑设施的环保要求，增加湿地净化系统展示区，凸显湿地对于生态保护和可持续发展的重要价值。

28.4.3 既有业态转变前后对比分析

1. 红峡谷养生居项目组团既有业态转变前后对比分析

红峡谷养生居项目既有业态调整为国家公园访客中心、红峡谷森林康养基地等。项目地块入口节点建筑功能调整为兼具国家公园访客中心与运动康复基地功能的综合体。原地下一层功能从大堂调整为国家公园访客中心，兼具商务接待功能；原首层（一层）功能从会议室调整为运动康复中心。既有的建筑功能调整为红峡谷森林康养基地，在保留原有公寓基础设施的基础上，首层通过引入药养中心强化康养特征。与此同时，在原有屋顶绿化种植的基础上增设运动康复设施，契合运动康复社区的功能定位，以满足康养群体的运动需求（见图28-3至图28-8）。

① 建筑功能调整为国家公园访客中心+运动康复基地

② 建筑功能调整为红峡谷森林康养基地，首层增加药养中心

③ 原养老公寓调整为运动康复社区，增加屋顶绿化及健身器械

④ 增加健身步道

图28-3　红峡谷养生居项目规划调整业态布局

资料来源：作者自行绘制。

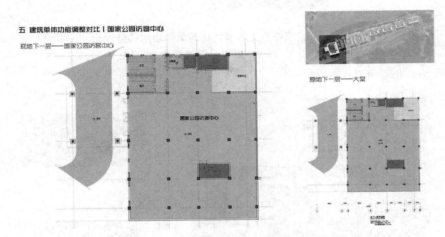

图28-4　红峡谷养生居项目建筑单体功能调整对比
——国家公园访客中心地下一层

资料来源：作者自行绘制。

2. 红峡谷赏月养生酒店项目组团业态转变前后对比分析

总结起来，红峡谷赏月养生酒店项目组团的业态从车站、服务楼、集中客房等调整为国家公园户外运动基地、国家公园研学综合体、三茶文化及黎苗文化展示中心，新建雨林体验径，园区中心设置热带雨林生态系统微缩展示区，临河区域建设湿地净化系统展示区。

原车站建筑功能调整为国家公园户外运动基地，二层原有会议室通过增

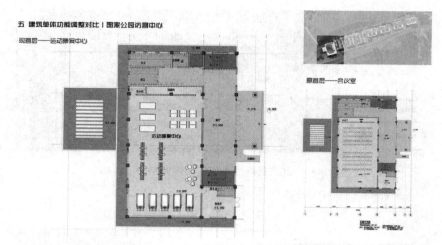

图 28-5　红峡谷养生居项目建筑单体功能调整对比
——国家公园访客中心一层

资料来源：作者自行绘制。

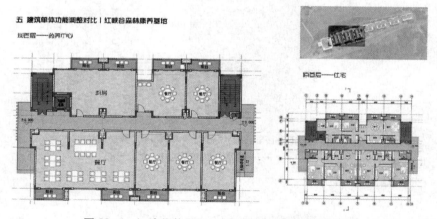

图 28-6　红峡谷养生居项目建筑单体功能调整对比
——红峡谷森林康养基地一层

资料来源：作者自行绘制。

加可拆卸隔墙，形成四个教室以供户外运动培训使用；通过调整原卫生间位置增设小会议室。原服务楼功能调整为国家公园研学综合体，增加热带雨林国家公园博物馆、天文观测中心及研学中心办公区，挂牌国家公园保护站以

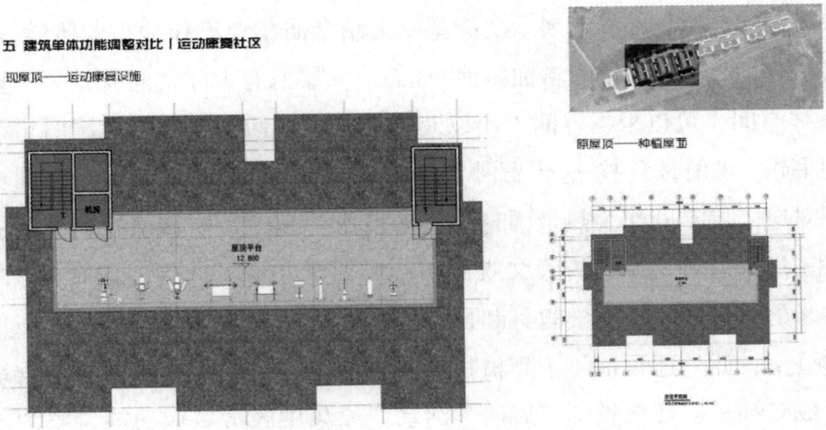

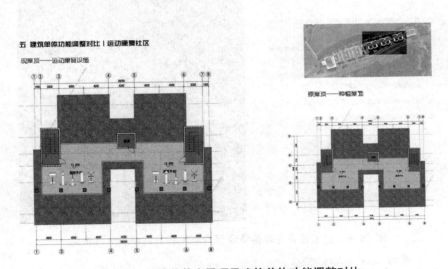

图 28-7　红峡谷养生居项目建筑单体功能调整对比
——运动康复社区 1#~3#楼屋顶

资料来源：作者自行绘制。

图 28-8　红峡谷养生居项目建筑单体功能调整对比
——运动康复社区 4#~7#楼屋顶

资料来源：作者自行绘制。

及生态监测中心。对于一层原有的餐厅予以保留，原有 KTV 改为热带雨林国家公园博物馆，在展览展示功能基础上结合研学业态作为主题研学基地，同时引入雨林萌宠商铺，增加二消①业态。二层原有大厅空间调整为"雨林之子"空间，可以根据空间大小以及功能需求灵活调整，与此同时增设研学图书馆、"雨林科技 遗传育种实验室"，将一层热带雨林国家公园博物馆所对应二层空间作为热带雨林植物培育区，为热带雨林植物研究提供支持。三层原有客房调整为天文观测中心与研学中心办公区，包含面积 200 平方米的研学教室、研学教具和户外用品存放室、教师备课室以及工作人员办公室；此外还预留了小型植物培养空间，与二层的热带雨林植物培育区形成互补，以便于教师开展研学活动。原集中客房区域功能调整为三茶文化及黎苗文化展示中心，增加三茶文化及黎苗文化展览馆（见图 28-9 至图 28-14）。

① 原车站建筑功能调整为国家公园户外运动基地，新建雨林体验径
② 原服务楼功能调整为国家公园研学综合体，增加热带雨林国家公园博物馆、天文观测中心及研学中心办公区
③ 原集中客房功能调整为三茶文化及黎苗文化展示中心，增加三茶文化及黎苗文化展览馆
④ 园区中心设置热带雨林生态系统微缩展示区
⑤ 临河区域建设湿地净化系统展示区

图 28-9　红峡谷赏月养生酒店项目组团功能调整后业态布局

资料来源：作者自行绘制。

---

① 二消，即"二次消费"简称，一般指景区在游览景区之外为游客提供购物、游戏等附加消费服务，这能够增加游客的体验消费、延长游客停留时间。

五　建筑单体功能调整对比|国家公园户外运动基地

现二层——会议室/户外运动培训

原会议室增加可拆卸隔墙，形成四个教室；调整原卫生间位置，设置小会议室

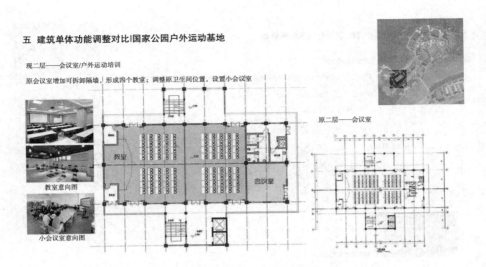

图 28-10　红峡谷赏月养生酒店项目建筑单体功能调整对比
——国家公园户外运动基地二层

资料来源：作者自行绘制。

五　建筑单体功能调整对比|国家公园研学综合体

现首层——餐厅/热带雨林国家公园博物馆

展示功能：挂牌国家公园保护站/生态监测中心/全国研学基地/自然学校

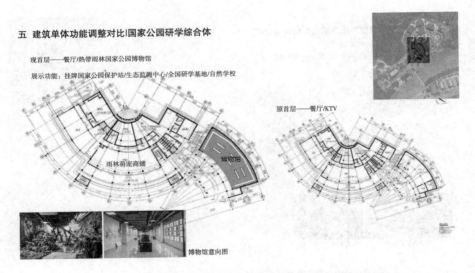

图 28-11　红峡谷赏月养生酒店项目建筑单体功能调整对比
——国家公园研学综合体一层

资料来源：作者自行绘制。

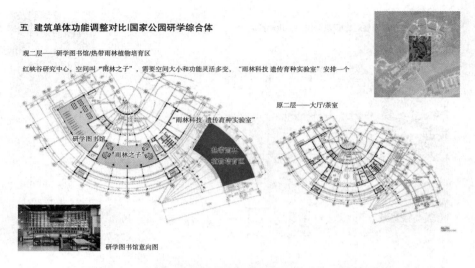

图28-12　红峡谷赏月养生酒店项目建筑单体功能调整对比
——国家公园研学综合体二层

资料来源：作者自行绘制。

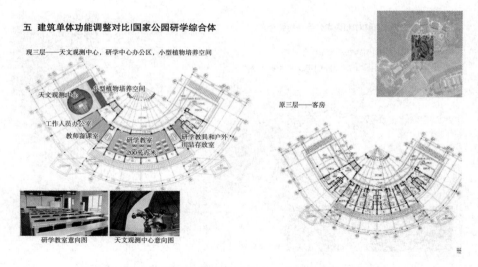

图28-13　红峡谷赏月养生酒店项目建筑单体功能调整对比
——国家公园研学综合体三层

资料来源：作者自行绘制。

五 建筑单体功能调整对比丨三茶文化及黎苗文化展示中心

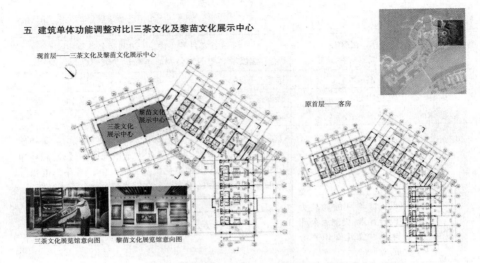

图 28-14 红峡谷赏月养生酒店项目建筑单体功能调整对比
——三茶文化及黎苗文化展示中心一层

资料来源：作者自行绘制。

28.4.4 业态转变后的市场竞争优势和政策优势分析

立足于国家公园既有业态和基础设施的绿色发展改造，衡量绿色发展改造成效，需要对于既有业态转变的竞争优势进行分析。海南红峡谷项目中的红峡谷赏月养生酒店与邻近的五指山亚泰雨林酒店虽然同处五指山片区，但在红峡谷赏月养生酒店项目组团进行改造后，两者的业态呈现明显的差异，红峡谷区域反而有了某些方面的市场竞争优势和政策优势（见表28-2）。

表 28-2 五指山亚泰雨林酒店与红峡谷赏月养生酒店（转型后）竞争优劣势对比

对比项目	五指山亚泰雨林酒店	红峡谷赏月养生酒店（转型后名称待定，建议取名为国家公园研学和运动康养综合基地）
交通条件	五指山主峰脚下但远离五指山市区	离五指山市区较近且因为有红峡谷景区前期的开发（国家公园外），路况和其他基础设施完备
客房住宿	有	有
餐饮	有	有

续表

对比项目	五指山 亚泰雨林酒店	红峡谷赏月养生酒店（转型后名称待定， 建议取名为国家公园研学和运动康养综合基地）
会议	800平方米会议室	国家公园访客中心会议室，超过2000平方米
康养	健身中心	森林康养基地、健身步道、运动康复中心、药养中心
运动休闲	室外游泳池	国家公园户外运动基地（漂流、攀岩、徒步）
生态展示 和体验	酒店内部园林景观	①热带雨林生态系统微缩展示区；②山兰稻和大叶茶种质资源展示区；③木棉-水稻复合生态系统展示区；④湿地净化系统展示区；⑤植物驯化研学基地（兰花/野菜）；⑥雨林独轨观光道（途经区域大部分在国家公园外）；⑦天文馆
文化展示	以民族崇拜的蛙纹为设计元素，无国家公园生态和文化知识系统的专业展示	三茶文化及黎苗文化展示中心；博物馆
研学功能	无	硬件：前述生态和文化展示体验区；软件：云享自然开发的自然教育课题体系；政策支持：将研学课程纳入五指山市国民教育体系，小学、初中各有8个以上的课时需在此完成，确保研学客流
资金渠道	在国家公园外无法使用中央专项资金	在国家公园内，可以利用中央的国家公园专项资金形成PPP模式。以天文馆为例，经营方可以将国家公园研学综合体的部分楼顶产权赠予海南热带雨林国家公园管理局，管理局争取资金建设天文馆，交给经营方使用并约定年接待最低人数（该资产只能用于研学活动，不可能造成国有资产不当使用）

资料来源：作者自行编制。

　　五指山亚泰雨林酒店坐落于五指山主峰脚下，占地面积143亩，以"溯黎家之源，融雨林之幽，享生命之本，养身心之忧"为宗旨，为宾客提供自然舒适的享受。酒店建筑设计采用东南亚建筑风格，建筑面积24000平方米，集客房、餐饮、会议、康乐、疗养等功能设施于一体；各类型客房、套房共200余间/套，会议室面积达800平方米；室外游泳池、健身中心、清吧等娱乐休闲设施一应俱全（见图28-15至图28-18）。五指山亚泰雨林酒店虽然邻近五指山顶峰，但是并未被划入海南热带雨林国家公园建设范围内。

图 28-15　五指山亚泰雨林酒店鸟瞰

资料来源：作者现场拍摄。

图 28-16　五指山亚泰雨林酒店室外游泳池

资料来源：作者现场拍摄。

有别于五指山亚泰雨林酒店，海南红峡谷项目中的红峡谷养生居项目、红峡谷赏月养生酒店项目被纳入海南热带雨林国家公园。虽然国家公园内的国土空间用途管制程度和业态限制程度远高于国家公园外，但业态调整之后，反而具有了相对比较优势。具体来说：①这个区域内的建筑整体调整为国家公园户外运动基地、国家公园研学综合体、三茶文化及黎苗文化展示中

图 28-17　五指山亚泰雨林酒店会议室

资料来源：作者现场拍摄。

图 28-18　五指山亚泰雨林酒店餐厅

资料来源：作者现场拍摄。

心后，与硬件调整伴随的研学业态使其成为区域内乃至整个海南热带雨林国家公园内独树一帜的存在，从原先的酒店变成研学基地等国家公园主体功能综合体后，其与五指山亚泰雨林酒店单一化的会务住宿功能相比，更有竞争优势：酒店转换功能后的国家公园访客中心使整体业态更适合接待高端会务，相比原有业态具有总产值高、利润率高的特征，叠加海南热带雨林国家公园内的区位优势，有望形成区域垄断。与五指山亚泰雨林酒店相比，虽然其距离五指山核心区较远，但是被纳入海南热带雨林国家公园之后，通过引入生态旅游和研学新业态，凭借到五指山市区更便捷的交通条件可将原有的区位劣势转变为竞争优势，可望成为海南热带雨林国家公园内更具国家公园特色的接待基地（尤其适用于国家公园相关会议和培训，在这个基地中有完整的培训和体验场地，这是五指山亚泰雨林酒店不可能有的）。②红峡谷养生居项目既有业态从养老公寓调整为红峡谷森林康养基地，与养老公寓相比，不仅能满足原有目标客群康养需求，同时也更符合生态旅游发展定位。

由此可见，引入新业态对于国家公园既有业态和基础设施绿色转型是积极有益的；将原来的基础设施进行改造以适应新业态要求，不仅明显减少了产业在同等产值下的环境扰动，还使原来的基础设施在新功能和新业态中获得了独特的竞争优势。

另外，这种改造还可能产生政策优势，使经营方在发展新业态时获得国家专项资金支持。根据财政部、国家林草局（国家公园局）2022年发布的《关于推进国家公园建设若干财政政策的意见》，财政支持重点方向中的"（四）支持保护科研和科普宣教"明确**"建设完善必要的自然教育基地及科普宣教和生态体验设施，开展自然教育活动和生态体验"**。这说明海南红峡谷项目中与自然教育和生态体验高度相关的基础设施硬件改造和软件生产都有可能得到中央专项资金的支持：不仅是因为这个项目处于国家公园内（中央国家公园专项资金限于在国家公园内使用），也因为天文馆、博物馆以及多个室外的生态系统展示区等对自然教育和生态体验而言均是必要的，只要在资产管理上采取一些变通措施确保这种投入形成的是国有资产且不会流失、不会不当使用即可。

28.5　红峡谷案例对全国既有国家公园产业发展的启示

总之，国家公园的产业发展只能走"生态产业化、产业生态化"之路。在"生态产业化"领域，丹霞山进行了积极有益的探索，通过设计新业态推动业态转型升级，在此基础上将生态产业化的产业要素配置齐全，优化人力资源要素配置与组合，以此带动全产业链条建设，从而实现增值。然而值得一提的是，丹霞山"生态产业化"实践更侧重于软性的社会治理结构创新，更聚焦人力资源要素配置与组合而非硬件层面的产业基础设施再造。针对国家公园的既有业态和基础设施进行绿色发展改造对于国家公园发展而言具有重要意义——这意味着解决"历史遗留问题"有了新方式，不仅能够通过既有业态的升级引入新业态，还能够在已有的大规模、功能完善的基础设施的支持下，实现更高的业态价值。在国家公园既有业态和基础设施绿色发展改造实践中，海南省五指山热带雨林红峡谷旅游区二期项目的绿色发展改造思路为全国既有国家公园产业的发展提供了以下三点启示。

启示一：改造之路不仅政策可行，甚至可能带来商业竞争优势和政策优势。 对国家公园既有业态和基础设施进行绿色发展改造的路径，不仅说明了在严格的环保政策管制下仍然可能有符合政策要求的基础设施和业态存在，也说明严格的环保政策反而可能有三方面商业效果：更有利的自然资源条件和相对较少的竞争对手，更有异质性从而更有市场竞争力的业态，更有效的社区参与方式因而能更好地减弱国家公园设立给社区发展带来的负面影响。另外，因为该项目在国家公园内，其研学活动的必要设施（如博物馆、天文馆）可以申请中央的国家公园专项资金来建设，这是国家公园外的酒店不可能有的政策优势。

启示二：改造既有基础设施，不仅可以降低经济损失，在新业态支持下还有可能形成国家公园新质生产力。 国家公园既有的大规模和功能完整的基础设施为新业态的快速成长和发展提供了有力支持。这意味着新业态无须从零开始建设，可以在已有基础上进行优化升级。这样一方面能够降低经济成本以及业态发展的时间成本，另一方面也能够减少建设过程中对于生态环境的扰动。

启示三：通过人力资源提升和委托购买周边服务，社区可以从参与经营中获利。 与新业态发展相对应的肯定是合格的人力资源不足，部分原有居民可以通过培训成为合格的人力资源；而多样化的游客对特色生活方式的体验需求及在景区周边停车、如厕的需求，可采用红峡谷运营企业批量采购原有居民服务（如以门票上的标记为结算依据等）的方式来解决。这样不仅能为当地居民提供就业机会，也能扩大红峡谷景区相关服务的空间覆盖范围。

附　件

附件1
重点生态功能区如何发展新质生产力
——以国家公园为例

2024 年，习近平总书记在中共中央政治局第十一次集体学习时指出："（新质生产力）由技术革命性突破、生产要素创新性配置、产业深度转型升级而催生，以劳动者、劳动资料、劳动对象及其优化组合的跃升为基本内涵……发展新质生产力，必须进一步全面深化改革，形成与之相适应的新型生产关系。"① 目前多数人认为新质生产力主要依托高技术行业、在发达地区率先实现，这种认识没有全面完整地理解习近平总书记重要讲话的核心要义，也对发展方式有误解，实际上各行各业、欠发达地区都需要也都能发展新质生产力，即便是全国主体功能区中的重点生态功能区亦然。习近平总书记在 2024 年两会期间参加十四届全国人大二次会议江苏代表团审议时强调，要牢牢把握高质量发展这个首要任务，因地制宜发展新质生产力……发展新质生产力不是忽视、放弃传统产业，要防止一哄而上、泡沫化，也不要搞一种模式。各地要坚持从实际出发，先立后破、因地制宜、分类指导，根据本地的资源禀赋、产业基础、科研条件等，有选择地推动新产业、新模式、新动能发展，用新技术改造提升传统产业，积极促进产业高端化、智能化、绿色化。这些系统阐述为重点生态功能区发展新质生产力指明了方向。

---

① 《加快发展新质生产力 扎实推进高质量发展》，《人民日报》2024 年 2 月 2 日，第 1 版。

一　重点生态功能区产业发展的必要性和困难

（一）重点生态功能区仅靠转移支付难以高水平保护支撑高质量发展

三类主体功能区①中的重点生态功能区是指承担水源涵养、水土保持、防风固沙和生物多样性维护等重要生态功能的区域，以县为基本单元。与主体功能区政策相匹配，财政部于 2011 年后陆续出台《国家重点生态功能区转移支付办法》《2016 年中央对地方重点生态功能区转移支付办法》等财政支持政策②。

重点生态功能区面积大且存量人口的绝对数量不低，涉及 810 多个县域约 484 万平方公里，占陆域面积的比例超过一半（50.4%），户籍人口超过 1 亿人。尽管中央对重点生态功能区转移支付的金额 16 年来累计已接近 1 万亿元，但划拨到各县域主体的资金仍然不足，呈现强对比的入不敷出（见附表 1-1）③。如果只依靠中央对地方转移支付的"输血"供给，重点生态功能区维持地方政府"三保"都十分勉强。具体而言，重点生态功能区内的各县域主体普遍仍处于所谓的"要饭财政"状态，只有少数特色产业发展较好的地方政府可以做到"吃饭财政"④。以福建省武夷山市（武夷山国家公园的主体空间）为例，武夷山市 2022 年一般公共预算总收入实现 13.1 亿元，而当年"三保"支出为 13 亿元⑤，其"三保"支出几乎等于一般公共预算总收入。中央于 2022 年下达的福建省重点生态功能区转移支付

---

① 城市化地区、农产品主产区、重点生态功能区。
② 后续政策主要包括：《中央对地方重点生态功能区转移支付办法》（财预〔2017〕126 号、财预〔2018〕86 号、财预〔2019〕94 号、财预〔2022〕59 号、财预〔2023〕39 号）。
③ 具体见附表 1-1 测算，近 5 年来各县域主体平均每年得到的转移支付金度约为 1.1 亿元，远不能满足"保工资、保运转、保民生"需要。
④ 自实行财政分税制之后，县级政府的财政预算主要用于保工资、保运转、保民生以及可持续性，在发展方面的财力支撑相对不足，因此形成了县域经济以"要饭财政"为主的现象，即便特色产业规模较大的县一般也只能做到"吃饭财政"。
⑤ 武夷山市财政局 2022 年度工作总结及 2023 年工作思路显示，其"三保"支出包括基本民生支出 40375 万元、工资支出 76588 万元、运转支出 13223 万元。

补助为 14.36 亿元①,武夷山市因为有国家公园的原因获得了约 1.5 亿元,远高于平均值②,但这也远低于其公共预算收入,所以其必须依靠发展特色产业才能维持"吃饭财政"——武夷山市的茶产业贡献了其近一半的税收。

在重点生态功能区中地位重要的武夷山市在生态转移支付和"三保"资金需求上仍然是强对比的入不敷出,大多数作为重点生态功能区的县的情况可想而知。

附表 1-1 国家重点生态功能区转移支付县个数与转移支付金额

单位:个,亿元

年份	重点生态功能区转移支付县	重点生态功能区转移支付金额	各县平均获得的转移支付金额
2008	221	60	0.27
2009	372	120	0.32
2010	451	249	0.55
2011	452	300	0.66
2012	466	371	0.80
2013	492	423	0.86
2014	512	480	0.94
2015	556	509	0.92
2016	725	570	0.79
2017	819	627	0.77
2018	819	721	0.88
2019	819	811	0.99
2020	819	794	0.97
2021	819	870	1.06
2022	819	992	1.21
2023	819	1061	1.30

资料来源:2008~2015 年的数据,通过整理公开资料与参考中国人民大学环境学院马本等于《环境与可持续发展》2020 年第 4 期发表的《国家重点生态功能区转移支付的政策演进、激励约束与效果分析》的相关数据所得;2016 年的数据参照财政部印发的《2016 年中央对地方重点生态功能区转移支付办法》(财预〔2016〕117 号)所得;2017 年及之后数据,参照《中央对地方重点生态功能区转移支付办法》(财预〔2017〕126 号、财预〔2018〕86 号、财预〔2019〕94 号、财预〔2022〕59 号、财预〔2023〕39 号)所得。

① 王永珍:《中央财政增加我省重点生态功能区转移支付补助》,《福建日报》2022 年 5 月 19 日,第 2 版。

② 福建省划归至重点生态功能区的县有 20 个,平均每个县获得的转移支付金额约为 7100 万元。

（二）重点生态功能区产业发展的客观需求与现实困难

面对财政运行的"三保"压力与有限的转移支付政策帮扶，被划入重点生态功能区的县域主体也有着强烈的工业化发展意愿。例如，根据《国务院关于同意新增部分县（市、区、旗）纳入国家重点生态功能区的批复》（国函〔2016〕161号），安徽省旌德县被整体纳入国家重点生态功能区。但该县县委书记吴忠梅在2024年的重要会议上明确表示：不能因为是生态功能区、全域旅游区，就绕过工业谈发展①。但这是一个悖论，《全国主体功能区规划》对重点生态功能区有发展定位（不能进行大规模工业化、城市化开发），其产业要素、基础设施建设等较为薄弱，难以遴选与设计出体现其自身资源环境优势的产业，且在产业要素配置方面，重点生态功能区的生产要素往往缺失与配置水平低，生态产业化难以在市场竞争条件下实现。

因此，重点生态功能区的**"既不能，也不能"特征**明显：既不能进行大规模工业化，也难以实现生态产业化。习近平总书记在《推进生态文明建设需要处理好几个重大关系》中指出了解决问题的**"只有、才能"方向**："高质量发展和高水平保护是相辅相成、相得益彰的。高水平保护是高质量发展的重要支撑，生态优先、绿色低碳的高质量发展只有依靠高水平保护才能实现……把生态保护好，把生态优势发挥出来，才能实现高质量发展。"②

与重点生态功能区在产业发展与要素配置环节面临的共性困难相比，在重点生态功能区中处于"最严格的保护"的国家公园面临最严格的资源环境开发利用限制。在国家公园范围内的"只有、才能"解决办法显然具有更大范围的适用性。

---

① 2024年2月，安徽省旌德县的县委书记吴忠梅在主持召开的2024年旌德县工业发展暨"双招双引"推进会上表示，"不能因为是生态功能区、全域旅游区，就绕过工业谈发展……全力拼经济，推动大发展，基础在工业，从拉动经济、推动税收、带动就业上看，工业经济过去是、现在是、将来也一定是不可或缺的主要力量"。

② 习近平：《推进生态文明建设需要处理好几个重大关系》，《求是》2023年第22期。

二　国家公园及周边发展新质生产力的 困难、路径与案例

（一）国家公园生态产业化的"两个反差"

国家公园是重点生态功能区的重要组成，《国家公园空间布局方案》遴选出49个国家公园候选区，总面积约110万平方公里，国家公园约占重点生态功能区的1/5（20.6%）[①]。

在重点生态功能区中具有极高自然资源禀赋的国家公园及周边，本应发展可以体现其资源环境优势的特色产业，从而找到区域经济发展的"造血"方式，却陷入了更明显的"既不能，也不能"困境——其在推动产业发展时普遍存在"两个反差"。**①自然资源价值高和资源利用限制多的反差。** 国家公园及其周边（包括内部的天窗社区）的自然资源价值高、组合程度高[②]，可以作为某些产业发展的优质资源，但也面临严格的国土空间用途管制、自然资源的使用限制。**②自然资源价值高和产业要素配置水平低的反差。** 第一个反差使绝大多数产业的发展受到限制，即便是保护政策所允许的绿色产业，也需要配套相应的生产要素以保障产业发展。但国家公园及周边的产业要素难以配套齐全[③]，以致绿色产业难以培育或可持续性差，这也导致了国家公园较高的自然文化遗产资源价值难以有效且持续地转化为较好的经济效益。

在"两个反差"的情况下，国家公园的产业发展首先意味着国土空间

[①]　去掉海洋国家公园的陆域面积约为100万平方公里，而重点生态功能区占陆域面积的50.4%，由此可计算出国家公园占比。

[②]　具有生态系统最重要、自然景观最独特、自然遗产最精华、生物多样性最富集的"四个最"特征，拥有山水林田湖草等多类自然资源要素，也拥有大量具有国家代表性的文化遗产资源。

[③]　产业发展需要的建设用地、交通条件以及较高水平的人力资源、金融支持等往往由于保护政策的限制和地处偏远难以配套齐全或达不到现代化产业发展所需的水平。

用途管制，生态产业化因此成为国家公园绿色发展的主要方式，即在对资源尽可能少地消耗性利用、对环境尽可能小地扰动条件下，通过选择特色产业或业态，将资源环境的优势（绿水青山）转化为产品品质的优势，并在品牌体系等规范的市场监管和推广平台下获得价格和销量的优势（金山银山），这才是"把生态优势发挥出来"的**"只有、才能"**路径。

（二）国家公园生态产业化的"两个难点"

面对"两个反差"，国家公园只能选择发展新业态并补齐要素短板才可能形成"造血"机制，但其生态产业化有"两个难点"。**①难以设计出可将资源环境优势转化为产品品质优势且能较好地实现各方参与的新业态。**国家公园生态产业化的过程包括规划产业发展方向、选定细分业态、设计要素组合、形成生产关系、规范和推广核心产品等环节。对于国家公园而言，基于"两个反差"的基本情况，必须设计出能实现"两山"转化且符合市场需要的特色产业，且这种特色产业发展往往还需要接受各种环保督察的检验①和市场培育期的考验，所以一般只能通过小而精的示范性试点项目摸索保护政策允许的边界并培育新业态"以点带面"。**②难以配齐新业态所需的高水平产业要素。**新业态的发展需要在满足市场竞争需求的情况下（即以合适的成本）配齐基础设施和相关软件（如生态旅游的线路勘察和自然教育手册）、人力资源（如研学导师队伍）、管理体系（如销售平台、品牌体系、志愿者招募管理机制）等要素或补齐要素短板，但亟待生态产业化的区域往往属于欠发达地区，在供给现代化产业要素方面有明显不足。

（三）构建新型生产关系实现生态产业化"两个确保"

习近平总书记在中共中央政治局第十一次集体学习时指出："发展新质

---

① 例如，在中国国家公园体制试点中，旅游曾经是敏感词因而在各种文件、管理办法中被游憩或生态体验等词替换。本来在全国领先的三江源国家公园黄河源园区的生态体验特许经营试点项目就因为环境保护领域的"一刀切"式治理被错误整改最后夭折。

生产力，必须进一步全面深化改革，形成与之相适应的新型生产关系。"①
据此并结合西方经济学原理②，在构建新型生产关系方面，在国家公园自然
资源使用受到限制、业态设计难以突破、要素补齐可能遭遇市场失灵或本地
资源有限的情况下，国家公园生态产业化更应优化生产关系层面的营商环
境，引导专业程度较高的企业介入，在全国范围内配齐产业要素，形成政
府、企业、社区与公众、非政府组织等多元主体参与的局面，这样才可能实
现"两个确保"：①**确保特色产业发展所需要的高水平产业要素能配齐、能
应对市场波动**；②**确保形成与新质生产力匹配的生产关系，体现要素组合优
势和公平惠益分享**。

可将"两个反差"和"两个难点"的关系及破解难点的思路总结如附
图 1-1 所示。

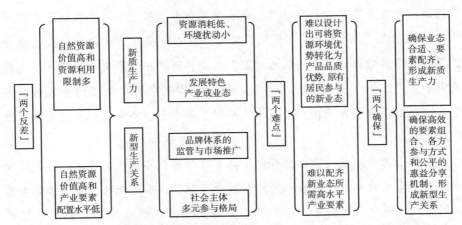

附图 1-1　国家公园实现生态产业化的"两个难点""两个反差""两个确保"

资料来源：作者自行绘制。

---

① 《加快发展新质生产力　扎实推进高质量发展》，《人民日报》2024 年 2 月 2 日，第 1 版。
② 斯密定理：在市场经济条件下，市场规模决定分工深度，分工深度决定生产力水平和收入
水平。现代经济区别于前现代经济最根本的特点就是，在不断扩大的市场范围中组织生产、
利用资源、交换商品，从而持续深化分工、提高效率。越是能够在更广范围内开拓市场、
利用资源的国家，其经济也就越强大，收入水平越高。

（四）生态旅游的丹霞山案例和茶旅融合的武夷山案例

通过完善产业要素调配机制助力新业态落地发展的实践模式，已在国家公园及其周边有初露端倪的案例。

案例一　丹霞山面向全国构建志愿者服务平台
补齐生态旅游业态的人力资源要素短板

广东丹霞山是国家公园创建区，其管委会把握旅游消费升级机遇，依托独特的地质地貌、丰富的生物多样性和历史悠久的人文资源，从小规模试点开始，有规划、有体系地推动生态产业化发展①，研发了"丹霞地貌与中国丹霞""红石头的故事""夜观丹霞秘境"精品课程200多个和9条生态旅游线路，建立了完整的科普解说系统和志愿者参与机制，基本克服了生态产业化过程中的"两个难点"，实现了从单一的大众观光旅游转型到大众观光旅游和生态旅游兼具并互促的新业态。其中，丹霞山风景名胜区管委会支持民办非企业组织（丹霞山研学实践中心）运作整合面向全国的志愿者服务平台，以市场化的方式在全国范围内获得了多专业、高素质、低成本的人力资源要素。

丹霞山通过发展生态旅游开发了具有特色的差异化生态产品，使人均收费较高的生态旅游不仅以较小的旅客流量获得了较高的产值，也因游客停留时间延长、研学相关需求增加和回头客增多（每年课程不同）显著提高了旅游吃住行游购娱全产业链的产出，在丹霞山年接待的约300万人次旅游者中，有超过1/10的旅游者会停留过夜并成为生态旅游者。在构建公平惠益

---

① 丹霞山风景名胜区管委会牵头制定了《韶关丹霞山自然教育发展总体规划（2020—2030）》，丹霞山入选了2021~2025年第一批全国科普教育基地、进入了韶关市多个县区的国民教育体系（如《2020年乐昌市中小学校推进社会主义核心价值观"进教材、进课堂、进头脑"工作方案》中明确"充分发挥我市……丹霞山等研学资源作用，广泛开展中小学生研学实践活动，把社会主义核心价值观内容融入到综合实践活动课程"，并在多个年级的教学计划中安排丹霞山的自然教育课程，这也显著提高了丹霞山生态旅游业态的客源保障水平）。

分享机制方面，志愿者系统培训原有居民，使其中部分简单业态（如民宿和餐饮）的经营者能通过生态旅游服务获得增收并增加原有业态的客源，这又增强了原有居民参与生态保护的内生动力。

案例二　南平市利用环带实现了产业链的前后环节打通
和产业要素配置的国家公园内外打通

在正式设立国家公园后，福建省南平市在武夷山国家公园福建片区（1001平方公里）的周边，划定了4252平方公里的"环武夷山国家公园保护发展带"①，将未纳入国家公园的生态保护红线区域纳入保护协调区，在保护协调区外设立发展融合区，统筹协调外围地区适度发展绿色产业，从而在更大范围内统筹保护与发展。

以茶产业为例，南平市将对资源环境敏感的茶种植环节布局在国家公园内，这保证了以茶为代表的生态产品独特的"风土"②；南平市将茶叶加工销售、茶旅融合等环节布局在国家公园环带内，确保了建设用地、交通条件和人流。国家公园内外共用遵循国家公园品牌体系③的标准和接受同等生态与生产监管，这实现了产业链的前后环节打通和产业要素配置的国家公园内外打通，克服了"两个难点"、实现了"两个确保"。

基于上述案例分析，可以对产业要素的创新性配置及其优化组合跃升的路径进行提炼，具体见附表1-2。

---

① 环武夷山国家公园保护发展带涉及武夷山、建阳、邵武、光泽四个县市区，常住人口50余万人。

② 武夷岩茶独特的岩韵品质与产区内独特的土壤和微域气候息息相关，武夷山景区以"三坑两涧"（"牛栏坑""慧苑坑""倒水坑""流香涧""悟源涧"）最为著名，被称为"最核心正岩区"，所以在该"风土"出产的茶叶也往往属于上品且价值更高。

③ 目前福建武夷山还未能建立这样的品牌体系，这与地方的"武夷山水"区域公用品牌不同，是包括产业发展指导体系、质量标准体系、认证体系、品牌监管和推广体系的，以质量监管和品牌推广为主要任务的管理体系。

附表 1-2　产业要素的创新性配置与优化组合跃升

要素类别	要素形态	配置范围	产业要素优化组合跃升			发展新质生产力
			劳动者	劳动资料	劳动对象	
人力资源要素	丹霞山志愿者	全国范围的跨空间配置	引进专业志愿者提高素质，培训原住居民提升要素质量	研发使用精品课程；开发使用生态旅游线路	设计自然教育科普业态；拓展鸟、星空等原来旅游业未利用的生产资料	提高单客产值，转向生态旅游新业态，提高全要素生产率
建设用地指标	武夷山国家公园环带	功能区内外的在地性配置	增强原住居民和地方政府等社会参与主体的内生动力	使用国家公园品牌体系标准与同强度监管	使"风土"、生产中的限制点转化成为产品增值的卖点	从单一茶产业向标准化、品牌化的茶产业和茶旅融合转型

资料来源：作者自行整理编制。

（五）国家公园发展新质生产力的共性路径总结

国家公园生态产业化要通过形成新型生产关系实现"产业要素的创新性配置"，补齐生态产业发展所需的产业要素，实现劳动者、劳动资料、劳动对象三者的优化组合跃升；促进产业深度转型升级，把资源环境的优势（绿水青山）转化为产品品质的优势；通过国家公园品牌体系形成价格和销量优势（金山银山），最终提升全要素生产率、发展新质生产力（见附图 1-2）。

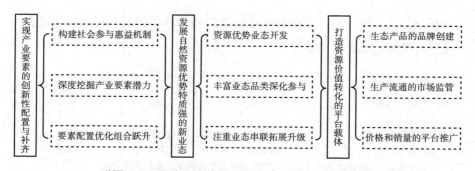

附图 1-2　国家公园发展新质生产力的共性路径提炼

资料来源：作者自行绘制。

一是实现产业要素的创新性配置与补齐。以形成新型生产关系为导向创新治理结构，构建社会参与惠益机制、挖掘资源潜力、优化组合配置。在基础设施方面，善于把握国家公园环带的空间特征，配置产业发展所需的建设用地指标。在人力资源方面，构建志愿者招募管理、意愿激发、效能发挥的完整体系，把握志愿者专业性高、成本低的特点，引导其在软件配套、服务培训、宣传推广、技术研发、社区营造、品牌创建等环节作出贡献。在社会参与方面，通过公平惠益分享机制动员在地社区原住居民，使原住居民参与到经营中公平获益。

二是发展自然资源优势特质强的新业态。例如，依托国家公园顶级资源的生态旅游业态（如科普研学、自然教育、特种运动等）就"把生态优势发挥出来"了，还丰富了业态中的参与性内容（如标本制作、个性化星座识别拍照等），使得单客产值明显提高。

三是打造资源价值转化的平台载体。构建将国家公园自然资源优势转化为价格和销量优势的平台载体——国家公园品牌增值体系，确保国家公园的生态产品在这种规范的市场监管和推广平台上获得价格和销量的优势。

三 重点生态功能区配置现代化产业要素的全国调配机制和对策建议

——基于东西部协作案例

对国家重点生态功能区而言，国家公园利用资源环境优势实现空间特质性强的生态产业化并补齐要素短板的模式具有可推广性。对全国的重点生态功能区而言，还可以完善东西部协作等全国要素资源调配机制，在全国层面实现更大空间跨度的产业要素创新性配置。

（一）重点生态功能区产业要素的全国调配机制

重点生态功能区可以找到能将资源环境优势体现为产品品质优势的特色产业，并补齐对应的产业要素，但与国家公园不同的是，中西部的重点生态功能区的规模更大、情况更复杂、自然资源价值相对有限，因此其配置齐全各类产业要素的难度相对较高，在借鉴国家公园配置产业要素方式的同时，也要进行视角拓展与升维，以全国空间范围为调度标尺，探索东西部协作配置现代化产业要素的模式路径。

对于建设用地和硬件基础设施等在地性产业要素，重点生态功能区可探索将产业链前后环节配置在重点生态功能区内外的布局。对于技术、人力资源、市场平台、软件基础设施等要素，由当地进行供给可能存在力度不足、质量不高、配套较弱等问题，因此，可以采取东西部协作或建立全国资源调配机制（如面向全国招募的志愿者平台）的方式，实现产业要素的跨主体功能区调配组合。具体而言，一是当地政府及相关管理部门要加强要素配置规划统筹，建立对应统筹机制，如借鉴武夷山国家公园环带经验，基于重点生态功能区内外资源使用强度所具有的差异性特征，实现对各类要素的规划和统筹。二是当地政府要重视社会参与的力量与作用，搭建社会主体参与窗口，通过政府采购、合作开发、特许经营等方式，发挥企业、科研院所与NGO等主体的专业性优势，为新业态设计培育、串联拓展及要素配给创建市场经济条件下整合资源的新平台（如丹霞山国家公园创建区的研学实践中心）。三是要完善全国资源调配机制，针对重点生态功能区产业发展需求搭建具有空间跨度的要素流通平台，如丹霞山国家公园创建区建立的面向全国的志愿者招募管理机制，抑或依托东西部协作机制进而引进东部发达地区的各类优质产业要素[1]。

（二）闽宁共建现代化滩羊产业体系的案例分析

宁夏回族自治区下辖的 12 个国家重点生态功能区的一般公共预算收入

---

[1] 贵州与广东依托东西部协作模式共同推动刺梨产业发展，以共同制定产业发展规划、引进行业人才、拓展消费市场、共创产品品牌等举措，打造了"4+"产业协作模式（即"广东企业+贵州资源""广东市场+贵州产品""广东总部+贵州基地""广东研发+贵州制造"），补齐了产业发展所缺少的现代化生产要素，克服了要素配置的"市场失灵"问题，在重点生态功能区形成了产业要素全国调配机制。

皆无法负担其"三保"支出（见附表1-3），整体处于必须依靠上级大数额的转移支付才能勉强达到"要饭财政"的状态。

附表1-3　宁夏回族自治区12个国家重点生态功能区基本财税情况

单位：亿元

宁夏回族自治区的重点生态功能区	一般公共预算收入	"三保"支出	一般公共预算收入能否负担"三保"支出
盐池县	8.74	13.96	否
中宁县	7.32	13.63	否
隆德县	4.61	5.15	否
彭阳县	4.34	28.76	否
同心县	4.23	9.89	否
沙坡头区	3.57	7.50	否
大武口区	3.40	8.15	否
红寺堡区	3.03	12.21	否
海原县	2.57	34.00	否
西吉县	2.52	18.70	否
原州区	1.96	20.89	否
泾源县	0.92	11.69	否

资料来源：各县区的《2023年预算执行情况和2024年预算报告》，其中中宁县、大武口区、红寺堡区、盐池县、原州区选用了2024年预算草案的数据；泾源县、海原县、西吉县（由于公开数据不全，"三保"支出只统计了2023年1~6月）、同心县（由于公开数据不全，"三保"支出只统计了"社会保障和就业支出98907万元"）、沙坡头区（由于公开数据不全，"三保"支出只统计了"分配下达、直达资金7.50亿元"）选用了2023年预算执行的数据；隆德县的数据统计自《关于隆德县2022年财政预算执行情况和2023年财政预算草案的报告》，"三保"支出只统计了社会保障和就业支出51533万元；彭阳县的数据统计自《关于2022年度财政决算（草案）的报告》。

2021年中央财政下达宁夏回族自治区重点生态功能区转移支付资金20.004亿元，为历年来转移支付资金量最高[①]，据此测算，12个作为国家重点生态功能区的县区平均获得转移支付约为1.67亿元，其获得的转移支付金额虽高于全国平均水平（约为1.1亿元），但对于支撑地方政府运转而

---

① 《2020年宁夏重点生态功能区县域生态考核结果出炉：彭阳县原州区达到"一般变好"大武口区隆德县泾源县西吉县达到"轻微变好"》，石嘴山市人民政府网，http://www.shizuishan.gov.cn/xwzx/zwxx/qzfxx/202110/t20211015_3091836.html，最后访问日期：2024年11月13日。

言仍然是杯水车薪。宁夏的重点生态功能区处于产业后发区域，在此情况下，发展把生态优势发挥出来的产业拓展地方政府收入来源是必然需求。盐池县作为 12 个重点生态功能区中一般公共预算收入最高的县，以东西部协作的闽宁合作模式，依托全国资源调配机制促进产业深度转型升级、实现生产要素创新性配置，基本建成现代化滩羊产业体系。2022 年，盐池县滩羊全产业链产值达 64.5 亿元，滩羊区域品牌价值从 88.17 亿元提高到 98.25 亿元。其经验有四。

一是发展特色业态促进产业升级。滩羊产业作为宁夏重点发展的"六特"产业之一，是与当地的生态环境高度关联的特色产品。以滩羊研选育推一体化为切入点，投入闽宁协作资金 1600 万元建设可视化生态牧场（种羊繁育基地），主打"种养+"一体化示范项目，运用大数据、物联网等信息化管理，完善滩羊品种鉴定、滩羊肉产品质量追溯体系、标准化生产体系与产品品类体系，促进滩羊产业向标准化、品牌化、可持续、生态化、规模化的高附加值产业转型升级。

二是对滩羊产业要素实现创新性配置。福建援宁盐池工作组打造功能复合型的闽宁滩羊产业发展融合园，实现要素配置与补齐。在技术攻关方面，工作组吸引高等院校、科研院所、知名企业的专家入驻滩羊产业研究院，打造滩羊产业发展高层次人才智库。在人力资源引入方面，工作组投入闽宁协作资金 130 万元，建成闽宁干部人才交流中心，依托导师培训、技能提升、研修交流、校企共建等方式，为滩羊产业定向培养人才。在资金供给方面，工作组为养殖企业、农民合作社、家庭农场等累计发放贷款 2.53 亿元。

三是推动品牌创建搭建转化平台。在品牌创建方面，工作组推进滩羊养殖标准化进程，目前已授权滩羊专用饲料配方专利 5 个，受益养殖户 1000多户；支持滩羊集团实施产业旅游发展规划，打造盐池滩羊文化产业园，成功创建 AA 级旅游景区。在平台建设方面，工作组借助闽宁协作优势，在京东、天猫、盒马鲜生等电子商务平台开展品牌宣传，推动"宁货出塞"；支持企业、合作社参加全国各类产品展销（博览）会、推介会等，帮助盐池县农特产品拓展销路。

四是构建公平惠益的分享机制。以增强原住居民生态保护的内生动力为指向，引导、扶持村集体、养殖户建设或改造标准养殖棚圈。投入闽宁资金394万元（2022年）帮助6个村集体建设标准化养殖设施，全县有100家标准化生态牧场、91个标准化养殖示范村，全县饲养规模化比例达到70%。这种方式的规模化圈养，保护了生态，提高了产值，均富了农民。

（三）重点生态功能区补齐生态产业化产业要素短板的对策建议

国家公园发展新质生产力的经验可以外推至重点生态功能区：一是培育自然资源优势特质强的新业态；二是通过东西部协作或建立全国资源调配机制补齐产业要素短板；三是形成与新质生产力匹配的生产关系，体现要素组合优势和公平惠益分享，确保发展反哺保护。在这种要素补齐中，要充分发挥中国的体制优势，克服市场失灵，用东西部协作等方式来实现特色产业要素的跨功能区配置与补齐。

附件2
海洋类型国家公园保护与发展的特殊性及绿色发展思路

—— 以长岛国家公园为例

党的二十大报告在"推动绿色发展,促进人与自然和谐共生"一章中指出"推进以国家公园为主体的自然保护地体系建设",并强调"发展海洋经济,保护海洋生态环境,加快建设海洋强国"。海洋类型国家公园是国家公园和海洋生态文明建设不可或缺的内容。既往的十个国家公园体制试点区和第一批五个国家公园都属于陆地生态系统类型,中央层面推动的海洋类型国家公园建设暂属空白。2022年11月经国务院批复同意、四部委发布的《国家公园空间布局方案》遴选出49个国家公园候选区(含正式设立的5个国家公园),其中海域3个①。实现海洋这一蓝色国土的人与自然和谐共生,需用以海域为主体的国家公园候选区为抓手,把握其在管理上区别于陆域国家公园的特殊性,建立海洋生态保护和绿色发展的体制机制,并以新质生产力为引领,创新推动新产业、新模式、新动能发展,统筹推进海洋国家公园及周边区域高质量保护与高质量发展。

一 海洋类型国家公园在管理上的挑战

与陆地类型国家公园有别,海洋类型国家公园在管理上更为困难:海洋和陆地的自然属性和利用方式存在较大差别(见附表2-1),海洋空间具有流动性和立体性的特点,动态变化强,无法像陆地一样确定明确的、相对刚性的管理边界。具体困难如下。

---

① 根据2022年11月经国务院批复同意、四部委发布的《国家公园空间布局方案》,全国有3个以海洋为面积主体的国家公园,山东长岛是其中之一。

附表 2-1　海洋与陆地的特征差异

比较维度	海洋	陆地
组成部分	中心部分为洋,边缘部分为海,是连续且持续运动、彼此沟通组成统一的水体,具有整体性	由大陆、岛屿、半岛和地狭等部分组成,具有分散性
介质特性	海水具有三维的特性①	土地具有二维的特性
空间边界	地理边界、调查边界和管理边界较为模糊,区别难度较大②	地理边界、调查边界和管理边界较为清晰,区别难度较小
空间特性	海洋空间具有立体性,可以对同一点位或区域开展能源、航运、渔业等多宜性的海洋空间利用	陆地空间具有平面性,常常在固定范围内开展某一项经济生产利用活动
生态特点	海洋是一个整体的、系统的、复合的生态空间	陆地是一个区域的、相对独立的生态空间
开放程度	海洋开放程度高,要求海洋空间的开发利用必须在更大的尺度上考虑其开发所带来的各类影响	陆地开放程度低,本身具有一定的封闭性,其开发利用可在较小尺度上进行
资源特性	海洋资源具有公有性、国际性	陆地资源具有独特性、区域性
资源分布	具有三维特性,海洋资源立体分布于海洋范围内	具有二维特性,陆地资源平面分布于陆地范围内
资源开发	难度较大、技术要求较高	难度较小、技术要求较低
经济活动	风险较大、成本较高	风险较小、成本较低
产业结构	资源商业化开发成本高、规模效益低,海岸带部分开发区呈"飞地"发展,得不到城市的有效支撑,难以实现工业化与城镇化的互动③	资源商业化开发成本低、规模效益高,陆域经济发展得到城市的有效支撑,工业化与城镇化互动关系强

注:①水介质的立体性强。例如,海水中可以进行光合作用的植物主要分布于平均深度在 100 米左右的水深区域范围内,而陆上森林的平均高度仅有 10 米左右;生活在海水中的各种生物、海底矿物以及海滨风光,这些资源也呈立体状分布于海洋地理范围内,往往可以由不同的部门同时利用;另外,污染物质的扩散也在某种程度上呈立体状。海水的立体性,使得各国难以建立固定设施来明确所属海洋资源的范围。②海岸带作为海域与陆域的过渡地带,如果以行政界线作为海陆管理分界线,虽然边界清晰且便于管理,但不足之处是可能割裂某些海岸带自然地貌单元,影响其生态功能的整体性,或造成具有研究、保护价值的海岸带区域被人为分割。如果以自然属性边界(如平均大潮高潮线)作为海陆管理分界线,虽然更易于描述和理解海岸带的概念及海岸带开发保护工作的实施,但不足之处是海岸带管理过程中可能存在不同行政单位之间的协调难题。如果以海岸线向两侧延伸范围来确定海岸带,虽然操作方便,但又会使海域使用权与土地使用权发生重叠,也可能存在将与海岸带地貌、海岸带自然地理单元无关及包含其他经济活动的区域被划入。③由于我国尚未对海洋进行全局性、系统性的定位与部署,区域间海洋经济的发展参差不齐,与陆域经济仍存在较大差距。

资料来源:作者自行整理编制。

首先，海洋类型国家公园内外界线难分，保护对象大多具有移动性和非可见性（水下）。海洋生态系统是完全相互联系的，海洋类型国家公园内外时刻进行着物质、能量和信息交换，维护着海洋保护区的动态平衡和稳定。由于海水的流动性，国家公园内外海域的生态环境是一个生命共同体，没有屏障，实际上难分内外。另外，海洋生物的移动性和非可见性，使得相关管理难以严格按界线划分，这也体现了国家公园内外海域一体化管理的必要性。

其次，与陆地执法相比，海上执法难度大、风险高、成本高、效率低。其原因有二：一是限制进入海洋类型国家公园和限制其范围内的活动通常比陆地类型国家公园更困难，因为其可能的进入点几乎是所有边界线（包括水下）；二是海上执法受风、浪、雨、雷、流、雾、潮汐等因素的综合作用，不确定因素众多，海上违法行为的痕迹难以保留和固定。因此，海上执法对人员和设备都有特殊需求，如需要发动机功率大、抗风浪能力强、雷达设备比普通船有明显性能优势的执法船舶，有时甚至要出动飞机，而陆地执法则通常只用一般车辆控制交通要道即可，海陆执法成本差别很大。

最后，涉及有人居住的较大规模海岛的海洋类型国家公园的管理更加复杂。这样的区域具有内外空间互联、资源互补、生态互通的特征，实际上是"生产、生活、生态"功能兼具的。这样的海域既是生态安全的重要屏障，也是当地居民生产和生活的重要空间；海洋养殖业、海洋捕捞等是当地居民赖以生存的主要生产方式；从事旅游业、交通运输和水产品加工也是这类区域典型的人类活动。不同类型的人类活动对海洋生态环境会有不同程度的影响，需要采取措施进行合理适度的管控。根据海洋类型国家公园管理的特殊性（见附表2-2），海洋类型国家公园不适宜采取严防死守的方式来管理，只有通过绿色发展（产业生态化和生态产业化的结合）将当地居民整合为利益共同体，才能有效克服海洋类型国家公园在管理上的特殊困难。

附表 2-2　海洋与陆地类型国家公园在管理上的差别

比较维度	以海洋为面积主体的国家公园	以陆地为面积主体的国家公园
资源环境监测	相对较弱,海洋生态系统本底资源调查相对不足	相对较强,陆地生态系统本底资源调查相对较完善
开放性	强,勘界定标相对较难	相对较弱,勘界定标相对容易,陆地上边界固定
动态性	高,流动性强	相对较弱
可达性	相对较弱,受天气影响较大,水上交通成本较高	相对较强
管理成本	相对较高	相对较低
管理协调部门	除陆地国家公园涉及协调的部门之外,海洋类型国家公园管理机构还需要与海警、海事、海关等部门协调	国家公园管理机构与公安、渔业渔政主管部门(水生生物的保护)、自然资源主管部门、生态环境主管部门、交通运输主管部门协调

资料来源：作者自行整理编制。

二　国际海洋类型国家公园保护与发展经验借鉴
——以澳大利亚大堡礁海洋公园为例

　　澳大利亚大堡礁海洋公园位于澳大利亚东北部的昆士兰省对岸，于1975 年通过《大堡礁海洋公园法案》而成立，总面积 344400 平方公里，公园内保存着世界上最大、最长的活体珊瑚礁群，总长达 2300 公里，最宽处 250 公里。珊瑚礁作为大堡礁海洋公园内最著名的景观，仅占据了公园 7% 左右的规模，其他区域包括从内陆浅滩到深海，都是各种海洋生物的栖息地。

　　大堡礁海洋公园在展开生态保护工作的同时，合理发挥特定海域生态旅游功能，实现了生态环境效益与经济社会效益双赢。澳大利亚政府成立了大堡礁海洋公园管理局（Great Barrier Reef Marine Park Authority, GBRMPA），GBRMPA 是独立授权的法定管理局，其自身业务经费主要由联邦政府和昆士兰州政府拨款。大堡礁海洋公园在保护的前提下，支撑着规模巨大的旅游业，为数以千计的人提供就业岗位。为有效保护大堡礁海洋生态系统，并带动区域可持续发展，大堡礁海洋公园发展了健全的多功能分区保护制度、可操作性较强的环境管理费征收制度、独具特色的船舶管理措施。

（一）健全的多功能分区保护制度

针对不同区域因地制宜地对海洋公园内部进行分区规划，制定不同的管理政策，保护资源并减少冲突，从而达到协调各种人类活动的目的。1975年澳大利亚联邦政府颁布了《大堡礁海洋公园法案》，在这项法案中，澳大利亚联邦政府首次提出了分区计划。该法案第4部分第2章对大堡礁海洋公园分区计划的目的、内容及运行原则作出了详细的规定。但是该法案仅是对分区计划提出了框架性的规定。针对大堡礁海洋公园的详细分区规划主要体现在2004年7月1日生效的《大堡礁海洋公园分区计划》之中（见附表2-3、附表2-4）。该计划采用类似陆地生态圈规划的方法，将大堡礁海洋公园划分为8个不同类型的管理区。

（1）一般利用区（General Use Zone），是限制最少的区域，除某些特定海洋生物物种的捕捞、水产养殖作业、渔业资源的传统使用、科学研究和部分旅游项目须经特别许可外，其他活动可以在该区域内进行，唯一禁止的便是采矿活动。面积占比为34%。

（2）栖息地保护区（Habitat Protection Zone），主要是保护敏感的栖息地不受破坏性活动的影响，一般只禁止如拖网捕鱼等具有潜在破坏性的活动，允许一些捕捞活动和休闲娱乐活动的开展，保护程度较低。面积占比为28%。

（3）保育公园区（Conservation Park Zone），保护程度要比栖息地保护区更高，在该区域内有限制地允许一部分捕捞和休闲娱乐活动的开展。面积占比为2%。

（4）缓冲区（Buffer Zone），设置的主要目的是对自然原生态的保护，允许公众进入，并进行垂钓等活动，但是禁止一切形式的采掘活动，如底钓和鱼叉捕鱼活动。有些缓冲区会季节性关闭。面积占比为 3%。

（5）科学研究区（Scientific Research Zone），主要位于科学研究机构和设施附近，以科学研究为主要目的，通常不对公众开放。面积占比小于 1%。

（6）海洋国家公园区（Marine National Park Zone），禁止从中获取任何东西，捕鱼和采集活动均须获得许可，但是公众可以进入该区域进行潜水、划船和游泳等活动。面积占比为 33%。

（7）保存区（Preservation Zone），是保护最为严格的区域，一般禁止一切人类活动，个人、船舶只有在得到书面许可的情况下才可进入。面积占比小于 1%。

（8）联邦岛屿区（Commonwealth Islands），包括露出海面的将近 20 个小岛，这些区域可以进入和低强度使用，允许传统的海洋资源使用方式，如传统的狩猎采集作业等。面积占比小于 1%。

在大堡礁海洋公园内每天都有船只和飞机巡逻，监督检查各区域有无违规活动发生。分区计划的实施在澳大利亚海洋公园管理运行中具有重要意义。

附表 2-3　大堡礁海洋公园分区及其对应的 IUCN 保护地级别

单位：平方公里，%

区域名称	对应 IUCN 保护地级别	每个区域的法定目标	面积	占大堡礁海洋公园的比例
保存区	I a	保护海洋公园区域的自然完整性和价值，一般不受人类活动的干扰	710	<1
科学研究区	I a	(a)保护海洋公园区域的自然完整性和价值，一般不进行采掘活动； (b)在符合(a)所述目标的前提下，为在相对不受干扰的地区进行科学研究提供机会	155	<1
联邦岛屿区	II	(a)规定保护海洋公园低水位线以上的地区； (b)规定联邦对该区域的使用； (c)在符合(a)所述目标的前提下，提供符合该地区价值的设施和用途	185	<1

续表

区域名称	对应 IUCN 保护地级别	每个区域的法定目标	面积	占大堡礁海洋公园的比例
海洋国家公园区	II	(a)保护海洋公园区域的自然完整性和价值,一般不进行采掘活动; (b)在符合(a)所述目标的前提下,提供机会让某些活动在相对不受干扰的地区进行,包括介绍海洋公园的价值	114530	33
缓冲区	IV	(a)保护海洋公园区域的自然完整性和价值,一般不进行采掘活动; (b)在符合(a)所述目标的前提下,为下列活动提供机会: (i)在相对不受干扰的地区进行某些活动,包括展示海洋公园的价值; (ii)拖钓远洋物种	9880	3
保育公园区	IV	(a)规定海岸公园区域的保育; (b)在满足(a)所述目标的前提下,提供合理使用和享受的机会,包括有限的采掘用途	5160	2
栖息地保护区	VI	(a)通过保护和管理敏感栖息地来保护海洋公园的区域,一般不存在潜在的破坏性活动; (b)在符合(a)所述目标的前提下,提供合理使用的机会	97250	28
一般利用区	VI	在保护海岸公园的部分地区,同时提供合理使用的机会	116530	34
合计			344400	100

资料来源：依据《大堡礁海洋公园分区计划》整理。

附表 2-4　大堡礁海洋公园分区与其活动限制

活动	一般利用区	栖息地保护区	保育公园区	缓冲区	科学研究区	海洋国家公园区	保存区	联邦岛屿区
水产养殖	许可证	许可证	许可证	×	×	×	×	许可证
诱饵捕捞	√	√	√	×	×	×	×	√
游船、摄影	√	√	√	√	√	√	×	√
捕虾蟹	√	√	√	×	×	×	×	√

续表

活动	一般利用区	栖息地保护区	保育公园区	缓冲区	科学研究区	海洋国家公园区	保存区	联邦岛屿区
为了水族馆的鱼、珊瑚虫和沙滩蠕虫捕鱼	许可证	许可证	许可证	×	×	×	×	×
为海胆、海参和热带鱼捕鱼	许可证	许可证	×	×	×	×	×	×
有限制地收集	√	√	√	×	×	×	×	√
有限制地海钓	√	√	√	×	×	×	×	√
有限制地捕鱼	√	√	√	×	×	×	×	√
其他捕捞	√	√	×	×	×	×	×	√
科研	许可证	许可证	许可证	许可证	许可证	许可证	许可证	许可证
航运	√	许可证	许可证	许可证	许可证	许可证	×	许可证
游憩项目	许可证	许可证	许可证	许可证	许可证	许可证	×	许可证
海洋资源的传统使用	√	√	√	√	√	√	×	×
拖网捕捞	√	×	×	×	×	×	×	×
拖钓	√	√	√	√	×	×	×	√

资料来源：依据《大堡礁海洋公园分区计划》整理。

（二）可操作性较强的环境管理费征收制度

环境管理费用的征收是大堡礁海洋公园管理立法的另一个创新点。鉴于大堡礁在世界自然生态环境中的独特地位，大堡礁海洋公园的管理和保护要投入大量的资金。而大堡礁海洋公园的日常管理开支均由澳大利亚联邦政府拨款，这加重了政府的财政负担。为了解决这个问题，《大堡礁海洋公园法案》在第6章规定了环境管理费用的征收制度，并且在1993年先后颁布了《1993年大堡礁海洋公园（环境管理费用——普通税）法案》《1993年大堡礁海洋公园（环境管理费用——消费税）法案》两部专门法规，大堡礁海洋公园管理局还制定了环境管理费征收的实施细则。环境管理费主要是向大堡礁海洋公园园区内进行的商业活动征收的。费用征收的对象主要是获得大堡礁海洋公园管理局授权许可的旅游业经营者，在大堡礁海洋公园内租用器械、设备，进行科研活动，安装旅游设施的相关人员。进入海洋公园园区内的游客也需要缴纳环境管理费，但是针对游客的环境管理费有全费、半费和免费的不同规定。旅游业经营者通常在门票中收取这笔费用或者在游客登船时单独收取。环境管理费必须进入国库，并作为一项特别拨款返还给公园，直接用于公园的日常经营管理，包括教育、科研、日常巡逻和政策制定所需要的开支。环境管理费用征收制度的相关法律规定非常细致，避免了工作人员在执法过程中的随意性，减少了执法过程中不必要的冲突和摩擦。

（三）独具特色的船舶管理措施

《大堡礁海洋公园法案》中最具特色的船舶管理措施便是强制引航措施。法案第 10 章规定了强制引航制度，强制所有经过大堡礁强制引航区域的船舶接受当地引航员的引航。船舶若不遵守该章节的规定，船东将会诉讼缠身，并且也会被处以不菲的罚款惩罚，更有甚者会接受刑事制裁。

不过，强制引航措施并不是绝对的，其有两个豁免的例外：①为船舶指定引航员并不能提高大堡礁区域的环境保护质量；②船舶因处于静止或处于强制引航区某一限制性区域而不会对环境产生威胁。豁免的授予由联邦部长自行裁决。

在分区规划的基础之上，《大堡礁海洋公园法案》规定了不同区域行驶船舶的吨位，在海洋公园最北部通行船舶的吨位为 500 吨以上，在海洋公园其他地区则为 1500 吨以上。外国船舶在经过该区域时要向澳大利亚有关机构申请许可并遵守该法案的相关规定。该法案还规定了强制报告制度，分为 3 种：预先进入报告、进入报告和通讯报告。起初，强制报告系统的区域只包括托雷斯海峡东至南部，近年由于大堡礁附近的航道遭受船舶溢油事故的影响，澳大利亚海事安全局申请扩大了强制船舶报告系统的范围。

三 海洋类型国家公园的典型
——长岛国家公园创建区概况

长岛国家公园创建区（以下简称"长岛国家公园"）是海洋类型国家

公园在管理上具有特殊困难的典型，也具备较好的以绿色发展克服特殊困难的条件。

（一）长岛国家公园基本情况及其在海洋类型国家公园管理中的代表性

长岛国家公园的主体位于山东省长岛海洋生态文明综合试验区（以下简称"长岛综合试验区"，以前为山东省长岛县），地处我国胶东半岛北部黄渤海交汇处。长岛国家公园总面积约3665平方公里，其中岛陆面积约32平方公里，海域面积约3633平方公里。长岛国家公园以长岛综合试验区范围内北五岛、中部的无居民岛屿和大黑山岛及周边海域为主要区域，南北长山岛为入口社区，其作为功能性用地的岛陆土地利用现状和海域利用现状见附表2-5、附表2-6。

附表 2-5　长岛国家公园各管控分区岛陆土地利用现状（2023 年）

单位：公顷

土地用途	核心保护区	一般控制区	合计
耕地	8.63	21.08	29.71
园地	0.04	6.86	6.90
林地	1026.30	1363.21	2389.51
草地	55.51	55.82	111.33
商服用地	0.00	0.92	0.92
工矿仓储用地	0.00	0.18	0.18
住宅用地	0.06	0.84	0.90
公共管理与公共服务用地	0.41	1.51	1.92
特殊用地	5.79	29.83	35.63
交通运输用地	10.17	30.93	41.10
水域及水利设施用地	119.97	270.61	390.58
其他土地	111.95	98.80	210.75
总计	1338.83	1880.60	3219.42

资料来源：《长岛国家公园设立方案》。

附表 2-6 长岛国家公园海域利用现状（2023 年）

单位：宗，公顷

管控分区	用海类型	用海宗数	用海面积
核心保护区	港口用海	1	0.14
	开放式养殖用海	91	3199.31
	合计	92	3199.45
一般控制区	电缆管道用海	1	41.03
	港口用海	2	0.31
	开放式养殖用海	703	15305.50
	科研教学用海	4	70.45
	人工鱼礁用海	41	21.14
	围海养殖用海	5	3.85
	合计	756	15442.26
总计		848	18641.73

资料来源：《长岛国家公园设立方案》。

长岛国家公园是海洋类型国家公园在管理上更加困难的代表，其与周边区域一体化保护与发展的必要性很明显。一是长岛国家公园范围内的岛陆面积和海域面积分别占长岛管辖区域内岛陆面积和海域面积的53.3%和75.6%。但是长岛管辖区域内，长岛国家公园范围内外，尤其是海域内外生态系统联系紧密，难以严格按照界线划分，管理难度较大，成本较高。二是长岛国家公园范围内虽然没有常住居民，但当地居民的主要生产区域绝大部分位于国家公园内海域。在长岛国家公园范围内开展的渔业、交通运输、旅游等资源利用活动都要依赖国家公园范围外岛陆上建设的配套设施。这种状况全面呈现出了附表2-2中的特殊性。

（二）长岛国家公园产业发展现状

长岛国家公园及周边区域的主要产业包括海洋渔业（海水养殖业和海洋捕捞业）、海洋海岛旅游业、海洋交通运输业、水产品加工业等。其中，渔业和旅游业是主导产业。长岛国家公园范围内海水养殖业的主要养殖种类包括海带、海珍品、贝类、鱼类和牡蛎等，主要方式有底播增养殖、筏式养殖、深远海开放式养殖。前两种方式主要集中于近岸周边，第三种方式集中于离岛 2 公里以上的海域。2023 年，长岛国家公园范围内的养殖面积、总产量、总产值占长岛全域的比例分别为 69.6%、87.6%、85.9%（见附表 2-7）。

附表 2-7 长岛国家公园范围内海水养殖业占长岛全域的比例（2023 年）

区域	面积（公顷）	养殖面积（公顷）	总产量（吨）	总产值（万元）
核心保护区	192898	3200	5325	7563
一般控制区	170355	15330	47667	48706
长岛国家公园全园合计	363253	18530	52992	56269
长岛全域	330200	26640	60485	65515
公园内养殖占长岛全域比例(%)	—	69.6	87.6	85.9

资料来源：《长岛国家公园设立方案》。

海洋旅游产品可以分为海洋依赖型和海洋相关型。长岛国家公园范围内的旅游产品多数是海洋依赖型，而这些旅游产品的配套设施、提供主体的办公场所等都在国家公园外的岛陆区域（主要在入口社区）。长岛旅游活动开发还较为初级，以海岛休闲观光为主，其次有小规模的海上运动活动，如赶海、垂钓、游泳、摩托艇等。旅游接待的主要方式是渔家乐，目前多采用吃住全包的方式，涉及旅游行业中的餐饮、住宿两个领域。

（三）长岛国家公园绿色发展的必要性与可行性

长岛国家公园绿色发展，既有中国国家公园共有的必要性，也有海洋类型国家公园自身强化的必要性和条件更成熟的可行性。

首先是必要性分析——体现全民公益性并平衡保护与发展的关系。根据中共中央办公厅、国务院办公厅印发的《建立国家公园体制总体方案》，中国国家公园的三大理念是生态保护第一、全民公益性、国家代表性。国家公园要体现全民公益性，一方面着眼于提升生态系统服务功能，开展自然环境教育，为公众提供亲近自然、体验自然、了解自然以及作为国民福利的游憩机会；另一方面要探索完善社区协调发展机制。坚持共建共治共享，统筹考虑国家公园建设与社区发展，引导社区及周边群众积极支持国家公园建设。制定与国家公园整体保护目标相协调的社区发展规划，合理规划国家公园入口社区、特色小镇建设，推动当地居民有序参与到依托国家公园宝贵资源的绿色发展中来，进而通过绿色发展在国家公园保护中获益，而不只是因为国家公园限制发展而"奉献"。这一点因为海洋类型国家公园管理的特殊性而更加突出，长岛国家公园就很典型。如何统筹"最严格的保护"和"绿水青山就是金山银山"，这是国家公园能否真正建成和生态文明能否真正形成的关键。坚持绿色发展，在国家公园产品品牌增值体系下重构国家公园管理机构与基层地方政府、社区的关系，从而形成"共抓大保护"的局面，处理好保护与发展的关系，努力实现生态美、百姓富、人与自然和谐共生的现代化目标是建立长岛国家公园的题中之义。

其次是可行性分析——长岛综合试验区相关改革和长岛国家公园创建前期工作奠定了坚实基础。基于海洋类型保护地管理困难的问题和以绿色发展促进保护的重要性，山东省成立了长岛海洋生态文明综合试验区以探索海洋生态文明发展新路径。2019年1月，长岛海洋生态文明综合试验区工委、管委正式挂牌成立，实现了长岛由县域经济区向以生态文明建设为主的特殊功能区体制机制的转换。《长岛海洋生态文明综合试验区建设实施规划》明确要求，按照国家公园标准，全面加强海陆生态保护和修复；停止一般性加工项目进岛落户，禁止新上各类工业项目；全面推行资源节约型、环境友好型发展模式，坚定不移走绿色发展之路。2019年7月，山东省人大常委会审议通过了《山东省长岛海洋生态保护条例》，这是山东省第一部海岛生态保护的创制性立法，对全国海洋生态文明建设都具有标志性意义，长岛生态保护法治化、制度化体系框架基本形成。《山东省长岛海洋生态保护条例》中的功能分区、管控措施、资金机制、生态补偿机制等要求，与国家公园相关管控措施要求具有高度的一致性。长岛综合试验区建立以来，综合考核指标体系已经全面转型，取消了 GDP 考核，转向侧重生态环境保护、保民生等指标考核，从考核机制方面保障了长岛由县域经济区向坚持生态保护第一的生态功能区的转变，降低了长岛轻保护、重发展的可能性。而根据《长岛国家公园设立方案》，长岛国家公园要创新生态保护管理体制机制，加强陆海统筹，促进人与自然和谐共生，实现海洋海岛综合生态系统的有效保护和自然资源的永续利用。目标定位是打造海洋特色的"绿水青山就是金山银山"实践创新示范区。保护绿色生态空间、蓝色海域空间，发挥长岛生态资源优势，探索海岛生态产品价值实现路径，塑造生态环境良好，宜居、宜业、宜游的高品质人居空间，促进经济社会发展全面绿色转型。长岛综合试验区的改革和长岛国家公园的体制定位，使得绿色发展已经形成共识并有体制基础。

（四）长岛国家公园绿色发展难点

按"国家公园实行最严格的保护"要求，长岛国家公园及周边有限的陆地和海域环境容量难以承载现有产业的外延扩大式再生产。例如，海水养殖业和海洋捕捞业是长岛居民主要的经济来源，大钦岛、砣矶岛、高山岛、大小竹山岛等岛屿周边海域是当地的重点养殖区，为了保证生态系统的完整性和使水生生物重要产卵场、越冬场、洄游通道得到保护，这些区域原有的生产方式必须优化、生产规模必须缩减，即必须走内涵扩大式再生产的绿色发展道路，但目前有以下两方面的困难。

产业发展粗放，缺乏联动创新。一方面，长岛目前的产业发展处于初期阶段，缺乏产业间的联动。长岛各乡镇（街道）水产养殖的种类大同小异，同质化现象明显，尚未形成特色品牌和规模效应；长岛的旅游开发较为初级，以海岛生态观光和渔家乐为主，经营项目雷同度高，个体特色不明显，产品的竞争力偏低，容易导致相互复制，从而产生恶性竞争；业态串联不足，要素组合形成的业态集聚优势尚未形成，而且也很难产生新的业态、模式；未能充分实现水产品加工、生态游览、自然教育等产业有机融合，三次产业间缺乏联动和深度融合。另一方面，产业升级和业态创新的支持不足。业态创新发展需要科研、科普基础，三产联动需要产业基础和统筹设计，产品增值需要体系支撑。目前长岛国家公园及周边范围内科研基础相对薄弱，且科研以学术研究为导向，面向大众的科普转化并不深入，科普产业更是鲜有涉及。目前，长岛的经营活动局限在短期快速收益类活动中，经营业主无意识、无能力提升产业格局；地方政府囿于生态保护红线和中央生态环保督察的压力，在经济发展上力不从心，缺乏生态产品价值转化方面的创新思路。

科研基础相对薄弱。国家公园及周边区域的绿色发展，需要基于对保护对象长年持续的监测研究，提出适应性的管控措施，以实现保护前提下的可持续发展。如澳大利亚大堡礁海洋公园范围内，各种重要经济鱼、蟹类，允许捕捉的体形大小，都有明确标准，而其保护区、开放区的范围也都是依据长期调查研究结果确定的，且配套了对船只类型、航线、航速的管理制度。如果没有坚实的科研基础，对具有三方面特殊性的海洋国家公园则无法有效管理。列入长岛国家公园的区域有9个保护地，但实际开展保护管理工作的只有4个保护地。科研监测方面，只有鸟类环志和西太平洋斑海豹监测比较持续、系统，而地质遗迹、海洋生态系统等方面的研究较为分散，难以支撑长岛国家公园的科学保护和合理利用，如适应性管理要求的在哪些区域对船舶实行什么样的限航、限速、禁鸣、禁航等管控措施，还缺少科研支持。再加上相关研究侧重于基础研究，面向管理、应用的较少，更难以支撑产业升级与创新。

四　海洋类型国家公园绿色发展总体思路和长岛国家公园绿色发展的具体措施

（一）海洋类型国家公园绿色发展总体思路

"绿色发展是高质量发展的底色，新质生产力本身就是绿色生产力。""（新质生产力）由技术革命性突破、生产要素创新性配置、产业深度转型升级而催生，以劳动者、劳动资料、劳动对象及其优化组合的跃升为基本内涵……发展新质生产力，必须进一步全面深化改革，形成与之相适应的新型生产关系。""要牢牢把握高质量发展这个首要任务，因地制宜发展新质生产力……各地要坚持从实际出发，先立后破、因地制宜、分类指导，根据本地的资源禀赋、产业基础、科研条件等，有选择地推动新产业、新模式、新动能发展，用新技术改造提升传统产业，积极促进产业高端化、智能化、绿色化。"习近平总书记关于新质生产力的一系列重要论述，为国家公园区域绿色发展指明了方向。

海洋类型国家公园区域必须牢固树立和践行绿水青山就是金山银山的理念，坚定不移走生态优先、绿色发展之路。基于海洋类型国家公园管理的特殊性，按照党的二十大报告的要求，可以明确这类国家公园以绿色发展促进保护的总体思路构建"保护控制区＋联动发展区"形态的全域联动发展空间格局，以国家公园品牌体系带动全域产业绿色发展。国家公园品牌体系由产业和产品发展指导体系（产业白名单）、质量标准体系、认证和国际互认体系、品牌管理和销售体系构成。对产业白名单上的产业进行升级和串联，通过品牌体系将生产中保护所带来的限制点转化为产品增值的卖点，推动提高产品和服务的单价、把产业链上增值较多的环节留在当地，使资源环境的正外部性实现经济利益维度的内部化。

（二）长岛国家公园以绿色发展促进保护的总体原则和具体措施

以长岛国家公园为例，可以把这种思路转化为绿色发展的原则和措施。

1.总体原则

统筹协同。坚持国家公园内外统筹、陆海统筹，坚持全域共建、共享的国家公园理念，构建"保护控制区＋联动发展区"空间格局，明确分区发展导向，创新全域联动体制机制，促进全域优质资源有机整合。

品牌引领。建立长岛国家公园品牌增值体系，以体系化、标准化的措施将资源环境的优势体现为产品品质的优势并以国家和国际认证来形成价格和销量的优势，推动生态旅游、生态渔业及相关文化产业等业态升级、串联发展。

科学支撑。围绕长岛国家公园保护对象及其威胁因素、产业发展、管理成效等内容，开展长期、稳定、有针对性的科研工作，搭建科研合作交流平台，为国家公园科学有效保护、产业绿色转型升级提供科学依据。

2.具体措施

建立长岛国家公园品牌增值体系。这包括衔接现有的国家产品质量标准和品牌管理体系，考虑生态友好等因素，对产品全生命周期过程中必要环节（基地、选种、原料、工艺、包装、运输、质量追溯等）设立标准。将此体系覆盖长岛国家公园及周边同一生态系统的所有产业。

升级发展生态渔业。推动长岛国家公园范围内及周边区域现有的海洋渔业提质升级，科学核算长岛渔业养殖生态容量，对养殖实际容量超过生态容量的海域采取措施进行缩减。制定长岛国家公园生态渔业养殖的技术规程，加强在养殖过程中可能对海洋产生污染的投料、漂浮装置等的管理。

串联发展生态旅游和海洋特色文化产业。依托生态渔业、其他海洋旅游资源及妈祖庙等人文资源，建立海洋国家公园生态体验与自然教育体系，策划丰富多彩的体验与教育活动。根据不同类型访客的潜在需求，对相关活动内容进行分类，向公众展示长岛国家公园的资源价值、文化底蕴和保护成效，形成内容、体验方式以及季节上与其他国家公园错位的生态体验和自然教育业态。同时，培育海洋文化新兴业态，提升长岛海洋文化知名度和影响力。

探索串联发展的蓝碳产业。争取依托生态渔业、生态旅游等增加长岛蓝碳收入，这需要积极研究长岛生态系统的增汇路径和潜力，研究藻类贝类、海草床的固碳机制和增汇模式，据此探索蓝碳交易模式。

附件3
限制开发区中的保护地

——水利风景区体系与"全面推进以国家公园为主体的
自然保护地体系"的关系

　　根据《保护地意见》，中国的自然保护地均位于《全国主体功能区规划》中的禁止开发区，均被划到生态保护红线内，其主体功能均为生态保护。尽管水利部是《建立国家公园体制试点方案》的参与部门，水利风景区在空间形态和管理方式上与大多数自然保护地类似，但水利风景区未被《保护地意见》认可为自然保护地。这种局面产生的一个后果是，设立水利风景区被有关部门怀疑属于创建示范活动并引发了一些非议。实际上，水利风景区可视为限制开发区中的保护地，其体系的优化创新对党的二十届三中全会要求的自然保护地体系的全面推进工作既是补充也是借鉴。

一　首先须明确水利风景区的定位
和在水利工作中的地位

　　水利风景区是对一类水空间（水利国土空间）的体系化管理方式。国家对国土空间采用分类基础上的体系化管理方式。2010 年，《全国主体功能区规划》将国土空间分为禁止开发区、限制开发区、优化开发区、重点开发区四类，水利风景区作为发端于水库等生产空间、兼具生产生活生态功能的水利空间，应该被归类到限制开发区。因此，尽管其当时与其他 10 多类自然保护地一样已经初步形成体系化管理，但在《保护地意见》中没有进入自然保护地体系。其后，国土空间规划中根据主体功能聚焦的需要又明确以城市化地区、农产品主产区、重点生态功能区三大类来划分，这三大类中都有大量的水利风景区且有较大比例的面积是划到生态保护红线以外的，这是水利风景区"三生"功能兼备的特点决定的。这样的水空间，与自然保护地体系一样强调基于空间的规范管理，因此从规划导则、管理办法、技术标准到资金机制，都有制度，是基本上实现了全流程、全覆盖、有专门机构负责日常管理，但又不在自然保护地体系内，且有相当比例不在生态保护红线内，具有较多的产业开发灵活性的空间类型。

水利风景区在水利工作中应被定位在保障水利功能前提下、发挥水利空间的多重效益，即在"维护水工程、保护水生态、修复水环境"前提下，打造"传承水文化、发展水经济"的重要载体，成为水利系统服务于人民日益增长的美好生活需要、提升人民群众获得感幸福感安全感的重要抓手。依托水利风景区发展的生态旅游、自然教育、康养及其和特色农渔业的结合，可以实现劳动者、劳动对象、劳动资料的组合式创新，是水利系统体现新质生产力的重要领域。

二　水利风景区相关工作区别于创建
示范活动的关键点

第一，水利风景区这样的水空间与自然保护地体系一样强调基于空间的规范管理，基本上实现了全流程、全覆盖、有专门机构负责日常管理，这与诸多产出只是一块牌子且与国家的国土空间体系化管理无关的创建活动完全不可相提并论。

第二，目前的创建示范活动流程是基本合理的，其与国家选定自然保护地体系成员的流程相似，唯一的差别是自然保护地体系成员申报国家级不用动员组织。水利风景区只要在这个环节上优化即可。

第三，其他部门的类似创建示范活动仍在开展，对扩大部门影响有显著作用。例如，原环境保护部和生态环境部多年来一直开展生态文明建设示范区和"两山"实践基地评选，即便2016年中共中央办公厅、国务院办公厅发布的《关于设立统一规范的国家生态文明试验区的意见》中明确规定不得再设立或评选生态文明为主题的区域后也未停止，2023 年还公布了第八批。这个活动除了授牌没有任何体系化管理和监督，即创建示范本身不是禁区，何况水利风景区本身是管理体系。

三　水利风景区体系的优势

第一，水利风景区体系最明显的优势就是与国家公园一样，有条件实现空间管理和自然资源资产管理，这是大多数自然保护地也难以做到的。原因是水利风景区的主体（不包括一些应该被清理的或范围远远超出水利部门管理的）在自然资源资产产权和国土空间用途管制上，大多是水利部门负责的。这也使水利风景区明显区别于 A 级旅游景区，因为其只是一种基于国家标准的行业标准化建设，难以体现到空间管理上。

第二，相对于自然保护地体系，水利风景区是自然资源有优势且开发限制条件较少的区域。设置水利风景区，对地方政府而言相对自然保护地有明显的优势。

四　水利风景区优化创新的思路及其对自然保护地体系工作的借鉴

目前需要做的不仅是优化国家水利风景区的评选设立检查程序，更需要重塑水利风景区体系，将水资源综合利用工作做实，将综合利用优化为体现新质生产力的组合创新，使其成为限制开发区中的保护地。在优化整合及清理后，国家水利风景区的主体会形成一类特殊的"三生"统筹的水空间，这样不仅能填补保护地的空白，也能为地方政府平衡保护与发展的关系多提供一条出路和一种选择。为此，需要采取以下措施。

第一，强化水利风景区要求，清理不符合要求的部分，同时把一些完全符合水利风景区特征的区域纳入进来。这需要有关方面对水利风景区的定位、要求等进行修订完善，对现有的国家级和省级水利风景区中没有实体管理机构、没有专职管理人员、未在水利工作基础上开展"传承水文化、发展水经济"方面工作等问题加以解决。对河北衡水湖国家级自然保护区这样本身就是电厂用水库的自然保护区，可采取一些优惠措施，使其也能加挂水利风景区牌子。

第二，强化水利风景区规划与各级各类国土空间规划的充分衔接。目前，自然资源部发布的《主体功能区优化完善技术指南》强调发挥主体功能区作为战略融合的纽带和空间治理的基础底盘作用，在延续原农产品主产区、重点生态功能区、城市化地区三类主体功能区基础上，统筹能源安全、文化传承、边疆安全等空间安排，叠加划定能源资源富集区、边境地区、历史文化资源富集区等其他功能区，形成"3+N"主体功能分区体系。水利风景区应该加强管理并与国土空间规划紧密衔接，力争在各地的水利发展规划（国土空间规划的专项规划）中成为专章，以使其在更好地服务于水利系统生产需要的同时成为地方政府实现生态产品价值的乐土。

第三，规范化水利风景区分级管理。2022年3月修订的《水利风景区管理办法》中明确了分为国家级和省级，但是并未明确二者之间具体如何划分，而是规定"申报国家水利风景区，一般需认定为省级水利风景区二年以上"。这意味着国家级和省级在资源价值方面，没有明确的区分，在一定程度上导致水利风景区数量过多、质量不高。《水利风景区评价规范》（SL/T 300—2023）中也只是通过风景资源评价、生态环境保护评价、服务能力评价、综合管理评价几个方面进行打分。其他分级管理的领域在资源价值等方面都有明确要求，如自然保护地的分级管理是"按照生态系统重要程度，将国家公园等自然保护地分为中央直接管理、中央地方共同管理和地方管理3类，实行分级设立、分级管理"。不可移动文物也"根据它们的历史、艺术、科学价值"划分为全国重点、省级、市县级和一般文物保护单位。

在做好前面几项工作的基础上，作为具有国家级价值、国家级意义的水利空间的管理体系，具有保留"国家级"称号的必要性。可引之为据的例子有二：①2018年以后仍然是部门评定且保留国家级牌子的有国家级水产种质资源保护区（迄今为止，原农业部和农业农村部共公布了 8 批国家级水产种质资源保护区，共 458 处），且其无法明确自然资源资产权属和难以进行国土空间用途管理；②新设立的且冠以"国家"头衔的有国家林草局建立的国家草原公园体系（草原管理功能划转国家林草局以后），其问题与水产种质资源保护区相似。这样的保护地体系无论是在资源价值还是在规范管理上，均不如国家水利风景区。因此可以说，由国家的职能部门（水利部）评定且有规范程序的保护地冠以"国家"二字并无不妥。

附件4
"昆蒙框架"目标与中国国家公园建设的关系

在主席国中国的引领和推动下，2022 年 12 月 COP15 第二阶段会议正式通过《昆明-蒙特利尔全球生物多样性框架》（以下简称"昆蒙框架"）以及一揽子配套政策措施，为全球生物多样性治理擘画了新的蓝图。我国国家公园作为生物多样性保护的重要抓手，毫无疑问，也成为联合国《生物多样性公约》的重要支撑。

一 "昆蒙框架"目标

"昆蒙框架"包括 4 个长期目标（至 2050 年）和 23 个行动目标（至 2030 年），为全球生物多样性保护明确了方向和重点，具有指导性和约束力。"昆蒙框架"延续了《生物多样性战略计划（2011—2020 年）》（以下简称《战略计划》）的"人与自然和谐共生"的 2050 年愿景表述，即"到 2050 年，生物多样性受到重视，得到保护、恢复及合理利用，维持生态系统服务，实现一个可持续的健康的地球，所有人都能共享重要惠益"。2030 年使命的阐述归纳了至 2030 年全球生物多样性治理工作方略，突出了至 2030 年"使自然走上恢复之路，造福人民和地球"这一行动结果。"昆蒙框架"对缔约方提出了更高要求，原因在于"这是一个为所有人——全政府和全社会制定的框架，其落实需要政府最高一级的政治意愿和承认，并依靠各级政府和社会所有行为体的行动与合作"，这也是"昆蒙框架"提出的"全政府和全社会方法"。

（一）2050 年全球长期目标

为实现 2050 年愿景与 2030 年使命，"昆蒙框架"分别设置了生物多样性状态（A）、可持续利用生物多样性（B）、公平公正分享惠益（C）及提供执行保障（D）等4个2050年全球长期目标，以及23个以行动为导向的全球目标，分为减少对生物多样性的威胁（目标1~8）、通过可持续利用和惠益分享满足人类需求（目标9~13）、执行工作和主流化的工具和解决方案（目标14~23）3个方面。

2030年行动目标主要以行动为导向，即2030年前需要开展哪些行动。这些行动与2050年全球长期目标存在对应关系，行动的结果将促使2050年全球长期目标发生趋势变化，最终在2050年实现这些目标。这种设计思路主要吸取了《战略计划》全球执行进展不易评估的经验。通过在2050年长期目标和2030年行动目标之间建立逻辑关系，4个长期目标能够较快地在全球层面反映"昆蒙框架"的执行进展。

（二）2030年全球行动目标

2030年行动目标充分继承了《战略计划》中爱知生物多样性目标的内容，其中最受关注的包括以下几方面。

第一，保护地"3030目标"，即"确保和促使到2030年至少30%的陆地、内陆水域、沿海和海洋区域，特别是对生物多样性、生态系统功能和服务特别重要的区域，通过具有生态代表性、自然保护地系统和其他有效的基于区域的保护措施（OECMs）至少恢复30%"。我国陆地保护地实现这个目标是可能的，但海洋和海岸带保护地实现这个目标的难度非常大。

第二，退化生态系统恢复的行动目标。除"3030目标"外，退化生态系统恢复也是重要的行动目标："确保到2030年，至少30%的陆地、内陆水域、海洋和沿海生态系统退化区域得到有效恢复，以增强生物多样性和生态系统功能和服务、生态完整性和连通性。"我国实现这个目标有很好的基础，如生态保护红线的划定和山水林田湖草沙一体化保护和修复工程都与此直接相关。

第三，通过空间规划实现对高价值区域的保护。"到2030年使具有高度生物多样性重要性的区域包括具有高度生态完整性的生态系统的丧失接近于零。"这个目标既体现了生物多样性保护主流化，又与自然生境净零损失密切相关。未来需要进一步将生物多样性保护与区域经济社会规划衔接起来。

第四，在全球、区域、国家各级采取紧急政策行动，减少和（或）扭转加剧生物多样性丧失的驱动因素，实现到 2050 年与自然和谐相处的《生物多样性公约》愿景。这些行动包括将全球粮食浪费减半，大幅减少过度消费，大幅减少废弃物产生，实现可持续消费；确保农业、水产养殖、渔业和林业区域得到可持续管理等，实现可持续生产；消除、逐步淘汰或改革激励措施，包括对生物多样性有害的补贴，同时逐步大幅减少这些激励措施，到 2030 年每年至少减少 5000 亿美元；采取法律、行政或政策措施，鼓励和推动企业，特别是确保所有大型跨国公司和金融机构逐步减少对生物多样性的不利影响，减少企业和金融机构的生物多样性风险，并促进有利于可持续生产模式的措施；到 2030 年将所有来源的污染风险和不利影响减少到对生物多样性和生态系统功能与服务无害的水平；到 2030 年将其他已知或潜在外来入侵物种的引进和建群率至少降低 50%，消除或控制外来入侵物种；通过缓解、适应和减少灾害风险行动，最大限度地减少气候变化和海洋酸化对生物多样性的影响，实现减缓气候变化与保护生物多样性的协同增效。

第五，这是实施"昆蒙框架"的保障措施，其中最突出的一点是明确了资金筹措的额度，即逐步大幅增加所有来源的财务资源量，以执行国家生物多样性战略和行动计划，到 2030 年每年至少筹集 2000 亿美元，增加从发达国家和自愿承担发达国家缔约方义务的国家流向发展中国家的国际资金总量。在 COP15 第一阶段领导人峰会上，习近平主席宣布我国将出资 15 亿元人民币成立昆明生物多样性基金，这对国际社会起到了示范引领作用。

第六，强化"昆蒙框架"的执行。通过《国家生物多样性战略和行动计划》和历次中国履行《生物多样性公约》国家报告（迄今已有六次）等提高透明度和完善问责机制，强调《生物多样性公约》的压力传导与问责机制，突出生物多样性在生态保护、可持续利用与惠益共享方面的积极作用，推动生物多样性工作在全球范围内融入经济社会发展各个方面。

二 我国实现"昆蒙框架"目标面临的难题

对标"昆蒙框架"的上述要求，中国生物多样性治理仍然任重道远，应继续加强"政府主导、全社会参与"的协同治理。

政府层面，相关部门和省市县政府在生物多样性治理方面取得积极进展的同时，仍然面临资金缺口大、各地重视程度不同等挑战。为此，要持续加大投入，加强对生物多样性保护重大工程的支持力度，提高生物多样性保护资金使用成效，强化生物多样性治理监管；同时，要制定生物多样性主流化的指南，明确工作路径和方法，指导生物多样性保护相关方更好参与；还要建立激励机制，鼓励地方进行生物多样性保护试点示范，调动各方积极性，全面提升各地生物多样性治理的意愿和水平。

科研机构层面，仍存在科技成果转化能力不强、生物多样性相关科技创新基础条件保障不足、国际生物多样性领域顶级科学家不多等短板。未来，一方面要加强对生物多样性领域研究人员的激励，引导他们向政策研究和应用场景倾斜，以提高支撑能力和转化能力；另一方面要加大生物多样性相关科技创新的基础条件投入，谋划建设"大平台""大装置"，设立"大任务"，融合"大数据"，培育一批顶级科学家，持续产出顶级学术成果。

企业层面，近年来参与生物多样性治理的企业数量明显增加，但意识到生物多样性重要性的比例仍然较低。为此，应当多措并举鼓励企业进行生物多样性保护和可持续利用。例如，将生物多样性纳入企业社会责任报告，并作为单独章节；打造一批生物多样性友好型试点企业，并给予个税减免等激励政策。

社会组织层面，对于一些社会组织存在的缺少资金、参与保护途径受限、国际影响力不够等问题，建议加大社会资金支持力度；制定社会组织参与生物多样性治理的指导性文件，明确其参与和监督的方式和边界；引导社会组织参与生物多样性基金的申请与利用，并积极与国外政府、科研机构和国际组织开展合作，传播中国生物多样性保护、可持续利用的经验，提升自身在全球生物多样性领域的影响力。

三 以国家公园体系建设为抓手推动 "昆蒙框架" 目标的实现

"昆蒙框架" 2030 年行动目标包括三个：减少对生物多样性的威胁、通过可持续利用和惠益分享满足人类需求、执行工作和主流化的工具和解决方案。简单来说，这三个行动目标对应三条基本的发展思路——保护方式创新、发展方式提升、治理机制创新。中国生态文明建设与 "昆蒙框架" 具有共同的保护目标。坚持人与自然和谐共生是习近平新时代中国特色社会主义思想尤其是习近平生态文明思想的鲜明体现，与 "昆蒙框架" 愿景目标高度一致。作为生态文明体制改革的排头兵，我国国家公园坚持生态保护第一、坚持国家代表性、坚持全民公益性，以实现 "生态保护、绿色发展、民生改善相统一" 为目标，与 "昆蒙框架" 愿景目标也具有高度的一致性。

（一）生态文明体制改革是我国生物多样性保护的依托

按照 2015 年中共中央、国务院发布的《生态文明体制改革总体方案》，生态文明体制改革需要建立八项基础制度，这八项制度都涉及各地发展最重要的 "权、钱" 制度的大调整。在中国的生态文明建设和生态文明体制改革中，有若干措施直接与生物多样性工作有关，如保护方面的生态保护红线制度，资源可持续利用方面的生态产业化措施，国土空间用途管理上的国家公园体制试点则在一个地域上整合了体制改革和措施创新。这些方面的举措，大多数以中央深改组或深改委会议决策的方式形成改革文件，这是现阶段中国国家最高决策形式。加上中央生态环保督察对自然保护区的监督和各地创建国家公园，使中国有些区域的生物多样性保护工作可能在国家、省、市县等多个层面被主流化，形成全面的绿色治理。

国家公园是中国的 "国之大者"，国家公园体制改革一直是生态文明体制建设的排头兵。自上而下看，国家公园体制改革，针对原保护地体系"权、钱"相关体制的关键问题，在建立统一事权、分级管理体制上有了进展，初步完成了党的十八届三中全会提出的统一行使全民所有自然资源资产所有者职责的任务；自下而上看，各试点区基本完成了空间整合和机构整合，在缓解保护区保护和社区发展矛盾、推动社会公益活动、开展生态旅游项目、吸纳社会绿色融资、挖掘生态产品价值等方面取得了一定的成效，完善了自然资源资产管理制度，通过制度设计引导了自然资源价值化的实现，发挥了其资产属性。这种改革思路，一方面，促进了统一、规范、高效的管理，促进了保护为主、全民公益目标的实现；另一方面，探索国有自然资源资产中隐藏的公共财富，将对我国生态经济的高质量发展起到难以估量的作用。过去五年间，国家公园体制改革不断摸索、调整，已逐渐形成符合中国国情、具有中国特色的自然保护地体系发展道路：自然保护地以国家公园为主体、以国家公园体制为保障。

（二）国家公园体制优化了生物多样性保护方法

国家公园强调生态系统完整性的保护，这不仅指完整保护作为主要保护对象的生态系统，也指将与生态系统伴生的传统文化和生产方式保护起来，从而有可能依托原有居民社区将保护成果可持续地转化为经济效益，让原有居民成为保护的利益共同体从而形成共抓大保护的生命共同体。这不仅在国家公园内形成了山水林田湖草人的生命共同体，还使国家公园周边社区都能据此形成完整性保护局面。

国家公园体制试点使保护范围的扩大和保护力量的增强都有制度保障，还带来了管理单位体制、资金机制、社会参与机制的变化并引入了特许经营机制，促进了资源的可持续利用和惠益分享的方式多样、力度增大、制度规范。参与式保护，即原有居民共建共享保护成果，以新的社会结构参与到将保护出来的绿水青山转化为金山银山的过程中并首先受益。以正在创建国家公园的广东丹霞山风景名胜区为例，其具体工作涵盖了保护管理、社区发展、科普宣教、生态旅游等四方面内容，且这四方面工作内容相互支撑：通过科普产业化和生态旅游实现产业升级和社区居民受益，将几乎都是集体林的保护地与社区形成利益共同体，从而形成共抓大保护的生命共同体，让社区居民参与到保护中并直接从保护中受益，在基本不改变土地权属的情况下初步实现了保护地的统一管理、初步实践了生态文明体制建设。

显然，以国家公园为主体、以国家公园体制为保障的自然保护地体系，真正实现了生物多样性保护主流化，这在我国的国家公园正在加紧落地，却在其他发展中国家从未实现过。而且，这样的系统方案具有较强的可推广性。国家公园统筹践行了"昆蒙框架"的保护思路，这既是国际主流保护理念（consevation 而非 protection）的中国实践，也是中国生态文明制度的落地形式，为世界各国认同并践行生态文明理念提供了样板。

附件5
与国家公园环带思路有共通点的既扩大
保护范围又易于平衡园地关系的国际经验

"昆蒙框架"的行动目标 3 提出"3030 目标",即"确保和促使到 2030 年至少 30% 的陆地、内陆水域、沿海和海洋区域,特别是对生物多样性、生态系统功能和服务特别重要的区域,通过具有生态代表性、自然保护地系统和其他有效的基于区域的保护措施(OECMs)至少恢复 30%"。OECMs 已经成为实现"3030 目标"重要手段之一,日本里山的保护模式与法国国家公园加盟区模式都是成功的落地实践,可以为我国正在开展的环国家公园保护发展带(环带)建设及处理好"天窗"的管理问题提供一定的借鉴。

一 "既扩大保护范围又易于平衡园地关系"的思想 在《生物多样性公约》中的体现及其发展脉络

爱知目标 11 促进了全球保护地网络的扩张,但有研究显示,已有的保护地往往没有建在对生物多样性有重要影响的地方,近一半的物种没有受到保护地的保护,包括红色名录中的大量濒危物种①。因此,加强非保护地范围的有效保护对扭转生物多样性丧失具有重要作用。在"昆蒙框架"中,除严格意义的保护地体系之外,强调了"其他有效的基于区域的保护措施"(Other Effective Area-Based Conservation Measures,OECMs),同时将空间规划作为新的行动工具。从景观尺度开展空间规划,统筹城市、农村和受保护

---

① Venter, O., Fuller, R. A., Segan, D. B., et al., Targeting Global Protected Area Expansion for Imperiled Biodiversity. *PLoS Biology*, 2014, 12 (6): e1001891.

空间，有效扩大保护范围且平衡园地的关系，能够更加有效地减少生产生活对自然的影响。这是生物多样性主流化的手段之一，也是环国家公园保护发展带建设的理论依据。

作为就地保护的重要手段之一，其他有效的基于区域的保护措施（OECMs）于 2010 年被纳入《生物多样性公约》体系①，包含正式保护地之外的、不以生物多样性保护为管理目标，却能对生物多样性发挥保护作用的地区。然而，科学和政策在推动 OECMs 概念方面一直进展缓慢，直到 2018 年，《生物多样性公约》缔约方才正式通过了 OECMs 的定义，即"除保护地以外的地理划定区域，其治理和管理方式应能为生物多样性就地保护取得积极和可持续的长期成果，同时具有相关的生态系统功能和服务，以及在适用情况下具有文化、精神、社会经济和其他与当地相关的价值"②。目前全球被明确纳入 OECMs 范围的地区有限，且有关研究也十分欠缺——没有形成公认的 OECMs 设置指南、缺乏高准确度的空间规划、无法识别最具成本效益的 OECMs 潜在地点。在何处建立生态上合理的保护地网络和 OECMs 并配套有效的管理机制，这是目前亟待解决的问题③。

在国内，OECMs 也开始了理论和实践层面的探索。在理论层面，学者在 OECMs 的基础上结合中国的社会经济与文化背景、土地利用分类标准和国土空间规划体系、生物多样性全面有效保护的实际需求，提出自然保护兼用地的概念④。这既能衔接自然保护地体系并打造与之相互补充的就地保护措施体系，也是对国际 OECMs 概念的补充完善。在实践方面，在中国法定自然保护地体系之外还存在多种其他的就地保护措施，如生态保护红线，主体功能区中的生态保护优先区、生态公益林、禁猎（渔）区、自然保护小区、社会公益保护地等。2022 年从武夷山国家公园（福建）起步的国家公

① CBD, The Strategic Plan for Biodiversity 2011-2020 and the Aichi Biodiversity Targets, 2010.
② CBD, Protected Areas and Other Effective Area-Based Conservation Measures, 2018.
③ 田瑜、李俊生：《〈昆明-蒙特利尔全球生物多样性框架〉"3030"目标的内涵及实现路径分析》，《生物多样性》2024 年第 6 期。
④ 杨锐、侯姝彧、张引等：《论建立中国自然保护兼用地的必要性和可行性》，《生物多样性》2024 年第 4 期。

园环带建设在本质上也属于 OECMs 的落地实践形式，这种形式不仅可以为我国率先完成"3030目标"提供支持，更是在更大范围统筹保护与发展、推动"人与自然和谐共生"的大胆探索。

二　国际经验

日本的里山模式与法国国家公园加盟区在此方面都有了先驱性的成功经验，可以为我国正在开展的国家公园环带建设提供一定的借鉴。

（一）重视人类活动在生态系统中的作用的日本里山经验[①]

日本在 2022 年 4 月发布了以 OECMs 为基础和核心的"3030路线图"，支持达成"3030目标"，实现人与自然和谐共生。日本的"国家认证可持续管理自然区域"（Nationally Certified Sustainably Managed Natural Sites）的试点工作，成功通过识别和申报的区域将被认定为"自然共生场所"，即OECMs——用于弥合社会经济可行性和大胆保护目标之间的差距，它通过长期、持续的管理策略实现了对生物多样性的保护成效，将生物多样性保护的范围扩展到保护地之外，但仍然对就地保护（In-situ Conservation）有重大贡献，这些地区包括涉及农村区域的"里山模式"（Satoyama）农田景观、城镇区域的"公园绿地"以及"庙宇林/风水林"。

里山在日本已有 200 多年的历史，是指对村落周边的山林进行人工干预，定期适当间伐树木，使光线容易到达地面（即人工形成林窗），有利于多样化的植物演替，再通过引水建造水田等培育多样性的动植物，实现水田农业与林业的共生。由于林窗和水田发挥了湿地的作用，所以比无人工干预的原生林的生态系统更加丰富，培育出独特的景观和传统文化。就生态系统的原真性而言，里山处于原始自然和城市之间，成为两者之间的缓冲带，在

---

① 尚琴琴、杨金娜、赵人镜等：《里山理念视角下的浅山乡村旅游发展途径——以史长峪村为例》，《中南林业科技大学学报》（社会科学版）2018 年第 4 期。

生物多样性保护中起着非常重要和独特的作用。2010 年在日本爱知县举行的联合国《生物多样性公约》第十届缔约方大会通过了《里山倡议国际伙伴关系网络》（简称《里山倡议》）。《里山倡议》中里山的核心概念从社会-科学-生态的角度被定义为社会生态生产地景，是指在人类与自然长期的交互作用下，形成的人类土地利用和生物栖息地的动态镶嵌斑块景观，并在上述的相互作用下，维持了生物多样性和保障人类生活所需。截至 2023 年，《里山倡议》已有约 230 个会员组织，共召开了六次国际会员大会，多个国家或地区在践行《里山倡议》中形成了一些经验甚至成套的模式，如墨西哥社区型永续林业、美国稻田的永续农业生物多样性保护、德国南部多元化地景管理等通过里山理念实现永续发展。

里山重视人类活动在生态系统中的作用，强调"人与自然和谐共生"，是以农业生产经营为出发点，以"山、林、草、水、村"等要素构成的镶嵌斑块式乡土特色景观格局，展示出传统农业中的人与自然共生共荣的发展模式，而最终形成一种可持续的环境管理机制。经过适当的人为干扰后形成的生态系统，在最大程度保护自然环境的前提下，有效地保护生物多样性；其还有位于城市与自然过渡带上的生态价值，即作为城市与自然的中间地带，有效控制城市的无序扩张，引导城市和农村地区有机地可持续发展；其也有连接人与自然的场所价值，一方面里山可以为环境教育提供良好的场所，使游客能现场体验自然与文化保护的氛围，培养环保意识；另一方面为当地居民维持生计提供场所。

（二）缓解园地矛盾的法国国家公园加盟区模式

法国在国家公园的发展上经历了四十多年的"类美国体制"并走过了"似中国弯路"。在各类问题逐渐暴露之后，法国生态与团结化转型部（France's Ministry of Ecological and Solidarity Transition，其涵盖了类似中国生态环境部的职能）借鉴了在平衡园地关系上比较成功的大区公园体制，并结合其他保护地管理中的实践经验反馈，于 2006 年启动了国家公园体制改革。2006 年 4 月 14 日，法国政府发布了新的《国家公园法》，对应地，在操作层面上，法国生态与团结化转型部 2007 年 2 月 23 日发布了《国家公园法》的实施条例①，标志着法国的国家公园体制改革全面启动。这次改革充分考虑了国家公园和周边的生态依存性、社会经济依存性，创新了管理方式。在空间上以加盟区形式形成了对完整生态系统的统一管理，不仅扩大了保护范围，更形成了"共抓大保护"的治理机制。

在旧体制下，法国国家公园按"中央区+外围区"的模式进行管理（类似中国自然保护区的核心区、缓冲区、实验区模式，在这种方式的划定中，常见的情况是土地权属的限制导致难以将完整的生态系统划入国家公园，且外围区没有法律地位，形同虚设，基本没有手段形成统一的管理）。而这次改革建立了"核心区+加盟区"的空间结构，并赋予了加盟区法律定义和地位，其与"核心区+外围区"的模式存在本质的不同：前者强调民主与包容，寻求严格保护和合作发展之间的平衡；后者只是强调以政府意志实施强制性的封闭保护，基本不考虑外围区如何形成保护的合力。为了推动"核心区+加盟区"模式的实施，法国将"生态共同体"（Ecological Solidarity）的概念引入国家公园管理，明确在核心区和加盟区之间存在密切的生态关联和利益共享基础。可以用附图 5-1 示意性展现这种空间结构。

分区管理是国家公园及其他保护地实施空间统筹的一般做法。通常情况下，保护地分区管理的主要依据是不同区域的资源特征、资源价值、管理目标等，如生物圈保护区及中国自然保护区的三区划分模式。法国国家公园体制改革后，加盟区的引入成为其空间统一管理的亮点：虽然这一模式也以资源价值的认定为前提，但其分区目的、理论依据、实现路径等均与以上通行模式有本质的不同，即在保障核心资源得到充分保护的前提下，充分尊重民

---

① 由法国生态、能源、可持续发展和海洋部发布，依据 2006 年的《国家公园法》制定。其中明确其依据分别是"2006 年 12 月 5 日法国国家公园管委会董事会批准的'国家公园基本实施原则'报告；2007 年 1 月 15 日国家公园跨部委委员会的意见"等，并明确："考虑到国家公园政策在责任与义务规范以及环境宪章落实方面的重大象征意义；考虑到法国国家公园在国际上的认可需要保证其实施的基本原则与世界自然联盟确定的保护区管理范畴的指导路线兼容；考虑到国家公园地方管理需要与国际自然与文化遗产保护及国家公园标准的目标相一致；中央政府推动地方管理的实施，也保证其国际目标的实现。"

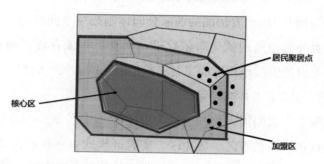

附图5-1　改革后法国国家公园的空间结构示意

资料来源：作者自行绘制。

众意愿、充分吸纳社区加盟，以达成完整性、原真性保护目标。在这种模式下，加盟区的设置并非以实现某种特定管理目标为目的，也不因资源的差异而区别对待，而是为了尽可能地以民主协商的方式扩大同一生态系统下国家公园的空间范围，最大限度地实现生态系统的完整保护并有利于实现当地原有居民文化的原真性保护。①

三　国际经验的启示

日本里山经验和法国国家公园加盟区模式的共同经验在于：统筹考虑自

---

① 法国于1970年设立的塞文国家公园是这方面的范例之一。其核心区域面积935平方公里，位于喀斯赛文生态文化景观区（Causses et Cévennes，指法国中南部包括赛文国家公园和喀斯大区公园在内的面积约6000平方公里的区域。这片区域历史悠久，文化多元，气候复杂，河谷遍布，动植物资源丰富，史前文明的遗迹在这里广为分布，农牧业活动特色明显，手工业发达，中小城市密布。2011年被列入《世界遗产名录》）。喀斯赛文生态文化景观区的管理主要涉及以下机构：喀斯赛文生态文化景观区区域保护和开发协会（AVECC），洛泽尔省政府，赛文国家公园管理委员会，南比利牛斯大区大喀斯自然公园管理委员会，南喀斯环境保护中心，喀斯地区塔恩和容特峡谷著名景点多元化管理协会，纳瓦赛尔著名景点联合工会，拉赫让克骑士团遗址保护区管理委员会，朗格多克鲁西永大区环境、区域规划和住房管理局，朗格多克鲁西永大区文化局，阿韦龙省省议会，加尔省省议会，埃罗省议会，洛泽尔省省议会，阿韦龙省旅游局，加尔省旅游局，埃罗省旅游局，洛泽尔省旅游局，等等。

然保护地的生物多样性保护与可持续发展，探索在国家公园等重要自然保护地外围区域建立缓冲地带（包括在国家公园内部抠出的"天窗"，原理也相似），在允许对生态系统进行合理、适当人工干预的情况下兼容生产、生活与生态保护的需要，促进人与自然和谐共生、提升包括人类福祉在内的多元生态系统价值。这种模式的关键是形成符合习近平生态文明思想的资源利用模式与乡村治理机制，其关键点有四。第一，依据生态红线要求、地理条件、资源属性等，合理划定自然保护地边界及周边缓冲区域、"天窗"。第二，在环境容量和生态系统干扰限度下合理使用资源、发展绿色产业，尤其保留一些易于和保护对象形成共生关系的生产活动（如在朱鹮保护区域的有机水稻种植、在特定保护树种周边开辟林窗以利于该树种幼苗萌发和生长等①）。第三，推动利益相关者的共同参与，形成多方共治的适应性管理机制。这包括探索新型园地关系，建立联席会议、社区共建委员会等决策交流平台，打造"上下左右里外"结合的治理机制。第四，以绿色发展推动生态保护，将保护行动纳入乡村振兴，并紧密结合对资源环境敏感的特色产业发展，使保护成果能直接体现为市场经济条件下的经济收益，这样才能实现生态保护、绿色发展、民生改善相统一。

---

① 《国家公园蓝皮书（2021~2022）》第1章第1.2节中所举的浙江钱江源-百山祖国家公园百山祖片区，为保护百山祖冷杉，控制同域生长的亮叶水青冈的竞争优势，就采用了类似的做法。

附件6
改革的协调性及各地因地制宜
用深化改革提高协调性的经验

——以海南热带雨林国家公园的防火为例

　　海南热带雨林国家公园覆盖了海南的主要林区，国家公园建设的相关工作实际上也强化了林区的工作，森林防火就是重要的一方面。

　　对基本不承担木材生产任务的林区而言，森林防火就是头等大事。过去五年，伴随 2018 年的机构改革和行业、公安等体制改革，我国森林草原防灭火工作体制机制发生重大变化，出现了许多新情况、新问题。尤其 2019 年、2020 年四川省凉山州两次森林火灾，造成 50 名灭火人员牺牲，引起全社会的极大关注。行业和社会上对中国的森林防灭火模式和发展方向纷纷提出了质疑[①]。

　　应该说这种质疑得到了中央及时的回应，可以从这两次火灾后中央的相关深化改革举措窥斑，并能从海南在操作层面的相关改革和细化措施中看到国家公园在这方面的进步。

　　2019 年四川木里"3·30"森林火灾造成 27 名森林消防指战员和 4 名地方人员牺牲，过火面积约 20 公顷，是 1987 年大兴安岭"5·6"大火后致人死亡最多的森林火灾。在这起事件后，2019 年 7 月 29 日，国务院召开了专题会议，研究森林草原防灭火体制机制。会议明确提出"应急部门负责综合指导各地区和相关部门的森林草原火灾防控工作，组织指导协调森林草原火灾扑救及应急救援工作""林草部门具体负责森林草原火灾预防相关工

---

　　① 闫鹏、马玉春、赵彦飞：《中国森林防灭火的发展历程与成效》，《亚热带资源与环境学报》2023 年第 1 期。

作,承担森林草原火情的早期处理相关工作"。至此,应急管理部门、林草部门在森林草原防灭火职责边界上已进一步明确。在此基础上,相关部门对国家林草局的队伍建设和森林公安的职责两方面进行了强化。①中央机构编制委员会办公室批准国家林业和草原局设立森林草原防火司,主要负责落实综合防灾减灾规划相关要求,组织编制森林和草原火灾防治规划、标准并指导实施,组织、指导开展防火巡护、火源管理、防火设施建设、火情早期处理等工作并督促检查,组织指导国有林场林区和草原开展宣传教育、监测预警、督促检查等防火工作。同时,将一部分森林公安队伍中承担防火行政管理、灭火指挥协调职责的编制及现有空编转为行政编制,用于各级林草部门防火机构及森林草原防火指挥机构。②森林公安划归公安部领导后,职能将保持不变,业务上接受林业和草原部门指导,继续承担森林和草原防火工作,负责火场警戒、交通疏导、治安维护、火案侦破等,查处森林和草原领域其他违法犯罪行为,协同林草部门开展防火宣传、火灾隐患排查、重点区域巡护、违规用火处罚等工作。

但这样的工作强化后,仍然有一些重大火情反映了体制改革可能力度还不够大:2020年四川西昌"3·30"森林火灾致19名地方专业扑火队员牺牲、3人受伤,过火总面积3047公顷,受害森林面积791.6公顷,直接经济损失9731.12万元。为此,2022年10月,中共中央办公厅、国务院办公厅印发的《关于全面加强新形势下森林草原防灭火工作的意见》对应急管理部门、林草部门和公安部门的责任作了具体明确,林草部门承担森林草原火灾预防和火情早期处理等职能,森林公安要配合林草部门实现这些职能。

具体到操作层面,海南省伴随国家公园执法改革作出了一些先行探索。①2021年11月,《海南省人民政府关于由海南省公安厅森林公安局及其直属分局行使海南热带雨林国家公园区域内林业行政处罚权的决定》(以下简称《决定》)出台,由森林公安局及其直属分局以本单位的名义行使国家公园区域内涉及42项林业行政处罚权。此举开了全国公安机关在国家公园区域内行使林业行政处罚权的先例。②不仅如此,海南省公安厅森林公安局制发《关于依法履行海南热带雨林国家公园区域内林业行政处罚权的通知》

《关于做好办理破坏森林和野生动物资源林业行政案件工作的通知》，出台《海南省公安厅森林公安局直属分局办理刑事、行政案件有关规定》，明确了国家公园公安机关的案件管辖范围和执法权限及执法关系。经协调，海南省司法厅同意国家公园公安机关办理林业行政案件适用《公安机关办理行政案件程序规定》并使用公安行政法律文书，在国家公园区域内行使相关行政执法事权时使用人民警察证作为执法资格证件，解决了适用办案程序及执法证件问题。同时，在警综平台开发使用林业行政案件办理系统，派出工作组深入直属森林公安分局开展执法检查和"送教上门"活动，进一步强化执法监督，提升民警办案能力。同时，海南省公安厅森林公安局加强国家公园林区社会面防控，开展林区重大风险防范化解和矛盾纠纷排查调处以及"缉枪治爆"等整治行动，并认真履行公安机关火场警戒、治安维护、交通疏导、火案侦破等森林防灭火工作职责，协同相关部门做好防火宣传、火灾隐患排查、重点区域巡护、违规用火处罚等工作，最大限度减少火灾损失。③将国家公园视为重要防火区域采取针对性措施。2023年3月，海南省森林防灭火指挥部第1号文件，采取了8条措施，其中明确开展联合巡控，各市县公安部门、综合行政执法部门、应急管理部门、林业或林业主管部门要组成联合巡控组，深入各林区进行巡控，及时发现森林火灾隐患并督促整改落实，形成森林防灭火高压态势。落实村居防火责任，在重要防火区域（国家公园、林区林场、海防林、集中的墓地）要依法设置临时森林防火检查站，严格检查登记，严禁带火种进山入林。④充分调动社会力量加强宣传教育和违法、火灾隐患信息发现工作。2023年12月，海南省首支"生态警务"国家公园志愿护林队在省公安厅森林公安局鹦哥岭保护区分局正式成立，共设有39个小分队，总计400余名队员，分别来自11个乡镇39个村委会，他们充分发挥近家门、知村情、熟村人、明村事、懂法律的优势，成为国家公园各项执法工作的兼职法律宣传员、兼职执法信息员、兼职工作监督员，并协助森林公安开展林区治安巡逻清查、排查化解涉林风险（尤其是火灾风险）隐患、涉林普法宣传教育等工作。

附件7
第12章涉及的重要国家公园边界示意图
和第28章海南五指山红峡谷业态改造
案例设计方案彩图*

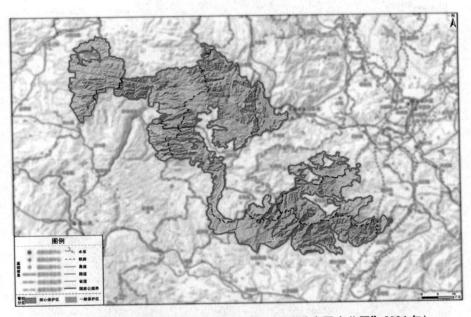

图 12-1　南岭国家公园区划示意图（现改称为"岭南国家公园"，2024 年）

资料来源：《南岭国家公园设立方案》。

---

　*　本附件中除已手动标注的图片外，均为作者自行绘制。为减少工作量，故不在纸稿中重复标注。

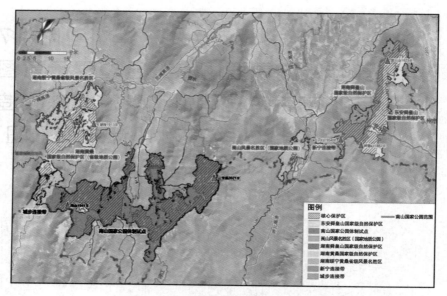

图 12-2　南山国家公园的设立范围示意（2023 年）

资料来源：2023 年上报的《南山国家公园设立方案》。

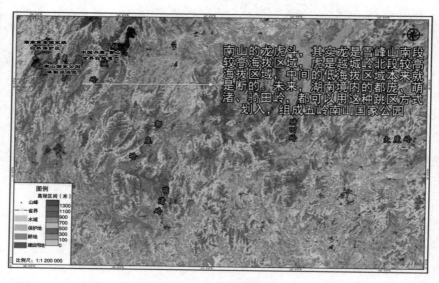

图 12-3　南山国家公园创建区目前的范围与雪峰山-五岭生态系统的关系示意

资料来源：作者根据《南山国家公园设立方案》的地理高程图分析绘制。

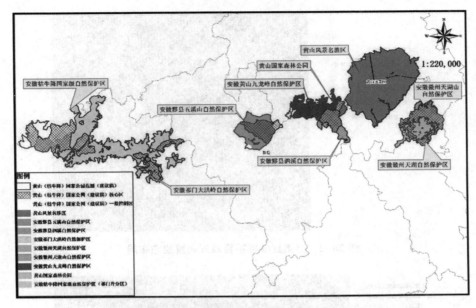

图 12-4　黄山(牯牛降)国家公园范围示意(2024 年 3 月建议稿)

资料来源:《黄山(牯牛降)国家公园设立方案》(2024 年征求意见稿)。

图 28-1　海南红峡谷项目初始规划

① 国家公园研学综合体
② 国家公园访客中心+运动康智基地+红峡谷森热康养基地
③ 植物驯化研学基地（兰花/野菜）
④ 山兰稻和大叶茶种质资源展示区
⑤ 木棉-水稻复合生态系统展示区

图 28-2 海南红峡谷项目规划调整业态布局

① 建筑功能调整为国家公园访客中心+运动康智基地
② 建筑功能调整为红峡谷森热康养基地，首层增加药养中心
③ 原养老公寓调整为运动康智社区，增加屋顶绿化及健身器械
④ 增加健身步道

图 28-3 红峡谷养生居项目规划调整业态布局

五 建筑单体功能调整对比 I 国家公园访客中心

现地下一层——国家公园访客中心

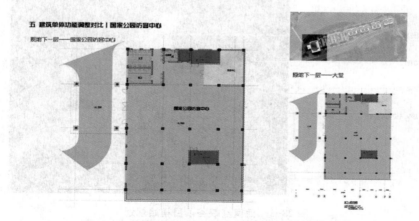

图 28-4 红峡谷养生居项目建筑单体功能调整对比
——国家公园访客中心地下一层

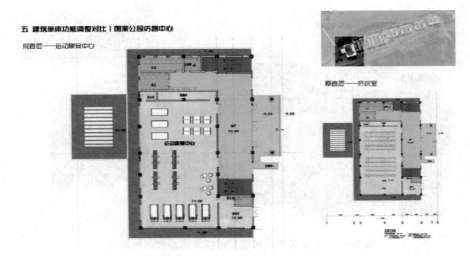

图 28-5　红峡谷养生居项目建筑单体功能调整对比
——国家公园访客中心一层

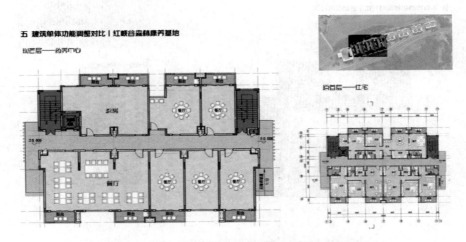

图 28-6　红峡谷养生居项目建筑单体功能调整对比
——红峡谷森林康养基地一层

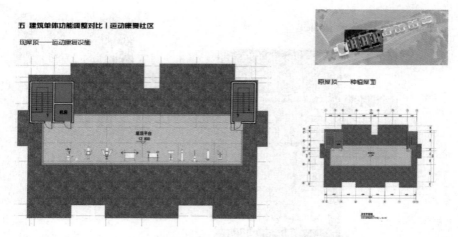

图 28-7　红峡谷养生居项目建筑单体功能调整对比
——运动康复社区 1#~3#楼屋顶

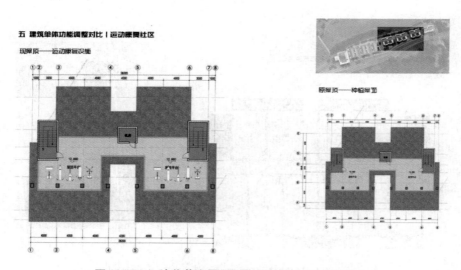

图 28-8　红峡谷养生居项目建筑单体功能调整对比
——运动康复社区 4#~7#楼屋顶

① 原车站建筑功能调整为国家公园户外运动基地，新建雨林体验径
② 原服务楼功能调整为国家公园研学综合体，增加热带雨林国家公园博物馆、天文观测中心及研学中心办公区
③ 原集中客房功能调整为三茶文化及黎苗文化展示中心，增加三茶文化及黎苗文化展览馆
④ 园区中心设置热带雨林生态系统微缩展示区
⑤ 临河区域建设湿地净化系统展示区

图 28-9　红峡谷赏月养生酒店项目组团功能调整后业态布局

五　建筑单体功能调整对比|国家公园户外运动基地

现二层——会议室/户外运动培训

原会议室增加可拆卸隔墙，形成四个教室；调整原卫生间位置，设置小会议室

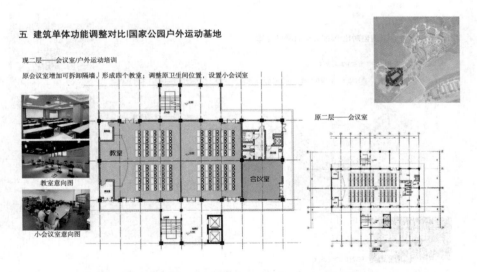

教室意向图

小会议室意向图

原二层——会议室

图 28-10　红峡谷赏月养生酒店项目建筑单体功能调整对比
——国家公园户外运动基地二层

五　建筑单体功能调整对比 | 国家公园研学综合体

现首层——餐厅/热带雨林国家公园博物馆

展示功能：挂牌国家公园保护站/生态监测中心/全国研学基地/自然学校

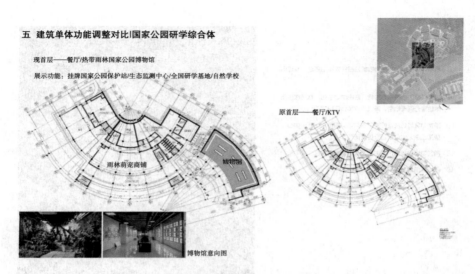

图 28-11　红峡谷赏月养生酒店项目建筑单体功能调整对比
——国家公园研学综合体一层

五　建筑单体功能调整对比 | 国家公园研学综合体

现二层——研学图书馆/热带雨林植物培育区

红峡谷研究中心，空间叫"雨林之子"，需要空间大小和功能灵活多变，"雨林科技 遗传育种实验室"安排一个

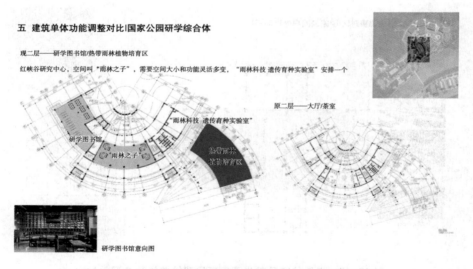

图 28-12　红峡谷赏月养生酒店项目建筑单体功能调整对比
——国家公园研学综合体二层

五 建筑单体功能调整对比丨国家公园研学综合体

现三层——天文观测中心，研学中心办公区，小型植物培养空间

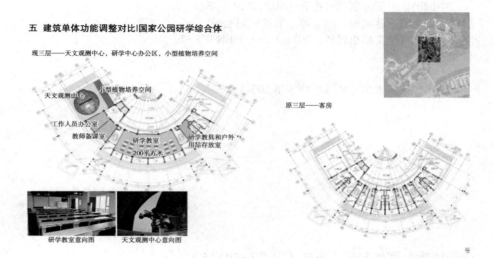

图28-13 红峡谷赏月养生酒店项目建筑单体功能调整对比
——国家公园研学综合体三层

五 建筑单体功能调整对比丨三茶文化及黎苗文化展示中心

现首层——三茶文化及黎苗文化展示中心

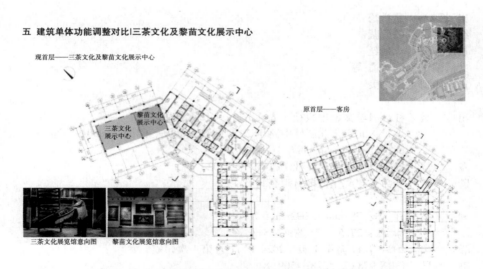

图28-14 红峡谷赏月养生酒店项目建筑单体功能调整对比
——三茶文化及黎苗文化展示中心一层

图书在版编目（CIP）数据

中国国家公园体制建设报告 . 2023-2024 ／ 苏杨，邓毅，王蕾主编；蔡晓梅，梁文婷，邹统钎副主编 . --北京：社会科学文献出版社，2024.11. -- ISBN 978-7-5228-4509-8

Ⅰ. S759.992

中国国家版本馆 CIP 数据核字第 2024YZ5233 号

中国国家公园体制建设报告（2023~2024）

主　　编／苏　杨　邓　毅　王　蕾
副 主 编／蔡晓梅　梁文婷　邹统钎

出 版 人／冀祥德
组稿编辑／韩莹莹
责任编辑／李建廷
文稿编辑／程丽霞 等
责任印制／王京美

出　　版／社会科学文献出版社 · 人文分社（010）59367215
　　　　　　地址：北京市北三环中路甲 29 号院华龙大厦　邮编：100029
　　　　　　网址：www.ssap.com.cn
发　　行／社会科学文献出版社（010）59367028
印　　装／天津千鹤文化传播有限公司

规　　格／开　本：787mm × 1092mm　1/16
　　　　　　印　张：27.5　字　数：418 千字
版　　次／2024 年 11 月第 1 版　2024 年 11 月第 1 次印刷
书　　号／ISBN 978-7-5228-4509-8
定　　价／198.00 元

读者服务电话：4008918866